国家“十二·五”规划重点图书

中国地质调查局
青藏高原1:25万区域地质调查成果系列

中华人民共和国

区域地质调查报告

比例尺 1:250 000

拉孜县幅

(H45C003003)

项目名称:西藏1:25万拉孜县幅区域地质调查报告

项目编号:19991300009221

项目负责:朱杰 刘早学

图幅负责:龚志愚 陈晓林

报告编写:朱杰 刘早学 张汉金 陈晓林 田望学
李雄伟 谭满堂 李振华 龚志愚

编写单位:湖北省地质调查院

单位负责:曹安俊(院长)
杨明银(总工程师)

中国地质大学出版社
ZHONGGUO DIZHI DAXUE CHUBANSHE

内 容 提 要

本报告是对野外地质调查工作的系统总结，阐述了区内地层、侵入岩、变质岩、地质构造及地质演化史，查明了雅鲁藏布江蛇绿岩中段的物质组成及其组合特点，论述了地幔橄榄岩、堆积杂岩、基性岩墙群和枕状玄武岩的分布及空间结构特点，探讨了岩石成因和形成的大地构造环境，揭示了雅鲁藏布江蛇绿混杂岩在中一晚三叠世至晚侏罗世至早白垩世沉积物由大陆边缘的开阔大洋深海沉积岩发展到板块俯冲、碰撞至造山的演化特点。通过对雅鲁藏布江缝合带的构造研究，基本查明含放射虫化石的三套混杂岩岩块是由不同时代、不同沉积建造地层的岩片（块）以构造接触拼贴而成，其构造样式充分表现了板块碰撞期构造特点。在识别不同世代、不同层次、不同变形机制的基础上，将调查区构造划分为幔内型、壳幔型、壳内型（脆）韧性剪切带、褶皱构造、脆性断裂、陆相断陷盆地构造和新构造七大类型，建立了调查区的构造格架和变形序列，为今后进一步研究该区构造提供了重要资料。运用岩石谱系单位的理论和方法，建立了调查区侵入岩单元，归并了超单元。论述了花岗岩的成因、就位机制、形成环境及其演化。对区内火山岩进行了研究，划分了火山旋回，探讨了火山岩形成与板块构造的内在关系，深化了调查区火山岩的研究程度。

本书可供地质学及其相关专业的科技人员和大专院校师生参考。

图书在版编目（CIP）数据

中华人民共和国区域地质调查报告．拉孜县幅（H45C003003）：比例尺 1：250 000/朱杰，刘早学，张汉金等著．—武汉：中国地质大学出版社，2013.11

ISBN 978－7－5625－3267－5

Ⅰ．①中…

Ⅱ．①朱…②刘…③张…

Ⅲ．①区域地质－地质调查－调查报告－中国②区域地质－地质调查－调查报告－拉孜县

Ⅳ．①P562

中国版本图书馆 CIP 数据核字（2013）第 257218 号

中华人民共和国区域地质调查报告
拉孜县幅（H45C003003）　比例尺 1：250 000

朱杰　刘早学　张汉金　等著

责任编辑：舒立霞　刘桂涛　　　责任校对：张咏梅

出版发行：中国地质大学出版社（武汉市洪山区鲁磨路 388 号）　　　邮编：430074

电　　话：(027)67883511　　　传真：(027)67883580　　　E-mail：cbb@cug.edu.cn

经　　销：全国新华书店　　　http://www.cugp.cug.edu.cn

开本：880 毫米×1 230 毫米　1/16　　　字数：467 千字　印张：14　图版：8　插页：1　附图：1

版次：2013 年 11 月第 1 版　　　印次：2013 年 11 月第 1 次印刷

印刷：武汉中远印务有限公司　　　印数：1—1 500 册

ISBN 978－7－5625－3267－5　　　定价：460.00 元

前　言

青藏高原包括西藏自治区、青海省及新疆维吾尔自治区南部、甘肃省南部、四川省西部和云南省西北部，面积达 260 万 km^2，是我国藏民族聚居地区，平均海拔 4 500m 以上，被誉为地球第三极。青藏高原是全球最年轻、最高的高原，记录着地球演化最新历史，是研究岩石圈形成演化过程和动力学的理想区域，是“打开地球动力学大门的金钥匙”。

青藏高原蕴藏着丰富的矿产资源，是我国重要的资源后备基地。青藏高原是地球表面的一道天然屏障，影响着中国乃至全球的气候变化。青藏高原也是我国主要大江大河和一些重要国际河流的发源地，孕育着中华民族的繁生和发展。开展青藏高原地质调查与研究，对于推动地球科学研究、保障我国资源战略储备、促进边疆经济发展、维护民族团结、巩固国防建设具有非常重要的现实意义和深远的历史意义。

1999 年国家启动了“新一轮国土资源大调查”专项，按照温家宝总理“新一轮国土资源大调查要围绕填补和更新一批基础地质图件”的指示精神。中国地质调查局组织开展了青藏高原空白区1∶25 万区域地质调查攻坚战，历时 6 年多，投入 3 亿多，调集 25 个来自全国省（自治区）地质调查院、研究所、大专院校等单位组成的精干区域地质调查队伍，每年近千名地质工作者，奋战在世界屋脊，徒步遍及雪域高原，完成了全部空白区 158 万 km^2 共 112 个图幅的区域地质调查工作，实现了我国陆域中比例尺区域地质调查的全面覆盖，在中国地质工作历史上树立了新的丰碑。

西藏 1∶25 万 H45C003003（拉孜县幅）区域地质调查项目，由湖北省地质调查院承担，工作区位于藏南雅鲁藏布江中上游。目的是通过对调查区进行全面的区域地质调查，对雅鲁藏布江蛇绿岩带进行详细的野外地质、岩石学、构造变形、岩石化学等方面的深入调查与研究；应用综合地层学方法研究和比较雅鲁藏布江蛇绿岩带两侧地层的古地理、古生物群落的差异，以活动论、板块构造理论为指导，重塑藏南新特提斯的构造面貌和构造过程。

H45C003003（拉孜县幅）地质调查工作时间为 2000—2002 年，累计完成地质填图面积为16 218km^2，实测剖面 151.49km。地质路线 3 160km，采集各类样品 2 791 件，全面完成了设计工作量。主要成果有：①在雅鲁藏布江结合带原修康群内解体出含放射虫化石的 3 套混杂岩岩块，其中 T_{2-3}和 T_3—J_1 放射虫组合为本带的首次发现，为进一步认识雅鲁藏布江新提斯洋的演化提供了重要新资料。②对昂仁组复理石碎屑岩进行了较深入的研究，初步厘定其经历了三期浊积事件，大致了解了各期浊积扇的时代展布，从而初步揭示了昂仁盆地晚侏罗世—早白垩世的演化过程。③对雅鲁藏布江蛇绿岩带（昂仁段）进行全面调查，进一步摸清了其物质组成和空间结构，较深入地探讨了其成因、形成的构造环境和时代，论证有据。在前人工作的基础上，对冈底斯南缘岩浆弧内的火山岩和中酸性侵入岩的调查取得了较多的新进展。对林子宗火山岩采用地层-岩性(相)双重填图法，共划分出 21 个岩相单位，确认为中心式火山喷发机制。

2003 年 4 月，中国地质调查局组织专家对项目进行最终成果验收，评审认为，该项目较好地完成了预定任务，在地层古生物和构造调查方面取得了较突出的进展和重要新成果，提供的报告和图件内容比较全面、丰富，反映了测区地质构造特征和现有研究程度，质量被评为良好级。

参加报告编写的人员主要有朱杰、张汉金、李正华、田望学、陈晓林、李雄伟、刘早学、龚志愚、谭满堂、黄祥芝；报告统编：朱杰；编图：龚志愚、陈晓林。

先后参加野外工作和资料综合整理的还有胡正祥、杨远刚、毛新武、周忠友、吴兵、方冬生、何仁亮、屠江海、蔡立元、姜志勇、李中林、李汉平、陶汉兵、王俊、张文俊、格桑多吉、朱刚。岩石薄片由邱玲、杨金香、徐高鉴定。

在整个项目实施和报告编写过程中，得益于许多单位和领导的大力协助、支持，尤其要感谢的是中国地质调查局、西藏自治区地质矿产勘察开发局、拉萨工作总站、成都地质矿产研究所；始终得到了潘桂棠、夏代祥、王义昭、罗建宁、李才、雍永源、郑海翔、颜仰基、江新胜、王立全、李金平、吴传荣、王昌平等多方指导和帮助，地质报告排版工作由黄祥芝完成，地质图和报告插图计算机清绘由刘幼萍、夏建萍、王英、梁冬平等同志完成，在此表示诚挚的谢意。

为了充分发挥青藏高原 1∶25 万区域地质调查成果的作用，全面向社会提供使用，中国地质调查局组织开展了青藏高原 1∶25 万地质图的公开出版工作，由中国地质调查局成都地质调查中心组织承担图幅调查工作的相关单位共同完成。出版编辑工作得到了国家测绘局孔金辉、翟义青及陈克强、王保良等一批专家的指导和帮助，在此表示诚挚的谢意。

鉴于本次区调成果出版工作时间紧，参加单位较多，项目组织协调任务重，以及工作经验和水平所限，成果出版中可能存在不足与疏漏之处，敬请读者批评指正。

“青藏高原 1∶25 万区调成果总结”项目组

2010 年 9 月

目 录

第一章 绪 言

第一节 目的与任务

1∶25 万拉孜县幅区域地质调查是国土资源部实施的国土资源大调查青藏高原填图计划的区调项目之一，具体由湖北省地质调查院承担。项目名称：拉孜县幅(H45C003003)1∶25 万区域地质调查，项目编号：19991300009221，任务书编号：0100142062。具体要求：按照《1∶25 万区域地质调查技术要求(暂行)》及其他相关的规范、指南，参照造山带填图的新方法，应用遥感等新技术手段，以区域构造调查为先导，对测区不同地质单元采用不同的填图方法，进行全面的区域地质调查。

最终成果除提交印刷地质图件及报告、说明书外，同时提交 MAPGIS 格式的分层图层文件及数据库。工作年限：1999 年 12 月—2002 年 12 月，2002 年 7 月提交野外验收成果，2002 年 12 月提交最终成果。

第二节 交通位置与自然地理条件

一、交通位置

调查区位于藏南雅鲁藏布江中上游，行政区划隶属于西藏自治区日喀则地区昂仁县、拉孜县、谢通门县和萨迦县、定日县及日喀则市的部分地区。地理坐标：东经 87°00′—88°30′；北纬 29°00′—30°00′。总面积为16 128km^2。测区内有谢通门县、拉孜县和昂仁县人民政府所在地共 3 处，交通南北差异较大，219 国道和 318 国道贯穿调查区南部，各县乡间有简易公路相连，但在雨季容易被水系、塌方和泥石流阻隔；西北部基本无简易公路相通(图 1-1)。地质填图工作主要依靠马匹、牦牛、驴等畜力运输，交通极为不便。

二、自然地理及经济概况

测区为西部高寒艰险地区，山脉以近东西向分布为主，南部为北喜马拉雅低分水岭区，中部及北部为冈底斯山脉。测区地势以雅鲁藏布江河谷最低，两侧地势高峻，海拔在 3 874～6 310m 之间，平均海拔 4 500m左右，最高峰为雪拉普岗日，海拔 6 310m。水系较发育，雅鲁藏布江及其支流多雄藏布东西横贯测区南部，另有美曲藏布、彭吉藏布、夏布曲等汇聚于雅鲁藏布江和多雄藏布。昂仁错湖、浪错湖分布于测区西南部。

区内属高原温暖干旱型气候，空气稀薄，气压较低；日温差大而年温差小，四季不分明，冰冻期长，无霜期短，年平均气温 6.3℃，最高气温 25℃±，多出现在 6—8 月份，最低气温－16℃±，一般在元月份。冰冻期在 11 月至次年 3 月。年降雨量 420mm，雨季主要集中在 6—9 月份，夜雨较多。

测区人烟稀少，居民以藏族为主，信奉藏传佛教。在县城和乡镇有少数汉族干部和个体工商及从业人员。经济十分落后，一般在海拔 4 200m 以下河谷地区种植青稞、豌豆和油菜等；海拔 4 200m 以上地区为牧区或半农半牧区，以放牧牛羊为主。工业极不发达，除有县级小型水电站外，在县城乡镇尚有农副产品加工业和商业等，但规模和交易亦有限。

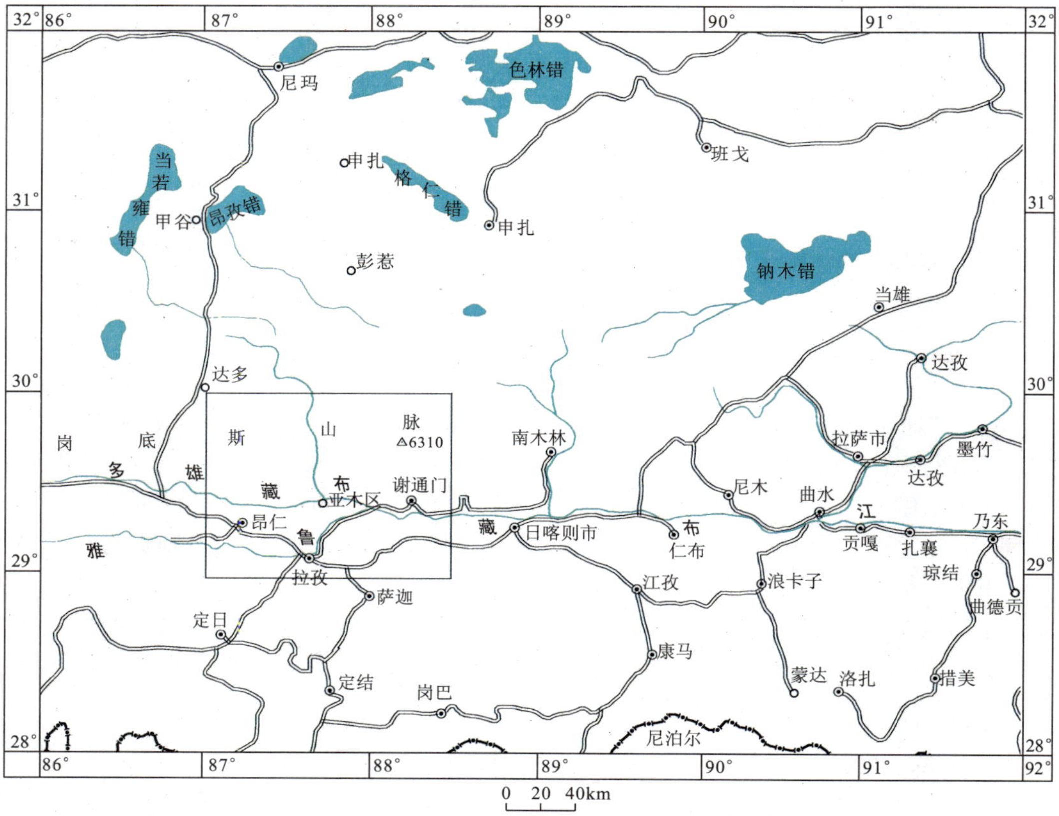

图 1-1　测区交通位置图

第三节　地质调查研究历史及研究程度

一、地质调查研究历史

测区在 1950 年以前，基本属空白区，仅少数中外学者涉足。新中国成立以后，尤其自 20 世纪 70 年代以来，地勘系统及科研单位先后在测区及邻区开展了一系列区调和科研工作，主要有：西藏自治区地质矿产勘察开发局先后开展了 1∶20 万西藏藏南超基性岩带日喀则—萨噶地段路线地质调查、1∶100 万日喀则幅和 1∶20 万谢通门幅区域地质调查、区域地质志汇编、区域矿产总结、岩石地层清理和数字地质图编制等，这些成果资料为本次区调奠定了基础。中国科学院、中国地质科学院和成都地质矿产研究所等单位及其专家学者（李廷栋、肖序常、潘桂棠等）进行了许多专题研究，对本次区调均有着重要的指导意义。详见图 1-2、表 1-1。

二、地质调查研究程度

（一）区域地质填图

1∶100 万日喀则幅区域地质调查工作由西藏自治区地质矿产勘察开发局区域地质调查大队于 1977—1983 年完成。覆盖整个测区（1∶25 万拉孜县幅，16 128km²）。整个工作均执行相关规范和技术要求，路线密度、控制程度、填图单位划分精度、图面表达精度等均达到且有的超过《任务书》和《总体设计》的要求，并通过了评审验收委员会的评审验收，其建立的地质构造格架对本次区调具有指导意义。

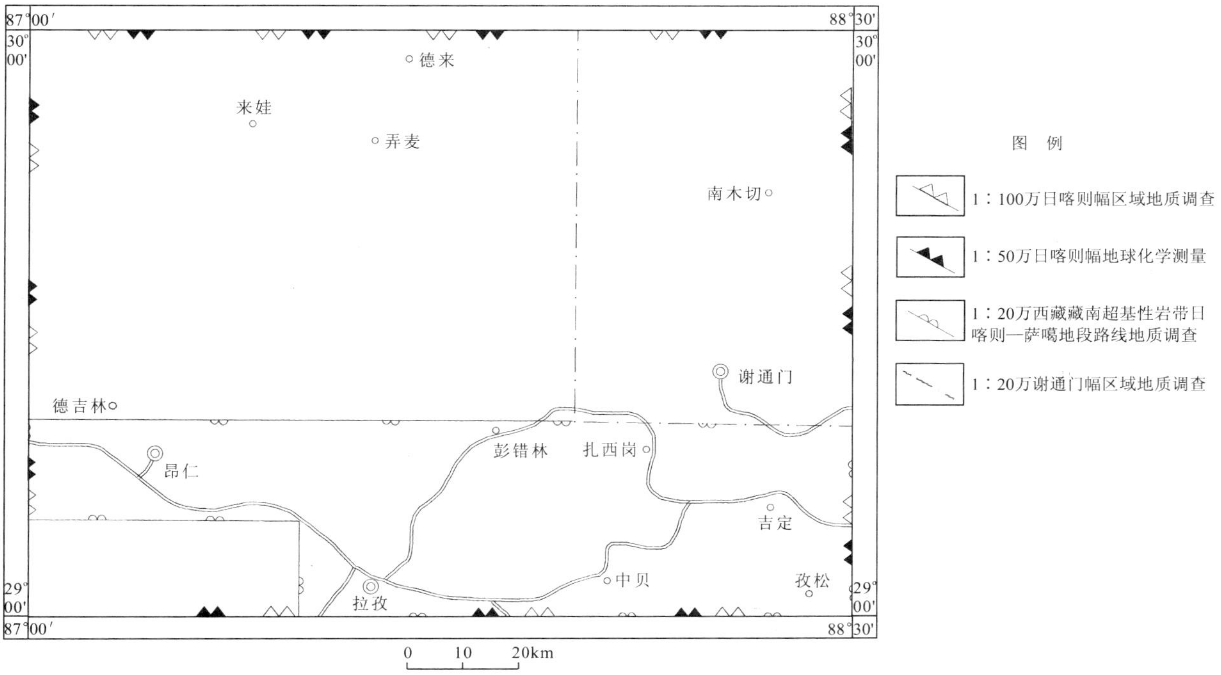

图 1-2 测区前人地质工作研究程度图

1：20 万谢通门幅区域地质调查由西藏区域地质调查大队于 1993—1997 年完成。该项填图工作涉及测区东北部，填图面积约 3 000km²。整个工作严格执行《区域地质调查工作暂行规范（1：20 万）》，并参考了 1：5 万区域地质调查总则和 1：5 万填图方法指南，路线密度、控制程度、填图单位划分及图面表达精度均达到相关规范和任务书的要求，图面结构合理，并通过了评审验收委员会的评审验收，其成果质量被评为良好级。在本次设计阶段，曾在西藏区调队搜集了其中 1：10 万侧布乡幅和谢通门幅实际材料图，查阅了部分原始资料。并根据其成果资料及遥感图像解译成果，布置了穿越该区的地质踏勘路线，对地层单位、岩石谱系单位划分及地质构造等地质体的勾绘进行了检查论证。论证结果表明，1：20 万谢通门幅区调成果基本反映了冈底斯岩浆弧的地质构造特点，其资料可靠，利用程度较高，尤其是测区地层区划、地层单位划分和地层层序及花岗岩类岩石谱系单位的建立总体是合理的，采集的样品、测试成果等对本次工作有较强的指导意义和实用价值。为本次区调工作将该区划归修测区提供了充分依据。

（二）专题研究

近 30 年来，特别是 20 世纪 80 年代初期至今，中外地质工作者和地球物理工作者在测区及其周边地区开展了一系列科学考察等研究工作（表 1-1）。其中以李廷栋院士作为首席代表的中法合作开展的《喜马拉雅山地质构造和地壳上地幔的形成演化》（1980—1985 年），中国科学院完成的《雅鲁藏布江缝合带地质特征和演化》（1981—1985 年）、《青藏高原南特提斯演化》（1981—1985 年），成都理工大学王成善等完成的《西藏日喀则弧前盆地与雅鲁藏布江缝合带》（20 世纪 90 年代），西藏自治区地质矿产勘察开发局完成的《西藏自治区区域地质志》（1993 年）、《西藏自治区岩石地层》（1997 年）等涉及测区的专题研究和总结较有代表性，这些研究从地层古生物、沉积古地理、花岗岩、变质岩、蛇绿岩带、高压变质带、构造变形、壳幔结构、地球物理、造山带结构及形成演化等方面进行了深入研究。研究工作资料丰富，观点鲜明，论证有据，为测区深入开展地质调查工作打下了坚实基础。

表 1-1　测区前人主要工作及研究成果一览表

序号	工作时间(年)	成果名称		工作单位或作者姓名	出版(完成)时间(年)	出版(保存)单位
1	1962	西藏昂仁县秋乌煤系路线普查地质报告		西藏地质局藏南地质大队	1963	西藏地质局
2	1977—1981	1∶100 万日喀则幅区域地质调查报告及地质图		西藏区调队	1983	西藏地质局
3	1978—1981	西藏藏南超基性岩带日喀则—萨噶地段路线地质调查报告		西藏第二地质大队	1981	西藏第二地质大队
4	1986—1991	1∶50 万日喀则幅地球化学图及说明书		江西物探大队	1992	西藏地矿局
5	1993—1996	1∶20 万谢通门幅区调报告		西藏区调队	1996	西藏地矿厅
6	1973—1976	青藏高原科学考察丛书	西藏南部的沉积岩	中科院青藏高原综合科考队	1981	科学出版社
			西藏岩浆活动和变质作用	周云生、张旗等	1981	科学出版社
			西藏南部花岗岩类地球化学	中科院地球化学研究所(涂光炽、张玉泉等)	1982	科学出版社
			西藏地貌	中科院地理研究所、南京大学、中科院南京地理研究所	1983	科学出版社
7	1979	西藏拉孜—桑日沿雅江一带航磁异常地面踏勘检查矿点检查工作成果报告		西藏地矿局物探大队	1980	西藏地矿局
8	1979—1981	西藏藏南地区铬铁矿成矿远景区划编图及说明书		西藏自治区第二地质大队	1982	西藏第二地质大队
9	1986—1987	1∶150 万青藏高原及邻区地质图		中科院成都地质矿产研究所	1988	地质出版社
10	1980—1982	喜马拉雅山深部地质与构造地质		ACLEGRE C J, HIRN A 著，崔作舟等译	1987	地质出版社
11	1980—1982	中法喜马拉雅考察成果		李光岑、麦尔西叶 J L	1984	地质出版社
		喜马拉雅地质Ⅰ、Ⅱ		喜马拉雅地质文集编辑委员会		
		喜马拉雅地质构造和地壳上地幔的形成演化		中法合作及李廷栋		
		青藏高原隆升的地质记录和机制		李廷栋		
12	1980—1985	中华人民共和国地质专报	西藏蛇绿岩	王希斌、鲍佩声等	1987	地质出版社
			喜马拉雅岩石圈构造演化	肖序常、李廷栋、李光岑等	1988	
			青藏高原新生代构造演化	潘桂棠、王培生、徐耀荣等	1990	
			青藏高原主要矿产及其分布规律	徐正余、陈福忠等	1991	
			青藏高原不同地体的地层、生物区系及沉积构造演化史	刘训、傅德荣、姚培毅等	1992	
			青藏高原岩石圈结构构造和形成演化	中科院岩石圈研究中心、地矿部地质研究所	1996	
			西藏地层	林宝玉、王乃文、王思思等	1984	
			青藏高原的构造体系特征与高原的形成演化	张天华、马天林、宋友贵等		
			西藏变质岩及火成岩	刘国惠、金成伟、王富宝等	1990	
			青藏高原重力测量与岩石圈构造	孟令顺、高锐等	1992	
			青藏高原大地构造与形成演化	刘增乾、徐宪、潘桂棠等	1990	
13	1982	西藏自治区区域地质志		西藏地矿局	1983	地质出版社
14	1988	西藏板块构造-建造图及说明书		周详、曹佑功、朱明玉等	1988	地质出版社
15	1996	西藏自治区岩石地层		西藏地矿局	1997	中国地质大学出版社
16	1997—1999	1∶50 万西藏自治区数字地质图		西藏地矿局	1999	西藏地矿局

第四节 工作方法及质量评述

一、工作方法及区调工作评估

(一)总体原则及工作方法

本次区调填图加强新理论、新方法和新测试技术应用。采用遥感等新技术手段,以区域构造调查为先导,对测区不同地质单元采用不同的填图方法,尤其在造山带地区应用板块构造理论、蛇绿岩带采用构造地层法填图、火山岩地区中采用岩相-岩性填图法等方面,都取得了显著的成果。

1. 地层

对蛇绿岩、混杂岩和浅变质岩区采用构造-地层法填图。根据物态、时态、位态和相态的相似,以及边界断裂的围限,划分混杂岩的填图单位。新建了昂仁蛇绿岩群(包括超基性岩段、基性岩段和基性熔岩段)、中贝混杂岩、汤嘎混杂岩、破姆弄混杂岩、浪错岩块和朗杰学岩群等。

火山岩地层分布区采用岩相-岩性双重填图方法。对林子宗群的典中组、年波组和帕那组分别进行了岩相的划分,总共划分了21个火山岩相。

沉积岩区采用岩石地层填图法,对组内特殊地层体用非正式地层单位表示。

野外以穿越路线为主,加强检查与追索,对物质组合及构造复杂的地区加密填图路线和以剖面控制。

2. 侵入岩

测区侵入岩属冈底斯岩浆弧带,工作中以同源岩浆演化理论为指导,采用岩石谱系单位进行填图和划分。通过本次调查和对前人的区调成果总结,建立了测区内冈底斯带侵入岩岩石谱系单位。全区共划分出32个单元,归并为8个超单元,9个独立单元。新建了康萨超单元、亚模超单元和孜松单元。对各单元、超单元的岩性特征、就位机制、成因类型和接触关系等基本特征进行了详细的调查研究。

3. 构造

以板块构造理论为指导、运用活动论的思维观和构造解析的方法,对测区各类变形构造进行研究,分析造山带的热-动力体制的转化与交替,为探讨造山带演化的过程和演化历史提供依据。构造要素客观真实,资料全部来源于野外实地测量。不同层次、不同性质的构造要素尽可能区分表示。突出新特提斯板块构造形迹和新构造运动形迹,力求对地质构造的力学性质、几何学性质和运动学性质系统表述。

4. 矿产资源和环境地质

加强矿产资源和环境地质的调查。对测区矿点及矿化蚀变进行了踏勘检查,编写了矿产简报及环境地质简图。

5. 专题

基础地质调查与专题研究相结合。在完成区调任务的同时,对雅鲁藏布江蛇绿岩带进行了联合剖面的测制和重点地段的地质解剖,并有针对性地采集必要的样品,以满足专题成果编制的需要。编写了区调专题报告《雅鲁藏布江蛇绿岩带(中段)地质特征》。

6. 高新技术应用

区调中,积极推行遥感技术为主的“3S”技术应用,将遥感解译贯穿工作全过程,野外填图中坚持卫片手图与地形手图并重,将测区划分为8个遥感解译分区,建立了37个地质体的遥感解译标志和2个构造解译标志，编制了1：25万拉孜县幅遥感地质解译图和《1：25万拉孜县幅区调遥感地质工作小结》。提高了填图工作的目的性、预见性及高效性。野外地质点全部应用人工目测和GPS定位双重方法定点，提高了定点精度。

7. 地质图的表示方法

(1)1：10万实际材料图

本次区调收集所有的野外资料全部表示在1：10万实际材料图上，其精度与野外地质手图一致。对地层单位的表示尽可能表示到组；对特殊岩层(如海底扇水道砾岩、灰岩等)全部予以表示。对构造现象的表示，不同层次、不同性质的构造要素全部区分表示。

(2)1：10万地质总图

除表示1：10万实际材料图上所有的地质内容外，还表示利用的1：20万地质路线资料。另外对同位素、古生物化石、特殊标志层也表示在地质图上。

(3)1：25万地质图

本次区调在1：25万编图过程中，对地层尽可能划分到组，岩段和混杂岩地质体界线以物质实体的空间分布形态为依据，突出较大规模的地质体及具有特殊意义的地质体、岩相等。对变形复杂的地质界线，在不影响构造格局的情况下，尽可能使地质体边界线条平滑、流畅。

(二)本次区域地质调查工作评估

1. 地质路线控制程度

测区空白区地质路线的间距一般在4～6km之间，对测区南部雅鲁藏布江缝合带及其南部混杂岩带分布区重点地段加密检查、追索路线，路线间距在3～5km左右。对1：20万谢通门幅区调覆盖区(1：10万侧布乡幅和1：10万谢通门幅)仅布置了检查路线，路线间距在10～15km左右。绝大部分地质路线均与构造线近垂直，路线总长3 160km。

2. 地质体的控制程度

测区不同时代的岩石地层单位及不同岩类的岩浆岩基本都有地质路线的控制。对昂仁蛇绿岩群、汤嘎蛇绿质混杂岩、破姆弄沉积质混杂岩和中贝沉积质混杂岩等空间展布、变化加强了控制。

3. 剖面对地层的控制程度

本次区调对测区不同时代的地层单位均有地质剖面控制(主体实测、部分修测)。尤其是一些较重要的地层单位均有2～3条剖面控制；对新建的侵入岩谱系单元进行剖面实测。

4. 剖面对构造的控制程度

测区内重要的构造界面，如区域构造分区、缝合带及蛇绿岩和混杂岩边界断裂，以及构造复杂地区，一般都有实测剖面或踏勘剖面控制，并有东西两条贯穿南北的路线剖面。

5. 对区调专题的调查

针对所设专题，本次区调在蛇绿岩带上测制了东、中、西3条剖面，在东拉和修康选择了2个大比例尺(1：10万)解剖区(面积分别为200km^{2}和150km^2)进行详细解剖。并加大了样品采集量。

二、地理底图和TM卫片

本次收集并使用的1：100 000地形图(野外手图和实际材料图)是由中国人民解放军总参谋部测绘局依据1970年航摄，1972年6月调绘、1974年出版的。1：100 000地形图是项目本次调查的工作底图，图面精度符合野外填图要求。本次收集并使用的1：250 000地形图是国家测绘局1985年编绘、1986年出版的。数据光盘由中国地质调查局提供，精度完全可以满足区调工作需要。

测区现有的遥感信息源主要为TM卫星数据，经微机图像处理和制作，分别形成1∶25万和1∶10万假彩色图像(4、7、3波段合成)。图像除在测区北西部冈底斯山脉局部有较多冰雪覆盖外，总体上影像清晰，色调丰富，立体感强；经过合理的波段选取、增强及合成，图像信息量丰富，提高了综合地质解译效果，能够满足本次区调工作的需要。

三、样品的测试

本次区调主要样品分析测试单位有：岩石化学分析、稀土元素和微量元素、人工重砂分析由湖北省地质实验所完成，电子探针分析由中国地质大学(武汉)测试中心完成，大化石及孢粉和牙形石由宜昌地质矿产研究所古生物中心分析鉴定，放射虫由中国地质大学(武汉)古生物中心分析鉴定，薄片鉴定由湖北省地质调查院完成。本次区调主要样品分析测试单位符合中国地质调查局要求，其分析精度符合任务书和设计要求。

第五节 工作任务完成情况

按照任务书和设计书的要求，本次区调工作分以下阶段进行。

一、设计编写阶段

本阶段为2000年1月—12月，组建项目组，对项目人员进行了工作前的业务培训；全面系统地搜集有关测区的地质、矿产、物化探、遥感及地形等资料，对其进行了系统的研究。对图区内TM卫片资料进行了图像处理并初译了卫片，编制了卫片解译简图。进行了三纵(南北向谢通门、彭错林、昂仁)一横(东西向沿318国道—219国道)的野外踏勘，以及主干剖面的测制，并实地验证了卫片初译成果，确立了解译标志；初步厘定了测区岩石地层单位和花岗岩类岩石谱系单位系统，完成了1∶5 000剖面测制79km，完成了试填图面积5 000km^2；8月底经中国地质调查局和西南项目办专家组野外工作重点抽查，图幅工作获得优秀级；在此基础上，初编了测区地质草图和编写了初步设计书，并于11月份在成都通过了设计审查，获优秀。

二、填图阶段

2001年1月—3月，进行了资料整理。4月—8月，开展了野外地质填图，完成了区域地质填图面积11 000km^2，测制了地层剖面70km。工作中充分利用卫片资料，以卫片解译测区构造轮廓及岩类分界，指导工作部署和野外联图。2001年6月底和7月底，项目负责人员分别在日喀则和拉萨参加了1∶25万区调研讨会。8月份湖北省地质调查院有关领导和专家在野外进行了检查和指导，8月下旬接受西南项目办质检组的野外复检。其后，根据检查意见进行补课，如中贝混杂岩区路线解剖和吉定昂仁组地层剖面补测。

2002年1月—5月，进行了原始资料的综合整理、全面质量检查，包括手图、野外记录本、总图、实际材料图、遥感解译和岩矿化分及古生物鉴定成果整理，完成了实测改正剖面及柱状图的绘制，样品整理及测试，各种卡片填制，成果总结，数字地质图的编制。6月中旬在武汉通过了中国地质调查局西南项目办组织的野外资料验收。

2002年7月—9月，根据野外验收的意见，针对冈底斯岩浆弧带石炭纪—二叠纪地层剖面实测、喜马拉雅地层区朗杰学岩群剖面补测、雅鲁藏布江蛇绿混杂岩带构造及南北向构造资料的收集、侵入岩和火山岩填图路线的补充和检查等问题进行了野外补课，完成了填图补课和检查路线共计580 km，补测剖面2.49km，达到了预期的目的。

整个野外工作完成的实物工作量见表1-2。

表 1－2　主要工作量一览表

类　　别	设计工作量	完成工作量	完成百分数
填图面积（km^2）	16 218	16 218	100%
填图路线（km）	3 000	3 160	105%
实测剖面（km）	150	151.49	101%
地质点(个)		1 568	
标本薄片（块）	1 200	1 620	135%
硅(碳)酸盐岩(个)	100	112	112%
稀土元素分析(个)	80	89	111%
微量元素分析(个)	80	89	111%
化　石　（个）	300	206	163%
放 射 虫（个）		178	
孢　粉　（个）		69	
牙 形 石（个）		36	
K－Ar 同位素年龄(件)	135	72	60%
Pb－Pb 同位素(件)		3	
Sm－Nd 同位素(件)		3	
Rb－Sr 同位素(件)		3	
人工重砂（个）	20	7	35%
电子探针(点)		31	
定量光谱（个）	500	235	47%
拣块样(个)		38	

三、报告编写阶段

2002 年 10 月，在完成野外补课工作后，即转入室内资料的最终整理和报告编写阶段。对各类原始资料及测试结果以及前人的资料进行综合整理和分析，编制测区地质图及其他系列图件，编写图幅区域地质调查报告。至 2003 年 3 月，全面完成区域地质调查报告的编写及图件编制。2003 年 4 月，由中国地质调查局在成都对成果报告及图件进行了验收，其后，项目组根据验收意见对报告及图件进行了修改。2004 年 3 月，向中国地质调查局资料馆西南分馆汇交了成果资料，至此，项目工作全部完成。

第二章　地　层

测区地层区划属于藏中南滇西大区，由北向南跨及冈底斯—腾冲区，雅鲁藏布区和喜马拉雅区（图 2-1）。主要出露三叠系、侏罗系、白垩系、古近系，零星出露石炭系、二叠系、新近系及第四系，约占图幅总面积 68%。按其沉积组合特征，各地层区岩石地层单位划分见表 2-1。

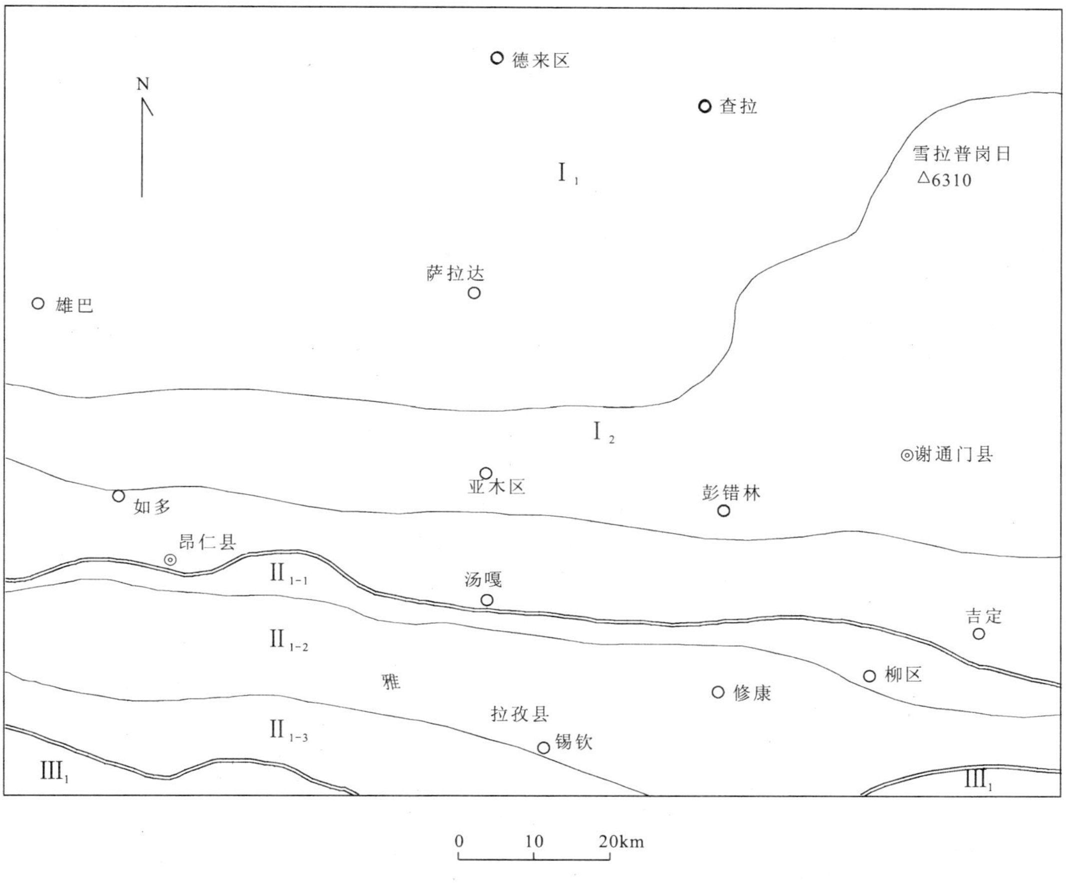

图 2-1　地层分区图

Ⅰ. 冈底斯—腾冲地层区；Ⅱ. 雅鲁藏布江地层区；Ⅲ. 喜马拉雅地层区；Ⅰ$_1$. 隆格尔—南木林分区；Ⅰ$_2$. 拉萨—察隅分区；Ⅰ$_3$. 日喀则分区；Ⅱ$_1$. 昂仁—罗布莎分区；Ⅱ$_{1-1}$. 蛇绿岩小区；Ⅱ$_{1-2}$. 仲巴—扎达小区；Ⅱ$_{1-3}$. 拉孜—曲松小区；Ⅲ$_1$. 康马—隆子分区

表 2-1　测区构造-地层综合分区与岩石地层单位序列表

地质时代			喜马拉雅	雅鲁藏布江					
			康马—隆子	昂仁—罗布莎			日喀则	拉萨—察隅	隆格尔—南木林
代	纪	世		拉孜—曲松	仲巴—扎达	蛇绿岩			
新生代 Kz	第四纪 Q	Qh	Qh^{al} 冲积	Qh^{pal} 洪冲积	Qh^{eol} 风积	Qh^{l} 湖积	Qh^{fl} 沼泽堆积		Qh^{gl} 冰川堆积
		Qp	Qp^{al} 冲积	Qp^{gl+gf} 冰水、冰川堆积					
	新近纪 N	N_2							
		N_1						E_3N_1d 大竹卡组	
	古近纪 E	E_3							
		E_2		$E_{1-2}Lq$ 柳区群				E_2q 秋乌组	林子宗群：E_2p 帕那组；E_2n 年波组
		E_1							林子宗群：E_1d 典中组
中生代 Mz	白垩纪 K	K_2					日喀则群 昂仁组 $K_{1-2}a^2$ 二段	$K_2\hat{s}$ 设兴组	
		K_1				$K_1\hat{c}$ 冲堆组	日喀则群 昂仁组 $K_{1-2}a^1$ 一段	桑日群：K_1b 比马组；J_3K_1m 麻木下组；K_1t 塔克那组；$K_1\hat{c}m$ 楚木龙组	
	侏罗纪 J	J_3	J_3w 维美组	$J_3K_1P^M$ 破姆弄混杂岩	$J_3K_1T^M$ 汤嘎混杂岩	昂仁蛇绿岩群：$J_3K_1A^{\beta}$ 基性熔岩段；$J_3K_1A^N$ 基性岩段；$J_3K_1A^{\Sigma}$ 超基性岩段			
		J_2	$J_{2-3}\hat{z}$ 遮拉组						
		J_1	$J_{1-2}r$ 日当组						
	三叠纪 T	T_3	T_3n 涅如组	郎杰学岩群：T_3L_3 三岩组；T_3L_2 二岩组；T_3L_1 一岩组；$T_{2-3}Z^M$ 中贝混杂岩	修康群：T_3X^2 二段；T_3X^1 一段				
		T_2			$T_{1-2}Q$ 穷果群				
		T_1							
古生代 Pz	二叠纪 P	P_3			P_2l 浪错岩块				
		P_2							
		P_1							$P_{3-2}x$ 下拉组
	石炭纪 C	C_2							C_2P_1a 昂杰组；C_2l 拉嘎组
		C_1							C_2y 永珠组

第一节　冈底斯—腾冲地层区

一、石炭系—二叠系

主要分布于北部孔姆拉—查拉区及东北角，属隆格尔—南木林地层分区。地层走向多呈近东西向，构成近东西向紧密褶皱群。从石炭系—二叠系为一连续沉积过程。根据岩性和古生物特征，结合前人资料，从下至上依次划分为永珠组、拉嘎组、昂杰组和下拉组。其划分沿革见表 2-2。

表 2-2　晚石炭世—早二叠世地层划分沿革

<table>
<tr><th colspan="2">夏代祥
(1979)</th><th>林宝玉
(1981)</th><th>杨式溥、
范影年
(1982)</th><th colspan="2">1：100 万
日喀则幅
(1983)</th><th>西藏自治区
区域地质志
(1993)</th><th>1：20 万
谢通门幅
(1996)</th><th>西藏自治区
岩石地层
(1997)</th><th>本书
(2003)</th></tr>
<tr><td colspan="2" rowspan="2">下拉组
P_1</td><td>下拉组 P_1</td><td rowspan="2">下拉组
P_1</td><td colspan="2" rowspan="2">下拉组
P_1x</td><td>下拉组 P_1</td><td rowspan="2">下拉组
P_1x</td><td rowspan="2">下拉组
P_1x</td><td rowspan="2">下拉组
$P_{1-2}x$</td></tr>
<tr><td>日阿组 P_1</td><td>日阿组 P_1</td></tr>
<tr><td colspan="2" rowspan="2">昂杰组
Ca</td><td rowspan="2">昂杰组
C_2</td><td>朗玛日阿组
C—P</td><td rowspan="3">朗玛日阿组
C_2</td><td rowspan="2">昂杰组
C_2a</td><td rowspan="2">昂杰组
C_2a</td><td rowspan="2">昂杰组
C_2a</td><td rowspan="2">昂杰组
C_2a</td><td rowspan="2">昂杰组
C_2P_1a</td></tr>
<tr><td>昂杰组
C—P</td></tr>
<tr><td rowspan="2">永珠组
C_{1-2}</td><td>上组</td><td>拉嘎组
C_2</td><td>斯新组
C_2</td><td>斯新组
C_2s</td><td>斯新组
C_2s</td><td>拉嘎组
C_2l</td><td>拉嘎组
C_2l</td><td>拉嘎组
C_2l</td></tr>
<tr><td>下组</td><td>永珠公社组
C_{1-2}</td><td>永珠段
C_1</td><td rowspan="2">永珠群
C_1</td><td>中上段</td><td rowspan="2">永珠群
C_1Yn</td><td rowspan="3">永珠组
C_1y
未见底</td><td>永珠组
C_1y</td><td rowspan="3">永珠组
C_1y
未见底</td></tr>
<tr><td colspan="2" rowspan="2">查果
罗马组
D_3-C_2</td><td>洛工组
C_1</td><td>巴日阿朗
寨组 C_1</td><td>下段</td><td rowspan="2">查果罗马组
D_2C_1c</td></tr>
<tr><td colspan="5">查果罗马组 D_3c</td></tr>
</table>

(一)剖面描述

1. 谢通门县龙桑区麦打张二叠纪下拉组实测地层剖面

该剖面位于本图幅北东角外侧(图 2-2，系引用 1997 年 1：20 万谢通门幅地质报告资料①)。

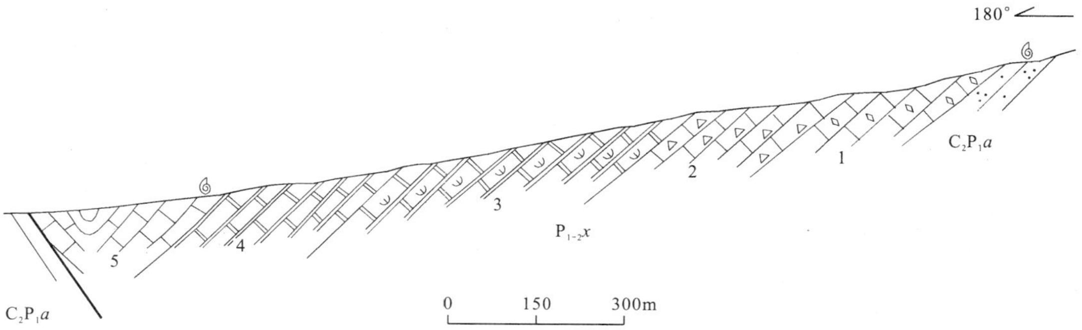

图 2-2　谢通门县龙桑区麦弄村下拉组实测剖面图

① 西藏区调队. 1：20 万谢通门幅区域地质调查报告，西藏地矿局，1997.

下拉组($P_{1-2}x$)	**(未见顶)**	**>1 007.80m**
5. 浅灰—灰色中层状细晶灰岩(未见顶),产珊瑚及腹足类化石碎片		160m
4. 灰白色块层状大理岩		200m
3. 灰白色厚层含蛇纹石大理岩		297.6m
2. 浅紫红色角砾状灰岩		178.8m
1. 灰白色中层结晶灰岩		171.4m

———————— 整　合 ————————

下伏地层:昂杰组　深灰色中层细粒石英砂岩夹深灰色中厚层结晶灰岩

　　䗴类:*Crbgostonum* sp.

　　珊瑚:*Lonsdaleia* sp.

2. 谢通门县查拉乡拉嘎组—昂杰组实测地层剖面

该剖面起点地理位置为E87°51′,N29°54′(图2-3,2002-07)。

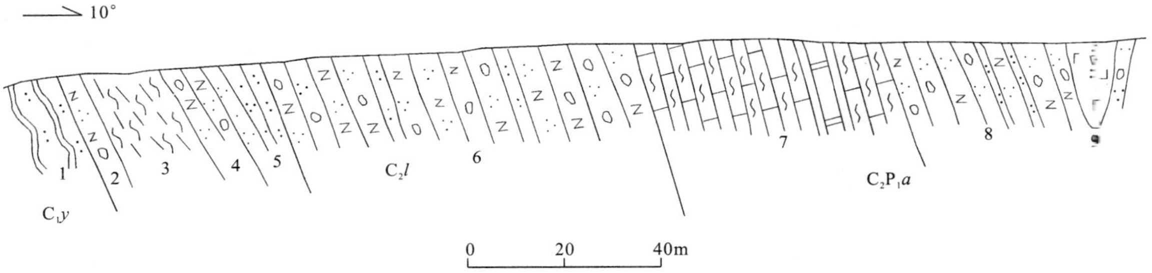

图2-3　谢通门县查拉乡拉嘎组—昂杰组实测地层剖面图

昂杰组(C_2P_1a)	**(未见顶)**	**>49.77m**
9. 深灰色厚层状初糜棱岩化含砾细砂岩、角岩化粉砂岩夹层状拉斑玄武岩		4.56m
8. 灰白色中—厚层初糜棱岩化含砾长石石英砂岩夹薄层砂岩		20.27m
7. 浅灰色薄层条带灰岩变质后形成含透闪石片状大理岩		24.44m

———————— 整　合 ————————

拉嘎组(C_2l)		**71.21m**
6. 灰白色中—厚层初糜棱岩化变含砾石英长石砂岩夹变粉砂岩		48.76m
5. 浅灰色薄层变质细粒石英砂岩		6.67m
4. 灰白色初糜棱岩化变含砾石英长石砂岩夹石英钠长绿泥千枚岩		4.76m
3. 灰—浅灰色石英钠长绿泥千枚岩夹变含砾石英长石砂岩		9.15m
2. 灰白色厚层糜棱岩化变含砾石英长石砂岩		1.87m

———————— 整　合 ————————

下伏地层:永珠组　粉砂质板岩

3. 谢通门县查拉乡石炭纪永珠组实测地层剖面

该剖面起点地理位置为E87°50′,N29°53′(图2-4,2002-07)。

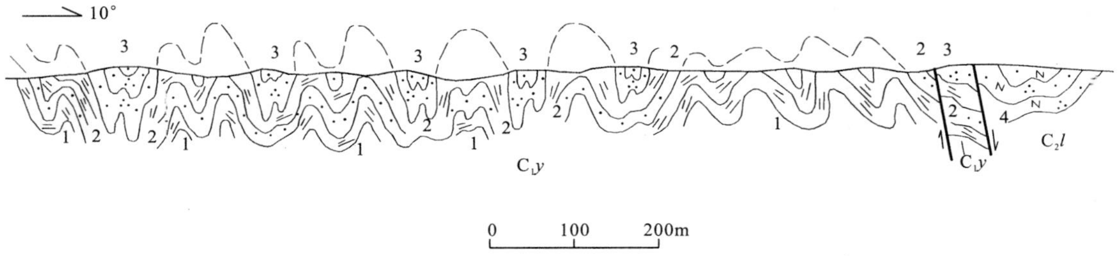

图2-4　谢通门县查拉乡石炭纪永珠组实测地层剖面图

上覆地层：拉嘎组　灰白色中厚层变钙质细粒长石石英砂岩夹变粉砂质板岩

—————————— 整　合 ——————————

永珠组(C_1y)	**>460.23m**
3. 浅灰—灰白色中—厚层石英砂岩，糜棱岩化石英砂岩，时夹粉砂质绢云板岩	79.62m
2. 灰色粉砂质绢云板岩与中层细砂岩和石英砂岩互层	211.84m
1. 深灰色绢云板岩，时夹薄层变粉砂岩	168.77m

（未见底）

（二）沉积特征及区域对比

1. 永珠组(C_1y)

见于图幅北部德来、查拉等地。主要岩性为灰—深灰色薄层变质粉砂岩及深灰色千枚岩或板岩、中层变质细砂岩、变质石英砂岩。该组以灰—深灰色调为主，单层主要呈薄—中层状水平层理和平行层理。岩层纵向结构总体由页岩、粉砂质页岩—细砂岩、石英砂岩组成向上变粗沉积韵律。其中，页岩、含粉砂质页岩逐渐变为粉砂质页岩。石英砂岩由中一细粒向上逐渐变为中—粗粒石英砂岩、长石石英砂岩；产腕足类、腹足类、双壳类及刺毛虫、海百合茎等化石。上述组合特征清楚，显示为进积型沉积结构。沉积特征表明为滨海—浅海沉积环境。本组在区内未见底，厚度大于460.23m。其岩性组合和厚度可与申扎县永珠正层型剖面与谢通门仁堆区剖面相互对比（图2-5）。通过对比，可以确认本区永珠组由两种基本岩性组成，即下部以泥质岩类为主，上部以粗碎屑岩类为主。

区内永珠组普遍遭受低级区域变质，砂岩多具变余砂状结构，页岩变质为千枚岩或板岩，局部发生较强片理化。经历多次构造作用后，原始岩层遭受强烈挤压变形而产生紧密褶皱，并被劈理置换，使原始成分层难以辨认。

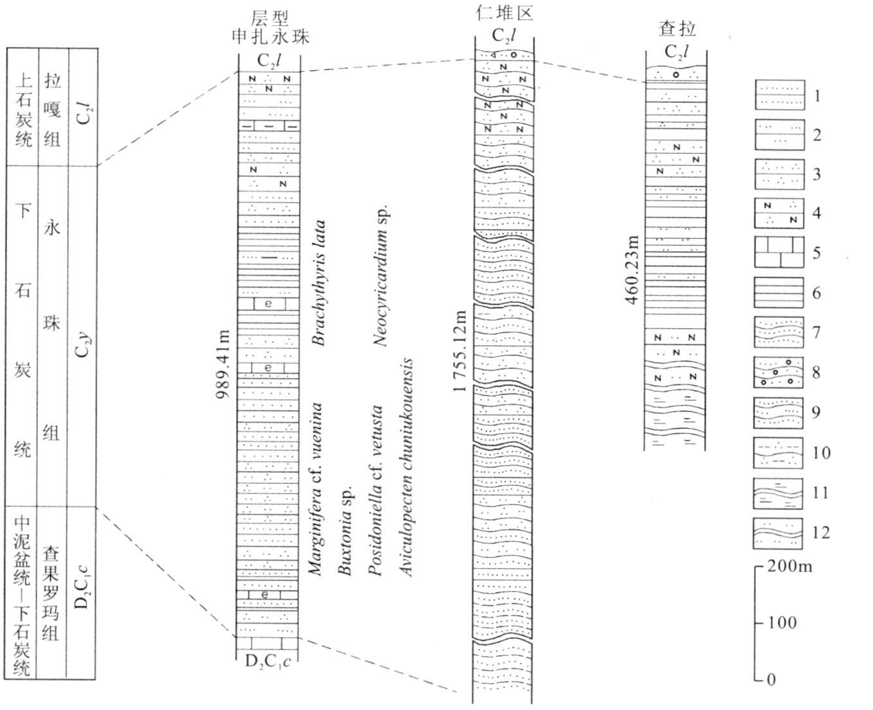

图2-5　永珠组区域柱状对比图

1. 粉砂岩；2. 钙质粉砂岩；3. 石英砂岩；4. 长石石英砂岩；5. 生物碎屑灰岩；6. 页岩；7. 变质砂岩；8. 含砾砂岩；9. 千枚状粉砂岩；10. 黑云石英片岩；11. 绢云母板岩；12. 粉砂质页岩

2. 拉嘎组(C_2l)

于图幅北部孔姆拉、查拉一带出露。主要为灰黄—黄褐色中厚层状变含砾长石砂岩,变含砾石英长石砂岩,夹粉砂质页岩,局部夹灰白色碎裂石英砂岩。本组以含砾为基本特征,以石英砂岩和细砂岩为主,底部为厚层含砾石英长石砂岩。垂向沉积结构由下至上由细砂岩—含砾石英长石砂岩组成进积型层序。其中细砂岩较稳定,石英长石砂岩向上逐渐变为含石英砂岩、含砾粗砂岩等,砾石向上含量明显增高。区内含量较高地段在普桑一带,可达25%,砾石成分主要为脉石英、硅质岩、花岗岩、砂岩等,磨圆度中等,多呈圆—次圆状,砾石大小不太均一,砾径大者约2～3cm,一般约1cm,砾石受后期石英岩化作用影响,其边界有时模糊难辨。沉积单层总体具向上变厚特征,含砾岩层最厚可达4m,层面常见冲蚀沟及槽模,局部见斜层理。组内还常见一些因随机事件产生的重力流碎屑角砾岩沉积,反映出沉积物丰富及沉积基底的不稳定性。上述特征表明拉嘎组属明显的滨海相前滨—近滨部位的沉积环境。下部粉砂质页岩中含腕足类化石,并与下伏永珠组呈整合接触(图2-6)。厚71.21m。其沉积组合特征基本可与正层型申扎县永珠剖面和仁堆剖面对比(图2-7),但上述两地厚度明显增大,其永珠剖面厚980m、仁堆剖面厚2 753m,与本区厚度极不协调。由于该地层受后期褶皱改造较大,常发生地层重复,因此,查明并恢复其原始沉积序列,对正确计算本组厚度十分重要。

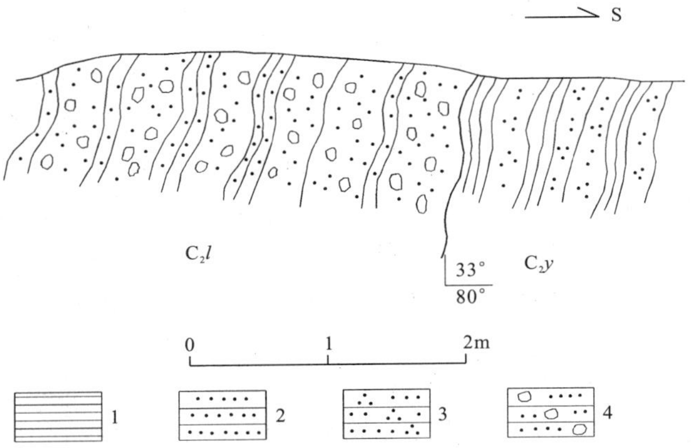

图2-6　查拉永珠组与拉嘎组整合接触素描图

1.页岩;2.砂岩;3.石英砂岩;4.含砾砂岩

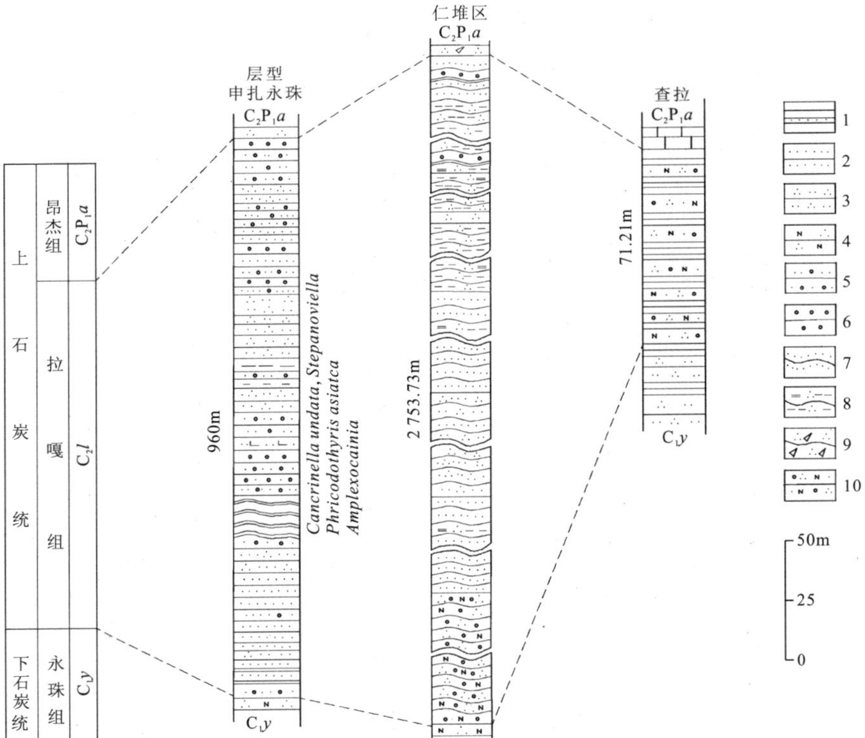

图2-7　拉嘎组区域柱状对比图

1.页岩;2.粉砂质砾岩;3.石英砂岩;4.长石石英岩;5.含砾砂岩;6.细砾岩;7.变砂岩;8.二云石英片岩;9.碎裂石英岩;10.含砾石英长石砂岩

拉嘎组受区域变质作用影响，其砂岩类岩石普遍发生低级变质，形成变余砂状结构，但原始层理大多明显可辨，粉砂质页岩层则变质为千枚岩或板岩，可见有硬绿泥石、石榴石等变质矿物，属低绿片岩变质相。在受区域变质作用的同时，本组亦受到区域挤压构造作用影响，使岩石发生强烈变形，多为同斜倒转褶皱，在孔姆拉和查拉一带，这种同斜褶皱十分发育，局部发生明显轴面劈理，并产生劈理置换，使原始层理在其褶皱翼部拉长或拉断，形成大型透镜体，核部加厚而变得肥大。

3. 昂杰组(C_2P_1a)

于图幅北部德来、查拉一带出露。下部主要为灰白色薄层泥质条带灰岩，条带发育，由灰泥与泥质条带组成的沉积韵律层对十分清楚，泥质条带多为水平层理，局部形成丘状层理。岩层常因低级变质而形成大理岩化；上部主要为灰—灰黑色薄层状变质粉砂岩、砂质绢云板岩夹中层状变质细粒石英砂岩和含砾岩屑杂砂岩，时夹薄层生物碎屑灰岩和拉斑玄武岩。灰岩中产苔藓、刺毛虫、海百合茎及少量腕足类、双壳类化石。岩性组合以细粒石英砂岩—粉砂岩—页岩(板岩)为基本沉积韵律，向上细粒石英砂岩逐渐减少，或呈夹层出现，页岩则占主要地位，组成总体向上变细的退积型沉积层序，每个韵律层厚约2～4m，沉积单层以薄层状水平层理为主。上述沉积特征表明，该组属滨海潮坪—浅海陆棚沉积环境。与下伏拉嘎组呈整合接触。厚度大于49.77m，申扎县正层型剖面厚118.63m，其沉积组合特征可与正层型剖面和青都剖面相互对比(图2-8)。

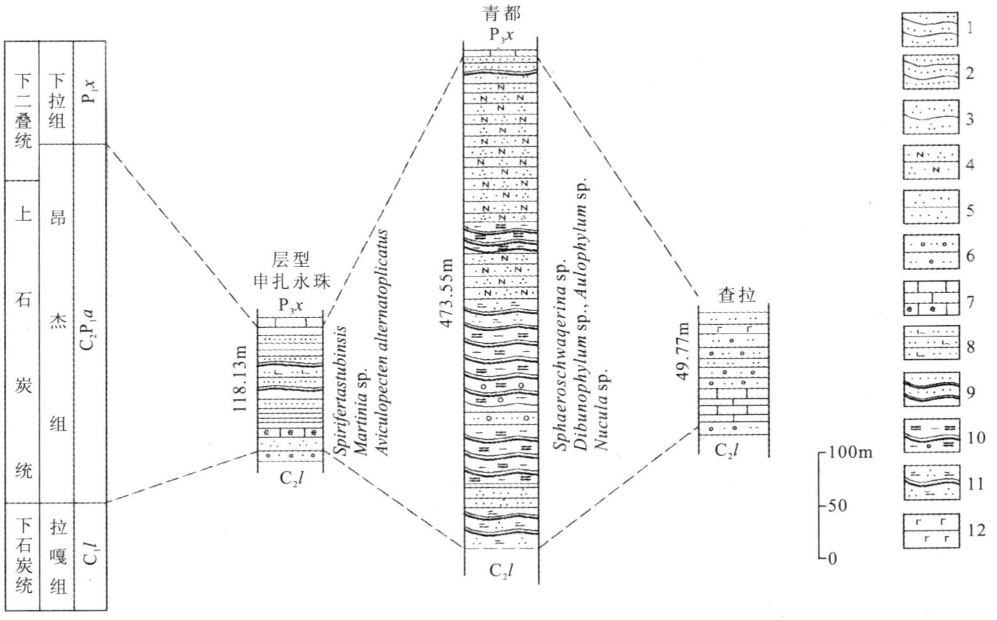

图 2-8　昂杰组区域柱状对比图

粉砂岩；2. 变质砂岩；3. 变质石英砂岩；4. 长石石英砂岩；5. 石英砂岩；6. 砂砾岩；7. 灰岩、含生物屑灰岩；8. 钙质砂岩；9. 砂质板岩；10. 二云板岩、含砾石英板岩；11. 绢云石英板岩；12. 玄武岩

昂杰组一般出露于紧密褶皱的向斜轴部，也是受挤压作用最强烈的部位，因此，常发育轴面劈理和脆性断层，使岩层压扁拉长，而形成较大透镜体，绕透镜体多发生糜棱岩化和片理化。本组亦普遍遭受低绿片岩相区域变质作用，其中变质粉砂岩具显微鳞片变晶结构、变余砂状结构，矿物成分以石英为主，达70%，黑云母17%，绢云母10%，磁铁矿2%～3%。测定原岩为泥质粉砂岩；砂质绢云板岩具鳞片变晶结构，粘土矿物占50%、绢云母占45%。

4. 下拉组($P_{1-2}x$)

出露于图幅东北角。主要岩性为灰白色中—厚层结晶灰岩、含生物灰岩，块状大理岩、纹带状蛇纹石化大理岩夹紫红色薄—中层生物碎屑灰岩、砂质灰岩和泥质灰岩等。岩性排列组成特征向上依次为紫红色薄层条带灰岩、生物碎屑灰岩—中层状砂岩、含生物灰岩—中厚层块状灰岩、生物灰岩，三者反复叠置形成进积型沉积层序。其中下部层向上逐渐消失，中部层保持稳定，上部层则形成本组主要岩性层。从而发展成为稳定的碳酸盐岩台地。灰岩内所含化石丰富，且种类繁盛，产有珊瑚、海百合茎、䗴类、头足类、双壳类、腕足类、三叶虫及螺类、苔藓等化石，局部形成生物礁灰岩，主要是骨架岩和粘结岩。本组未见顶，下与昂杰组呈整合接触。厚度大于 1 007.80m。

区内下拉组受区域变质作用影响，常发生重结晶和大理岩化，局部受断裂活动影响而破碎，并形成角砾岩带。

（三）生物特征与时代讨论

1. 永珠组

本组在申扎地区十分发育，并含丰富化石，自夏代祥等(1979)命名以来，先后有林宝玉(1983)、杨式溥、范影年(1981)等学者作过详细研究，取得了较大进展。并在层型剖面下部和中上部的薄层生物碎屑灰岩采获腕足类 *Brachythyris lata*，*Buxtonia* sp. *Marginifera* cf. *vuenina*；双壳类 *Posidoniella* cf. *vetusta*，*Neocyricardium* sp.，*Aviculopecten chuniukouensis*；腹足类 *Bellerophon* sp. 等。在申扎县德日昂玛一带还见珊瑚 *Rhopalolasma*，*Zaphrentites*，*Barrendeophyllum*，*Homalophyllum*，*Mirusophyllum*；腕足类 *Chonetipustula*，*Balakhonia*，*Productus*，*Fluctuaria*，*Dictyoclosus* 等。其中所含 *Rhopalasma*，*Mirusophyllum* 是西欧早石炭维宪世中期的产物。与我国早石炭世大塘期大致相当。*Homalophyllum* 亦在北美密西西比系上部出现，所含腕足类 *Chonetipustula* 亦是前苏联维宪世中、晚期常见分子。

杨式溥、范影年(1981)亦把含有 *Chonetiputula*，*Fluctuaria*，*Marginifera* 等腕足类分子，归建为 *Chonetiputula*－*Balarhonia* 组合带，将其地质时代置于早石炭维宪世晚期。

据上述研究结论，本区永珠组时代无疑属早石炭世中、晚期的沉积产物。

2. 拉嘎组

主要在其下部页岩中产腕足类及少量小型单体珊瑚。腕足类主要有 *Cancrinella undata*，*Stepanoviella*，*Choristies* sp. *Phricodothyrisasiatica*，*Eomarginifer* cf. *viseniana*，*Martinothyris lineata* 等，是上石炭统下部常见分子；*Phricodothyris asiatica* 是我国西南地区威宁组重要分子；珊瑚主要有 *Cyathaxonia lomonosovi* 及 *Amplexocainia*，是我国西北地区羊虎沟组主要分子，也是前苏联顿涅茨盆地上石炭统下部常见分子。

杨式溥、范影年(1981)在研究申扎一带拉嘎组生物群时，曾将其间含有 *Choristites xizngensis*，*Eomarginifer xizngensis*，*Phricodothyris* 等腕足类分子进行详细研究界定，并建立 *Rugooncha*－*Choristites* 组合带，将其置于晚石炭世早期。

据其上述研究结果，本区拉嘎组地质时代应归属晚石炭世早期。

3. 昂杰组

昂杰组常夹有薄层生物屑灰岩，其间含有较丰富的生物化石，具时代意义的化石主要有产于顶部的双壳类 *Aviculopecten alternatoplicatus*，它是我国北方太原群重要分子；腕足类有 *Marginifer orientalis*，*Stepanoviella* sp.，*Dictyoclostus gruenewaldit*，*D. afghanensis*，*Dielasma* cf. *itaitubense*，*Spirifer tastubinsis*，*Stenoseisma* cf. *purdoni*，*Trigonotreta* sp. 等，多为我国南方晚石炭世马平组或船山组的常见分子，而 *Stepanovialla* 和 *Trigonotreta* 则是南亚印度乌马利亚海相层的主要分子，也是喜马拉雅地区晚石炭世地层的主要分子；珊瑚为小型单体，主要有 *Amplexus romonovskyi*，常于前苏联顿涅茨盆地上石炭统上部出现。

杨式溥、范影年于 1981 年曾对申扎地区含有 *Marginifer*，*Dictyoclostus* 等腕足化石层位，作过细致划分，并建立 *Dictyoclostus*－*Stepanoviella* 组合带，其地质时代归属于晚石炭世晚期。

据 1997 年西藏 1∶20 万谢通门幅区调报告①资料，本组上部采获有孔虫类 *Sphaeroschwaqerina* cf. *uddeni*，*Cribrogenerina*，*Paraconica*，*Cribyostomum* sp. 等，其地质时代为晚石炭世—早二叠世。鉴于本组顶部黑色板岩与上覆早二叠世下拉组底部灰岩呈整合接触，因此昂杰组应为由晚石炭世—早二叠世沉积的跨时地层单位。

需要指出，本组所产化石种类虽较丰富，但各自有其生长特点。早石炭世早期，以腕足类为主，珊瑚、䗴类较少，且多为冷水型生物群；晚石炭世晚期，上述生物更加繁盛，所产腕足既有冷水型，又有暖水型，珊瑚虽有所增加，但仍为小型单体种属。因此本区整个晚石炭世处于中高纬度区寒冷的冰滨海—冰浅海相沉积环境。

4. 下拉组

本组主要为一套碳酸盐岩地层，所含生物化石丰富，其中䗴类主要有 *Nankinella* sp.，*Verbeekina* sp.，*Neoschwagerina*，*Pseudodoliolina ozawai*，*Schwagerina*，*Pseudofusulina* 等，其中 *Nankinella* 和 *Verbeekina* 是我国扬子地层区中二叠统栖霞组和茅口组重要分子和标准化石，其他亦属冈瓦纳—古特提斯相区中二叠统的重要分子和主要化石及带化石组合，同时，也说明上述两个地层区海水相通，使该组生物混生；腕足类主要有 *Spiriferella* cf. *saltiri*，*Calliomarginatia* cf. *himalayensis*，*Neospirifir*，*Linoprodnctus* 等，亦属西藏冈瓦纳—古特提斯相和华夏—古特提斯相区早—中二叠世的主要化石带组成分子和主要化石；珊瑚 *Verbeekiella*，*Lophophyllidiam*，*Lophocarinophyllum*，*Iranophylla*，*Tachyasma*，*Wannerophyllam* 及苔藓虫 *Fistulipora*，*Fenestella*，*Polypora* 等，均为本区早—中二叠世的重要分子和主要化石，同时也具有冷温型和暖水型的混生特点。由此可以确定本区下拉组处于海水通畅的受控于冷暖气候交替作用的中纬度浅海台地相沉积环境。其地质时代置于早—中二叠世为宜。

二、侏罗系—白垩系

（一）拉萨—察隅分区

为活动岛弧内侧小型盆地沉积，主要为一套含火山物质的陆内碎屑岩夹碳酸盐岩地层。自下而上可划分为桑日群、楚木龙组、塔克那组和设兴组。

1. 剖面描述

（1）昂仁县亚模乡萨拉达村麻木下组与比马组实测地层剖面（图 2-9，2001－06）

该剖面起点地理位置为 E87°38′、N29°39′。

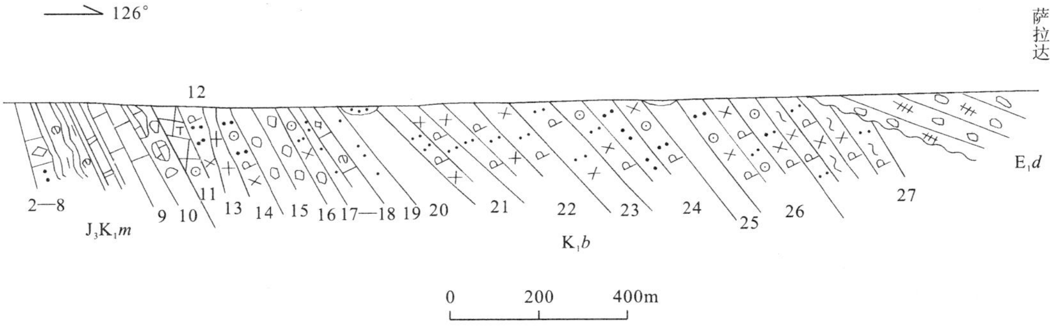

图 2-9　亚模乡萨拉达村麻木下组与比马组实测地层剖面图

上覆地层：典冲组（E_1d）

～～～～～～～～～～　角度不整合　～～～～～～～～～～

---

① 西藏区调队. 1∶20 万谢通门幅区域地质调查报告，西藏地矿局，1997.

比马组(K_1b) **944.90m**

27. 灰—灰绿色条带状沉基性凝灰岩 83.97m
26. 灰—深灰色含榴沉基性凝灰岩 123.56m
25. 掩盖 49.60m
24. 灰绿色含榴沉基性凝灰岩夹凝灰质粉砂岩 139.16m
23. 浅灰色厚层沉基性岩屑凝灰岩夹薄层沉基性凝灰岩，风化面见水平纹层 55.00m
22. 灰绿色沉基性凝灰岩 134.33m
21. 灰黄色中厚层沉基性岩屑凝灰岩，局部夹变基性超浅成岩 71.82m
20. 掩盖 43.94m
19. 灰黄色厚层凝灰质细砂岩夹方解石榴石矽卡岩 35.83m
18. 浅灰黄色厚层块状含生物屑结晶灰岩夹石榴斜长透辉矽卡岩 2.48m
17. 浅灰色中厚层凝灰质砂岩夹石榴透辉斜长矽卡岩。砂岩下部常见斜层理 25.13m
16. 灰—灰绿色含砾含榴沉基性凝灰岩与沉基性凝灰岩不等厚互层 17.56m
15. 浅灰—灰绿色巨厚层状砾岩 65.60m
14. 浅灰色中层含榴沉基性凝灰岩，上部偶夹薄层凝灰质砂岩 25.90m
13. 灰黄色花岗斑岩脉 4.89m
12. 灰—灰绿色厚层沉基性凝灰岩夹含榴沉基性岩屑凝灰岩，下部常见双向斜层理 15.30m
11. 浅灰色中厚层条带状石榴透辉斜长矽卡岩 35.83m

———————— 整　合 ————————

麻木下组(J_3K_1m) **>199.23m**

10. 浅灰—灰白色巨厚层状灰岩角砾岩，上部为复成分砾岩 57.96m
9. 浅灰白色不等晶灰岩 44.77m
8. 浅灰色厚层砂糖状含藻砂屑—粉屑细晶灰岩夹薄层泥灰岩 27.75m
7. 灰—深灰色厚层含燧石结核大理岩 12.62m
6. 浅灰色厚—中厚层片状大理岩 23.33m
5. 灰白色薄—厚层钙质砂岩 13.72m
4. 浅灰色厚层沉基性凝灰岩 5.14m
3. 灰色含斑点状粘土质粉砂岩 7.56m
2. 深灰色中—厚层含生物屑泥板岩夹浅灰白色含磷灰石条带基性凝灰质微—细晶灰岩 >5.38m

（未见底）

(2)谢通门县拉嘎乡冲党村楚木龙组实测剖面(引用1997年1∶20万谢通门①幅实测剖面第9—23层资料)

该剖面位于本图幅外北东方向约16km。

上覆地层：塔克那组　灰白色中薄层状灰岩夹灰色含生物碎屑灰岩及灰色钙质板岩，产圆笠虫 *Orbitolina tibetica*，*O. swtum*.

———————— 整　合 ————————

楚木龙组(K_1cm) **1 222.22m**

23. 灰色薄—中层细砂岩夹薄层粉砂质泥岩 21.50m
22. 灰色中层含砾粗砂岩 4.90m
21. 杂色厚层中—细粒复成分砾岩 31.28m
20. 灰色中层细粒石英砂岩夹灰色薄层粉砂质泥岩 40.03m
19. 灰色薄层含炭粉砂质泥岩夹砂岩透镜体 185.00m
18. 黄绿色薄层含粉砂质泥岩夹灰色薄层细粒砂岩 72.80m
17. 黄绿色薄层泥岩 13.20m

---

① 西藏区调队. 1∶20万谢通门幅区域地质调查报告，西藏地矿局，1997.

16. 黄绿色粉砂质泥岩夹灰色细粒砂岩 400.64m
15. 灰色中层细粒砂岩夹灰色泥质粉砂岩 136.87m
14. 灰色中层泥质粉砂岩夹灰色薄层细粒砂岩 51.00m
13. 灰绿色厚层细粒砂岩 34.00m
12. 灰色中厚层细粒砂岩夹泥质粉砂岩 117.50m
11. 灰色中厚层细粒石英砂岩 42.00m
10. 灰色薄层粉砂质泥岩夹浅灰色厚层细粒砂岩 28.00m
9. 灰白色中层细粒石英砂岩 37.50m

——————— 整 合 ———————

下伏地层:林布宗组 灰黑色炭质板岩夹灰色薄层细粒砂岩

(3)谢通门县拉嘎乡冲克村塔克那组实测剖面(引用 1996 年 1∶20 万谢通门幅[①]实测剖面第 24—32 层资料)

该剖面位于本图幅外北东约 16km 处。

上覆地层:设兴组 紫红色薄中层粉砂质泥岩

——————— 整 合 ———————

塔克那组(K_1t) 259.32m

32. 紫红—灰绿色泥质粉砂岩夹灰色厚层泥灰岩,产双壳类化石碎片 48.00m
31. 灰色中层结晶灰岩 6.65m
30. 灰白色厚层砂质灰岩 10.40m
29. 灰白色角砾状灰岩 90.80m
28. 灰白色厚层细晶灰岩 34.40m
27. 灰色薄层生物屑泥灰岩夹灰黄色粉砂质板岩 14.83m

圆笠虫:*Orbitolinatexana*

O. rochus

26. 灰色中层含生物碎屑灰岩 11.97m

圆笠虫:*Orbitolina ttibetica*

25. 灰黑色中厚层含炭质泥晶灰岩 15.75m
24. 灰白色中薄层灰岩夹灰色含生物碎屑灰岩及灰色钙质板岩 26.52m

圆笠虫:*Orbitolinatibetica*

O. scutum

——————— 整 合 ———————

下伏地层:楚木龙组 灰色薄—中层细砂岩夹薄层粉砂质泥岩

(4)谢通门县拉嘎乡冲党村设兴组实测剖面(引用 1996 年 1∶20 万谢通门幅[①]实测剖面第 33—48 层资料)

该剖面位于本图幅北东约 16km 处。

上覆地层:典中组 灰绿色厚层安山玄武岩

~~~~~~~ 角度不整合 ~~~~~~~

设兴组($K_2\hat{s}$) 525.78m

48. 紫红色薄层含铁粉砂质凝灰质泥岩 54.40m
47. 灰绿色粉砂质泥岩夹灰色薄层生物碎屑灰岩 9.35m
46. 灰绿色薄层泥质粉砂岩夹灰绿色粉砂质泥岩及生物碎屑灰岩透镜体 20.01m
45. 灰色中厚层生物碎屑灰岩 4.35m

双壳类:*Disparilia* sp.

Disparilisdorbiqny

Sphaera sp.

---

① 西藏区调队. 1∶20 万谢通门幅区域地质调查报告,西藏地矿局,1997.
~~~~~~~

44. 灰绿色薄层粉砂质泥岩夹灰色生物碎屑灰岩透镜体　　115.89m
双壳类：*Porueniella* sp.
Disparilia sp.
Disparilisdorbiqny

43. 黑灰色中薄层状灰岩与灰绿色含钙泥岩互层　　18.80m
圆笠虫：*Orbitolina texana*
O. trochus

42. 灰绿色薄层粉砂质泥岩夹灰色硅质泥晶灰岩及生物灰岩透镜体　　151.52m
双壳类：*Disparilia* sp.
Disparilis dorbiqny
Psedocardia sp.
Thyasira sp.
Linearia sp.
圆笠虫：*Orditolinatexana*
Orditolina texana
O. minta

41. 灰绿色薄—中层泥质粉砂岩夹紫红色粉砂质泥岩　　43.80m

40. 紫红色泥质粉砂岩与紫红色粉砂质泥岩互层　　38.20m

39. 灰—灰绿色泥质粉砂岩夹浅灰色薄层泥灰岩　　15.81m
圆笠虫：*Orbitolina tibetica*
O. scutum

38. 灰绿色细砂岩夹泥质粉砂岩　　8.67m
圆笠虫：*Orbitolina texana*
O. minta
Quinqueloculina sp.

37. 紫红色薄—中层泥质砂岩夹灰绿色泥质粉砂岩　　21.93m

36. 紫红色薄层泥质粉砂岩　　8.80m

35. 灰绿色中薄层泥质粉砂岩　　1.76m

34. 紫红色薄层粉砂质泥岩　　11.70m

33. 紫红色薄—中层粉砂质泥岩　　67.50m

———————— 整　合 ————————

下伏地层：塔克那组　紫红色—灰绿色泥质粉砂岩夹灰色厚层泥灰岩，产双壳类化石碎片

2. 沉积特征及区域对比

(1)桑日群

零星出露于图幅北部仁岗及雅江沿岸，约 35km²，占图幅面积 15%。按其岩性组合特征由下至上进一部划分为麻木下组和比马组。前人划分沿革见表 2-3。

表 2-3　桑日群划分沿革

<table>
<tr><th colspan="2">西藏第二
地质大队
(1979)</th><th colspan="2">王乃文
(1983)</th><th>1∶100 万
日喀则幅
(1983)</th><th colspan="2">1∶20 万
谢通门幅
(1996)</th><th>西藏自治区
岩石地层
(1997)</th><th colspan="2">本书
(2003)</th></tr>
<tr><td rowspan="3">桑
日
群
J_3K_1</td><td>旦师庭组
K_2E_1d</td><td rowspan="3">桑
日
群
K_1</td><td>旦师庭组
K_2E_1d</td><td rowspan="3">白垩系
未分
K</td><td colspan="2">旦师庭组
K_2E_1d</td><td></td><td rowspan="3">桑
日
群
J_3K_1</td><td rowspan="2">比马组
K_1b</td></tr>
<tr><td>比马组
K_1b</td><td>比马组
K_1b</td><td rowspan="2">桑
日
群
J_3K_1</td><td>比马组
K_1b</td><td>比马组
K_1b</td></tr>
<tr><td>麻木下组
J_3m</td><td>麻木下组
J_3m</td><td>麻木下组
J_3m</td><td>麻木下组
J_3m</td><td>麻木下组
J_3K_1m</td></tr>
</table>

①麻木下组(J_3K_1m)

零星出露于图幅中部荣玛乡、通门乡及萨拉达等地。主要岩性为灰—灰白色中—厚层结晶灰岩,含燧石结核大理岩,夹薄层泥灰岩和钙质角岩,下部夹沉基性凝灰岩,含生物屑泥板岩,上部为灰岩角砾岩,顶部为一层复成分砾岩。上部灰岩具有因重力作用而形成滑塌堆积的沉积特点,测区内下未见底,但厚度大,其中萨拉达大于 199.23m,谢通门荣玛乡 410.82m,与桑日县马门正层型剖面 700m 及帕堆 1 822m 相比,有所减少,但它们的沉积组合特征皆可相互对比(图 2-10)。

本组以中厚层生物屑灰岩、块状结晶灰岩为主,夹薄层泥岩,含少量陆源碎屑物质。多为平等层理、块状层理,产腹足类、双壳类、珊瑚及海百合茎等营底栖固着生活的浅海相化石,且个体小,属种单一。上述特点表明,该组处于沉积水体盐度适中,构造活动相对稳定的滨—浅海台地碳酸盐相沉积环境。在碳酸盐岩沉积过程中,常伴有火山沉积,尤其在晚期,这种火山沉积频率有所增加。

②比马组(K_1b)

成片出露于图幅中部荣玛乡及美曲藏布沿岸。本组基本为一套以火山喷发沉积与陆相盆地沉积为主的地层体,在区内与麻木下组相伴零星出露。主要岩性为灰绿色中—厚层沉基性凝灰岩,含榴沉基性凝灰岩,下部夹结晶灰岩,石榴透辉斜长矽卡岩、方解石榴石矽卡岩及细砂岩、粉砂岩和板岩等。由下至上可见4次喷发—沉积的旋回性沉积过程。在矽卡岩化作用过程中,原始沉积岩层中许多沉积构造突现出来,因此常见有双向交错层理、板状斜层理、小型楔状层理及不等厚平行层理等,夹层中的结晶灰岩有时可见海绵、珊瑚、有孔虫及双壳类生物化石。区内本组上被林子宗群地层不整合覆盖,下与麻木下组呈整合接触。厚度为 944.90m。南木林奴玛厚 2 881m,桑日县西山梁厚 2 713m,上述三地除厚度有所差异外,其岩性组合特征完全可以对比(图 2-11)。

综合本组岩性组合特征,沉积构造及所含生物特点等,比马组为滨海相火山喷发—间歇沉积的近源堆积沉积环境。

(2)楚木龙组($K_1\hat{c}m$)

零星分布于图幅东北部南木切区周围,出露面积不足 1%。

楚木龙组主要岩性为中厚层细粒石英砂岩、细砂岩、泥质粉砂岩和粉砂质泥岩、泥岩,上部夹复成分砾岩和含砾粗砂岩。全组沉积特征从下至上具以下变化规律:下部(第 9—16 层)基本层序为中细粒石英砂岩—细粒砂岩—粉砂质泥岩三者反复堆叠形成由粗变细的退积型层序;中部(第 16 层)主要岩性为粉砂质泥岩,厚度可达 400m,且色调深,沉积物粒度细,沉积单层薄,水平层理为主,明显属低速沉积产物;上部(第 17—23 层)则由泥岩、粉砂质泥岩—细粒砂岩、石英砂岩—含砾粗砂岩、复成分砾岩组成向上由细变粗的进积型层序,上部砂岩中常见板状交错层理、冲洗层理等。上述沉积表明楚木龙组的沉积是一个完整三级层序地层。

本组所含化石稀少,仅局部含少量双壳类、腹足类及植物化石等,其下部在图外与林布宗组,上与塔克那组皆为整合接触,厚度达 1 222.22m。据上述特点,本区楚木龙组应为滨海相前滨环境沉积,晚期因海退作用而出现后滨之沉积环境。

(3)塔克那组(K_1t)

呈带状出露于图幅中部拉达以东和东北角等地,面积约 $120km^2$,约占图幅总面积的 0.80%。

塔克那组主要岩性为中—厚层灰岩,其中有生物碎屑灰岩、砂质灰岩、角砾状灰岩等,局部发生重结晶,夹有钙质板岩、粉砂质板岩和泥质粉砂岩等。基本层序特征总体显示旋回性沉积结构,其下部由生物碎屑灰岩—砂质灰岩—泥晶灰岩或钙质板岩(剖面第 24—27 层)三者叠覆组成向上变细的沉积结构;中部为细晶灰岩和角砾状灰岩(第 28—29 层),属浅海台地碳酸盐岩和台地边缘高位域角砾岩楔;上部由砂质灰岩—泥质粉砂岩—泥灰岩(第 30—32 层)三者叠覆形成退积型沉积结构。说明本组经历从退积到进积过程,之后,又在晚期开始退积型沉积。横向上从东向西有碳酸盐岩逐渐增多,碎屑岩逐渐减少的特点。

塔克那组主要为一套碳酸盐岩,夹少量陆源碎屑物。碳酸盐岩内频繁可见正粒序韵律层,间距一般为 5~7m,生物碎屑发育,中部出露灰岩角砾岩楔,说明处于宁静—动荡的沉积环境。陆源碎屑物主要为细粉砂和泥,分选性好,主要为水平层理、砂纹层理及透镜状层理,总体为悬浮搬运,垂向加积的沉积特点。所含生物主要为圆笠虫、双壳类、腹足类等浅海海生物。其下与楚木龙组,上与设兴组皆呈整合接触。厚

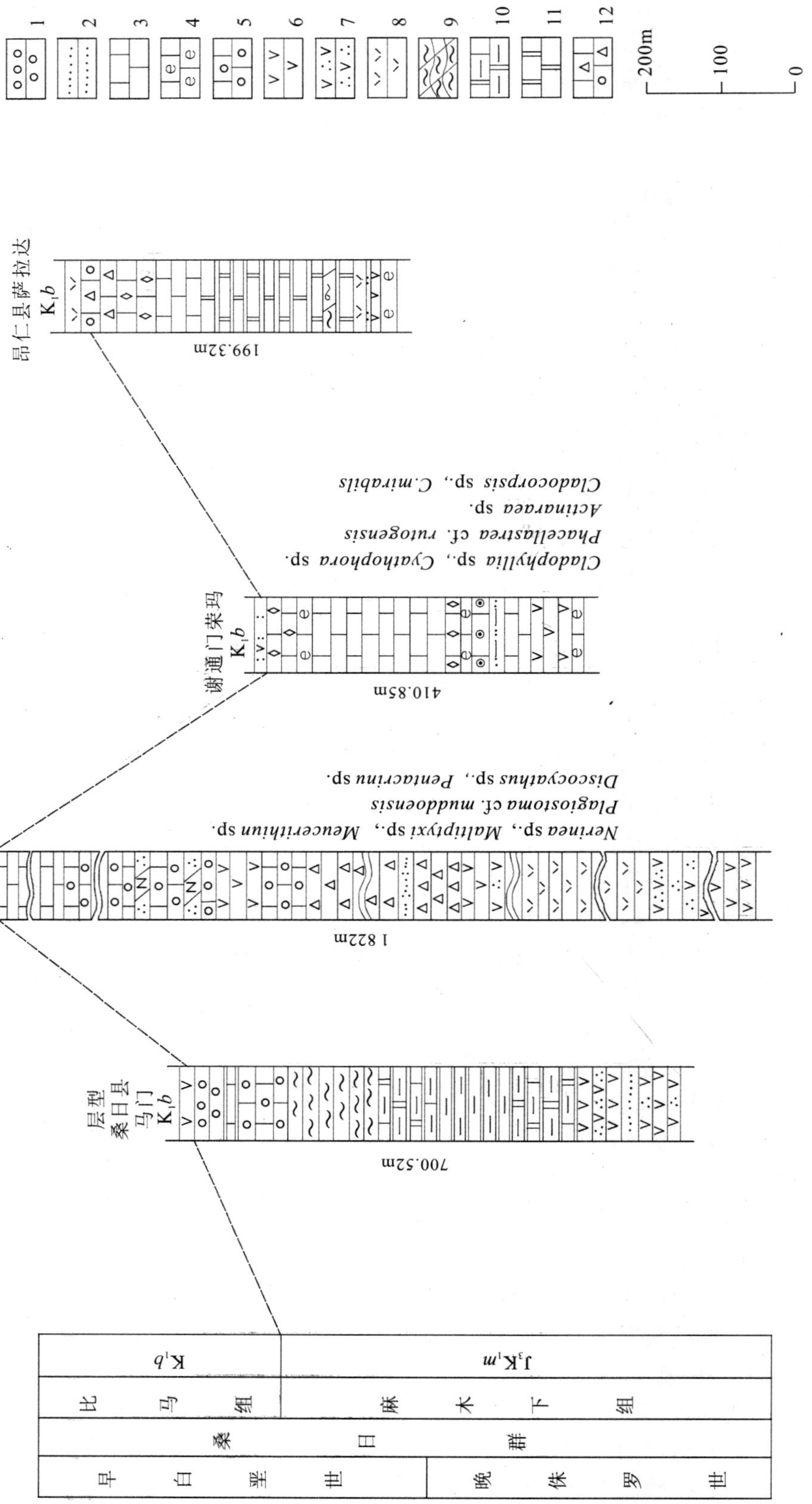

图2-10 麻木下组区域柱状对比图

1.砾岩;2.粉砂岩;3.灰岩;4.生物碎屑灰岩;5.砾状灰岩;6.安山岩;7.石英安山岩;8.英安岩;9.辉石角岩;10.透辉石矽卡岩;11.大理岩;12.灰岩角砾岩

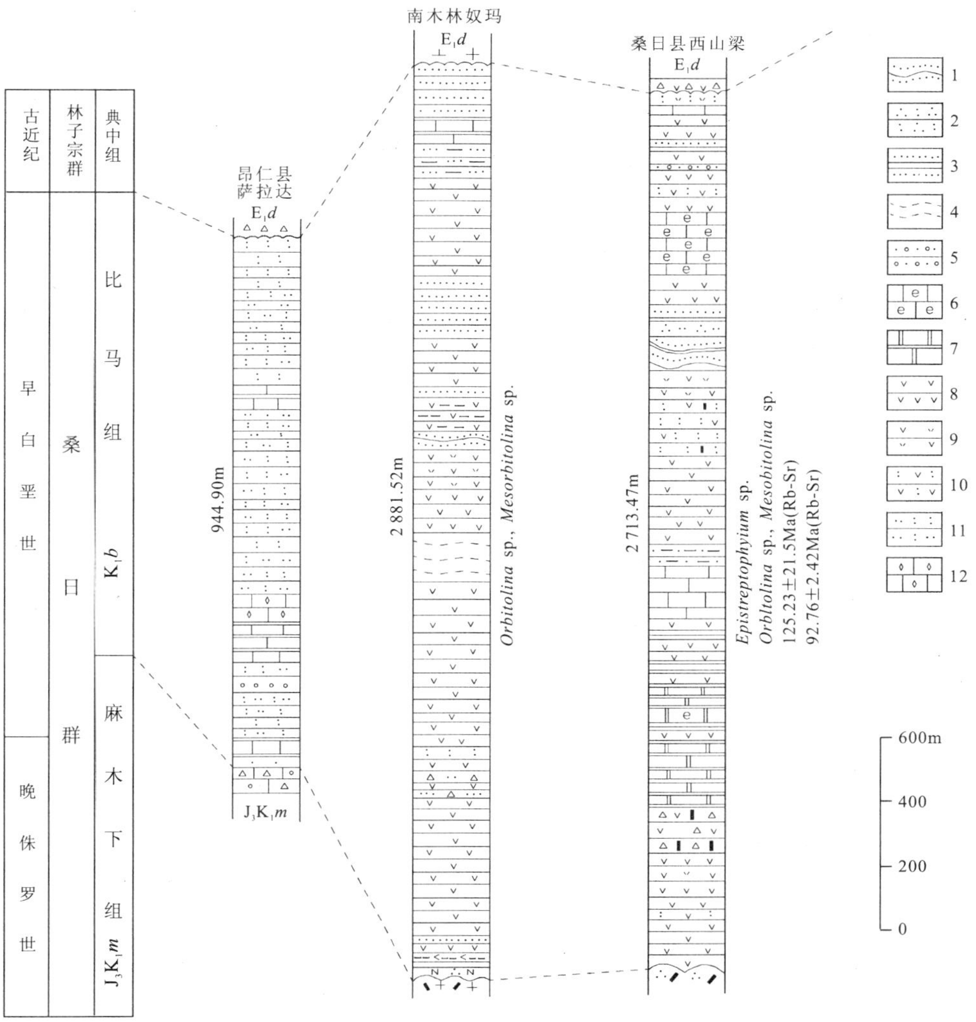

图 2-11　比马组区域柱状对比图

1. 变粉砂岩；2. 石英砂岩；3. 砂质板岩；4. 千枚岩；5. 砂砾岩；6. 生物灰岩；7. 大理岩；8. 安山岩；
9. 英安岩；10. 安山质凝灰岩；11. 凝灰质砂岩；12. 结晶灰岩

度为 259.32m。综合上述沉积特点，本区塔克那组应为浅海开阔台地相沉积环境。

(4)设兴组($K_2\hat{s}$)

零星出露于测区东北角，面积约 $50km^2$。

设兴组下部主要由紫红、灰绿色薄层泥质粉砂岩与粉砂质泥岩组成，且二者呈韵律性反复叠置，后者有时相变为泥灰岩；上部主要由深灰色中薄层灰岩、生物碎屑灰岩与灰绿色薄层粉砂质泥岩呈韵律性不等厚互层。岩层主要为水平层理、砂纹层理，上部多为平行层理，局部见楔状交错层理，物质颗粒由细变粗，反映水动力由弱到强，全组沉积结构由加积型转变为进积型总体变化规律。

本组下部以陆源碎屑岩为主，上部以灰岩与粉砂质泥岩互层为特征，所含生物丰富，但门类较单一，主要为层孔虫和双壳类浅海相化石，其下与塔克那组整合接触，上被典中组不整合覆盖，横向上无明显变化，厚度 592.49m。上述沉积特征显示设兴组为滨浅海相潮坪环境的沉积产物。

3. 生物特征与时代讨论

(1)麻木下组

岩性以碳酸盐岩为主，其中所含化石丰富。1995 年西藏区调队在开展 1∶20 万谢通门①幅区调时，曾

① 西藏区调队. 1∶20 万谢通门幅区域地质调查报告，西藏地矿局，1997.

在谢通门县荣玛乡洞嘎村附近测制麻木下组剖面时，采获大量生物化石。根据本次成果，并结合其他前人资料，区内本组化石可分为 6 个门类，主要有珊瑚 *Thecosmilia* sp.，*Discocyathus* sp.，*Hexacoralla* sp.，*Caladophyllia* sp.，*Montlivaltia* sp.，*Cyathophora* sp.，*Actinaraea* sp.，*Bavneiacapr*；双壳类 *Meucerithium* sp.，*Plagiostoma* cf. *muddoensis*，*Trigoia* sp.，*Astarte* sp；腹足类 *Nerinea* sp.，*Multiptyxis* sp.，*Aptyxiella* aff. *andoeusid*，*Xizangstormotopora* sp.；海百合茎 *Pentacrinus* sp.；层孔虫 *Cladocorpsis* sp.，*Cmirabils felix*，*Parastromtopora*，*Pieana* sp. 等。其中珊瑚 *Thecosmillia*，*Cladophyllia*，*Montlivaitia* 及腹足类为晚侏罗世常见分子，其他则多为晚侏罗世—早白垩世分子；双壳类 *Plagiostomo* cf. *muddoerensis* 与层孔虫化石时代为晚侏罗世，故本组地质时代为晚侏罗世—早白垩世。

（2）比马组

岩性主要为沉基性凝灰岩、岩屑凝灰岩夹含生物屑结晶灰岩、矽卡岩和少许砂岩。1996 年西藏区调队在测区通门乡附近工作时[①]，曾在上部灰岩夹层中采获圆笠虫 *Orbitolina*（*Palorbitolina*）*ienticula*（Blumenbach），*O.*（*Orbitolina*）sp.，其地质时代为早白垩世阿尔布期。双壳类 *Rudist* sp.，*Praecapaina* sp.；腹足类 *Nerinena* sp. 等化石，其地质时代集中表现为早白垩世阿普特期—阿尔布期。

另据陕西区调队 1∶20 万泽当幅资料[②]，1993 年该幅曾在比马组安山岩中测得两组 Rb－Sr 等时年龄值，分别为 125.23±21.5Ma 和 92.76±2.42Ma。区内比马组与下伏麻木下组呈整合接触，并连续沉积。上述野外实际资料、古生物地质时代资料及同位素年龄资料等，皆说明比马组地质时代为早白垩世中—晚期。

（3）楚木龙组

区内楚木龙组所见化石极少。据吴一民研究（1985），在澎波农场牛马沟剖面楚木龙组内采得植物化石 *Weichselia reticulata*，*Zamiophyllum buchianum*，*Cladophiebis* sp.，*Equisetites* sp.，*Neocalamites* sp. 等；双壳类 *Protocardia* sp.；腹足类 *Globularia* sp.，*Pseudomuta* sp. 等，其地质时代为早白垩世。又因本组之上为塔克那组产圆笠虫 *Orbitolina tibetica* 生物屑灰岩的层位，其地质时代为早白垩巴雷姆期，二者呈整合接触。因此，楚木龙组亦属早白垩世早—中期，即欧特里夫期—巴雷姆期。

（4）塔克那组

塔克那组所含化石十分丰富，结合前人工作资料（夏代祥、刘世坤等，1997），其下部主要为有孔虫圆笠虫 *Orbitolina tibetica*，*Orbitolina*（*Eorbitolina*）*prisca*，*O. scutum*，*O. texana*，*O. rechus*，*O.*（*Columnorbitolina*）*microsphaerica*，*O.*（*Columno*）*tibetica*，*O.*（*C.*）*lhunzhubensis*，*O.*（*C.*）*pengboensis* 等；上部则主要有双壳类 *Neithea quinguecostata*，*Astarte* sp.，*Plagiostoma* sp.；腹足类 *Ampullna* sp.；有孔虫及海胆 *Hemiaster*（*Mecaster*）sp. 等。另在堆龙德庆县设兴却桑村郎巴沟一带采获菊石 *Uhligella* sp.，*Parahoplites* cf. mekhioris，*Acanthchoplites* sp.；虾 *Meyeria magna*；蟹 *Notopocorystes*（*N.*）*xizangensis* 及脊椎动物等门类生物化石。

上述生物化石时代分别为，有孔虫时代可确定为早白垩世巴雷姆期—阿普特期，其上可至阿尔布期；菊石时代为阿普特期—阿尔布期；虾和蟹属种则见于英国阿普特期—阿尔布期；海胆、双壳类和腹足类皆为早白垩世分子。因此本区塔克那组地质时代无疑属早白垩世巴雷姆—阿尔布期之沉积。

（5）设兴组

设兴组生物化石主要赋存于灰岩之中，砂岩中也有少量产出，其中主要采获有层孔虫 *Orbitolina tibetica*，*O. scutum*，*O. texana*，*O. minta*，*Quinqueloculina* sp.；双壳类产于上部灰岩，主要有 *Disparilia* cf. *disparilis dorbiqny*，*Spbaera* sp.，*Porleniella* sp.，*Psedocardia* sp.，*Linearia* sp.，*Thyasira* sp. 等。上述层孔虫类经中国地质大学（北京）方晓樵、王乃文（1995）鉴定认为属白垩世赛诺曼期—土仑期。双壳类化石经中国地质大学（北京）阴家润鉴定认为其时代为晚白垩世早中期，并且是西欧和非洲同时代地层中常见分子。因此，设兴组地质时代应为晚白垩世早中期，即相当于赛诺曼期—康尼亚克期。

（二）日喀则分区

分区内仅出露昂仁组。主要为一套弧前盆地复理石沉积，与南、北部地质体均以断层方式相邻。该组

---

① 西藏区调队．1∶20 万谢通门幅区域地质调查报告，西藏地矿局，1997．

② 陕西区调队．1∶20 万泽当幅区域地质调查报告，陕西地矿局，1995．

呈东西向带状分布于图幅南部，出露面积 1 650km²，约占总面积的 10%。调查结果表明，该组受后期构造作用，形成轴向近东西的复向斜，而复向斜南北两翼地层受古地理地貌影响，呈准对称型特征产出。其岩性特征可分为上、下两个岩性段。该分区前人工作程度较高，地层划分沿革见表 2-4。

1. 剖面描述

(1)昂仁水电站昂仁组(日喀则复向斜北翼)实测地层剖面(图 2-12，2000-09)

该剖面起点位置为 E87°18′，N29°2′。

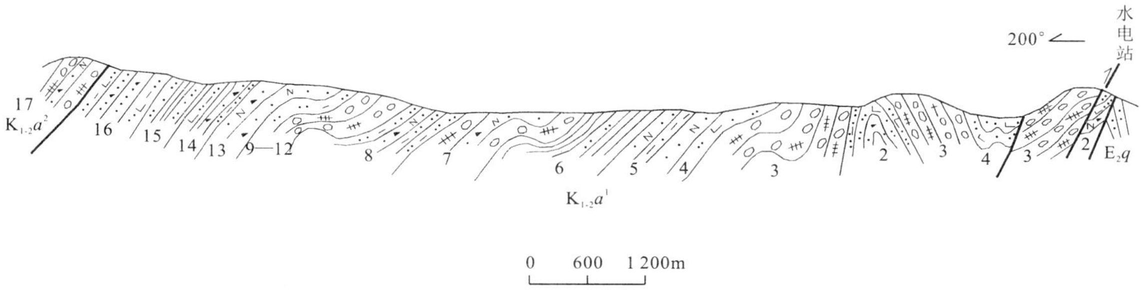

图 2-12　昂仁县水电站昂仁组实测地层剖面图

昂仁组二段($K_{1-2}a^2$)	**(未见顶)**	**>55.85m**
17. 灰黄色巨厚层块状复成分砾岩夹中—细粒岩屑长石砂岩(未见顶)		55.85m
	整　合	
昂仁组一段($K_{1-2}a^1$)		**2 741.31m**
16. 灰—深灰色含粘土钙质粉砂岩夹薄层细粒岩屑砂岩		76.22m
15. 灰黄色页岩与薄层砂质粉砂岩呈韵律互层		200.99m
14. 灰—深灰色含钙粘土钙质粉砂岩夹细粒岩屑砂岩单层		208.79m
13. 灰黄色厚—巨厚层块状不等粒岩屑长石砂岩，夹薄层粘土质粉砂岩，上部夹细砾岩		149.90m
12. 灰—浅灰色薄层含粘土钙质砂质粉砂岩夹薄层细粒岩屑砂岩，顶部见楔状		291.34m
11. 灰黄色厚—巨厚层不等粒复成分砾岩夹粗—中粒长石砂岩		10.09m
10. 浅灰黄色中—厚层不等粒岩屑长石砂岩夹复成分砾岩		223.13m
9. 浅黄色巨厚层块状复成分砾岩，上部为砾石质泥岩，中部夹中—细粒岩屑砂岩和含砂质粉砂岩		89.98m
8. 浅灰色薄层粘土质粉砂岩夹中—细粒岩屑长石砂岩		209.19m
7. 下部为浅灰色厚—巨厚层不等粒复成分砾岩与砾石质泥岩不等厚互层，上部为浅灰黄色复成分砾岩，含砾石不等粒岩屑长石砂岩夹砂质粘土岩。见大型楔状体、槽模和冲蚀坑		503.89m
6. 深灰色，风化呈黄绿色页岩，局部夹薄层粉砂岩和细粒长石岩屑砂岩条带		337.58m
5. 浅灰色中—厚层中—细粒长石砂岩夹薄层含砂质粘土岩，层间具兼并现象		166.24m
4. 灰—深灰色薄层含钙砂质粉砂岩，偶夹细粒岩屑砂岩，底部见宽约 3～5m 的紫红色砂质粉砂岩		63.27m
3. 灰黄、黄褐色巨厚层状不等粒复成分砾岩，底部与 2 层接触处明显受后期断层改造，下部砾石变大且巨砾增多，砾径可达 60cm 以上		200.46m
2. 紫红色夹灰绿色薄层含钙砂质粉砂岩夹中层中—细粒长石岩屑砂岩。下部岩层受后期构造改造而透镜化和片理化		10.24m
	(未见底)	

(2)萨迦县吉定北昂仁组(日喀则复向斜北翼)实测地层剖面(图 2-13，2000-08)

该剖面起点地理位置为 E88°23′，N29°18′。

昂仁组二段($K_{1-2}a^2$)	**(未见顶)**	**>32.84m**
17. 灰黄色中—厚层状含砾不等粒长石砂岩、细粒长石砂岩，上部夹藻泥硅质岩，为复向斜核部		32 .84m
	整　合	
昂仁组一段($K_{1-2}a^1$)		**2 863.82m**
16. 浅灰绿色含钙粘土质粉砂岩与钙质粉砂岩互层，上部间夹含砾细—中粒长石砂岩单层，愈向上含砾愈粗		295.77m

表2-4　　日喀则群划分沿革表

中国科学院西藏工作队(1959)	中国科学院西藏综考队(1962)	西藏工业地质局地质大队(1964)	西藏工业建筑地质局地质大队(1964)	西藏地质局第三地质大队(1974)	吴浩若等(1977)	美国板块代表团(1980)	1∶100万日喀则幅(1983)	西藏岩石地层(1997)	本书(2003)
日喀则系中部(超基性岩)	宗当群(N)				?		大竹卡组$(E_3—N_1)d$ 秋乌组 E_2q 断层 错江顶群 $E_{1-2}Cj$	错江顶群 $E_{1-2}C$	秋乌组 E_2q
日喀则系(下部) Tz 秋乌煤系 K_2	日喀则群 E 诺洪群 丘吾群 K_2	日喀则组 K_2r：驼峰段 K_2r^t；沙冷段 K_2r^s；渴沙段 K_2r^k 大竹卡组 K_2d 秋乌组 K_2q	日喀则组 K_2r：驼峰段 K_2r^t；沙冷段 K_2r^s；渴沙段 K_2r^k 恰布林组 K_2q	日喀则组 K_2r 恰布林组 K_2ql 秋乌组 K_2q	日喀则群 K_2：?；昂仁组 $K_{1-2}a$；桑祖岗组 K_2s；恰布林组 K_2ql；秋乌组 K_2q	日喀则群 K：秋乌组K_2q；“未知的间隔”(Unknown Inteval)；昂仁组 $K_{1-2}a$；桑祖岗组 K_2s；恰布林组 K_2ql	日喀则群 K_2：(Unknown Inteval) 曲贝亚组 K_2qb；昂仁组 上段 K_2a^2、下段 K_2a^1；桑祖岗组 K_2s；恰布林组 K_2q 断层	日喀则群 $K_{1-2}R$：曲贝亚组 K_2q；帕达那组 K_2p；昂仁组 $K_{1-2}a$ 嘎学群 J_3K_1G 冲堆组 K_1cd ?	日喀则群 $K_{1-2}R$：昂仁组 $K_{1-2}a$：二段 $K_{1-2}a^2$；一段 $K_{1-2}a^1$ 冲堆组 $K_1\hat{c}$?
花岗岩 K	花岗岩 K	海西—燕山期花岗岩D—K	海西—燕山末期辉绿岩D—K	燕山期花岗岩 K	火山碎屑岩 K_1?	维美组 J_3	侏罗系—白垩系 J—K		

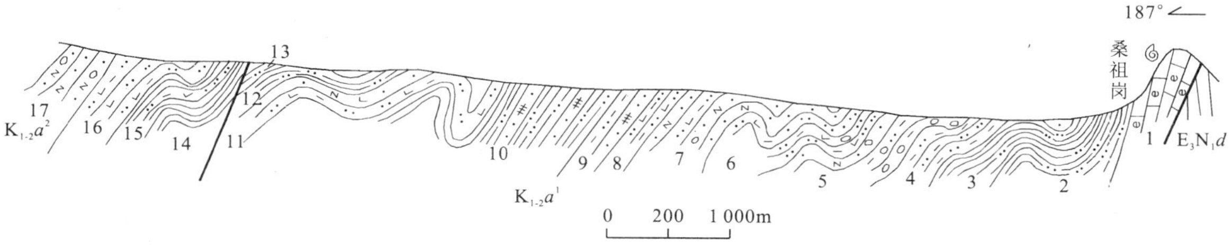

图 2-13 萨迦县吉定北昂仁组实测地层剖面图

15. 黄绿色粉砂质页岩夹薄—中层含粘土钙砂质粉砂岩	110.93m
14. 破碎带、粉砂岩页岩碎块	24.84m
13. 浅灰黄色粉砂质页岩与含粘土质粉砂岩互层，常夹含细砾不等粒岩屑砂岩，下部数层钙质石英粉砂岩条带	169.98m
12. 浅灰色粉砂质页岩夹粘土质粉砂岩条带或长条状透镜体，上部见砾、泥岩组成楔状体	191.88m
11. 灰黄色纹层状含钙粘土质粉砂岩与钙质细粒岩屑长石砂岩互层，呈韵律层对	169.59m
10. 灰绿色粉砂质页岩夹薄—中层不等粒岩屑砂岩单层，该单层向上增厚	326.13m
9. 浅灰黄色中层不等粒岩屑砂岩夹粉砂质粘土岩，中部夹一层厚约 6m 的复成分砾岩，局部形成碳酸盐化硅化硅泥质碎裂岩	39.40m
8. 浅黄绿色含钙粘土砂质粉砂岩	30.29m
7. 浅灰黄色中—薄层含细砾中—细粒长石砂岩与纹层状含粘土钙质粉砂岩互层，底部和顶部长石砂岩发育，且砾石含量稍多，中部以粉砂岩为主，且泥钙质含量偏高，局部夹数层砂质微—细晶灰岩	314.31m
6. 灰色含钙粘土凝灰质砂质粉砂岩，中部偶见粗砾，底部夹数层稳定的薄层珊瑚(礁)灰岩或珊瑚格架岩	180.57m
5. 下部为浅灰黄色巨厚层粘土质砾岩或泥砾混积岩，含砾不等粒长石砂岩，见底蚀槽模；中部以薄层状含砾粉砂质粘土岩为主；上部为浅红色中厚层状含细砾中—细粒岩屑长石砂岩，顶部见大型楔状体	118.79m
4. 浅灰黄色粉砂质泥岩与含粘土矿质粉砂岩互层，上部夹中层不等粒岩屑砂岩单层，底部夹含细砾不等粒岩屑砂岩	176.81m
3. 黄绿色粉砂质页岩夹砂质粉砂岩条带，向上条带增多	125.02m
2. 黄绿色含砂粉砂质页岩，下部夹薄层含泥粉砂质微晶灰岩单层及条带，上部夹砂质粉砂岩条带	185.64m
1. 灰、浅灰色中—厚层状生物屑灰泥岩，海绵藻灰泥岩，上部形成海绵障积岩(海绵礁)	403.87m

有孔虫：*Orbitlina sp.*

O. concava

O. sutum

O. aperta 等

牙形石：*Ligonodina*

珊瑚、菊石等化石(桑祖岗灰岩)

(未见底)

(3)昂仁县昂仁组(日喀则复向斜南翼)实测地层剖面(图 2-14，2000－09)

该剖面起点地理位置为 E29°16′，N87°14′。

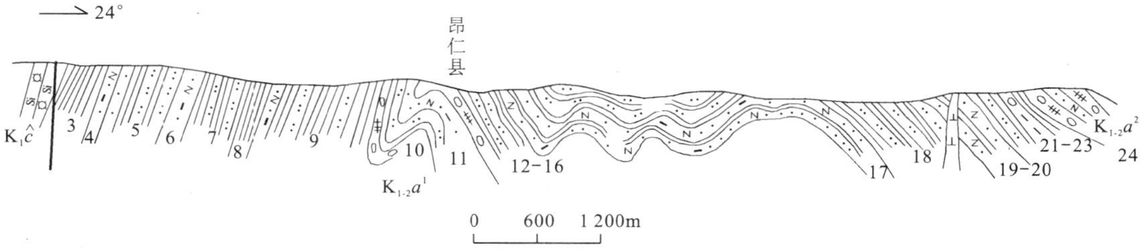

图 2-14 昂仁县城白垩纪昂仁组实测地层剖面图

昂仁组二段($K_{1-2}a^2$)	(未见顶)	>55.85m
24. 灰黄色巨厚层块状复成分砾岩夹中—细粒岩屑长石砂岩		55.85m
	—— 整　合 ——	
昂仁组一段($K_{1-2}a^1$)		2 653.70m
23. 浅灰色页岩夹中—厚层杂砂岩		45.94m
22. 灰黄色厚—巨厚层含粗砾泥岩,上部为含砾杂砂岩		89.23m
21. 浅灰色页岩夹薄层粉砂岩,二者呈韵律性沉积,下部夹薄层含粉砂质微—细晶灰岩单层		175.75m
20. 浅灰色中—厚层中—细粒岩屑长石砂岩夹薄层粉砂质页岩和含泥钙质粉砂岩,下部见一条细粒闪长岩脉侵入		74.01m
19. 灰黄色厚层块状含砾不等粒长石岩屑砂岩夹薄层泥质粉砂岩		20.21m
18. 深灰色页岩与粉砂岩互层,二者组成密集韵律层对,向上夹钙质含砂粉砂岩、薄层生物扰动斑点粉砂质灰泥岩及含生物屑灰泥岩条带		397.80m
17. 浅灰黄色中—厚层不等粒岩屑长石砂岩夹浅灰色页岩和薄层粉砂岩单层,前者下部含砾,总体呈楔状体产出		128.23m
16. 灰—浅灰色页岩与粉砂岩组成密集的韵律层对,上部夹粉砂质灰泥岩条带		97.21m
15. 灰黄色厚—巨厚层不等粒岩屑长石砂岩,局部含内碎屑,层间夹少量页岩,具兼并现象,其间含少量海绿石矿物		21.94m
14. 深灰色页岩,偶夹生物扰动斑点含粉砂灰泥岩透镜体及粉砂岩条带		20.07m
13. 灰色页岩与粉砂岩互层,组成密集韵律层对,下部夹钙质石英粉砂岩		33.52m
12. 下部为浅灰黄色厚层复成分砾岩至含砾不等粒岩屑长石砂岩,上部为含砾粘土岩,其间含海绿石		32.87m
11. 深灰色页岩与粉砂岩或细粒长石岩屑砂岩韵律互层		213.60m
10. 灰黄色厚层复成分砾岩,含砾不等粒岩屑长石砂岩、细粒岩屑长石砂岩、页岩组成具向上变细的沉积韵律		28.47m
9. 深灰色含粉砂质页岩夹薄层粉砂岩,向上间夹细粒岩屑长石砂岩和含细砾不等粒岩屑长石砂岩单层,顶部见大型楔状体		697.18m
8. 深灰色页岩夹粉砂岩与中—细粒岩屑长石砂岩,见重力滑塌堆积层		15.81m
7. 深灰色含粉砂质页岩夹薄层粉砂岩,上部夹中层细粒岩屑石英单层及含砂灰泥岩,见滑移层理和包卷层理		136.87m
6. 灰黄色中—厚层含细砾中—细粒岩屑长石砂岩,中部夹薄层粉砂质页岩		78.53m
5. 浅灰色含粉砂水云母页岩与薄—中层粉砂岩互层,后者向上渐变为细砂岩		174.97m
4. 灰黄色中—厚层含细砾不等粒岩屑长石砂岩,层间夹薄层页岩,具兼并特征		35.02m
3. 深灰色水云母页岩夹薄层粉砂岩条带		136.47m
	══ 断　层 ══	

下伏地层:冲堆组　紫红色碎裂状放射虫硅质岩

(4)萨迦县吉定昂仁组(日喀则复向斜南翼)实测地层剖面(图 2-15,2000-08)

该剖面起点地理位置为 E 88°17′,N29°11′。

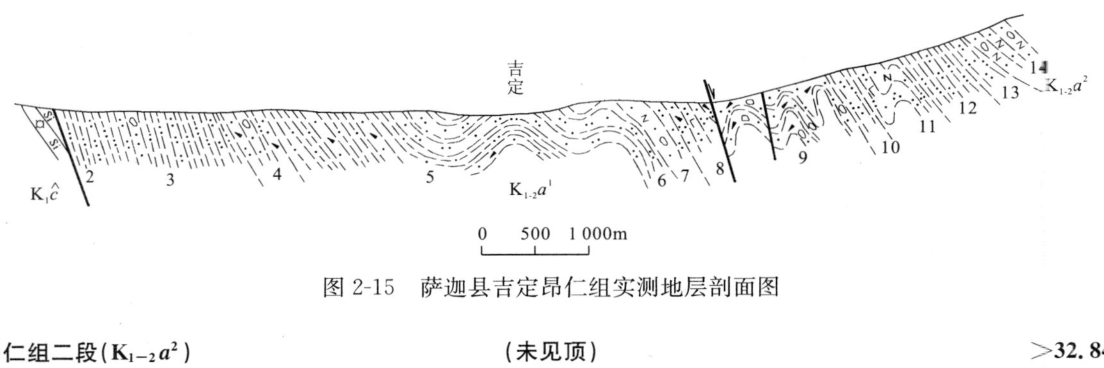

图 2-15　萨迦县吉定昂仁组实测地层剖面图

昂仁组二段($K_{1-2}a^2$)	(未见顶)	>32.84m
14. 灰黄色中—厚层含砾不等粒长石砂岩、细粒长石砂岩,上部夹藻泥硅质岩,为复向斜核部		32.84m

——————— 整　合 ———————

昂仁组一段($K_{1-2}a^1$)	**2 669.75m**
13. 浅灰色粉砂质页岩与砂质粉砂岩互层，下部夹含细砾中—细粒长石砂岩	57.69m
12. 浅灰黄色粉砂质页岩，间夹薄层砂质粉砂岩	181.12m
11. 由浅黄色粉砂质页岩—含钙砂质石英粉砂岩—中—细粒长石砂岩组成向上变粗的基本层序，其中后者逐渐变粗为含砾不等粒长石岩屑砂岩，下部则主要由前两者组成韵律层对	218.68m
10. 黄绿色含砂粉砂质页岩夹薄层粉砂岩单层和条带	79.88m
9. 灰黄色中—厚层含砾不等粒岩屑砂岩，夹粉砂质页岩，下部为粉砂质页岩与细粒岩屑砂岩互层	421.23m
8. 浅灰绿色中—厚层钙质细粒岩屑石英砂岩—钙质粉砂岩—粉砂质页岩组成基本层序，其中后两者反复重叠后，上述三者向上再开始重现，顶部见砾、泥岩混合沉积楔状体	254.48m
7. 浅灰黄色中—厚或巨厚层凝灰质含砾不等粒长石砂岩—砂质粉砂岩组成向上变细的韵律层，二者不等厚互层	108.81m
6. 浅灰黄色薄层含砂粉砂岩与砂质页岩互层，间夹中层中—细粒岩屑砂岩，上部见南东向展布的楔状体，其撒开部位为砾石和泥岩充填，二者呈混积状态	192.11m
5. 灰—深灰色含砂质页岩夹细粒岩屑砂岩	366.49m
4. 浅灰黄色中—厚层中—细粒岩屑砂岩，局部夹含细砾砂岩和粉砂质页岩	160.34m
3. 主要为灰黄色粉砂质页岩、薄层粉砂岩，夹含砾不等粒砂岩、含凝灰质不等粒长石砂岩、复成分砾岩，时夹薄层硅质透镜体石	589.56m
2. 灰—深灰岩含粉砂质页岩，中部夹薄层含放射虫沉基性火山凝灰岩	39.36m

═══════ 断　层 ═══════

下伏地层：冲堆组($K_1\hat{c}$)　放射虫硅质岩

2. 沉积特征及区域对比

昂仁组一段($K_{1-2}a^1$)：主要为灰、灰绿、灰黄色薄层粉砂岩、粉砂质页岩夹薄层灰泥岩、钙质页岩，中厚层中—细粒岩屑长石砂岩，厚—巨厚层含砾不等粒岩屑长石砂岩，复成分砾岩，其间含自生海绿石。日喀则复向斜北翼：底部在东部扎西岗以东出现厚层状生物屑灰岩(桑祖岗灰岩)，并向东延伸至图外，出露厚度达403.87m，含有孔虫、螺类、珊瑚、菊石等生物化石；西部底部一般为巨厚层状复成分砾岩，在昂仁电站一带，出现厚200m的巨厚层粗—巨砾岩，为物源搬运通道在日喀则盆地北部边缘形成冲积扇体根部堆积，扇体内可见明显水道沉积(图2-16)和鲍马序列a—c段，其下部组合特征如图2-17所示。中上部主要由砂、泥质岩组成韵律层对，时夹含砾岩、杂砂岩和薄层灰泥岩，属扇体中部之沉积。日喀则复向斜南翼：南部底部多被构造破坏，局部可见与冲堆组呈整合接触，主要由泥、泥砂质岩组成极薄层韵律层对，时夹中厚层含砾砂岩，属较深水扇端沉积，并形成加积型基本层序(图2-18)；中上部也具有水道沉积(图2-19)，但较之北翼，其沉积物粒度要细。本段亦属昂仁组主体，厚度较稳定，复向斜北部吉定北厚2 863.82m，昂仁发电站厚2 741.31m，沉积组合与厚度基本相似，可与日喀则甲列剖面对比(图2-20)；复向斜南部吉定厚2 669.75m，昂仁县城厚2 653.70m，厚度几乎一致，沉积组合完全可以对比(图2-21)。

昂仁组二段($K_{1-2}a^2$)：出露于复向斜轴部，呈东西向断续展布。主要岩性为灰黄、褐黄色中—厚层、巨厚层不等粒复成分砾岩，夹中—细粒岩屑长石砂岩和少量粉砂质粘土岩。垂向上由上述3种岩性反复叠置组成向上变细进积型沉积结构(图2-22)，其中巨厚层不等粒复成分砾岩向上单层加厚，由1m增为4m左右，砾石个体增大。向东至加木铺一带，该层逐渐变薄，砾石含量减少，个体变小，单层变薄，由页岩—砂岩组成进积型基本层序(图2-23)，由图可见页岩向上逐渐减少，砂岩则单层增厚，粒度变粗。

泥质岩中局部出现藻泥硅质岩，该藻类属表附藻，表附藻的出现，说明其水体不深，且处于平静状态。本段与一段呈整合接触。上未见顶，其厚度在西部昂仁县北大于55.85m，东部吉定一带厚度可达200m以上。

昂仁组除具有上述岩性特征，还具有如下沉积特征。

(1)沉积物粒度、成分及物源区

昂仁组主要为一套海相复理石碎屑岩，碎屑物基本由砾、砂、泥组成韵律层系。

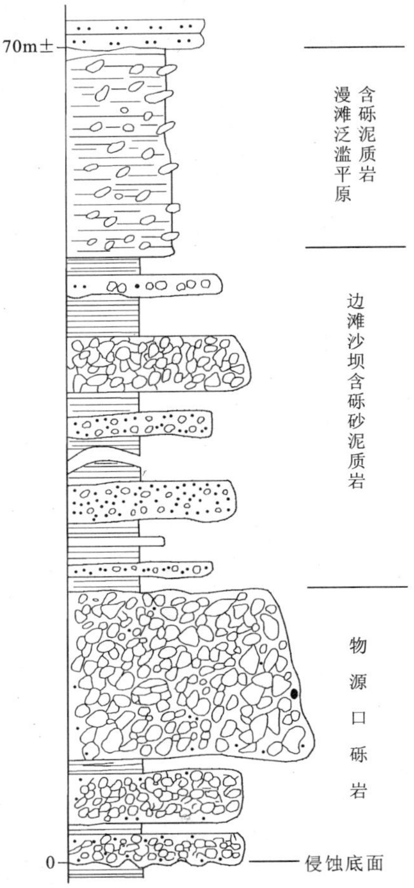

图 2-16　昂仁组一段下部扇体水道沉积基本层序图

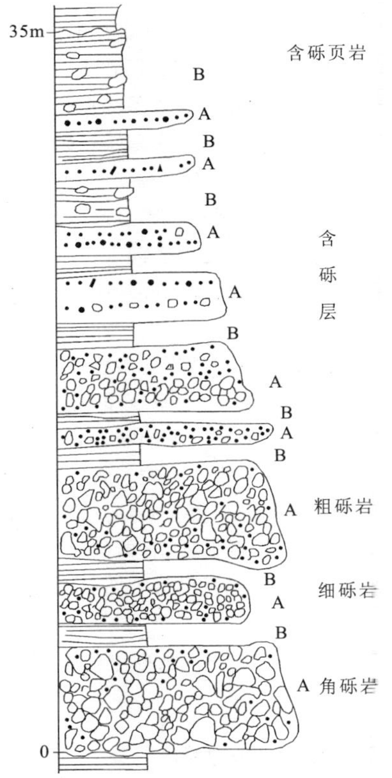

图 2-17　昂仁组一段下部扇根上部基本层序图

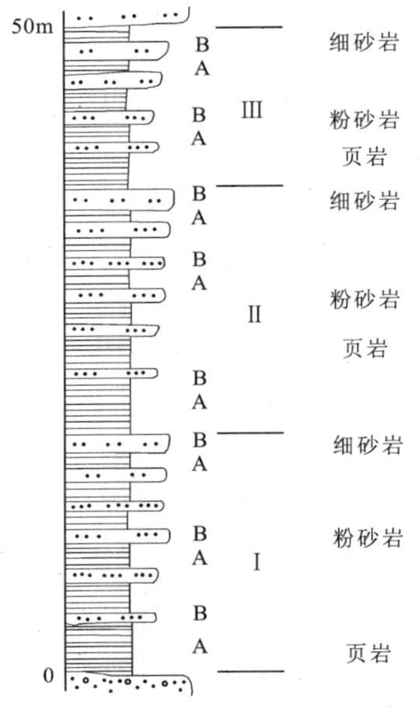

图 2-18　昂仁组一段下部基本层序图

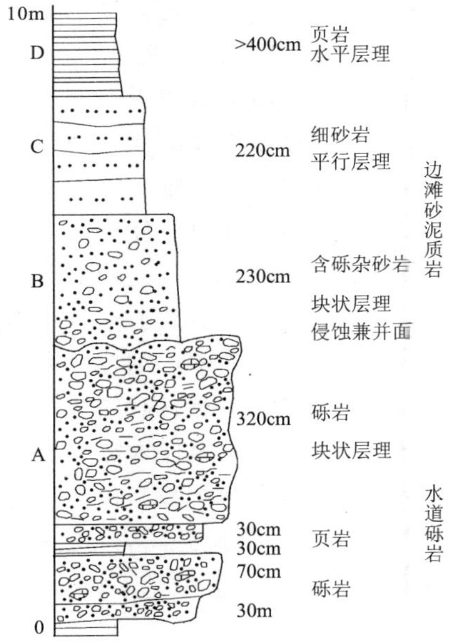

图 2-19　昂仁组一段中上部扇体水道沉积基本层序图

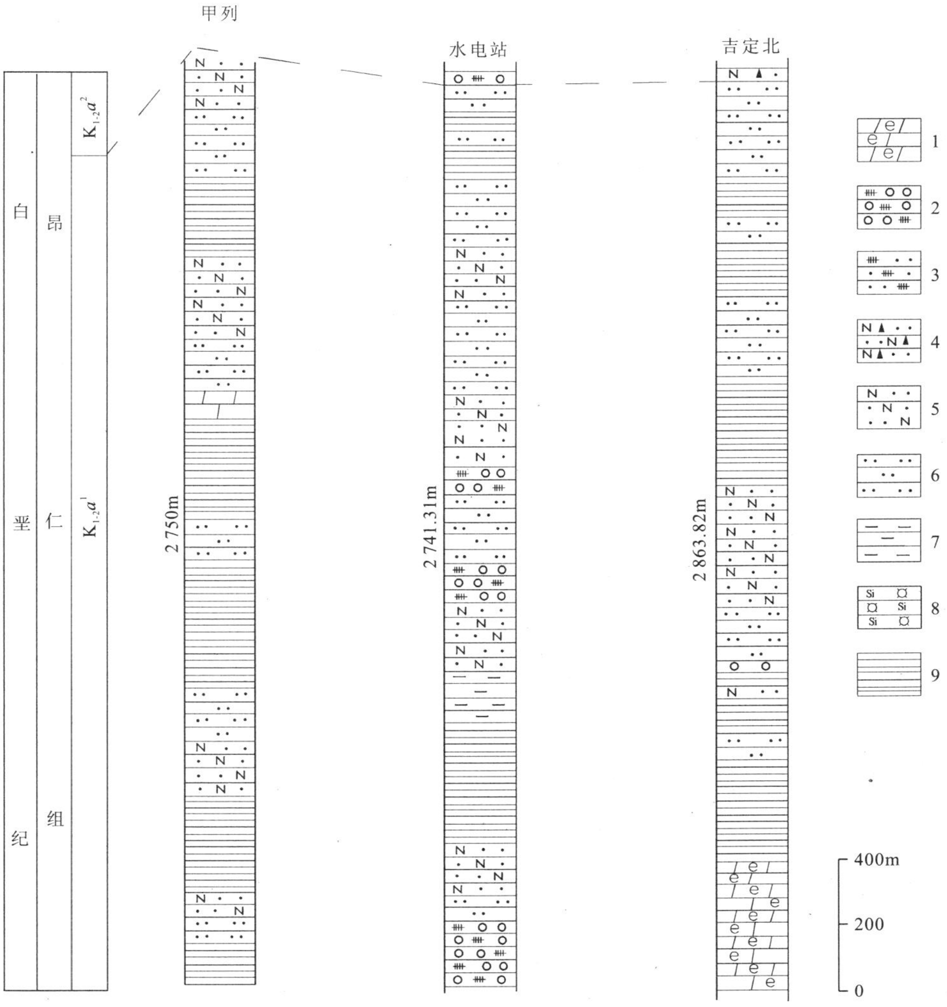

图 2-20　日喀则复向斜北部昂仁组一段区域地层柱状对比图

1. 生物屑灰泥岩；2. 复成分砾岩；3. 复成分砂岩；4. 长石岩屑砂岩；5. 长石砂岩；6. 粉砂岩；7. 泥岩；8. 放射虫硅质岩；9. 页岩

①砾岩层砾石成分及沉积特点

砾岩层从底到顶，从北至南，普遍分布，其间的砾石亦按自身规律以不同粒级(砾径 0.2～60cm)、不同磨圆度(圆—次圆—扁平)、不同成熟度而分布于不同部位。通过对多处砾岩层露头多点线性统计，分析鉴定结果，按其岩性与含量依次为火山岩、侵入岩、碳酸盐岩、硅质岩、碎屑岩和变质岩。其中火山岩砾石含量最高，约占 45%～55%，这些砾石成分多为安山岩、玄武岩、基性火山凝灰岩，部分流纹岩、粗玄岩和英安岩，它们来自沉积盆地北缘冈底斯岩浆弧；其次为侵入岩砾石，约占 35%，主要为花岗岩和闪长岩，物源同样来自北部冈底斯岩浆弧；碳酸盐岩砾石含量约占 10%，主要为生物屑灰岩、颗粒灰岩、生物屑灰泥岩、细晶灰岩等，它们多呈长条状、扁平状、不规则状，磨圆度差，属近源堆积，与桑祖岗碳酸盐岩特征相吻合，显然，物源属盆地北缘桑祖岗灰岩的就近搬运沉积；碎屑岩砾石主要为砂岩、粉砂岩和粘土岩，与昂仁组自身成分一致，显然为沉积再搬运产物；硅质岩和变质岩，其间有少量放射虫硅质岩、燧石等，皆因它们较为细小，且磨圆度好，可能来自冈底斯弧北侧或更远地区。上述砾岩显著特点是：在横向上同期沉积的砾石，由于各自被搬运距离不同，粒度、磨圆度、成熟度由盆地北向南皆有明显变化规律，这个规律就是砾石粒径由大变小，磨圆度由差变圆，成熟度由低到高。这些特点表明，它们的搬运方向是由北部冈底斯剥蚀区向南部日喀则盆地区搬运迁移的，显现出北高南低古地理地貌特征。

②砂岩颗粒成分及沉积特征

砂岩颗粒成分可分为三大类：火山岩岩屑、矿物碎屑和部分沉积岩碎屑，这些砂岩颗粒多呈不等粒砂状结构，接触式胶结。火山岩岩屑：主要为基性火山凝灰岩、安山岩、辉绿岩、玄武岩、粗玄岩等；矿物碎屑：

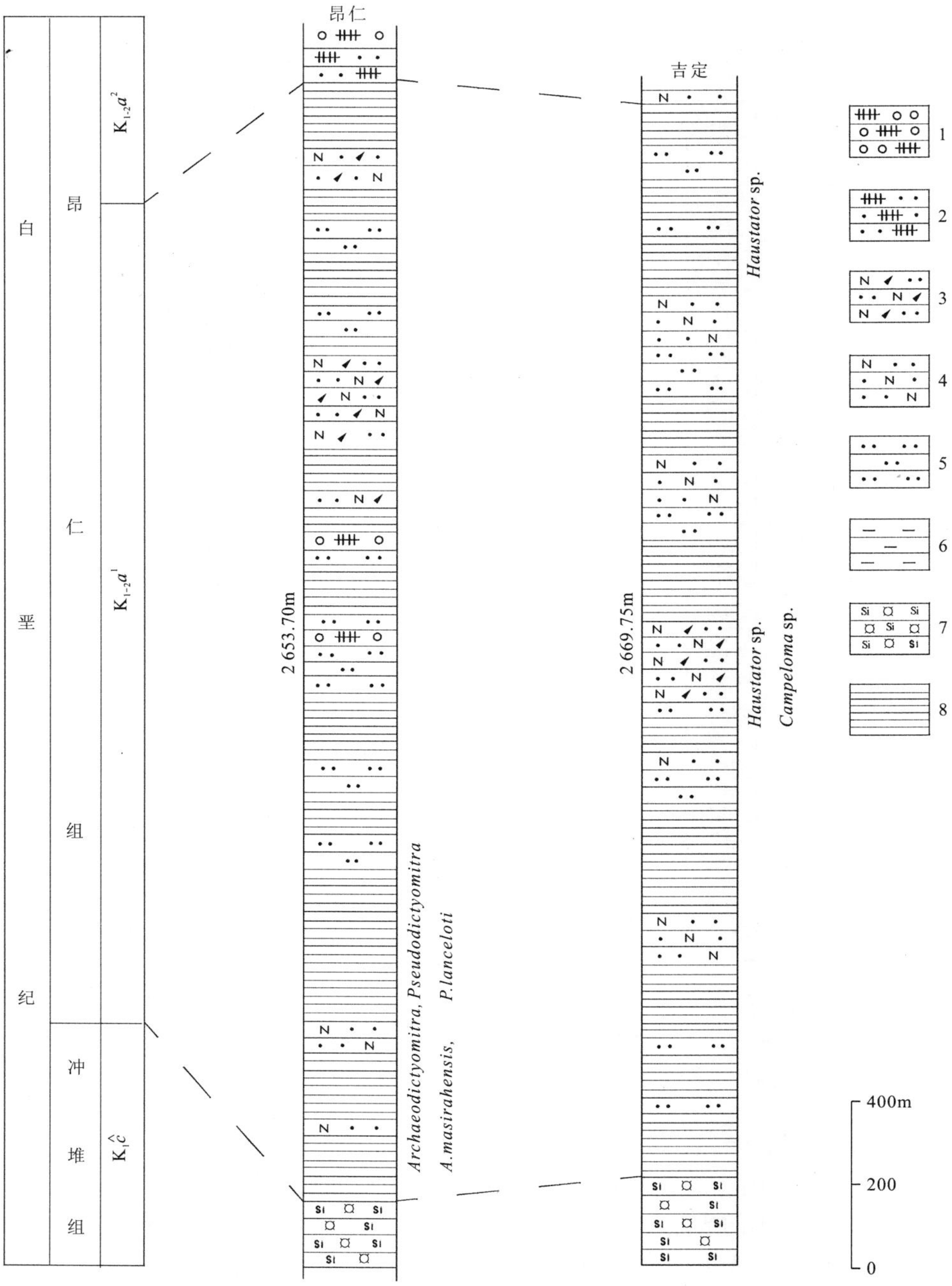

图 2-21　日喀则复向斜南部昂仁组一段区域地层柱状对比图

1.复成分砾岩;2.复成分砂岩;3.长石岩屑砂岩;4.长石砂岩;5.粉砂岩;6.泥岩;7.放射虫硅质岩;8.页岩

主要为长石和石英,长石碎屑一般为60%以上。上述颗粒明显来自普遍遭受剥蚀的北部冈底斯岩浆火山弧地层区。沉积岩碎屑:主要是来自盆缘台地碳酸盐岩和盆内砂岩碎屑,亦多属近源搬运堆积。这类颗粒组成的岩层在北部多为中厚层含砾不等粒长石岩屑砂岩,而在南部则显示为中—细粒岩屑长石砂岩和粉砂岩。

③粘土成分及沉积特征

粘土岩成分主要为长石、石英、水云母、方解石、绿泥石,多伴有锆石、磁铁矿及自生海绿石等矿物,亦为北部冈底斯岩浆火山弧剥蚀搬运沉积的产物,这类岩层具远源搬运沉积特点,多形成薄层页岩、粉砂质页岩或由粉砂质页岩与粘土质粉砂岩组成韵律层对,反复堆叠,组成厚度较大的低速沉积体。

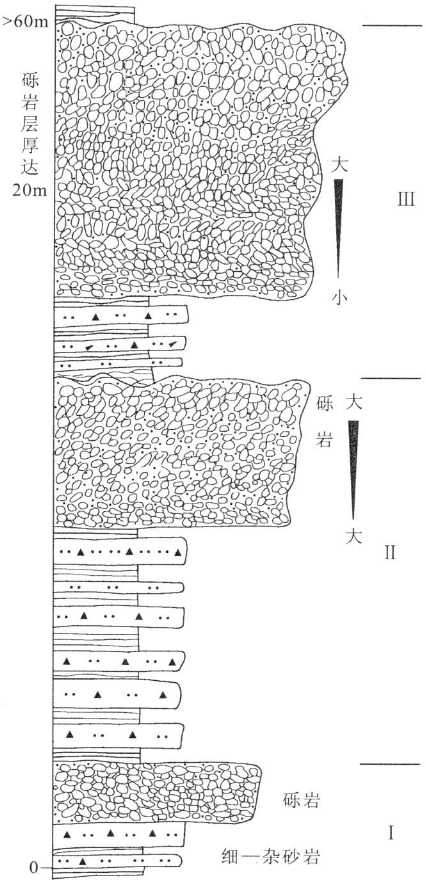

图 2-22 昂仁组二段下部水道砾岩基本层序图

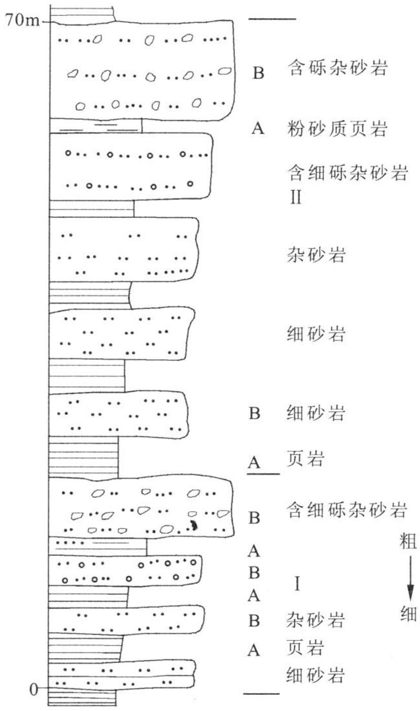

图 2-23 昂仁组二段上部基本层序图

(2)沉积成岩构造特征

①层理特征

常见的有水平层理、平行层理、厚—巨厚层块状层理及不规则层理、包卷层理(图版Ⅰ-1),常见由页岩与粘土质粉砂岩组成低速沉积层,并组成厚度较大的韵律层对,该类层理在复向斜两翼都很发育,但复向斜南翼则更为发育,反映出南翼比北翼水体更深的特点。平行层理:由页岩与砂岩组成不等厚互层,反映沉积水体频繁振荡特点;厚—巨厚层块状层理:主要见于由不等粒复成分砾岩、含砾不等粒岩屑长石砂岩及砾石质粘土岩组合内,这些岩层底面往往起伏不平,常见槽模、冲蚀沟等,多为分选较差的快速沉积体,这类层理在复向斜两翼都有,但复向斜北翼更为发育,且司空见惯,也反映出沉积水体北部较南部浅的特征。此外,还见有不均匀分布的中层状砂岩夹层组成的平行层理和长条状、透镜体、砂纹层理等。皆显示出日喀则盆地为一向南倾斜的不对称沉积盆地。

②特殊沉积体

主要有障积岩和大型楔状体。障积岩:主要见于东部盆地边缘的桑祖岗灰岩上部,北部碎屑岩层中也偶见障积岩夹层,向南东近盆地中心,则被灰泥岩取代。它的主体骨架为骨针海绵、珊瑚和海百合茎,其间被有孔虫、腹足类、介形虫、蓝藻类及大量生物屑充填、堆叠,局部生物含量达40%以上,并形成礁体,这种障积岩产出特点亦显示为碳酸岩台地的古地理环境。大型楔状体:这类沉积体广泛分布于复向斜两翼,但北翼比南翼更发育。北翼:如昂仁电站南大型楔状体(图 2-24、图版Ⅰ-2),长近百米,宽数十米,它的撒开部位主要由巨厚层砾、泥混合堆积的砾石质粘土岩、粘土质砾岩与复成分砾岩组成,收敛部位主要由中—厚层状含砾不等粒岩屑长石砂岩与粉砂岩组成。这类众多楔状体的撒开方向多指向南,收敛方向多指向北的特点,说明其沉积物是由北向南侧向搬运沉积的结果。南翼:吉定大型楔体(图 2-25),长约百米,宽数十米,它的撒开方向指向北西,收敛方向指向南东,说明当时沉积物源来自南东,与北翼物源搬运方向相对。楔状体的形成与海底扇体古地貌特征密切相关，它的存在说明该盆地微地貌较陡，且具活动变更频繁特点。如复向斜南翼，吉定等地常见泥质岩软沉积变形(图 2-26)，就是这种变更频繁的证据。

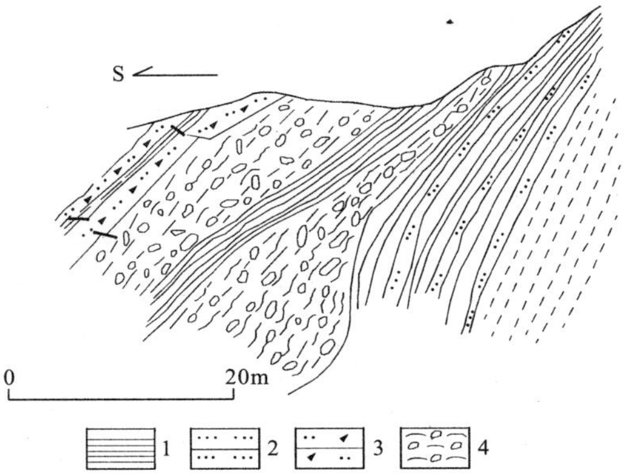

图 2-24　昂仁电站昂仁组一段下部大型楔状体

1. 页岩；2. 砂岩；3. 杂砂岩；4. 砾泥混积岩

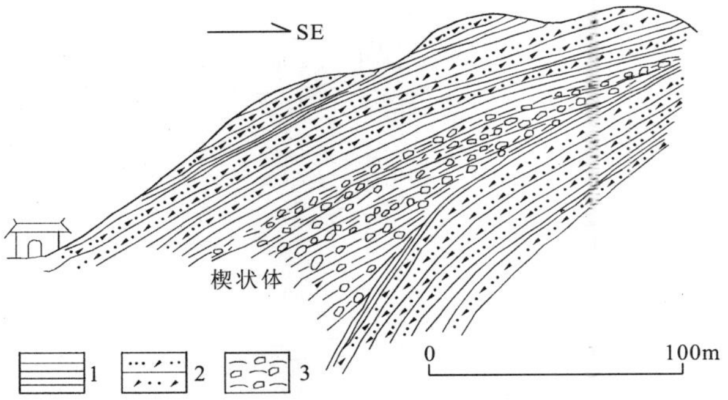

图 2-25　吉定昂仁组一段下部大型楔状体

1. 页岩；2. 杂砂岩；3. 砾泥混积岩

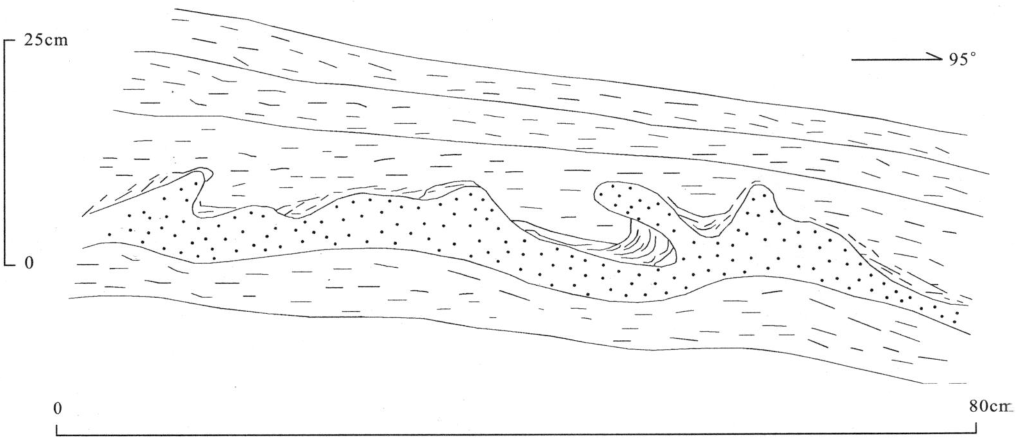

图 2-26　吉定昂仁组一段下部泥质岩软沉积变形特征

(3)海底扇沉积体系特征

昂仁组垂向沉积剖面自下而上可完整展示 3 个沉积扇体系，并演绎出日喀则沉积盆地发生、发展至萎缩的 3 个沉积阶段。

①第一期扇体

由昂仁组一段下部粗碎屑岩—砂、泥质岩组成，顶界为昂仁组一段第一次砾泥岩楔状体所限定，底界即为盆地基底面，多被后期构造改造。

扇根：出露于昂仁组北部，尤以昂仁电站一带最为发育。主要为巨厚层状粗—巨砾岩，厚约 200m，出露宽约 500m，砾岩由根部向两侧撒开，砾度变小，上部可见水道沉积，如图 2-16 下部所示。

扇中：位于扇根之上，主要由砂、杂砂和砂泥质岩不等厚互层，时夹含砾砂岩，颗粒由下向上由粗变细，单层由厚变薄，显示鲍马序列 b—d 段层序，由砂、砾质岩与泥质岩组成快速堆积，粒度和单层亦显示向上变细和变薄的退积型层序特点。

扇端：为昂仁组一段第一次出露的页岩，厚度可达 200m 以上。北部该页岩伏于底部灰岩和砂、泥质岩之上，其间夹有孔虫灰泥岩单层和条带；在南部深海区，该页岩位于冲堆组放射虫硅质岩之上，由泥质粉砂岩和页岩组成韵律层对，与鲍马序列 d—e 层相当。其远洋低速沉积和垂向加积体特征明显。顶部出现一层楔状体，由砾、泥快速混合沉积，这种混合沉积主要是因物质丰富而不能及时分选所致。其上便形成昂仁组第一次沉积间断，第一期扇体形成。本期扇体顶部存在的大型楔状体在弧前盆地复向斜两翼皆有见及。北翼如昂仁水电站剖面第 7 层(图 2-24),萨迦县吉定北剖面第 5 层。这些楔状体指示了物源来自北部冈底斯—腾冲地层区。南翼如昂仁县城剖面第 9 层,萨迦县吉定剖面第 6 层(图 2-25),这些楔状体则指示物源来自南东方向。

②第二期扇体

为昂仁组一段中部,底界为昂仁组第一层砾、泥混积岩楔状体之上的沉积间断面,顶界为昂仁组第二层砾泥混积岩楔状体。

扇根:为灰黄褐色厚层含砾不等粒岩屑长石砂岩—中层状细砂岩、长石石英砂岩夹粉砂质页岩,组成向上变细的退积型基本层序,其厚度约 200m。为一套越岸砂坝沉积。

扇中:位于昂仁组一段中部,下部主要为中—厚层状含砾杂砂岩、细砂岩和粉砂岩;上部由粉砂岩—粉砂质页岩组成韵律层对,每个层对厚仅 8~10cm,与鲍马序列 b—d 段相当。野外露头呈页岩凹进,粉砂岩凸出的特点,厚度可达 300m。显示退积型层序特点。

扇端:为昂仁组一段第二套粉砂质页岩,呈灰—深灰色,水平层理,其上部夹粉砂岩条带和透镜体,中部夹薄层灰泥岩,层面时见生物扰动痕迹,厚约 400m,为十足明显的低速沉积层。顶部为第二次混积岩楔状体,形成第二次沉积间断。该楔状体在复向斜两翼皆明显出露,北翼在昂仁水电站剖面第 12 层,萨迦县吉定北剖面第 12 层皆可见及,他们向北收敛,向南撒开的产出特征,指示物源来自北部地区。南翼在昂仁县城剖面第 17 层,萨迦县吉定剖面第 8 层皆出露清楚,使该间断面具有一定的区域分布的特征。

③第三期扇体

由昂仁组一段上部和二段组成,底界位于昂仁组一段第二层楔状体之上的不整合界面,顶部为昂仁组二段巨厚层状水道砾岩所限定,属昂仁组第三期海底扇体。

扇根:下部为中—厚层含砾不等粒岩屑长石砂岩、中层细粒岩屑长石砂岩,时夹厚层复成分砾岩;上部为细砂岩—粉砂岩。总体形成向上粒度变细,单层变薄的退积型越岸砂坝沉积。局部含自生海绿石矿物。

扇中:下部为中厚层含砾杂砂岩、细砂岩;上部为厘米级粉砂岩—页岩韵律层对,厚达 200m。总体组成退积型层序。

扇端:主要为灰黄色页岩夹薄层钙质页岩,含浮游有孔虫类和放射虫等,属盆内低速沉积。其上为昂仁组二段粉砂岩—细砂岩,复成分砾岩覆盖,组成日喀则盆地萎缩阶段的河流相沉积,结束了该盆地的演化历史。本期扇体顶界未见明显楔状体,但昂仁组二段底部大量出现近源堆积的厚—巨厚层砾岩,与昂仁组一段顶部的页岩明显发生沉积物粒度跳跃,说明存在沉积间断,其上二段砾岩的沉积,说明日喀则弧前盆地已开始逐渐萎缩和消亡。

3. 生物特征与地质年代

昂仁组主体为碎屑岩类,但夹薄层灰岩,尤其在东部桑祖岗一带底部见较稳定碳酸盐岩。这些岩层中产较多生物化石,主要为有孔虫 *Orbitdina scutum*, *O. concava*, *O. aperta*, *Daxia cenomana*;腕足类 *Pterodontu* cf. *nubilis*;双壳类 *Bournonia* sp., *Mytilidae*;珊瑚 *Thamnasteria matsushitai* 等,其地质时代属早白垩世阿尔布期。在碎屑岩中本组一段上部亦见螺类 *Haustator* sp., *Campeloma* sp. 等;在复向斜南翼本组下部远洋薄层灰泥岩夹层和沉基性火山凝灰岩中见有放射虫类 *Holocryptcantium barbui*, *Gongylothorax siphonlfer*, *Archaeodictyomitra* sp., *Pseudodictyomitra pachicosta*, *Cenillipsis botryoides* 等。其放射虫组合时代为晚白垩世早期,螺类组合亦属白垩世早中期,多数鉴定者将其归属于阿尔布期至土仑期。结合上覆地层时代分析,我们认为昂仁组的沉积时代应置于早白垩世阿尔布期至晚白垩世康尼亚克期为宜。

三、古近系—新近系

大面积分布于图幅中北部,主要有出露于隆格尔—南木林分区的林子宗群火山岩,拉萨—察隅分区的秋乌组、大竹卡组及日喀则分区的柳区群磨拉石沉积。

(一)隆格尔—南木林分区

区内林子宗群火山岩出露面积约 5 000km^2,约占测区总面积的 1/3,从下至上可分为典中组、年波组和帕那组。

1. 剖面描述

谢通门县措布乡其拉林子宗群实测剖面见图 2-27(2001－05)。该剖面起点地理位置为 E88°11′，N29°57′。

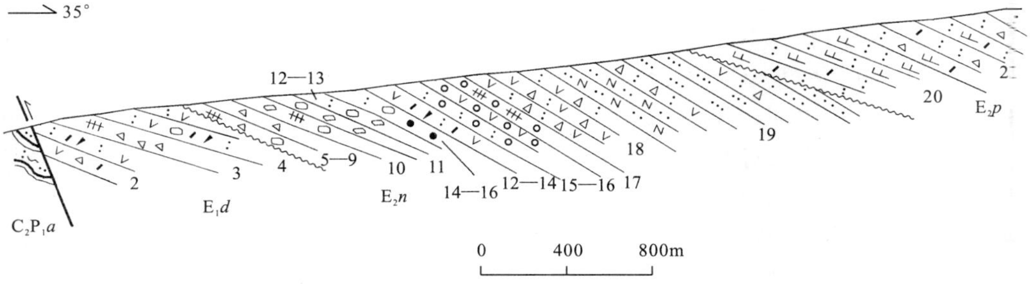

图 2-27　谢通门县措布乡其拉林子宗群实测地层剖面图

帕那组(E_2p)　　　　(未见顶)　　　　**684.74m**

21. 浅灰色英安质含火山角砾晶屑凝灰岩　　381.18m

20. 灰黄色夹英安质晶屑凝灰岩　　303.56m

～～～～～～～～～～　喷发不整合　～～～～～～～～～～

年波组(E_2n)　　　　**720.72m**

19. 灰白色厚层块状长石砂岩夹火山角砾岩、上部夹浅灰色薄层粉砂岩　　165.56m

18. 灰褐色安山质晶屑岩屑凝灰岩　　7.50m

17. 灰黄色中厚层砾岩与安山质含晶屑岩屑凝灰熔岩不等厚互层　　81.32m

16. 灰黄色厚层砾岩　　8.85m

15. 下部为紫红色凝灰质砾岩，中上部为灰白色厚层凝灰质含砾粉砂岩夹火山砾岩　　84.8m

14. 紫红色灰白色复成分火山角砾岩　　31.13m

13. 紫红色中厚层凝灰质砾岩　　59.81m

12. 紫红色流纹质火山角砾岩　　9.50m

11. 灰黄色粗砾岩夹含砾粗砂岩　　34.84m

10. 灰黄色中厚层复成分砾岩与含砾不等粒长石岩屑砂岩及含粘土砂质粉砂岩等厚互层　　108.03m

9. 灰黄色厚层块状火山角砾岩夹浅灰色中—细粒岩屑杂砂岩　　54.00m

8. 浅灰色凝灰质含砾不等粒岩屑砂岩与凝灰质中—细粒岩屑砂岩不等厚互层　　18.71m

7. 浅灰绿色复成分砾岩　　12.64m

6. 灰绿色安山质含砾晶屑岩屑凝灰岩　　26.34m

5. 深灰色复成分砾岩　　22.65m

～～～～～～～～～～　角度不整合　～～～～～～～～～～

典中组(E_1d)　　　　**326.42m**

4. 灰绿色安山质含砾晶屑岩屑凝灰岩　　191.42m

3. 浅灰色、灰绿色复成分火山角砾岩　　63.73m

2. 浅灰色、灰绿色安山质晶屑岩屑凝灰岩，下部夹安山质晶屑火山角砾岩　　71.27m

＝＝＝＝＝＝＝＝＝＝　断　层　＝＝＝＝＝＝＝＝＝＝

下伏地层：昂杰组(C_2P_1a)　深灰色碎裂变质含炭硅质粉砂岩与含凝灰粉砂质绿泥板岩互层

2. 沉积特征及区域对比

(1)典中组(E_1d)

主要出露于图幅北部马雄来娃、差药、他自拉等地。为一套以中性、中—酸性火山岩及火山碎屑为主的岛弧型火山岩组合，主要岩性为灰绿色安山质晶屑岩屑凝灰岩，流纹质和安山质火山角砾岩，其间时夹沉积岩夹层，为少量砾岩、粉砂岩和砂质板岩等，构成一次火山喷发旋回。在北部夺娃侧日、差药、腩阿、脚拉等地还见有古火山口存在，古火山口多分布于 4 000m 以上，具环形地貌，可见有圆形火山口和破火山口两种类型，其火山口机构明显，由内向外，由集块岩、火山角砾岩、角砾凝灰岩和凝灰岩组成由粗变细的环形分布特征，圆形火山口原始结构保存完好，破火山口后期发生垮塌，而出现不规则垮塌角砾岩。这些特征说明火山口为中心式喷发。本组与下伏老地层呈角度不整合接触，这种不整合特征主要是典中组之下常见不同时代的地层，如北西部马雄一带典中组被河流冲蚀后出现早石炭世永珠组漏底，在德来、查拉等地见典中组覆于中石炭世拉嘎组之上，在美曲藏布则可见其覆于早白垩世比马组之上，二者岩层产状明显相交，但这种接触关系常被断层破坏，区域上分布较为稳定，为测区林子宗群火山盆地的下部地层，多出露于盆地周缘和盆底部位，厚度大于 326.42m。

(2)年波组(E_2n)

主要出露于图幅北部雄巴、麦让拉、其拉等地。为一套中—酸性火山碎屑岩和沉积碎屑岩组合，具明显喷发—沉积旋回(图版Ⅱ-3)。其中火山喷发碎屑岩主要岩性为安山质晶屑岩屑凝灰岩，安山-流纹质火山角砾岩；沉积碎屑岩主要为复成分砾岩、不等粒长石岩屑砂岩、粉砂岩等。从下至上可分出六次喷发—沉积韵律，构成一个旋回，具向上喷发活动加剧规律。间歇期间沉积地层亦有砾岩—细砂岩—粉砂岩的韵律层组合。本组与下伏典中组呈角度不整合接触，有时可见该组超覆于其他老地层之上，如其拉一带，本组超覆不整合于昂杰组之上。区域上本组分布较稳定，其沉积组合特征可与东部南木林甲措乡剖面、正层型周林吓棍巴剖面对比(图 2-28)，其厚度可达 720.72m，并有向西增厚和向东减薄的区域变化特征。

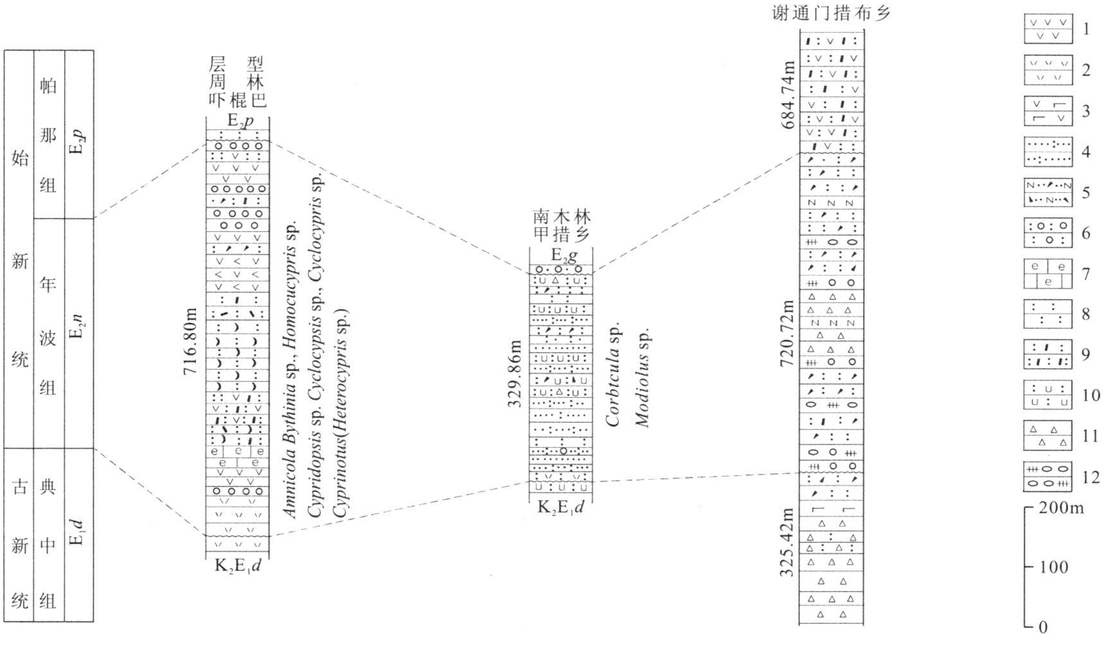

图 2-28 年波组区域柱状对比图

1. 安山岩；2. 流纹岩；3. 安山玄武岩；4. 凝灰质粉砂岩；5. 长石岩屑砂岩；6. 凝灰质砾岩；7. 生物碎屑灰岩；8. 岩屑凝灰岩；9. 晶屑凝灰岩；10. 凝灰熔岩；11. 火山角砾岩；12. 复成分砾岩

(3)帕那组(E_2p)

主要分布于图幅北西部陆给拉、尼许等地，并组成海拔 4 000m 以上的高山。为一套中酸性火山碎屑岩，主要岩性有英安质晶屑凝灰岩，英安质火山角砾晶屑凝灰岩等，构成一个火山喷发—沉积旋回。在威章拉、麦让拉、勒拉等地可见古火山口和火山喷发中心，它们多出露于 4 500m 以上，具环形地貌，有圆形火山口和破火山口两种类型，由内向外一般具由粗变细的中心式火山喷发机构，多为集块岩、火山角砾岩，向外渐变为凝灰岩。威章拉以南，火山口多发生垮塌而形破火山口。本组与下伏年波组呈喷发不整合接触，不仅不整合于年波组和典中组之上，而且还不整合于昂杰组等老地层之上。测区内稳定分布。其上未见顶，厚度大于 684.74m。

3. 生物特征与地质年代

典中组尚未采获生物化石，其时代归属主要依据上下地层接触关系及相应的同位素年龄值而定。本次在其上部安山质含砾晶屑岩屑凝灰岩中采得同位素样品，通过 K－Ar 测定其年龄值为 26.8Ma，年代属渐新世中晚期。根据《西藏自治区岩石地层》和 1∶20 万谢通门幅①地质报告等资料，该组原岩同位素年龄值分别为 88±2.86±1.6Ma(Rb－Sr 法)及 60Ma、51.54Ma 等。前一组属于晚白垩世康尼亚克期至三冬期，后一组属古新世坦尼特期及始新世伊普里期。上述同位素年龄说明典中组跨时较大，如果上述样品层位是同一标准的典中组地层层位，那么典中组的年代应为晚白垩世—古近纪晚期。鉴于前人习惯归属及上下部地层时代，暂将其置于古近纪早期。

年波组普遍夹沉积地层，1∶20 万谢通门幅①区调曾在南木林县色磨村相同层位采获双壳类，经中国地质大学(北京)阴家润教授鉴定为 *Corbicu* sp.，*Modiolus* sp. 等，时代为始新世。1∶20 万拉萨幅②曾在林周地区该组上部采获介形虫 *Cyprishenanensis*，*Cypridopsis* sp.，*Cypris hunanensis*，*Encypris painboensis*，*Homocucypris* sp. 等；腕足类口盖 *Mirolaminatus obliquus*，*M. lamellatus*，*Amnicola* sp.，*Bythinia* sp. 等。其中 *Cypris hunanensis* 是湖南及中南地区始新世常见分子，*Mirolaminatus obliquus* 广泛分布于蒙古等地古近纪各地层单位之中。故本书将年波组时代置于始新世。

帕那组目前尚无化石依据，火山岩同位素年龄值(K－Ar 法)有 44.4±0.8Ma、39.5Ma 等值，指示相应年代为中晚始新世，因本组喷发不整合于年波组之上，故将其暂置于中始新世。

(二)拉萨—察隅分区

该区仅见大竹卡组和秋乌组，主要分布于图幅中部，并沿雅鲁藏布江和多雄藏布出露，分布面积约 380km^2，约占图幅总面积的 2%。

1. 剖面描述

(1)昂仁如多大竹卡组实测剖面(图 2-29，2001－07)

该剖面起点地理位置为 E87°08′，N29°24′。

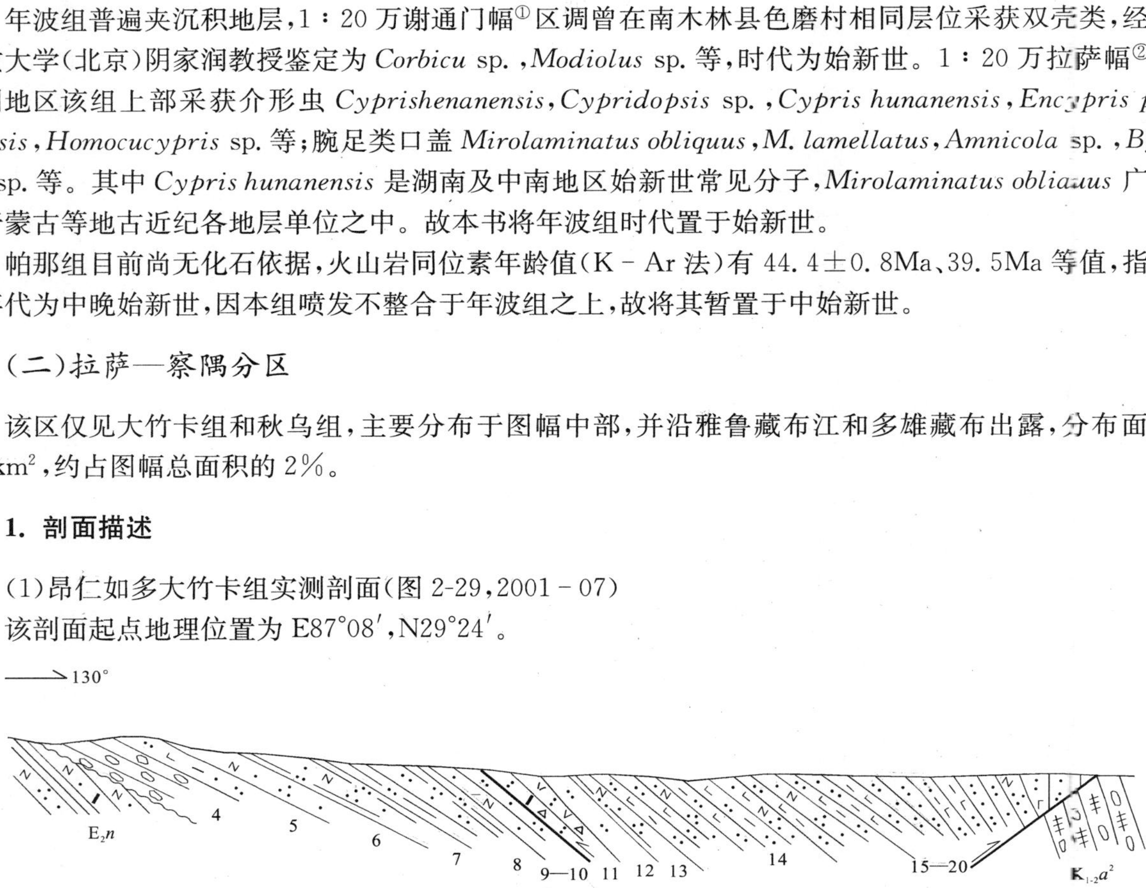

图 2-29　昂仁县如多大竹卡组实测地层剖面图

大竹卡组(E_3N_1d)	**(未见顶)**	**686.11m**
20. 浅灰绿色页岩夹砂质粉砂岩		1.13m
19. 紫红色纹层状含泥钙质粉砂岩夹细粒长石石英砂岩和不等粒长石砂岩透镜体		36.85m
18. 浅灰绿色含钙泥砂质粉砂岩		11.24m
17. 紫红色粉砂质页岩夹中—细粒长石石英砂岩		30.36m
16. 浅灰绿色纹层状含钙砂质粉砂岩		10.06m
15. 紫红色薄层含泥钙砂质粉砂岩与中厚层砂质粉砂岩互层，板状交错层理发育		166.02m

① 西藏区调队. 1∶20 万谢通门幅区域地质调查报告，西藏地矿局，1997.

② 西藏区调队. 1∶20 万拉萨幅区域地质调查报告，西藏地矿局，1991.

14. 紫红色薄层含钙泥质粉砂岩夹中层细粒长石石英砂岩	141.45m
13. 浅灰绿色粉砂质页岩与细粒长石石英砂岩互层	42.74m
12. 紫红色泥质粉砂岩夹中层凝灰质砂岩	26.35m
11. 灰黄色薄—中层流纹-英安质含火山角砾晶屑凝灰岩	26.62m
10. 紫红色砂质粉砂岩夹薄—中层含钙中—细粒岩屑长石砂岩	3.56m
9. 浅灰绿色厚层细粒岩屑长石砂岩	23.95m
8. 紫红色粉砂质页岩夹薄—中层砂质粉砂岩	67.53m
7. 紫红色粉砂质页岩夹灰绿色中层细粒长石石英砂岩	54.21m
6. 浅灰—灰绿色厚层细粒长石石英砂岩与紫红色粉砂质页岩及含钙砂质粉砂岩互层	29.55m
5. 紫红色中层含钙泥质粉砂岩与砂质页岩互层，夹灰绿色细粒长石石英砂岩	7.84m
4. 浅黄—灰黄色厚层不等粒火山碎屑质砾岩	6.6m

～～～～～～～～ 角度不整合 ～～～～～～～～

下伏地层：年波组（E_2n）　浅灰绿色中厚层中—细粒岩屑长石砂岩

(2)昂仁县桑阿卡秋乌组实测剖面(图 2-30，2001－06)

该剖面起点地理位置为 E87°26′，N29°23′。

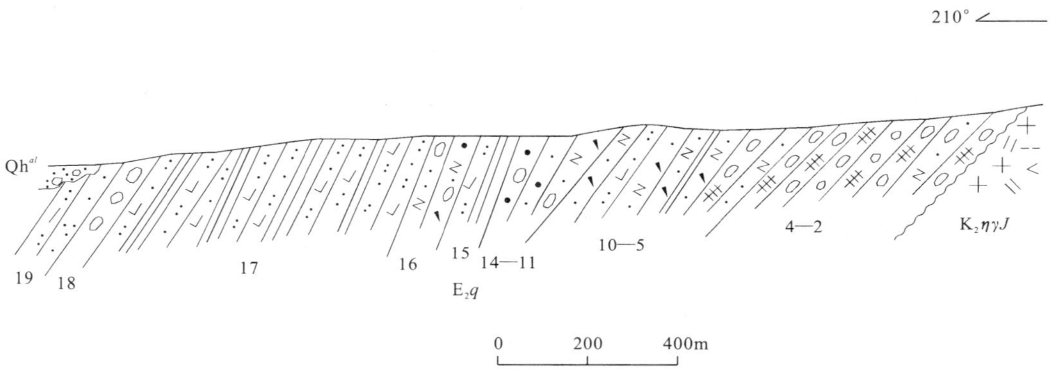

图 2-30　昂仁县桑阿卡秋乌组实测地层剖面图

秋乌组(E_2q)	**(未见顶)**	**1 293.44m**
19. 灰黄色薄层细粒石英砂岩与泥质粉砂岩不等厚互层		39.32m
18. 紫红色粗砾岩		42.12m
17. 紫红色薄层含钙砂质粉砂岩与页岩不等厚互层		372.33m
16. 灰黄色含砾岩屑长石杂砂岩		77.86m
15. 紫红色中厚层含砾粗砂岩		78.53m
14. 灰绿色中厚层含砾粗砂岩		49.52m
13. 灰绿色中厚层细粒岩屑长石砂岩与紫红色含泥钙质粉砂岩及含钙泥质粉砂岩三者呈韵律性不等厚互层		12.38m
12. 灰黄色厚层含砾不等粒岩屑长石砂岩夹细粒岩屑长石砂岩		76.67m
11. 紫红色薄层泥质粉砂岩		4.25m
10. 灰绿色中厚层细粒岩屑长石砂岩夹紫红色薄层含钙质砂质粉砂岩		174.26m
9. 灰黄色中厚层细粒岩屑长石砂岩夹炭质页岩及含砂粉砂质灰泥岩透镜体		11.04m
8. 灰黄色中厚层中—细粒岩屑长石砂岩夹粘土质石英粉砂岩，产植物化石		28.83m
7. 灰黄色复成分砾岩		31.70m
6. 灰白色薄层不等粒长石砂岩夹泥质粉砂岩		3.04m
5. 紫红色薄层含砾不等粒长石砂岩		4.86m
4. 紫红色复成分砾岩		260.42m
3. 灰绿色含砾不等粒长石砂岩夹炭质页岩，上部前者相变为中—细粒长石砂岩，产植物化石		3.28m

2. 紫红色复成分砾岩 23.03m

~~~~~~~~~~~~~~ 角度不整合 ~~~~~~~~~~~~~~

下伏地层:中—细粒角闪黑云花岗岩

2. 沉积特征及区域对比

(1)秋乌组(E_2q)

于测区中部掐格宗、彭错林、秋乌等地断续分布。下部主要为巨厚层复成分砾岩夹中—厚层含砾不等粒岩屑长石砂岩和炭质页岩,局部形成煤线和薄煤层,偶见植物根茎化石。底部为一层厚约23m的杂色不等粒复成分砂岩,并不整合于早期中—细粒角闪黑云花岗岩之上(图版Ⅰ-3);中部主要为中—细粒岩屑长石砂岩与泥质粉砂岩互层,时夹页岩,岩层以紫红色和灰绿色交替出现,沉积韵律明显,常见有正粒序层理;上部主要为薄层含钙砂质粉砂岩与页岩不等厚互层,局部夹砾岩、含砾粗砂岩等。该组为典型的弧后磨拉石建造(亦称内磨拉石),区域上出露不太稳定。厚度大于1 293.44m,向东具逐渐变薄的趋势。地层体南侧被断层破坏。总体显示为滨湖相沉积环境。

(2)大竹卡组(E_3N_1d)

零星分布于图幅中部掐格宗、内温、错松等地。主要为紫红色含泥钙质砂质粉砂岩与中层状细粒长石石英砂岩互层,反复叠置,组成大竹卡组主体岩层,这种呈互层状产出沉积物粒度由下向上具由粗变细的沉积规律,是通过反复振荡方式来完成的(刘宝珺等,1990)。底部为一层厚层状不等粒火山质砾岩,厚约7m,与下伏老地层呈角度不整合接触;中部长石石英砂岩见较发育的板状交错层理,反映古流向总体呈南北向;上部页岩增多,泥质含量增高。其上未见顶,厚度大于686.11m。区域上,该组沿日喀则弧前盆地与冈底斯火山岩浆弧交接处的错松、当弄、掐格宗一带,呈狭长带状分布,南北宽不足2km。含有腹足类、双壳类及植物化石等。总体属滨湖相磨拉石堆积建造,亦称其为“内磨拉石”。

3. 生物特征与地质年代

(1)秋乌组

本次在秋窝一带秋乌组下部和中部采获植物化石,前人也曾采有大量植物及孢粉,均集中产于粉砂岩、页岩和煤层中。植物化石主要有 *Julandites sinatus* Lesq, *Qrercusiorbicularis* Geng, *Ficus daphnogenoides*(Heer), *F. seephinsoni* Berry, *Cassia fayettensis* Berry, *Phrynium tibeticum* Geng, *Deanella longifolia*, *Typha* sp.,在噶尔县门士相同层位产植物化石,主要有 *Ficus myirtifodia*, *Cassia marshalensis*, *Berry rhamnusmenshigensis*, *Eucalyptus geinitzi*, *E. oblongifolia*, *Phrynium tibeticum*. *Cyperacites haydenii* 等。

上述植物化石组合,充分反映秋乌组古植物面貌,既有常绿阔叶乔木 *Eucalyptus*,又有落叶乔木 *Quercus*;既有热带草本植物 *Dianella*,又有热带藤本植物 *Celastrus*,是现代热带、亚热带地区典型的植物群面貌。因此,秋乌组形成的气候条件为暖热潮湿,年温差变化不大的气候环境。这些植物化石生长地质时代主要为始新世,其中 *Fecus mytitifodia* 曾见于北美始新世早、中期,但 *Eucalyptus geinitzi* 则产于北美晚白垩世。考虑到本组与下伏早喜马拉雅丹尼期花岗岩(64.6Ma)为不整合接触,在这个不整合面上肯定存在相应的间断期,可能缺失坦尼特期沉积,又因上界与大竹卡组之间为不整合接触。故将秋乌组地质时代置于始新世较为适宜。

(2)大竹卡组

本组所获化石较少,但前人在泽当—加查等地下部的粉砂岩、砂砾岩、砾岩层中获得较丰富的动、植物化石,主要有腹足类 *Planorbis* cf. *rotundata*, *Planorbarius* sp., *Gyraulus* sp., *Amnicola* sp., *Flurminicola* sp.;双壳类 *Sphaerium* aff. *riviclum*, *Acutiosta* sp., *Lepidodesma* sp.;植物化石 *Parmocarpon* sp., *Colutea* sp., *Rhododendron* sp., *Quercus* sp., *Colutea* sp., *Salix* sp. 等。从以上化石组合看,其植物化石多为新近纪中新世面貌,而腹足类、腕足类及部分植物化石亦不晚于古近纪渐新世,结合与下伏老地层皆呈角度不整合接触,故本书认为大竹卡组为一跨时地层单位,地质时代为古近纪渐新世—新近纪中新世。
~~~~~~~~~~~~~~

（三）日喀则分区

该区地层仅见柳区群（$E_{1-2}Lq$），于测区南部与昂仁蛇绿岩带相伴出露，面积约 150km²，占测区总面积不足 1%。

1. 剖面描述

拉孜县格龙普柳区群实测面见图 2-31（2000－08）。该剖面起点地理位置为 E88°04′，N29°09′。

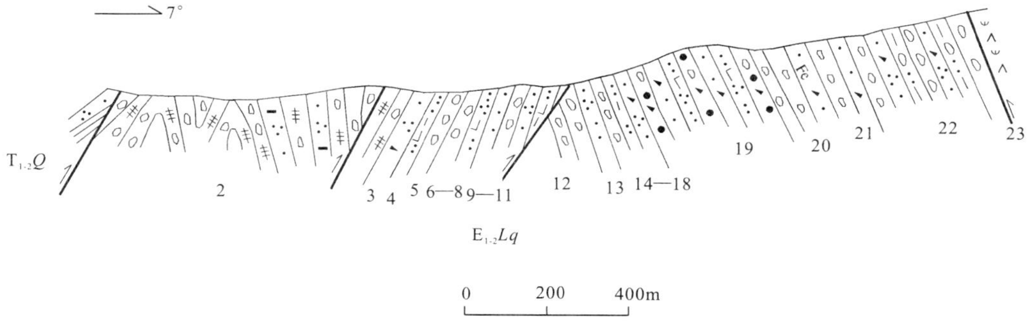

图 2-31　拉孜县格龙普柳区群实测地层剖面图

柳区群（$E_{1-2}Lq$）	**（未见顶）**	**1 380.72m**
23. 紫红色厚层块状砾岩，偶夹细砂岩透镜体		75.92m
22. 紫红色中—厚层中细砾岩与细粒岩屑石英砂岩及含砂砾粉砂质粘土岩二者互层		277.46m
21. 紫红色中厚层细砾岩与中薄层状铁质不等粒岩屑砂岩不等厚互层		214.68m
20. 紫红色厚层块状砾岩		13.01m
19. 灰黄色中厚层含砾粗粒岩屑砂岩，中—细粒岩屑砂岩与薄层含泥纹层钙质石英粉砂岩互层		233.62m
18. 紫红色中薄层细粒岩屑石英砂岩与薄层粘土质含砂粉砂岩互层		6.79m
17. 紫红色厚层块状粗砾岩		19.55m
16. 紫红色中薄层砂质细砾岩与含砾中细粒砂岩互层，底部为灰黄色厚层块状中粗砾岩		54.59m
15. 紫红色中层复成分砾岩与含砾不等粒石英砂岩互层		30.22m
14. 灰绿色中薄层泥质粉砂岩，底部为灰绿色厚层块状中—粗砾岩，顶面具冲蚀槽		21.67m
13. 灰绿色中薄层细粒石英砂岩与灰绿色紫红色粘土质含砂粉砂岩、钙质含砂砾粉砂岩互层，局部夹细砾岩透镜体，含植物茎		50.19m
12. 碎裂状中细砾岩		5.73m
11. 紫红色中层细粒石英砂岩与灰绿色薄层含钙粉砂质粘土岩互层		5.66m
10. 浅黄色中厚层砾岩夹中—细粒岩屑砂岩，岩层顶面时见冲蚀槽		43.86m
9. 黄绿色中层粗砂岩，薄层含泥钙质石英粉砂岩与粉砂质泥岩互层，底部浅黄色厚层块状中粗砾岩		30.26m
8. 紫红色中层钙质石英粉砂岩与黄绿色薄层含粉砂钙质粘土岩不等厚互层，间夹透镜状中—粗粒岩屑石英砂岩		74.24m
7. 紫灰色厚层块状中粗砾岩		17.98m
6. 浅黄色中厚层细砾岩与黄绿色粉砂岩及粉砂质粘土岩互层		29.97m
5. 灰黄色厚层块状中粗砾岩，中部夹泥质粉砂岩，砾岩层顶面多呈起伏侵蚀面		37.13m
4. 灰绿色中薄层含钙粘土质石英粉砂岩与紫红色粉砂质粘土岩互层		34.34m
3. 紫灰色中薄层不等粒岩屑石英砂岩与泥质粉砂岩互层，中下部夹砾岩		48.21m
2. 紫灰色中厚层复成分砾岩与不等粒岩屑石英砂岩、细粒岩屑石英砂岩互层，并组成由粗至细的韵律，产植物化石		55.64m

═══════ 断　层 ═══════

下伏地层：穷果群

2. 沉积特征及区域对比

柳区群主要于测区南东部紧邻昂仁蛇绿岩南侧断续分布。为一套紫红色、灰黄色、黄绿色复成分砾岩、砂砾岩、岩屑石英砂岩、粘土质粉砂岩等山前磨拉石沉积，亦称“外磨拉石”建造。岩层普遍具砾、砂、泥三者组成向上由粗变细的沉积韵律，下部以块状层理为主，砾岩层底面常见槽模及冲蚀坑，可见砾石呈叠瓦状排列，底部与下伏老地层呈角度不整合接触，不整合部位多被后期构造破坏；上部岩石粒级皆有减小，岩性层多不等厚互层，以平行层理和块状层理为主，局部可见斜层理及波状层理，韵律层顶部常见冲刷构造，偶见同沉积碎屑流。富产植物化石（图版Ⅷ-5）及少量双壳类。从上述岩性特征及沉积结构分析，本区柳区群总体为冲积扇—辫状河沉积。其上未见顶，厚度大于 1 380m。

3. 生物特征与地质年代

柳区群所含化石丰富，本次亦在下部砂岩层及上部粉砂岩中采获植物化石等，并发现植物化石层。其中，下部植物化石主要为 *Juglandites sinuatus*，*Annona preretieulata*，*Willisia rentoensis*，*Rhamnus marginatus* 等，还有部分淡水腹足类、双壳类及遗迹化石，其地质时代主要为古新世中晚期；上部所含植物化石，地质时代主要为古新世中晚期；上部所含植物化石为 *Ginkgoites layaminensis*，*Magnolia inglei fiedi*，*Annona prereticulata*，*Melanourhonea alaska*，*Cyclosurus nerulsus* 及少量淡水双壳类化石等，根据尹集祥、陶君亮（1988）研究结果，其植物群面貌与秋乌组可以对比，地质时代主要为始新世早期，植物多为阔叶类，为低纬度、低海拔热带、亚热带雨林潮湿炎热环境沉积。因此，柳区群地质时代应为古新世—始新世。

第二节　雅鲁藏布江地层区

测区主要涉及昂仁—罗布莎地层分区，是板块缝合带的复杂沉积地段，其地层时代从二叠纪跨及至白垩纪，按其沉积物组合特征及缝合带构造分带特征，进一步划分为蛇绿岩小区、仲巴—扎达小区和拉孜—曲松小区。

一、二叠系

二叠系浪错岩块（P_2l），仅见于仲巴—扎达小区，该地层以大小不等的岩块形式，零星镶嵌分布于晚期形成的混杂岩系之中。鉴于这些岩块是具有一定分布规模且成因复杂的特殊地层体，故将其作为一非正式地层单位予以表示，以便对其作更深入研究。

1. 剖面描述

昂仁县浪错岩块实测剖面见图 2-32(2000-06)。该剖面起点地理位置为 E87°22′，N29°12′，位于浪错湖北岸，为一个独立灰岩块体剖面。

断　层

浪错岩块（P_2l）　**（未见顶）**　**>578.11m**

17. 灰色厚层生物碎屑灰岩，方解石脉发育，生物屑组分占 92%，主要见腕足类、瓣鳃类、棘皮类和藻类　7.53m

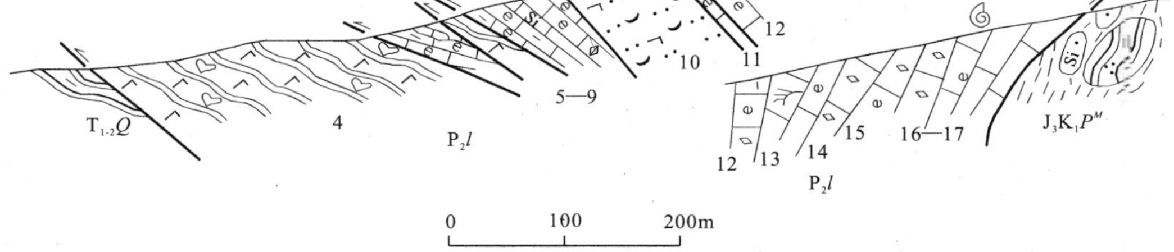

图 2-32　昂仁县浪错岩块实测地层剖面图

16. 紫红色巨厚层生物碎屑灰岩，局部夹泥钙质岩透镜体	77.61m
菊石：*Popanocnras* sp.	
头足类：*Domatoceras* sp.	
苔藓虫：*Polypora* sp.	
海百合茎、藻类等	
其中菊石个体大，直径可达6cm，海百合茎长5cm，直径一般为1cm	
15. 紫红色厚层含生物屑细晶灰岩，层间夹薄层泥质条带，单层具正粒序和对称性粒序层	31.55m
14. 深灰色厚层结晶灰岩，时见不规则泥质团块	35.97m
13. 紫红色厚层生物屑灰岩，生物屑主要为棘皮类	47.16m
菊石：*Popanoceras* sp.	
Agathiceras sp.	
珊瑚：*Waagenophyllum* sp.	
Ipciphyllum sp.	
海百合茎、鱼鳍等	
12. 深灰色中厚层含泥生物屑微—细晶灰岩，层间夹泥质条带	58.71m
11. 深灰色薄层含泥生物屑灰岩夹中层生物屑灰岩透镜体	4.44m
10. 灰黑色玄武质玻屑凝灰岩	94.36m
9. 深灰色弱硅化白云石化生物屑灰泥岩，含腕足类、海百合茎等化石	49.20m
8. 深灰色薄层含泥生物屑灰岩	28.28m
7. 深灰—灰黑色变质含杏仁体玄武岩	14.77 m
6. 灰白色薄层含泥生物屑灰泥岩，间夹结晶灰岩透镜体	20.14 m
5. 紫红色生物屑灰岩，生物屑含量达92%，主要为棘皮类、苔藓虫及藻类	3.05m
4. 深灰色变质杏仁体玄武岩	150.34m

断 层

2. 沉积特征及区域对比

浪错岩块在区内沿昂仁蛇绿岩群南侧分布，尤其在浪错和错拉山口两地分布较为集中。主要岩性为紫红色、肉红色中—厚层状生物灰岩、生物屑灰岩，夹深灰色薄层含泥生物屑灰泥岩，时夹玄武层。较大岩块可划分出原始岩层之规律性沉积层序，如浪错岩块可清楚展示出，由中层状粒泥灰岩—薄层灰泥岩—厚层块状生物屑灰岩组成层序特征地层实体。其中生物屑灰岩具有以下特点：①单层常见正粒序和对称型粒序层；②见暴露环境下形成的古风化壳和渣状层（错拉山口东侧岩块内）；③生物屑发育（图版Ⅷ-1）；④生物种类多，尤以浅水生物群占主体，局部形成生物礁。薄层灰泥岩岩层薄、沉积物粒度细，具平行层理。常见由灰泥岩与泥质条带组成3～5cm的韵律层对等低速沉积。粒泥灰岩主要为中层状，这些岩块以块体和碎石的形式镶嵌于三叠纪—侏罗纪地层中，地貌上多形成白色山头和山峰，大者长达1～2km，宽数百米至近千米，小者仅为碎块，普遍含有菊石、珊瑚类、䗴科、腕足类化石，属台地相沉积，厚度大于578m，是雅鲁藏布江缝合带的重要依据和标志性地层体。各岩块均无顶无底，该岩块因受后期构造作用影响，与其周缘地层多呈断层接触，其间常见有轴面南倒北倾之紧闭同斜褶皱和小断层。

3. 生物特征与地质年代

浪错岩块在区内主要分布于错拉山口和浪错一带，本次调查亦采获大量生物化石，主要有菊石 *Popanoceras* sp.，*Agathiceras* sp.；珊瑚 *Waagenophyllum* sp.，*Ipciphyllum* sp.；头足类 *Domatoceras* sp. 及鱼鳍、海百合茎、苔藓虫等，这些生物时代按《中国地层指南》(2001)将二叠纪三分方案，其地质时代应为中二叠世，少数跨及晚二叠世。

对于测区这些灰岩岩块，前人作过深入研究，时代确定也较具体。林宝玉(1988)对这些岩块地质年代予以详尽阐述，错拉山口到中贝乡岩块内肉红色生物屑灰岩中普遍含有菊石 *Medlicottia* sp.，*Neocrimites obesus* Sheng，*Adrianites nitidus* Sheng，*Stacheoceras xiudangenese* Sheng，*Timoritos sinense* Shing；䗴类 *Yangchinia* sp.，*Psendodoliolina* sp.；珊瑚 *Amploxoxarinia* sp.，*Verbeekiella* sp.，*Lytvolasma el-*

lipticum Wu, *Timorphyllnm* sp., *Wannerophyllum* sp., *Paralophyllidium* sp.;腕足类 *Stenoscisma gigantea*(Diener) *Spiriferella rajoh*, *S. sinica chang*, *Neospirifer* sp. 等,时代皆属早二叠世晚期。在浪错湖—昂仁县一带的灰岩岩块内普遍含有菊石 *Angrenoceras cangcuoonse* Sheng, *A. obovatum* Sheng, *Waagenoeceras* cf. *persulcatum*, *W. angrenocnse*;珊瑚 *Tyachypsammia* sp., *Pseudofavosites styh*, *Timorphyllum wanneri* Gerth, *Verbeekiella australis*;瓣鳃 *Atomodesma* cf. *tumenlingensis* Liang;腕足 *Spiriferella rajah*(Salter);牙形石 *Neogondolella rosenkrantzi*。化石组合时代也亦属早二叠世晚期。

上述化石分别为李子舜、林宝玉、盛怀斌、张毓秀、邱洪荣等的鉴定成果,时代归属是无疑的,且与本次调查鉴定时代相吻合,但目前将二叠纪三分后,应将其置于中二叠世栖霞期至茅口期为宜。

二、三叠系

分布于仲巴—扎达和拉孜—曲松小区,是区内较发育的海相地层体,但由于雅鲁藏布江缝合带的混杂作用,致使该地层体层序律受到严重破坏而支离破碎,三叠系出露于测区南部,约占图幅面积的 20%。

(一)仲巴—扎达小区

主要出露穷果群和修康群。

1. 剖面描述

(1)拉孜县中贝乡江公拉三叠纪修康群实测地层剖面(图 2-33,2000-08)

该剖面起点地理位置为 E87°59′, N29°08′。

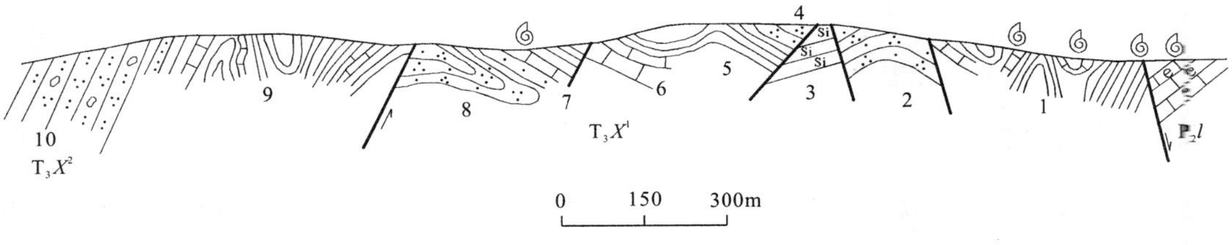

图 2-33 拉孜县中贝乡江公拉三叠纪修康群实测地层剖面图

修康群上段(T_3X^2)	**(未见顶)**	**>127.94m**
10. 浅灰—灰白色中—厚层含砾不等粒石英砂岩		127.94m
—————— 整 合 ——————		
修康群下段(T_3X^1)		**501.87m**
9. 深灰色页岩、含粉砂质页岩,下部夹灰泥岩,上部见细砂岩和少许砾岩		10.18m
8. 浅灰岩中—厚层细—中粒石英砂岩,上部夹黄绿色粉砂质页岩和薄层灰泥岩		19.81m
7. 深灰色页岩、钙质页岩夹中薄层灰泥岩。含丰富化石,岩层面见水平虫孔		38.39m

双壳:*Halobia* cf. *talaaana* Wanner

H. cf. *Planicosta* Yin et Hsu

H. ragosoides Hsu,

Halobia cf. *xizhangensis* Wen et Lan

H. conrexa Chen

H. cf. *conevexa* Chen

6. 浅灰绿色中层状灰泥岩,生物屑灰泥岩,含自生黄铁矿	8.03m
5. 深灰色、灰绿色页岩、粉砂质页岩,夹薄、中层灰泥岩和灰泥岩透镜体	52.01m
4. 灰白色中—厚层细—中粒石英砂岩,上部夹粉砂质页岩	12.80m
3. 深灰色薄层致密块状碎裂放射虫含泥硅质岩	12.43m
2. 灰白色中—厚层中—细粒石英砂岩,局部含砾	45.67m
1. 深灰色、黄绿色页岩、粉砂质页岩、钙质页岩,中部夹灰色薄—中层灰泥岩、灰泥岩生物屑灰岩,	>257.55m

生物屑以双壳为主，含丰富的生物化石

双壳类：*Halobia* sp.

Halobia cf. *convexa*

H. cf. *plonicosta*

H. cf. *talaaana*

腕足类：*Mentzlia* sp.

珊瑚、介形虫等

（未见底）

(2)拉孜县修康三叠系穷果群实测剖面

该剖面为西藏区调队(1983)1∶100万日喀则幅[①]实测剖面。位于测区内柳区接奴公社修康村附近(E87°59′,N29°06′)。经野外对照检查，该剖面可代表测区穷果群面貌特征，故予引用。

穷果群($T_{1-2}Q$) **（未见顶）** **304.34m**

8. 灰色、灰黄、灰绿色页岩夹灰岩薄层或透镜体，时呈不等厚互层 >80.48m

页岩中产瓣鳃类：*Daonella indeca* Bittner

D. bulongensis Kittl

D. pichleri Mojs 等

7. 杂色页岩夹薄层粉砂岩，上部夹灰岩、泥灰岩薄层或透镜体 71.81m

产丰富的瓣鳃类：*Daonella indica* Bittner

D. bulongensis Bittner

D. bulonglosis 等

6. 黑灰色灰绿色页岩及青灰色薄层灰岩、泥灰岩及粉砂岩，时呈不等厚互层 59.69m

产瓣鳃类：*Daonella* sp.

5. 灰色灰绿色页岩及薄层粉砂岩、泥灰岩，时呈不等厚互层 38.10m

产丰富的瓣鳃：*Halobia* cf. *rui* Chen

H. cf. *rugosoides* Hsu

Daonella indica Bittner

D. bulongensis Kittl

4. 青灰色灰岩，含泥质灰岩与杂色页岩、钙质粉砂岩呈不等厚互层，产瓣鳃类和化石碎片 19.88m

瓣鳃类：*Eumorphotis* cf. *multformis* var. *rata kiparisova*

Claraia cf. *concetrica*(Yabe)

Cl. stachei(Bittner)

3. 青灰色黑色黄绿色页岩及灰色钙质页岩、粉砂质页岩，夹灰岩透镜体，产菊石及瓣鳃类化石碎片 7.08m

2. 青灰色灰白色薄层灰岩、泥质灰岩，产丰富的菊石、瓣鳃类及硬骨鱼类化石 18.90m

菊石：*Meekoceras* sp.

M. cf. *markhami*, *Xenoceltites* sp.

Arctoceras sp.

Proptychites sp.

瓣鳃类：*Eumorphotes* sp.

Claraia comcentrica dingjeienses Zhang

Cl. qinghaiensis Chen

Cl. aff. *griesbachi*

Cl. decidens(Bittner)

1. 黑色页岩、角砾状页码岩夹薄层灰岩、泥灰岩、钙质粉砂岩及细砂岩，产菊石化石碎片 8.40m

（未见底）

---

① 西藏区调队. 1∶100万日喀则幅区域地质调查报告，西藏地矿局，1983.

2. 沉积特征及区域对比

(1)穷果群($T_{1-2}Q$)

零星分布于测区南部格龙普、破姆弄及浪错等地,需要指出本区穷果群是指一套受构造围限的海相地层体,是由《西藏自治区岩石地层》修康群中分解出来的,其变形改造较为强烈。主要岩性为黑色、深灰色、灰绿色页岩、粉砂质页岩、钙质页岩,中薄—极薄层灰岩、灰泥岩,底部和顶部夹粉砂岩及细砂岩。从下至上普遍夹薄—中层灰泥岩、生物屑灰泥岩、含灰泥质生物灰岩等。总体沉积规律具有由页岩、粉砂质页岩与薄—中层灰泥岩、生物屑灰泥岩组成韵律层对,显示深水低速沉积特征,属加积型层序。所含生物以腹足类为主,岩层受后期构造活动影响常发生揉皱,脆性断层也较常见,地层层序较难识别。厚度大于304.34m。顶底不全,与上、下地层均呈断层接触。

(2)修康群

修康群系西藏区调队1983年①在本图幅内拉孜县接奴乡修康村剖面创名。原义代表上三叠统,其下部以深灰色—杂色泥质岩为主,夹长石石英砂岩和硅质岩;上部以长石石英砂岩为主。厚度大于475m。创名后,修康群内容被不断增加和修改,面积也不断扩大,本次调查前,前人以将本图幅修康群分布面积从雅鲁藏布江蛇绿岩带以南,扩大到拉孜县以南,其东南部向南延出图外,其所涵盖的地质内容远远超出原来定义。本次调查,按其岩性组合及变形特征,对上述这种广义修康群进行了分解,共分解出无序地层和有序地层两类,按其时代和岩性组合特征,分别确定和新建岩石地层单位。其中,无序地层有混杂岩类:并分别新建了中贝混杂岩、破姆弄混杂岩和汤嘎混杂岩;变形强烈但不混杂,以泥、砂质成分为主的岩层新确定为郎杰学岩群;有序地层分别确定为穷果群(前已叙及)和修康群。

通过调查,本书重新恢复修康群原有含义。测区内该群呈片状分布于南部坚固龙、修康、由姆、森格隆及克弄等地,共划分两个岩性段:下段以泥质岩为主,上段以砂岩为主,地质年代为上三叠统。

一段(T_3X^1):主要为灰—深灰色薄层粉砂质页岩、黄绿色页岩、钙质页岩夹薄—中层状灰泥岩,下部时夹含砾石英砂岩,上部偶夹放射虫含泥硅质岩。其岩性组合由页岩与灰泥岩组成韵律层对,这种韵律是在下部以页岩占主导,向上逐渐变为页岩与灰泥岩密集层对占主导,显示较深水环境下加积层序特点。受构造影响,内部多见不规则褶曲,多呈岩片产出,厚度大于501.87m。与上覆砂岩段整合接触,下与下伏地层断层接触。

二段(T_3X^2):主要岩性下部为灰白色中—厚层状含砾中粒长石石英砂岩;上部为含砾不等粒长石石英砂岩夹深灰色粉砂质页岩。其岩性组合由粗变细,一般下部岩层含砾,砾石零星分布,分布不均,大小悬殊,大者35cm×20cm,砾石成岩为灰泥岩、长石石英砂岩、石英岩等,上部岩层则以泥质岩为主;单层由厚变薄,一般下部岩层单层厚,厚达1m以上,上部为中层夹薄层或互层;其沉积规律总体为退积型层序,为滨海相沉积环境。受后期构造影响,岩层多褶曲,上部多被断失,厚度大于127.49m。与下部地层呈整合接触。

3. 生物特征与地质年代

(1)穷果群

穷果群以稳定较深水环境沉积泥质岩相为主,其间普遍含有生物化石,下部主要有瓣鳃类 *Claraia griesbachii*, *Eumorphotis* sp., *E.* cf. *multiformis*;菊石 *Meekoceras* sp., *Parahedenstroemia* sp. 等。上述化石经南京地质古生物所鉴定,其地质时代属早三叠世早中期。它们大多见于北喜马拉雅区中下三叠统土隆群下部,也常见于我国西南地区及印度、尼泊尔、巴基斯坦、俄罗斯及北美地区早三叠世地层中。上部主要有瓣鳃类 *Daonella indica*, *D. bulongensis*, *D. bulongensis bifurcata*, *D. pichleri*, *Halobi* cf. *kuj*, *H.* cf. *rugosoides* 等。为珠峰地区中三叠统及云贵地区中三叠统地层中常见分子,*D. pichleri* 还产于四川松潘地区中三叠统地层中。因此,区内所产上述化石地层时代属中三叠世无疑。

综合上述化石时代特点,测区穷果群沉积之地层时代应置于早三叠世早中期至中三叠世拉丁期。

---

① 西藏区调队. 1∶100万拉萨幅区调区域地质调查报告,西藏地矿局,1991.

(2)修康群

测区修康群一段以泥质岩为主，二段以砂岩为主，本次工作在拉孜县中贝乡江公拉剖面修康群下段灰泥岩中采获大量双壳类、腕足类、珊瑚等化石，经宜昌地质矿产研究所、中国地质大学(武汉)张仁杰和刘金华鉴定，主要有双壳类 *Halobia* sp. ，*H.* cf. *convexa*，*H.* cf. *xizhangensis*，*H. convexa*；腕足类 *Mentzlia* sp. 等，其地质时代为晚三叠世早期。其中 *Halobia* cf. *conrexa* 原种见于我国西南上三叠统新都桥组下部，青海上三叠统结扎群下部；上段因未见顶，与下段呈整合接触，其间仅见 *Halobia* sp. 属，依据下伏地层时代，大致为晚三叠世早中期。

鉴于上述生物化石组合及时代特点和产出层位，修康群时代应置于晚三叠世卡尼期至诺利期为宜。

(二)拉孜—曲松小区

主要出露中贝混杂岩和朗杰学岩群。

1. 剖面描述

(1)拉孜县中贝乡—增麦三叠纪混杂岩实测剖面(图 2-34，2001-08)

该剖面起点地理位置为 E88°01′，N29°05′。

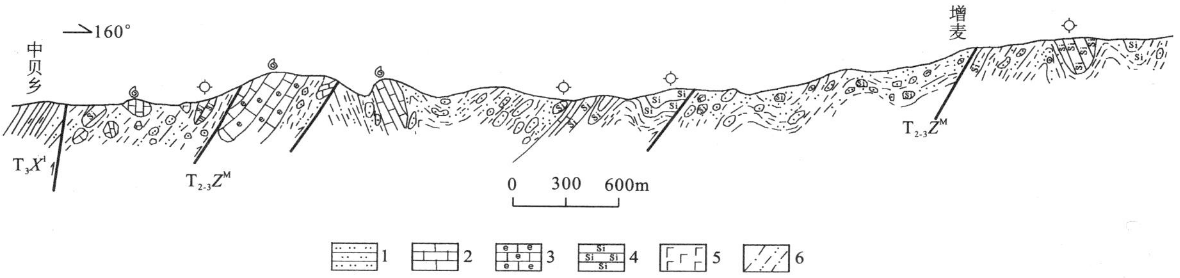

图 2-34　孜县中贝乡—增麦三叠纪混杂岩实测剖面图

1. 砂岩；2. 灰岩；3. 生物屑灰岩；4. 硅质岩；5. 玄武岩；6. 基质

北部地层：修康群一段

═══════　断　层　═══════

中贝混杂岩($T_{2-3}Z^M$)

由岩块和基质相间斜列和互层(未见顶底)　　　　>4 349.02m

岩块：

1. 砂岩

灰黄色细粒长石砂岩、灰白色长石石英砂岩、浅黄色岩屑杂砂岩、灰色砂质粉砂岩

2. 灰岩

灰白色厚层状灰岩，生物屑灰岩，薄层灰泥岩

䗴：*Lophophyllidium pendulum*

Verbeekiella cf. *permia*

菊石：*Popanoceras* sp.

头足类：*Domatocerass*

珊瑚等

3. 玄武岩

绿色多呈透镜状，规模大小不等，大者直径数百米，岩块间多为断层接触和为规模不等的脆韧性剪切带

基质：

主要有杂色硅泥质岩

放射虫：*Triassocampe* sp.

Oertlispongusinaequis pinosus Dumitrica

Pseudostylosphaera compacta (Nakaseko and Nishimura)

Oertlisponginae 超科

Archaeocenosphaera sp.

Pseudostylosphaera sp.

粘土质粉砂岩，泥板岩，片岩、薄层灰泥岩、硅质岩

紫红色放射虫泥硅质岩，灰黑色泥硅质岩

放射虫：*Archaeocenosphaera* sp.

Muelleritortis sp.

Eptingium sp.

Triassocampe sp.

Psendostylosphaera sp.

Oertlispongus inaequispinosus

Baamgaftneria retrospina Kumitrica

基质的原始层理严重破损，透镜化，片理化，板劈理和剪切面理十分发育，常见 S－C 组构，该混杂岩受后期构造改造明显，早期的片理常组成宽缓褶皱，脆性断层，并产生牵引小揉皱，普遍发生低绿片岩相区域变质

（未见底）

(2)拉孜县吉菊—查邬晚三叠世郎杰学岩群实测地层剖面(图 2-35，2001－08)

该剖面起点地理位置为 E87°31′，N29°02′。

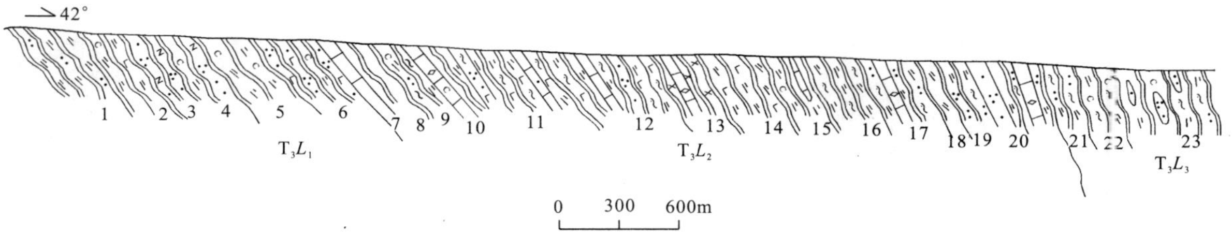

图 2-35　拉孜县查邬乡郎杰学岩群实测地层剖面图

郎杰学岩群三岩组(T_3L_3)　　(未见顶)　　**>4 706m**

23. 深灰、灰黑色含炭含黑硬绿泥石粉砂质绢云母板岩，夹含黑硬绿泥石细砂岩、灰质石英细砂岩透镜体　>260.00m

22. 深灰色含炭含黑硬绿泥石绢云母板岩，偶夹变辉绿玢岩　91.29m

21. 深灰色含硬绿泥石粉砂质绢云母板岩　119.57m

——————— 整　合 ———————

郎杰学岩群二岩组(T_3L_2)　　**2 647.85m**

20. 深灰色含硬绿泥石铁白云石粉砂质绢云母板岩，时夹黄色厚层细粒石英杂砂岩，顶部夹薄层结晶灰岩，下部夹变基性岩　281.91m

19. 浅灰色灰黄色含石英粉砂质绢云母板岩夹含铁白云石变斑晶绢云母板岩　48.86m

18. 深灰色绢云母板岩夹含黑硬绿泥石石灰质石英中粒砂岩和变辉绿岩　104.21m

17. 深灰色含炭含黑硬绿泥石粉砂质绢云母板岩夹薄层结晶灰岩，上部时夹石灰质绢云石英粉砂岩　221.18m

16. 灰黑色含黑硬绿泥石绢云母板岩，偶夹含炭含粉砂微晶灰岩　247.12m

15. 灰—深灰色含炭绢云母板岩夹粉砂质微晶灰岩透镜体和条带　252.57m

14. 灰、深灰色钙质绢云母板岩　163.00m

13. 浅灰色厚—巨厚层状变基性岩夹薄层结晶灰岩，下部夹含炭绢云母板岩　208.91m

12. 深灰色含炭含硬绿泥石含石灰质绢云母板岩夹变石英细砂岩和薄层灰岩　370.20m

11. 灰—深灰色含硬绿泥石灰质绢云母板岩，上部夹薄—中厚层含砂质灰岩，并组成韵律层，下部时夹含黑硬绿泥石含灰质石英细砂岩　376.41m

10. 深灰色薄层含炭微晶灰岩，偶夹中层状细砂岩　73.18m

9. 含硬绿泥石含炭粉砂质绢云母板岩，上部夹中厚层变灰质石英细砂岩　137.57m

8. 深灰色板岩，上部夹灰黄色变灰质石英细砂岩　111.40m

7. 灰—灰黄色薄层粉砂质灰岩，中厚层状含绢云母团粒微晶灰岩　51.33m

——————— 整　合 ———————

郎杰学岩群一岩组(T_3L_1)	**>726.75m**
6. 灰—灰黄色厚层状变灰质石英细砂岩夹含炭绢云母板岩	222.72m
5. 深灰色含炭绢云母板岩,偶夹薄层细砂岩	176.43m
4. 灰绿色中厚层状变长石石英砂岩夹深灰色绢云母板岩	92.54m
3. 灰—深灰色灰质绢云母板岩	38.95m
2. 深灰色、灰黑色含炭质绢云母板岩夹变灰质石英细砂岩,向上夹层增多	112.84m
1. 灰—深灰色粉砂质绢云母板岩	83.27m

(未见底)

2. 沉积特征及区域对比

(1)中贝混杂岩($T_{2-3}Z^M$)

中贝混杂岩一名由本次调查首次命名,命名地点在拉孜县中贝乡。该地层系由原修康群中分解出的混杂岩的一部分,为一套以泥、砂质岩为主,经过强烈变形改造,无法恢复和理顺原始沉积层序,并发生低级变质的沉积质混杂岩,地层时代为中—上三叠统。

本混杂岩分布于测区东南部坚固龙、错拉山口、占宗乡以南直至图边。由基质和岩块两部分相互斜列组成,岩块成分主要由碎屑岩类,基质成分主要由杂色、灰绿色、紫红色硅泥质岩类组成。鉴于岩块以沉积质岩类为主,亦称为沉积质混杂岩。

主要岩性为灰绿色粉砂质片岩与透镜化石香肠状粉砂岩、细砂岩相间斜列和互层,时夹中厚层状细粒长石岩屑砂岩、紫红色含放射虫泥硅质及薄—中层状含生物屑粉泥岩,见中二叠统灰岩岩块。常见由细砂岩、粉砂岩—泥质岩沉积组合和泥质岩与灰泥岩韵律层对。其沉积物主体显示深水环境低速沉积组合特点。受后期构造影响,地层发生强烈变形化混杂,常发生中小型平卧褶皱、斜歪和同斜褶皱以及韧性剪切带,脆性断层等,其中沉积粒度较粗,能干性较强岩层多发生透镜化,形成大小不等的透镜体和石香肠状构造;能干性较弱的泥质岩则多发生片理化和 S-C 组构,形成浅变质片岩和板岩;硅质岩则多发生碎裂化。该套地层以断裂为边界,顶底断失,厚度大于 986.82m。与上下地层均呈断层接触。

(2)郎杰学岩群

郎杰学岩群由西藏综合队(1979)编制的 1∶100 万拉萨幅区调报告①采用的郎杰学群而得名,命名地点在贡嘎县郎杰学。该岩群系由原修康群中分解出的一个地层单位,由一套以泥、砂质沉积岩经变形改造组成的褶叠层,岩层以大套无序、小套有序,但无法恢复层序过程,变形强烈而不混杂,局部发生浅变质等为主要特点,为一套深海相沉积地层。

本岩群主要分布于测区西南部拉孜县以南的嘎脚、形当向西至吉村一带,呈东西向带状出露。经过详细的剖面和路线调查,发现了大量近水平剪切作用形成的顺层掩卧褶皱、A 型褶皱和鞘褶皱,以及伴生的板理、千枚理、压力影和拉伸线理等顺层剪切作用形成的流变构造,其原生面理基本被置换,并为后期近东西向同斜褶皱及逆冲断裂改造,顶底均为断层与其他地层接触,因此厘定朗杰学岩群为构造-地层单位。按其岩性变化特征,共分 3 个岩组。

①一岩组(T_3L_1)

主要为灰—深灰色含炭质绢云母板岩、粉砂质绢云母板岩夹石英细砂岩,局部二者互层。总体具向上沉积粒度由粗变细的组合特征,属浅海相沉积环境,未见底,厚度大于 726.75m。与下伏地层呈断层接触。

②二岩组(T_3L_2)

主要为深灰色、灰黑色含硬绿泥石、黑硬绿泥石、铁白云石、灰质和粉砂质绢云母板岩,夹薄—中层状灰泥岩、微晶灰岩,灰质石英细砂岩,上部常夹变基性岩。本段以夹大量薄—中层灰泥岩、微晶灰岩和大量出现硬绿泥石、黑硬绿泥石变质矿物为主要特征。从下至上常可见有序沉积组合规律:其下部多由中薄层细砂岩、粉砂岩与页岩(板岩)组成由粗变细沉积韵律;上部则多由含砾屑块状灰岩—条纹条带状灰泥岩—黑色页岩三者组成旋回性低速沉积。属中深海相稳定沉积环境。受后期构造破坏,这种沉积规律皆失去

① 西藏综合队. 1∶100 万拉萨幅区调区域地质调查报告,西藏地矿局,1979.

连续性，而不能恢复层序。厚 2 647.85m。与下伏一岩组呈整合接触。

③三岩组(T_3L_3)

主要为深灰—灰黑色含炭含黑硬绿泥石绢云母板岩、粉砂质绢云母板岩，夹细砂岩、变基性岩透镜体。本段以板岩或含黑硬绿泥石为主要特征，是以泥质岩为主的深海相加积型沉积组合。未见顶，厚度大于470.86m。与下伏二岩组呈整合接触，顶部被断失。

郎杰学岩群总体(原)岩石组合，反映为一海侵过程之沉积特征。在区域上，可与西藏综合队(1979) 1∶100万拉萨幅区调所建立的郎杰学群类似。

3. 生物特征与地质年代

(1)中贝混杂岩

中贝混杂岩组主要以深水环境低速沉积泥砂质岩为主，普遍夹有紫红色硅质岩并含放射虫化石，经中国地质大学(武汉)冯庆来教授实验鉴定，主要有 *Archaeocenosphaera* sp.，*Triassocampe* sp.，*Pseudostylosphaera* sp.，*Oertlispongus inaequispinosus* Drmitrica，*Baumgartneria retrospina* Kumitrica 及 Oertlisponginae 超科，上述放射虫组合地质时代为中、晚三叠世；*Muelleritortis* sp.，*Pseudostyosphaera* sp.，*Paratriassoastrum omegaense* Carter，该组合地质时代为晚三叠世至早侏罗世；*Pseudostylosphaera compacta*，*Muelleritortis expansa* 组合，该组合后一种为欧洲阿尔卑斯 *Longobardian* 早期 *Muelleritortis cochleata* 带的重要分子，地质时代为中至晚三叠世。鉴于上述放射虫组合主要时代特征，据此将中贝混杂岩时代置于中—晚三叠世为宜。岩组内常见较大灰岩岩块，且化石丰富，主要含有菊石 *Popanoceras* sp.；头足类 *Domatocersa* sp. 及䗴类 *Lophophyllidium pendulum*，*Verbeediella* cf. *permia* 等，地质时代为中二叠世。由于早侏罗世放射虫化石尚欠缺，因此该混杂岩为中三叠世的地层体。该混杂岩中 T_{2-3} 和 T_3—J_1 放射虫组合为首次发现，对进一步认识雅鲁藏布江新特提斯洋演化提供新资料。

(2)郎杰学岩群

该岩群主要为中深海相环境沉积的泥质岩，其间所含化石极其稀少，虽然在泥质岩层中采取大量孢粉样品，欲获取地质时代信息，但经宜昌地层古生物研究中心分析处理及镜下鉴定，均未发现孢粉化石。故尚无时代依据。鉴于区内郎杰学岩群系 1∶100 万日喀则幅①中晚三叠世修康群中分解出的一部分地层体，将郎杰学岩群地层时代暂置于晚三叠世。

4. 三叠纪岩相古地理分析与沉积盆地发展演化

测区三叠纪沉积史充分反映了印度板块与欧亚板块之间，特提斯洋是由大洋盆地—斜坡、古陆组成的古地理地貌特征，并揭示了两大板块在雅鲁藏布江一带的演变历程。通过对测区三叠纪地层综合研究，结合区域地质资料，清楚表明冈底斯—腾冲、雅鲁藏布江和喜马拉雅 3 个地层区岩性岩相变化特征(表 2-5)，由此，得出三叠纪沉积模式(图 2-36)。

表 2-5　三叠纪沉积相区岩相特征

地层区	喜马拉雅区	雅鲁藏布江区	冈底斯—腾冲区
岩石类型	以泥、砂岩为主，夹薄层灰泥岩	以泥质岩为主	古陆、地层未出露
层理类型	薄层为主，水平层理，平行层理	薄层，水平层理	
生物特征	产浮游生物	产浮游生物	
岩石地层	涅如组	郎杰学岩群、中贝混杂岩、修康群穷果群	
相　带	浅海陆棚—盆地边缘	半—深海盆地	古陆、地层未出露

喜马拉雅地层区以涅如组为代表，为一套中、细粒碎屑岩夹泥质岩沉积，含双壳、菊石等浅海相生物化

① 西藏区调队. 1∶100 万日喀则幅区域地质调查报告，西藏地矿局，1983.

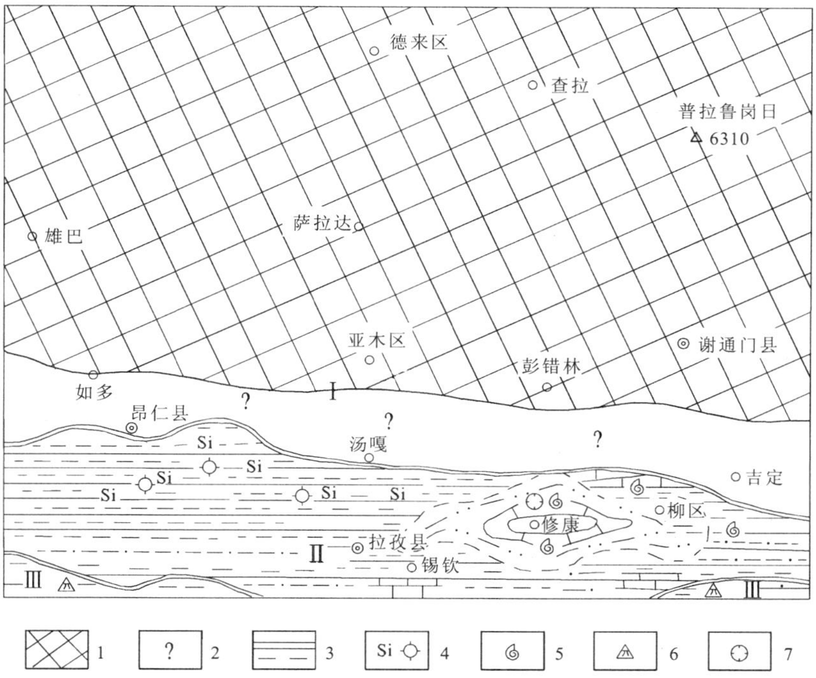

图 2-36 测区三叠纪岩相古地理示意图

1. 古陆；2. 地层未出露区；3. 沉积区及岩相界线；4. 硅质岩及放射虫；5. 腕足及菊石；6. 瓣鳃；7. 珊瑚
Ⅰ. 冈底斯—腾冲区（剥蚀区、未出露三叠纪地层）；Ⅱ. 雅鲁藏布江深—半深海盆地相区
（泥硅质、隆起区泥砂质沉积）；Ⅲ. 喜马拉雅区（浅海陆棚沉积）

石，厚度大。属冈瓦纳被动大陆北部边缘浅海陆棚—盆地相沉积。

雅鲁藏布江地层区因所处古地理位置和构造部位特殊，沉积地层受构造变形后则变得复杂。三叠纪早中期，以穷果群为典型代表，主要为一套稳定的砂泥质岩沉积，沉积韵律层对清楚，含瓣鳃、菊石等化石，沉积厚度较大，属稳定的低速沉积。由此可断定，此时南北两板块尚未发生对接。三叠纪晚期，为郎杰学岩群和修康群沉积，沉积物由泥质岩—细碎屑岩—粗碎屑岩组成，粒序由细变粗，含双壳、腕足和珊瑚等浅水化石，在修康一带形成局部隆起，沉积厚度加大。上述特点，说明海平面发生振荡，海底活动加剧，同时也说明冈瓦纳大陆加快了向北运移的速度；中贝混杂岩即为此时形成，由透镜状碎屑岩岩块和片理化基质相间斜列组成，厚度可达数千米，含中晚三叠世放射虫化石。

冈底斯—腾冲区主要为古陆，遭受剥蚀，现今被晚期花岗岩所取代。而南部在雅鲁藏布江一带被日喀则弧前盆地之昂仁组覆盖，未见三叠纪地层出露，故该区岩相古地理资料以 1∶100 万日喀则幅为依据。

三、侏罗系—白垩系

主要分布于拉孜—曲松地层小区，即雅鲁藏布江缝合带之蛇绿岩及其南侧的混杂岩。出露面积约 1 000km^2，约占图幅总面积 6.3%。据其岩性岩相和变形特征，可划分为汤嘎混杂岩、破姆弄混杂岩、冲堆组和昂仁蛇绿岩群。

（一）剖面描述

1. 拉孜县汤嘎晚侏罗世—早白垩世汤嘎混杂岩实测地层剖面（图 2-37，2000－05）

该剖面起点坐标为 E87°39′，N29°10′。

北部地层：昂仁蛇绿岩群

断 层

汤嘎混杂岩（$J_3K_1T^M$）

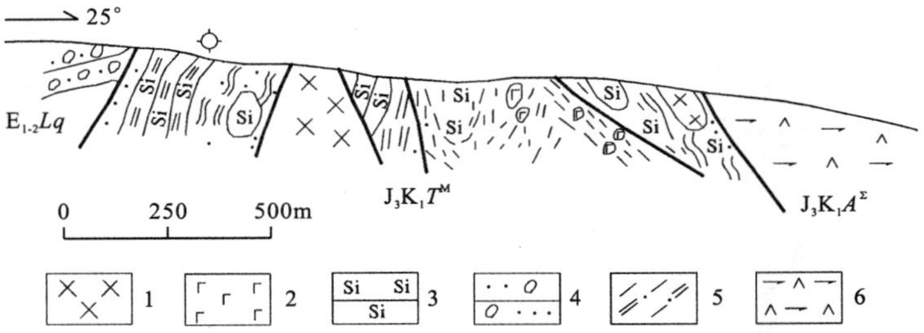

图 2-37　拉孜县汤嘎晚侏罗世—早白垩世汤嘎混杂岩剖面图
1. 辉绿岩；2. 玄武岩；3. 硅质岩；4. 含砾砂岩 5. 基质石 6. 斜辉橄榄岩

由透镜状岩块与片理化基质相间斜列和互层(未见顶底)　　>1 400.58m

岩块：

1. 基性岩：主要见有变辉绿岩、灰绿色块状变球颗状玻基玄武岩，碎裂状玄武岩
2. 硅质岩：为紫红色夹灰绿色放射虫硅质岩，泥硅质岩

放射虫主要为*Archaeodictyomitra excellens*

A. pseudomulticostata

Thanarla conica

Pseudodictymitra lanceloti

P. lilyae

Pseudodictymitra sp. 等

3. 灰岩：灰绿色生物屑微—细晶灰岩

岩块以蛇绿质岩为主，多呈透镜状和不规则圆形产出，规模大小不等，大者直径数百米，边缘被片理化，并形成规模不等的脆韧性剪切带

基质：

主要为杂色硅泥质页岩，放射虫硅质岩，偶见薄层灰泥岩

放射虫主要为*Archaeodictyomitra excellens*

A. pseudomulticostata

Thanarla conica

Pseudodictymitra lanceloti

硅质泥板岩、灰绿色千枚岩、基性凝灰岩，基质原始层理破损严重，透镜化、片理化、劈理等十分发育，S－C组构明显受后期构造影响，一些片理常形成宽缓褶皱和脆性断层，断层附近多见牵引小褶皱，局部岩层发生浅变质。局部见石英闪长玢岩脉穿插

南部地层：柳区群

2. 拉孜县修康—破姆弄侏罗纪—白垩纪破姆弄混杂岩实测地层剖面(图 2-38，2001－08)

该剖面起点地理位置为 E87°59′，N29°08′。

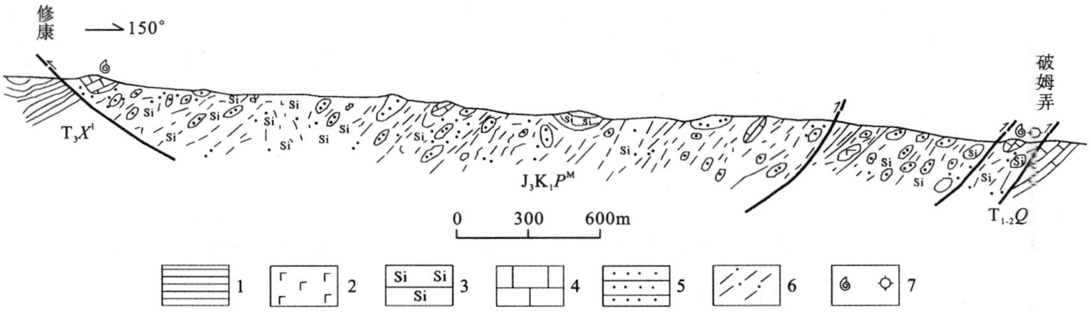

图 2-38　拉孜县修康—破姆弄侏罗纪—白垩纪破姆弄混杂岩剖面图
1. 页岩；2. 玄武岩；3. 硅质岩；4. 灰岩；5. 砂岩；6. 基质；7. 腕足、放射虫

北部地层：修康群一段

═══════════ 断　层 ═══════════

破姆弄混杂岩($J_3K_1P^M$)

由岩块和基质相间斜列组成(未见顶底)　　>2 016.15m

岩块：

1. 砂岩：灰黄色岩屑杂砂岩、灰绿色粉砂岩
2. 硅质岩：紫红色放射虫硅质岩、泥硅质岩

　放射虫主要为：*Archaeodictyomitra* sp.

　　Pseudodictyomitra sp.

　　Ditrabs sp.

　　Paronaella sp.

　　Homoeoparonaella sp.

　灰岩：浅灰色厚层灰岩，生物屑灰岩，灰泥岩

　䗴类化石：*Lophophyllidium pendulum*

　　Verbeediella cf. *permia*

3. 玄武岩：灰绿色玻基玄武岩

　基质：杂色粘土岩、粉砂质板岩、紫红色放射虫硅质岩

　放射虫主要为：*Archaeodictyomitra* sp.

　　Pseudodictyomitra sp.

　　Ditrabs sp.

　　Paronaella sp.

　　Homoeoparonaella sp.

基质与岩块混杂堆积，相间斜列和互层，原始层理破损严重，透镜化、石香肠化和片理化普遍，常见S－C组构，受后期构造影响混杂岩常发育脆性断层和牵引小褶皱

═══════════ 断　层 ═══════════

南部地层：穷果群

3. 拉孜县锡钦乡温泉侏罗纪—白垩纪破姆弄混杂岩实测地层剖面(图2-39，2001－08)

该剖面起点地理位置为E87°44′，N29°04′。

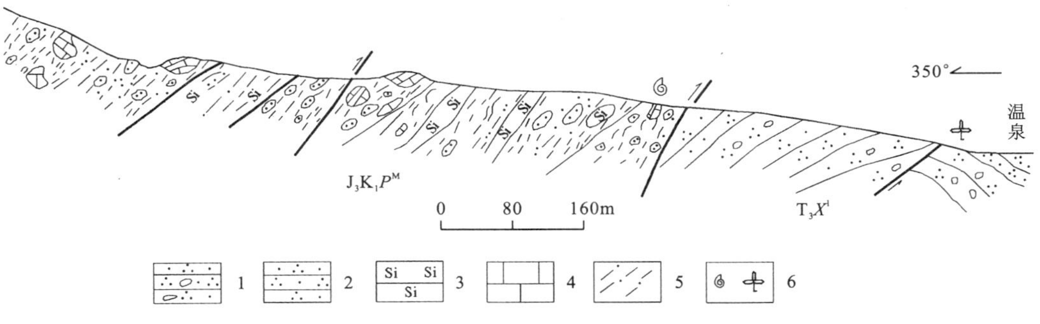

图2-39　拉孜县锡饮乡温泉侏罗纪—白垩纪破姆弄混杂岩剖面图

1. 含砾石英砂岩；2. 石英砂岩；3. 硅质岩；4. 灰岩；5. 基质；6. 腕足及植物化石

破姆弄混杂岩($J_3K_1P^M$)

由岩块和基质相间斜列组成(未见顶底)　　>795.44m

岩块：

1. 砂岩：石英砂岩，灰绿色泥质粉砂岩，细砂岩，其中较大石英砂岩块体内部有自身层序和韵律，主要为灰白色厚层状含砾不等粒石英砂岩，中—细粒石英砂岩，具粒度向上变细的韵律特征，含植物化石 *Equisetite* sp.
2. 灰岩：灰白色厚层砾屑灰岩，细晶灰岩，生物屑灰泥岩，见 *Taeniudium* sp.，*Chondrit* 遗迹化石。岩块成分较杂，大小悬殊，形态主要为透镜状和不规则圆形，岩块间被片理化基质所间隔

基质:杂色粉砂质粘土岩、硅泥质岩等,与岩块相互泥杂,相间斜列,原始层理受损严重,片理化、石香肠化十分普遍。受晚期构造影响,混杂岩常发育脆性断层,并发生低级变质。

硅质岩:紫红色、灰绿色硅质岩、硅泥质岩

4. 昂仁县城冲堆组实测剖面(2000－09)

该剖面起点地理位置为 E87°14′,N29°16′。

上覆地层:昂仁组　深灰色页岩夹薄层细粒岩屑长石砂岩

═══════════ 断　层 ═══════════

冲堆组($K_1\hat{c}$)　**105.48m**

紫红色中—厚层状微碎裂放射虫硅质岩、硅质角砾岩、砾岩等,含较丰富放射虫　105.48m

═══════════ 断　层 ═══════════

昂仁蛇绿岩群　浅灰色块状辉长岩、橄榄岩、纯橄岩等

5. 萨迦县吉定冲堆组实测剖面(2000－08)

该剖面起点地理位置为 E 88°23′,N29°18′。

上覆地层:昂仁组灰色—深灰色粉砂质页岩夹薄层细砂岩

═══════════ 断　层 ═══════════

冲堆组($K_1\hat{c}$)　**35.82m**

灰绿色中—厚层状含放射虫硅质岩夹沉基性火山凝灰岩　35.82m

═══════════ 断　层 ═══════════

昂仁蛇绿岩群　浅灰色块状辉长岩、橄榄岩、纯橄岩等

6. 萨迦县吉定乡也弄昂仁蛇绿岩群实测剖面(图 2-40,2001－08)

该剖面起点地理位置为 E88°20′,N29°06′。

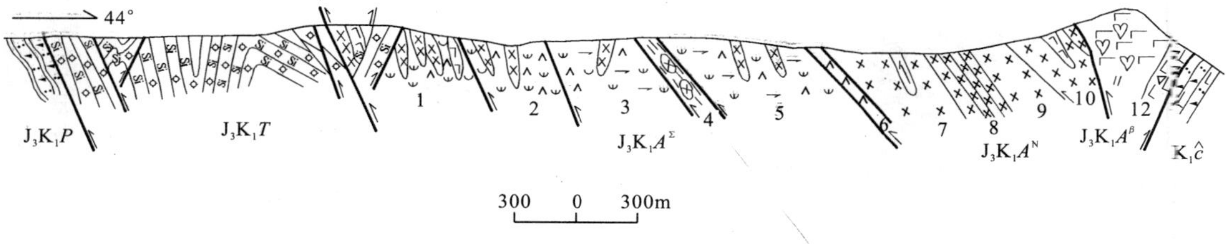

图 2-40　萨迦县吉定乡也弄昂仁蛇绿岩群剖面图

上覆地层:冲堆组($K_1\hat{c}$)　紫红色放射虫硅质岩夹灰绿色玄武质晶屑凝灰岩

═══════════ 断　层 ═══════════

昂仁蛇绿岩群　**2 154.01m**

基性熔岩段($J_3K_1A^{\beta}$)　**214.93m**

12. 灰绿色碎裂状球颗玻基玄武岩、枕状球颗玻基玄武岩夹少量基性火山角砾　67.20m

11. 灰绿色含气孔杏仁状玻基玄武岩、块状(含)球颗玻基玄武岩　147.73m

═══════════ 断　层 ═══════════

基性岩段($J_3K_1A^N$)　**741.60m**

10. 灰绿色席状、似层状辉绿岩、粒玄岩夹玄武岩、辉绿玢岩脉　215.20m

9. 灰绿色—暗绿色辉绿岩、均质辉长岩　　167.84m

8. 浅灰绿色层状辉长岩　　51.08m

7. 灰绿色辉绿岩夹辉长岩脉，向上过渡为辉长岩　　239.56m

6. 灰绿色—暗绿色异剥橄榄岩、异剥辉橄岩　　66.92m

═══════ 断　层 ═══════

超基性岩段($J_3K_1A^{\Sigma}$)　　1 100.06m

5. 灰黄—灰绿色蛇纹石化斜辉辉橄岩、蛇纹石化二辉橄榄岩夹玄武闪石辉石岩、辉长辉绿岩(脉)　　97.42m

═══════ 断　层 ═══════

4. 韧性剪切带(壳幔型剪切带)：强片理化透镜状蛇纹石岩、基性构造片岩及透镜状或条带状辉绿岩、辉长岩等块体，发育 S-C 组构，具右行剪切特征　　55.21m

═══════ 断　层 ═══════

3. 灰绿色—暗绿色、墨绿色蛇纹石化辉橄岩、蛇纹石化斜辉橄榄岩、蛇纹石化透辉橄榄岩、蛇纹石化二辉橄榄岩，局部灰色、青灰色(橄榄)辉长岩、透闪石化辉石岩、辉长辉绿岩等　　2 703m

═══════ 断　层 ═══════

2. 暗绿色蛇纹石岩、蛇纹石化辉橄岩夹灰绿色辉绿(玢)岩、灰白色透闪石化辉石岩脉或含长透辉石岩　　486.66m

═══════ 断　层 ═══════

1. 暗灰绿色微碎裂蛇纹石岩夹脉状、透镜状辉绿岩、辉长岩、玄武岩和放射虫硅质岩等(块体)　　189.84m

═══════ 断　层 ═══════

下伏地层：汤嘎混杂岩($J_3K_1T^M$)　灰色千枚状夹青灰色中—薄层状放射虫硅泥质岩、(泥)硅质岩

7. 拉孜县汤嘎昂仁蛇绿岩群超基性岩段实测剖面(图 2-41，2001-08)

该剖面起点地理位置为 E87°39′，N29°10′。

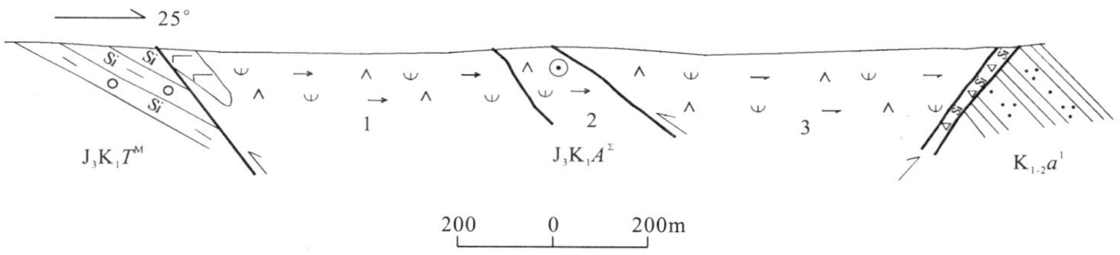

图 2-41　拉孜县汤嘎昂仁蛇绿岩群剖面

上覆地层：冲堆组紫红色碎裂状放射虫硅质岩

═══════ 断　层 ═══════

超基性岩段($J_3K_1A^{\Sigma}$)　　>1 005.78m

3. 灰绿色—深灰色蛇纹石化二辉橄榄岩　　439.61m

═══════ 断　层 ═══════

2. 灰绿色—暗绿色蛇纹石化含石榴石(镁铝榴石)斜辉橄榄岩　　88.58m

1. 灰绿色蛇纹石化斜辉橄榄岩、辉橄岩夹变质玄武岩脉　　477.59m

═══════ 断　层 ═══════

下伏地层：汤嘎混杂岩　紫红色含放射虫泥硅质岩

8. 昂仁县卡嘎乡达姑弄曲昂仁蛇绿岩群超基性岩段实测地层剖面(图 2-42，2000-06)

该剖面起点地理位置为 E87°09′，N29°54′。

上覆地层：昂仁组($K_{1-2}a^1$)　浅灰黄色页岩、粉砂质页岩夹薄层状粉砂岩

═══════ 断　层 ═══════

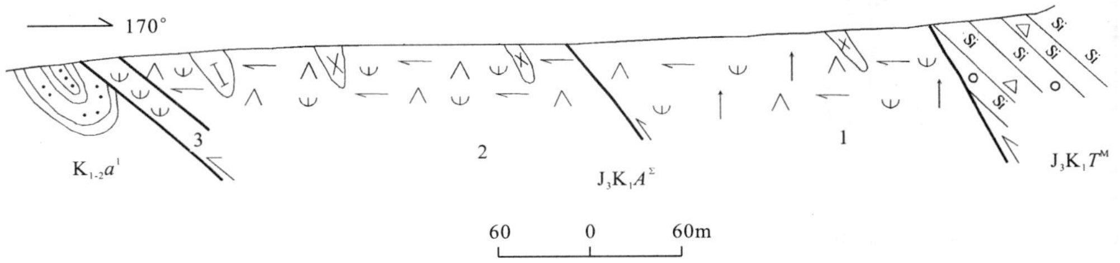

图 2-42　昂仁县卡嘎乡达姑弄曲昂仁蛇绿岩群剖面图

超基性岩段($J_3K_1A^\Sigma$)　　**373.89m**

3. 暗绿—墨绿色蛇纹石岩，具强蛇纹石化　　23.52m

═══════════　断　层　═══════════

2. 灰绿色蛇纹石化斜辉橄榄岩、斜辉辉橄岩夹透镜状辉石岩、辉绿岩脉　　190.39m

1. 灰绿色蛇纹石化单辉橄榄岩夹辉绿岩脉　　160.08m

═══════════　断　层　═══════════

下伏地层：汤嘎混杂岩紫红色含放射虫硅泥质岩

(二)沉积特征及区域对比

1. 昂仁蛇绿岩群

昂仁蛇绿岩群根据岩石组合和成因特征由上至下分为基性熔岩段、基性岩段和超基性岩段，总厚度大于 2 154.01m。

(1)基性熔岩段($J_3K_1A^\beta$)

该岩段主要为灰绿色枕状玄武岩、气孔及杏仁玄武岩熔岩，夹块状玄武岩、角砾状玄武岩，厚度大于 214.93m。

枕状玄武岩：分布较广，厚达一百多米。底部常有一层块状熔岩，向上枕状构造发育，枕体长几十厘米至一米多，其边部常见气孔及杏仁构造，枕体内部粒度较粗，为粗玄武结构，边缘为层纹状，可见淬火结构。常夹角砾状玄武岩，角砾间胶结物为红色硅质、铁质及火山质碎屑岩。

含气孔及杏仁玄武岩：气孔和杏仁构造极为发育，一般孔径 1cm 左右，充填长石后形成杏仁构造，岩性常见球颗玻基玄武岩。大致垂直产于席状岩墙群的上部。

(2)基性岩段($J_3K_1A^N$)

由岩床(墙)群和堆积杂岩组成，下部与超基性岩段、上部与基性熔岩段呈断层接触，厚 741.60m。

岩床(墙)群：主要出露于吉定也弄一带。根据其产出层位可分出两套岩床(墙)群：一套主要为辉绿岩、纤闪石化辉长岩和粒玄岩，具辉绿结构和间粒结构，还有少量橄榄辉绿岩及玄武玢岩，普遍经历了绿片岩相的变质作用，变质矿物有阳起石、绿泥石、黝帘石、葡萄石、钠长石(或更长石)及少量滑石和蛇纹石，产于基性熔岩段之下，堆积杂岩之上，构成蛇绿岩层序中一个独立单元。另一套主要为辉绿岩，其间偶夹超镁铁质岩、辉石角闪岩、火山岩，以岩墙状产于堆积杂岩中。

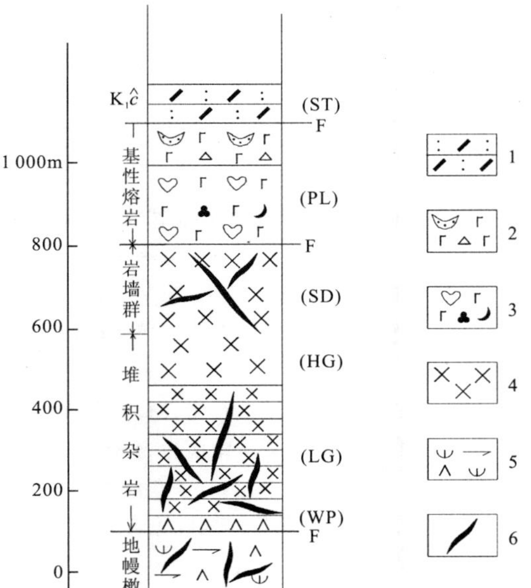

图 2-43　也弄蛇绿岩堆积杂岩层序示意图

1. 岩屑凝灰岩；2. 枕状基性熔岩；3. 杏仁状基性熔岩；4. 辉长岩；5. 橄榄岩；6. 岩脉

堆积杂岩：由下到上可分为底部临界带、层状辉长岩和非层状或均质辉长岩(图 2-43)。底部临界带(WP)主要为异剥橄榄岩、异剥辉橄岩和辉石岩，向上通过橄榄辉石岩迅速过渡到层状辉长岩；中部的层状辉长岩(LG)是一套单斜辉石和斜长石组成的具有黑白相间的层状或纹层状杂岩，其层状构造连续性较差，实为一种片麻状或纹层状构造，其下部有许多辉绿岩脉以低角度顺层或高角度切层产出；顶部为非层状或均质辉长岩(HG)，与层状辉长岩之间并无明显分界线，为过渡关系，其上与席状岩床(墙)群(SD)接触界线截然。

(3)超基性岩段($J_3K_1A^{\Sigma}$)

本段出露较广，约占蛇绿岩总面积的 70%左右，在吉定、拉孜、昂仁等地均有出露，并断续相连，本段一般呈断片产出，与上、下部地层均呈断层接触，厚度变化大，也弄厚 1 100.06m，汤嘎厚大于 1 005.78m，昂仁厚 373.89m。

超基性岩段按其出露的岩石组合情况和它们的变形变质程度等可划分 3 个部分：上部主要为斜辉橄榄岩，岩石成分单一，厚度较小，其上界直接与基性岩段接触；下部主要为含单斜辉石斜辉橄榄岩类和少量二辉橄榄岩类，与上部主要区别在于含有或多或少的单斜辉石，与上部无明显的界线；底部主要为蛇纹岩与硅质岩、变辉长岩、变辉绿岩、玄武岩等岩块的混杂体，形成一个明显的以蛇纹岩为主体的构造混杂带。

在也弄一带昂仁蛇绿岩群各个层序出露比较齐全，可与洋壳或具洋幔—洋壳沉积的现代洋壳剖面进行对比(图 2-44)。

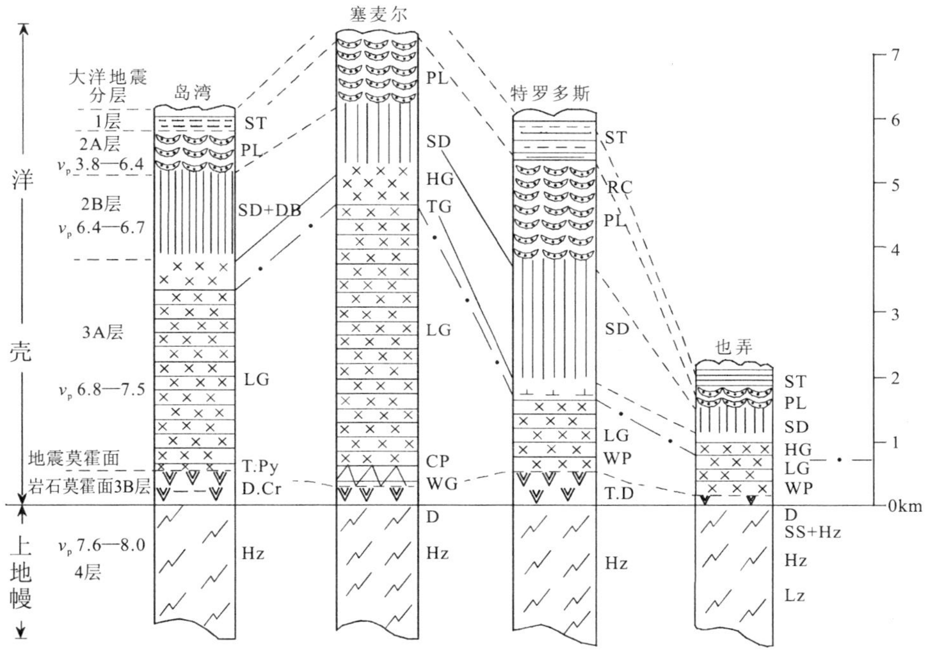

图 2-44 萨迦县也弄蛇绿岩综合剖面与典型蛇绿岩剖面及洋壳地震剖面示意对比图

ST. 沉积物；RC. 放射虫燧石；PL. 枕状熔岩；SD. 席状岩墙群；SS. 席状岩床群；DB. 岩墙角砾层；HG. 均质辉长岩、闪长岩、斜长花岗岩等；TG. 非层状累积辉长岩；LG. 层状辉长岩；T. 橄长岩；GP. 层状辉长岩＋苦橄岩；WG. 异剥橄榄岩＋层状辉长岩；WP. 异剥橄榄岩＋辉石岩；PY. 闪石岩；D. 纯橄岩、含长纯橄岩；Cr. 铬铁矿；Hz. 斜辉橄榄岩＋少量纯橄岩；Lz. 二辉橄榄岩；— ·—累积与非累积层的界线；— 岩石莫霍面界线；— — 分层界线

区内蛇绿岩在也弄—孜龙—柳区一带各个岩段出露比较齐全，厚度也比较大，八道班处可见纯橄岩发育；往西至拉孜—汤嘎—阳日一带厚度变薄，而且也仅主要见超基性岩段出露，汤嘎处见含石榴石(镁铝榴石)斜辉辉橄岩露头，由于后期构造改造被分解为南北两部分，二者之间为汤嘎混杂岩，局部夹透镜状柳区群砾岩；再往西至浪错一带厚度又增大，除超基性岩段外，还偶见基性岩段和基性熔岩段，而且被多条断层切割错断；继续往西至昂仁县西侧一带变薄至尖灭，岩性也主要仅见超基性岩段，昂仁湖边见含石榴石辉橄岩、异剥钙榴岩露头。

2. 冲堆组($K_1\hat{c}$)

冲堆组由曹荣龙(1981)命名于日喀则市冲堆，测区出露宽度小，主要为紫红色、灰绿色放射虫硅质岩夹沉基性火山凝灰岩。南侧与昂仁蛇绿岩群、北侧与昂仁组均为断层接触，因此岩石普遍破碎，而且在接触带处的岩石均被揉搓，形成透镜化、片理化，有时可见牵引褶皱。区域上由萨迦县吉定往西—拉孜县汤嘎—昂仁县以西断续出露，为一套深海相海槽低速沉积。区内厚度在吉定厚35.82m，昂仁县厚105.84m。其岩性组合特征可与正层型日喀则县冲堆剖面对比。

3. 破姆弄混杂岩($J_3K_1P^M$)

破姆弄混杂岩为本次调查首次命名，命名地点在拉孜县破姆弄。该地层单位系由原修康群分解出的混杂岩的一部分，主要为一套泥、砂质岩为主的沉积质混杂岩，其边界被断层所围限。地层时代为晚侏罗世—早白垩世。

该混杂岩主要分布于测区南西部破姆弄、浪错、塔弄一带。由基质和岩块两部分组成。基质成分主要由灰白色、灰绿色、紫红色硅泥质板岩、粘土岩、粘土质粉砂岩、薄层硅质岩夹硅质岩、粉砂岩、灰岩、细砂岩透镜体等组成，混杂后呈杂色；岩块成分主要由细粒岩屑杂砂岩、含砾不等粒石英砂岩、厚层灰岩及粉砂岩、玄武岩透镜体等组成。鉴于岩块以沉积岩类为主，亦称为沉积质混杂岩。

该地层单位主要特征是基质部分受挤压变形较为普遍，片理化、透镜化十分明显，常发育板劈理和石香肠状构造，岩性多发生低级变质；岩块则形态各异，大小不等，小者直径仅数厘米。基质部分的硅质岩中普遍含放射虫，岩块中含有菊石、珊瑚、腕足、瓣鳃及植物类等早期化石，说明是异地产物。属深海洋中脊外侧和板块碰撞之混杂沉积。其厚度大于795.44m。与周边地层皆为断层接触。在区内与昂仁蛇绿岩群和汤嘎蛇绿质混杂岩呈近东西向平行分布，出露宽度相当大，可达数千米和十多千米。

4. 汤嘎混杂岩($J_3K_1T^M$)

汤嘎混杂岩一名由本次调查而首次命名，命名地点在拉孜县汤嘎。该地层单位系由原修康群中分解出来的混杂岩的一部分，主要为一套紧邻昂仁蛇绿岩南侧以蛇绿质岩块为主的混杂岩。代表晚侏罗世—早白垩世沉积，其边界被断层所围限。

该混杂岩断续分布于昂仁蛇绿岩南侧的旺堆、阳日等地。主要由基质和岩块两部分组成。基质部分岩性主要为灰绿色千枚岩、紫红色放射虫硅质岩、硅泥质板岩、变粘土质粉砂岩、变基性凝灰岩、变玄武岩等组成，其中岩性的颜色由于变位混杂而呈杂色；岩块部分岩性主要为暗绿色蛇纹石化斜辉橄榄岩、碎裂状变辉绿岩、变玄武岩、紫红色硅质岩及少量透镜状粉砂岩和大理岩等。鉴于岩块部分以蛇绿质岩类为主，亦称蛇绿质混杂岩。

该地层单位的主要特征是基质部分塑性形变和剪切形变普遍，挤压片理化、糜棱岩化、透镜化和流动构造十分明显，且常见小揉皱和无根钩状褶曲；岩块部分既成分多样，又形态复杂、大小悬殊，直径小者数厘米，大者数百米，与基质多呈断层接触，并呈块状嵌于基质之中，整个混杂岩似经历了强烈“搅动”后，而形成现今之外貌特征。混杂岩内紫红色硅质岩普遍含放射虫，总体具深海海沟和板块俯冲碰撞带之混杂沉积特点，上升成陆后被柳区群不整合覆盖。总厚度大于1 150m。与周围地层均呈断层接触，在区内呈带状紧邻昂仁蛇绿岩群南侧东西向产出。

(三)生物特征与地质年代

汤嘎混杂岩和破姆弄混杂岩的基质部分紫红色硅质岩中普遍含有放射虫，经中国地质大学(武汉)冯庆来教授实验处理及镜下鉴定，主要有早白垩世组合：*Archaedictyomitra excellens* 和 *A. pseudomulticostata* 组合，*Thanarla conica*、*Thanarla brouweri* 和 *Pseudodictyomitra* sp.，*Paronaella* sp.，*Ditrabs* sp.，*Homoeoparonaella* sp.。上述放射虫均为汤嘎混杂岩和破姆弄混杂岩内的常见分子，故它们的时代归属于晚侏罗世—早白垩世是确切的，并代表这一时期洋壳的沉积物质。

冲堆组放射虫硅质岩中的放射虫化石由于构造破坏严重且多数已经重结晶，保存不好，剖面和路线上所采化石经中国地质大学冯庆来教授鉴定有：*Thanarla conica*， *Pantanellium* sp.，*Archaeodictyomitra pseudomulticostata*，*Archaeodictyomitra mitra*，*Archaeodictyomitra masirahensis*，*Archaeodictyomitra tumandac*，*Tethysetta* sp.，*Pseudodictymitra lanceloti* 等组合，以及 *Archaeodictyomitra immenhauseri*，*Dictyomitra montisserei*，*Dictyomitra undata*，*Archaeodictyomitra pseudomulticostata*，*Tethysetta* cf. *columna*，*Tethysetta* sp.，*Cenosphaera* sp. 等组合。前一组合的地质时代为早白垩世，后一组合的地质时代为早白垩世—晚白垩世早期，因此根据其组合特征可以确定冲堆组的地质年代应为早白垩世，地质时代属于早白垩世阿尔布期。

昂仁蛇绿岩群是雅鲁藏布江蛇绿岩带中段的一部分，是喜马拉雅特提斯洋闭合时板块俯冲事件的直接产物，虽然由于后期构造改造使其上冲堆组深海硅质岩与其多为断层接触，但局部仍可见放射虫硅质岩整合于蛇绿岩之上，而该硅质岩中的放射虫经鉴定其时代属早白垩世阿尔布期；另外在雅鲁藏布江蛇绿岩带的蛇绿质混杂岩中也见大量放射虫硅质岩，其中的放射虫时代为晚侏罗世—早白垩世，因此可推断昂仁蛇绿岩群的侵位时间为晚侏罗世—早白垩世。

（四）侏罗纪—白垩纪岩相古地理分析与沉积盆地发展演化

测区侏罗纪—白垩纪沉积盆地面貌是三叠纪洋盆古地理地貌的继承和发展，基本保持北部为高地，南部为洋盆的古地理格局（表 2-6、图 2-45）。但总体为海平面上升、海水变深的发展过程。根据本次调查结果和区域地质资料，本阶段岩性岩相发展演化分别在喜马拉雅、雅鲁藏布江和冈底斯—腾冲 3 个地层区有着各自不同的表现特征。

喜马拉雅地层区划分为日当组、遮拉组和维美组。其中日当组为早、中侏罗世沉积，为一套深灰色泥岩夹细碎屑岩，沉积韵律清楚、完整，含菊石、双壳等浮游生物化石，厚度稳定。属稳定盆地相半深海—浅海环境沉积；遮拉组和维美组为中晚侏罗世沉积，主要为一套滨、浅海相中、细碎屑岩夹泥质岩沉积，产菊石、箭石及植物等化石，厚度达数百米，说明本区在中晚侏罗世海平面升降幅度较大。

雅鲁藏布江地层区仍处于构造活动频繁地带。晚侏罗世—早白垩世阶段，昂仁蛇绿岩群就位，洋中脊广泛分布冲堆组含放射虫硅质岩，强烈的构造活动还造就了汤嘎混杂岩和破姆弄混杂岩。其中昂仁蛇绿岩群具完整层序，由下至上，由超基性岩、基性岩和玄武岩组成，其上为冲堆组深海相放射虫硅质岩，组成经典的蛇绿岩群。汤嘎混杂岩为靠近蛇绿岩群形成的混杂岩，其间多见蛇绿质岩块，亦称蛇绿质混杂岩；破姆弄混杂岩以沉积质岩块为主，亦称沉积质混杂岩，这些混杂岩中含有晚侏罗世—早白垩世的放射虫化石，因此该阶段是板块活动由高峰逐渐过渡到稳定的时期。

表 2-6　侏罗纪—白垩纪沉积相区岩相特征

地层区	喜马拉雅区	雅鲁藏布江区	冈底斯—腾冲区
岩石类型	砂泥质岩为主，夹薄层灰岩、细砂岩、石英砂岩，具向上变粗的沉积组合	主要为混杂岩和蛇绿岩群，其中混杂岩可分为蛇绿质混杂岩和沉积质混杂岩，蛇绿岩为超基性岩，玄武岩、泥质岩	以复理石沉积为主，变形成不连续的鲍马序列，局部为陆内盆地沉积
层理类型	薄—中厚层，平行层理、水平层理，夹厚层块状层理	层理受破坏	中—厚层状夹巨厚层状、薄层状，平行层理，水平层理
生物特征	浮游和底栖生物	深海放射虫	底栖、固着底栖生物
岩石地层单位	维美组、遮拉组、日当组	破姆弄混杂岩，汤嘎混杂岩，昂仁蛇绿岩群	昂仁组 设兴组 桑日群 塔克那组 楚木龙组
沉积环境	陆棚边缘	深海	弧前盆地 弧后盆地

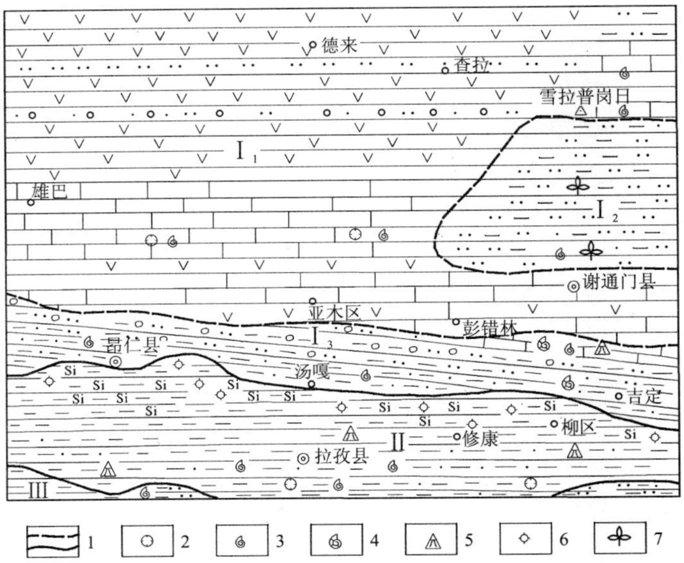

图 2-45　测区侏罗纪—白垩纪岩相古地理示意图

1. 沉积区及岩相界线；2. 珊瑚；3. 腕足；4. 菊石；5. 瓣鳃；6. 放射虫；7. 植物

Ⅰ. 冈底斯—腾冲沉积区（Ⅰ₁ 碳酸盐—沉凝灰岩相、Ⅰ₂ 碳酸盐岩—砂岩相、Ⅰ₃ 复理石相）；

Ⅱ. 雅鲁藏布江深海盆地泥、硅质岩沉积区；Ⅲ. 喜马拉雅沉积区

冈底斯—腾冲地层区为相对稳定地块，本阶段岩浆岛弧开始形成。在弧间盆地形成桑日群地层，其后在弧前形成以昂仁组为主的日喀则弧前盆地，形成厚度巨大的复理石建造，在测区北部形成以楚木龙组、塔克那组、设兴组为代表的碳酸盐滨、浅海砂、泥质沉积，这些早期沉积的地层体又为后期日喀则弧前盆地充填沉积取之不尽的物源。

第三节　喜马拉雅地层区

出露于图幅南部边界，属康马—隆子分区，仅见有分区北部的三叠系和侏罗系，为冈瓦纳被动大陆边缘之半深海盆地相泥、砂质沉积。受板块构造运动影响，区内地层构造变形改造强烈，与北部雅鲁藏布江地层区形成断裂边界。

一、三叠系

仅划分为涅如组，主要见于东南角等地，出露面积约 100km²，约占图幅总面积 0.7%。

（一）剖面描述

拉孜县查邬乡涅如组实测剖面（图 2-46，2001－09），起点地理位置为 E87°31′，N29°02′。

涅如组（T_3n）	**（未见顶）**	**458.09m**
13. 浅灰色厚层状变质中粒石英砂岩		65.35m
12. 浅灰色中厚层状变细砂岩与板岩互层		72.59m
11. 深灰色板岩夹含粉砂质板岩		41.04m
10. 浅灰色厚—巨厚层状变灰绿岩		0.42m
9. 灰黑色含炭绢云母板岩		0.59m
8. 浅灰色厚层块状变质中粒钙质砂岩		83.13m
7. 深灰色绢云母板岩		99.20m
6. 深灰色变糜棱岩化闪长岩		39.54m

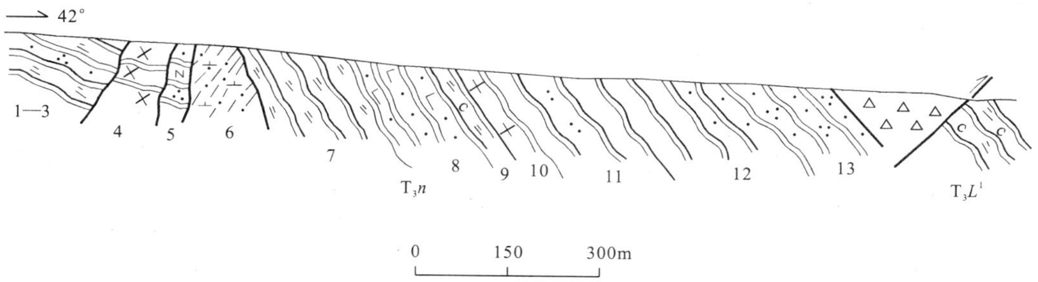

图 2-46　拉孜县查邬乡涅如组实测地层剖面图

5. 浅灰色变质含褐铁矿长石石英砂岩	4.74m
4. 深灰色变辉绿岩	21.35m
3. 深灰色绢云母板岩	5.14m
2. 浅灰白色厚层变质中粒钙质石英砂岩	1.33m
1. 深灰色绢云母板岩夹变质细粒石英砂岩透镜体	22.67m

（未见底）

（二）沉积特征及区域对比

涅如组仅见于图幅南部边缘之孜松区、形当两地南侧。主要为一套深灰色薄—中层状绢云母板岩、钙质砂板岩夹中细粒石英砂岩、细砂岩岩性组合。以板岩夹石英砂岩、细砂岩为主，向上绢云母板岩逐渐增厚，局部常见变辉绿岩。由于受后期构造改造影响，岩层多组成紧闭同斜褶皱，使地层体原始位态难以恢复。本组在测区内未见底，顶部与田巴群呈整合接触，厚度大于 905m。根据岩性组合特征，本组应为浅海陆棚—盆地边缘相沉积环境。

（三）生物特征与地质年代

本组生物化石稀少，但本次在南东部边界处采获有瓣腮类。在测区南部康马县东的正层型剖面处，钙质页岩和板岩中曾采获有双壳类 *Catella nyanangensis*，*Myophoricardium* sp.，*Unionites lutrariaeformis*，*Palaeonucula tulongensis*，*Palaeolima* sp. 及菊石 *Distichites* sp.，*Arpadites* sp. 等。其地质时代主要为晚三叠世。测区内亦见有钙质砂、板岩层，与涅如正层型剖面岩性完全可以对比。

二、侏罗系

主要见于测区西南角，出露面积约 220km^2，约占图幅总面积 1.2%。由于出露面积小，且顶底不全，因此未测制剖面，根据《西藏自治区岩石地层》成果，结合野外地质路线调查资料，将其划分为下—中统日当组、中—上统遮拉组和上统维美组。

（一）沉积特征及区域对比

1. 日当组($J_{1-2}r$)

日当组于图幅西南角呈带状分布。主要为深灰色—灰黑色板岩、钙质页岩与薄层灰岩呈韵律互层，时夹深灰色钙质粉砂岩、细砂岩、含硅质结核。薄层灰岩以互层为特征，组成韵律层。下部为细砂岩与粉砂岩组成韵律层，向上厚度变大，一般由 1m 增至 1.5m；上部薄层灰岩逐渐变为钙质页岩（板岩或千枚岩）。总体具向上沉积物粒度变细，单层变薄的退积型垂向变化规律。区内该组呈东西向展布，局部见有辉绿岩，页岩中板劈理发育，常见黄铁矿晶体，晶体直径 3～6mm，岩层具明显变形改造，常见小褶皱群及小型脆型断层，造成地层不连续或断失，局部岩石遭受绿片岩相变质作用，厚度大于 262m。含游泳型生物化石，如菊石、双壳类等，通见有双壳类及箭石化石，属半深海—浅海环境沉积，与下伏涅如组呈整合接触。

2. 遮拉组($J_{2-3}z$)

遮拉组仅见于图幅西南角,多形成地势较高的山体。主要为浅灰—灰黄色中厚层状石英砂岩夹粉砂质页岩(或粉砂质板岩)、泥质千枚岩及火山碎屑岩等。其中下部以砂岩、粉砂岩为主,时夹隐晶质生物碎屑灰岩,产菊石化石等,组成向上变细沉积韵律;上部以页岩为主,夹粉砂岩、长石石英砂岩,偶夹灰岩透镜体,顶部为中厚层状隐晶质灰岩,产生物化石碎片。总体为向上沉积物变细的退积型变化规律。遮拉组在区内呈东西向展布,常组成向斜核部,厚度大于890m,属滨海环境沉积,与下伏日当组整合接触。

3. 维美组(J_3w)

维美组仅在图幅东南角有所见及,出露不足20km²。主要为一套灰—深灰色页岩、粉砂岩及石英砂岩等。其下部为灰白色石英砂岩夹灰绿色岩屑石英透镜体,含硅、铁质结核,下未见底;中部为粉砂质页岩和泥质粉砂岩夹灰岩透镜体,含硅泥质碳酸盐结核,产菊石、双壳类化石;上部主要为岩屑石英砂岩、粗砂岩夹页岩,含铁、钙质结核,产菊石及腹足类化石等,上未见顶。区内被断层所围限,并常见小型褶皱,厚度大于367m。属滨—浅海相环境沉积。区域上局部可见与上、下地层为整合接触。

(二)生物特征与地质年代

1. 日当组($J_{1-2}r$)

生物化石主要产菊石、双壳类,王义刚(1976)等在隆子县果座朗曲—多巴测制日当组剖面时,曾在页岩和结核中采获大量菊石、双壳类,其后,在测区南部定日—康马一带相继亦在相同层位发现同类化石。菊石主要为 *Prodactylioceras enodum*, *Phylloceras* sp., *Primarietites*, *Delecticersa*, *Hantheniceras* sp., *Arietites* sp., *Lytoceras* sp., *Sulciferites* sp., *Schlothemia*, *Nyalamoceras nyalamense*;双壳类主要为 *Entolium* cf. *nieniexiong laensis* 等,时代为早侏罗世赫塘期—中侏罗世巴柔期;在浪卡子—隆子一带,所产菊石主要为 *Psiloceras psilonotum*, *P. provincialis*, *Wachneroceas latum*, *Longziceras longziensis*, *Juraphyuites kavasensis*, *Arnioceras arnouldi*, *Euagassiceras*, *Gleviceras*, *Galaticeras*, *Hanthenicerasenode* 等,时代为早侏罗世赫塘期—普林斯巴期。由此可见,日当组上部为一跨时地层。区域上该组地层由东至西从早侏罗世跨及至中侏罗世。

2. 遮拉组($J_{2-3}z$)

遮拉组主要发育于测区外南侧,西藏综合队(1979)①在测制隆子县雍错—扎西康剖面时,曾在该组下部采获丰富菊石 *Indocephalites* sp., *Dolikephalites* sp., *Reinekeia* sp., *Garantiana* sp.。主要为中侏罗世巴柔期至巴通期重要分子,其后又相继发现 *Macrocephalites*, *Gulielmiceras*, *Haplophylloceras strigile* 及 *Delecticeras*, *Schlothemia*, *Nyalamoceras ngabamensis* 及瓣鳃类 *Entolium* cf. *nieniexionglaensis* 等,时代属中晚侏罗世巴柔期—牛津期。因此,该组为一跨及中—晚侏罗世的跨时地层。

3. 维美组(J_3w)

维美组上部含较多菊石、箭石、双壳类、腹足类及瓣鳃类等化石。1974年中国科学院科考队在江孜县维美村(1981)测制上侏罗统剖面时,采获菊石 *Himalayites* sp., *Haplophylloceras strigli* (Blanford)等晚侏罗世标准分子以来,在其后调查中又相继发现 *Virgatosphinctes* sp., *Blanfordiceras* sp., *Berriasella* sp., *Euthymiceras* sp., *Spiticersa* sp., *Phtlloceras* sp., *Parabolicersa* sp.;箭石 *Belemnopsis uhligi*, *Hibolithes verbeeki*;瓣鳃类 *Inoceramus* sp., *Buchia* sp., *Astarte spiliensis*, *Astartoides gangbaensis*, *Entolium mangqiongense*, *Cucullaea* sp. 及 *Pleuromya*, *Meleagrinella* 等上侏罗统的主要分子,时代为牛津期—提塘期。它们多与北喜马拉雅地层区上侏罗统门卡墩组所产化石相同,说明在晚侏罗世北喜马拉雅区与

① 西藏综合队. 1:100万拉萨幅区调区域地质调查报告,西藏地矿局,1979.

康马—隆子区生物群属种发育程度与分布情况，达到相当广泛与统一。

第四节　第四系

测区内第四系零星分布，为更新统和全新统松散沉积。

（一）剖面描述

1. 谢通门县洞嘎村第四系全新统冲积层实测剖面（图 2-47，2001-08）

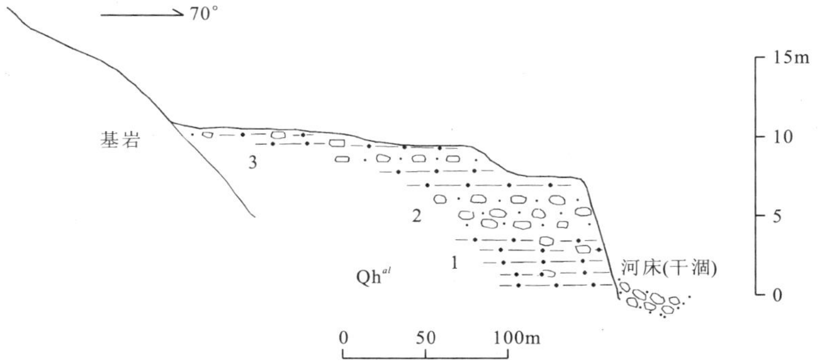

图 2-47　谢通门县洞嘎村第四系路线剖面图

全新统冲积层（Qh^{al}）	11.1m
3. 灰色含砾砂土层，砾石含量少于 10%，一般呈次圆状，大小不一，略顺层分布，砂土为细砂，局部有厚 2～5cm 的砂质粘土层	4.03m
2. 灰褐色含砂砾石层，砾石含量多于 80%，一般呈次圆状，大部分砾径长轴约 4～8cm，少数小于 2cm 或大于 10cm，杂乱或局部略定向排列，砾石为接触式支撑，其间充填粗砂或亚砂土	2.56m
1. 灰黄色含砾粗砂土层，砾石含量少于 20%，一般呈次圆—次棱角状，大小悬殊，砾石镶嵌于粗砂土之中，略顺层分布	4.52m

～～～～～～～～　角度不整合　～～～～～～～～

下伏地层：桑日群

2. 拉孜县查乌普曲沟口第四系更新统—全新统路线剖面（图 2-48，引自 1∶100 万日喀则幅区域地质调查报告①）

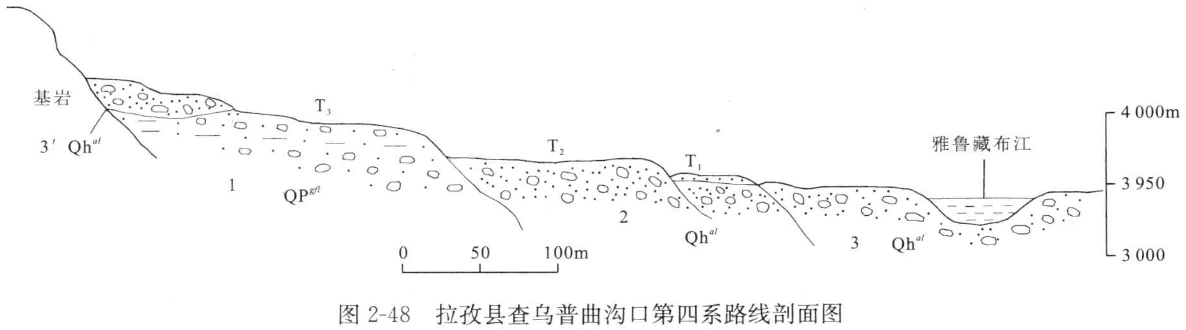

图 2-48　拉孜县查乌普曲沟口第四系路线剖面图

全新统洪冲积层（Qh^{pal}）冲积层（Qh^{al}）	**>18m**
3′. 洪冲积层：为黄褐色亚砂土夹板岩、砂岩小碎块、碎片，呈洪积扇形地出现	15m

3. 冲积层：主要为砂、砾石。砾石成分以板岩、砂质板岩、砂岩为主，次为石英岩、辉绿岩、石英粗砂岩。

① 西藏区调队. 1∶100 万日喀则幅区域地质调查报告，西藏地矿局，1983.

砾径一般4～5cm，个别大者为20cm，分选较差，结构疏松，形成河漫滩 ＞3m

2. 更新统冲积层（Qp^{al}）：共有两层。第一层上部为黄色砂土，厚达1m以上；下部为砂砾石层，砾石成分以石英岩、砂岩为主，可见厚3m左右，形成一级阶地（T_1）。第二层上部为褐黄色亚砂土层，厚1m左右，现成较好耕植土；下部为含砂砾石层，砾石成分以石英岩、砂岩为主，次为辉绿岩、泥质砂岩等，砾径大都在0.3～0.4m以下，磨圆度较好，有一定的分选，可见厚度10m左右，形成二级阶地（T_2） 15m

1. 更新统冰水堆积（Qp^{gfl}）：顶部为一层漂砾石层，其下为一层红色粘土层，厚30～50cm；下部为砾石层，砾石砾径大小悬殊，分选差，一般长径为30～50cm，个别大者为2～3m。砾石磨圆度不一，大者差而小者好。砾石具定向排列。砾石成分以石英岩、砂岩为主，次为辉绿岩、泥质砂岩、粉砂岩、板岩等。钙质半胶结状，质地较坚硬。组成河流三级阶地（T_3），由于河流切割形成陡崖，高出水面50m 30m

～～～～～～～～ 角度不整合 ～～～～～～～～

下伏地层：郎杰学岩群

3. 谢通门县侧布乡拔巴曲第四系更新统—全新统剖面（图2-49，引自1∶20万谢通门幅区域地质调查报告①）

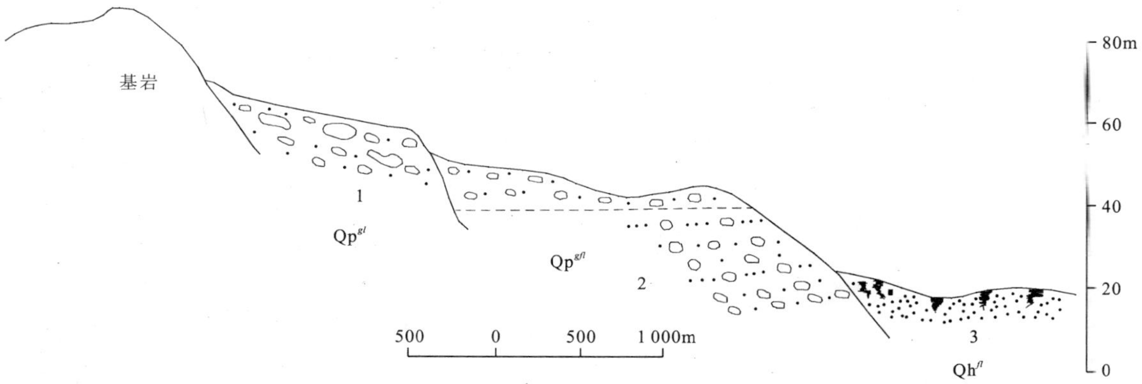

图2-49 谢通门县侧布乡拔巴曲第四系剖面图

3. 全新统沼泽堆积（Qh^{fl}）：灰黑色草炭层、淤泥及亚砂土层 ＞5m

2. 更新统冰水堆积（Qp^{gfl}）：灰色砂砾石层夹灰黄色含砾粗砂层，砾石呈次圆—棱角状，砾径2～5cm，砾石成分为花岗岩、火山岩及砂岩 ＞40m

1. 更新统冰川堆积（Qp^{gl}）：灰色冰碛砾岩及砂砾石层，无层状构造。砾径大小不均，无定向排列，呈棱角—次棱角状。砾石成分以花岗岩为主，砾径一般20～25cm，最大砾径为2.5～3.5m ＞20m

～～～～～～～～ 角度不整合 ～～～～～～～～

下伏地层：苦生单元 巨斑黑云二长花岗岩

（二）沉积特征及区域对比

1. 更新统

按成因可分为冲积、冰水堆积和冰川堆积。

冲积（Qp^{al}）：主要由砂土层、砂砾石层、含砾砂土层和淤泥层组成，有时具似层状构造，一般厚40～80m，残留在雅鲁藏布江及区内其他主要干支流（如多雄藏布、美曲藏布等）深切河谷的两岸，一般可形成一到四级阶地。

① 西藏区调队. 1∶20万谢通门幅区域地质调查报告，西藏地矿局，1997.

冰水堆积(Qp^{gfl}):主要由灰色冰碛砾石/砾砂层组成,砾石成分以花岗岩为主,砾径大小不均,一般20～50cm,最大砾径可达3.5m,无层状构造,砾石磨圆多为次圆—椭圆状,分选较差,表面常发现压坑、少数形成羊背石。厚度52.5～905m。分布于北部冈底斯山的德来—侧布乡一带的山间洼地于海拔高程4 300～5 300m之间。

冰川堆积(Qp^{gl}):主要为冰碛堆积,多为冰川泥石流和冰河谷流动推进作用形成。一般位于冰水堆积层上方。主要分布于北部雄巴、马雄、德来、南木切等地。海拔高程约4 500m以上。

2. 全新统

按成因可分为冲积、洪冲积、风积、湖积、沼泽堆积和冰川堆积。

冲积层(Qh^{al}):由浅灰色鹅卵石、砾石、砂石为主组成砾石层,间夹含砾砂土层、砂土层,砾石为近距离搬运,多为次圆—椭圆状,局部呈似层状构造,厚度0～15m。主要分布于雅鲁藏布江河谷及主干流水系河漫滩、河床。如谢通门—扎西岗近南北向山间盆地,长约20km,宽约4～5km,其间主要为雅鲁藏布江及主干支流的冲积物堆积而成。

洪冲积层(Qh^{pal}):由砂、砂砾石及少量砂土构成山前坡地洪积扇,分选差,成分较复杂,厚1～15m。主要分布于雅鲁藏布江河谷西岸及南北向主干支流中、下游。

风积层(Qh^{eol}):由浅黄色细砂、粉砂堆积而成,厚度可达30m。主要堆积在雅鲁藏布江和多雄藏布一级阶地及山前坡地处,测区彭错林风成砂山呈明显沙丘链堆积(图版Ⅰ—4)。

湖积(Qh^{l}):由湖盆内深灰色泥、砂和黑色淤泥组成,常见现代植物根茎及草地等,厚度一般小于5m。仅见于西部雄巴南侧。

沼泽堆积(Qh^{fl}):由深灰色含水植物根系、草垛及泥水组成,亦为本地牧业场地,厚度约5～15m。零星分布于北部德来、雄巴、侧布乡等山间湿地。

冰川堆积层(Qh^{gl}):主要由巨砾、角砾组成,夹粗砂、岩屑及泥质物等。条形石、冰川擦痕明显。堆积层由新鲜岩块等组成,表面基本无土层、有植被。厚度为0～30m。分布于北部海拔高程约5 300m以上的地区,由现代冰碛之砂、砾混杂组成。测区为现代冰川作用较强烈区,山顶发育冰斗、角峰、刀脊及"U"形谷等。

第三章 岩浆岩

测区岩浆活动强烈，岩浆岩十分发育，分布广泛，包括蛇绿岩，出露面积达 10 100km^2。占测区总面积的 60%，岩石类型多样，包括超基性一酸性侵入岩，基性—酸性火山岩，区域上位于雅鲁藏布江缝合带及冈底斯岩浆弧带的中段。

测区岩浆岩主要分布于测区东北部谢通门、南木切，中部亚模一带，呈巨大的复式岩基产出，另外在美曲藏布、查拉南、雄巴等剥蚀程度相对强烈区段常见有椭球状岩体出露。测区侵入岩经历了一个长期演化的过程，侵入时代从早白垩世至中新世均有，以始新世岩浆活动最为频繁，分布范围最广，侵入岩岩石类型以二长花岗岩为主，约占岩石总量的一半以上，次为花岗闪长岩，其他还包括辉长辉绿岩、辉长岩、闪长岩、石英闪长岩、石英二长岩、石英二长闪长岩、石英正长岩及钾长花岗岩、碱长花岗岩等(图 3-1)。

上述侵入岩除南部规模相对较小的辉长辉绿岩独立侵入体之外，均位于雅鲁藏布江北岸的冈底斯岩浆弧带之上，共同形成于在燕山晚期开始的印度板块向欧亚大陆板块俯冲、碰撞而形成的构造岩浆旋回的过程中，在空间上紧密相连，时间上具连续的演化系列，符合同源岩浆演化系列的基本理论，故采用岩石谱系单位的方法进行填图单元划分和地质填图(高秉璋、洪大卫等，1991)，表 3-1 为测区侵入岩岩石谱系单位。

根据本次野外调查和 1∶20 万谢通门幅区调成果①，全区共划分出基性岩 2 个独立侵入体，中酸性岩 30 个单元，归并为 8 个超单元、7 个独立单元。蛇绿岩在基性—超基性侵入岩一节中作专门论述。

第一节 基性—超基性侵入岩

测区基性—超基性侵入岩以蛇绿岩为主，其次为辉长岩、辉长辉绿岩。

一、蛇绿岩

区内蛇绿岩分布于昂仁—也弄断裂南侧，大致沿雅鲁藏布江呈东西向横贯测区展布，出露面积约 5 250km^2，蛇绿岩总体向北陡倾。北侧与弧前盆地建造的日喀则群昂仁组断裂接触(图版Ⅲ-1)，南侧与 J_3—K_1 硅质、硅泥质混杂岩断裂分界(图版Ⅲ-3)，在杂果—柳区一带蛇绿岩以中高角度由北向南逆冲于柳区群砾岩之上，岩片延伸方向与断层走向一致。最大出露宽度达 9km。本次区调，在出露较好的吉定也弄、拉孜的汤嘎和昂仁的卡嘎，均测制了蛇绿岩地质剖面。

(一)剖面描述

1. 吉定也弄剖面(参见图 2-40)

吉定也弄剖面蛇绿岩带呈北东-南西走向，总体向北东陡倾，出露宽度 4 850m。南界与汤嘎蛇绿质混杂岩断裂接触，向北逆冲于冲堆组之上。由于受变形变质作用的影响，蛇绿岩经历了不同程度的构造混杂，各地质体及其内部能干性不同的岩石之间多为断裂或者剪切带接触。

该剖面蛇绿岩的物质成分和原始层序发育较为完整，其特点是局部(或者单元)混杂、总体有序。自南向北，从下到上由超基性岩、基性岩和基性熔岩 3 个部分组成。

---

① 西藏区调队. 1∶20 万谢通门幅区域地质调查报告，西藏地矿局，1997.

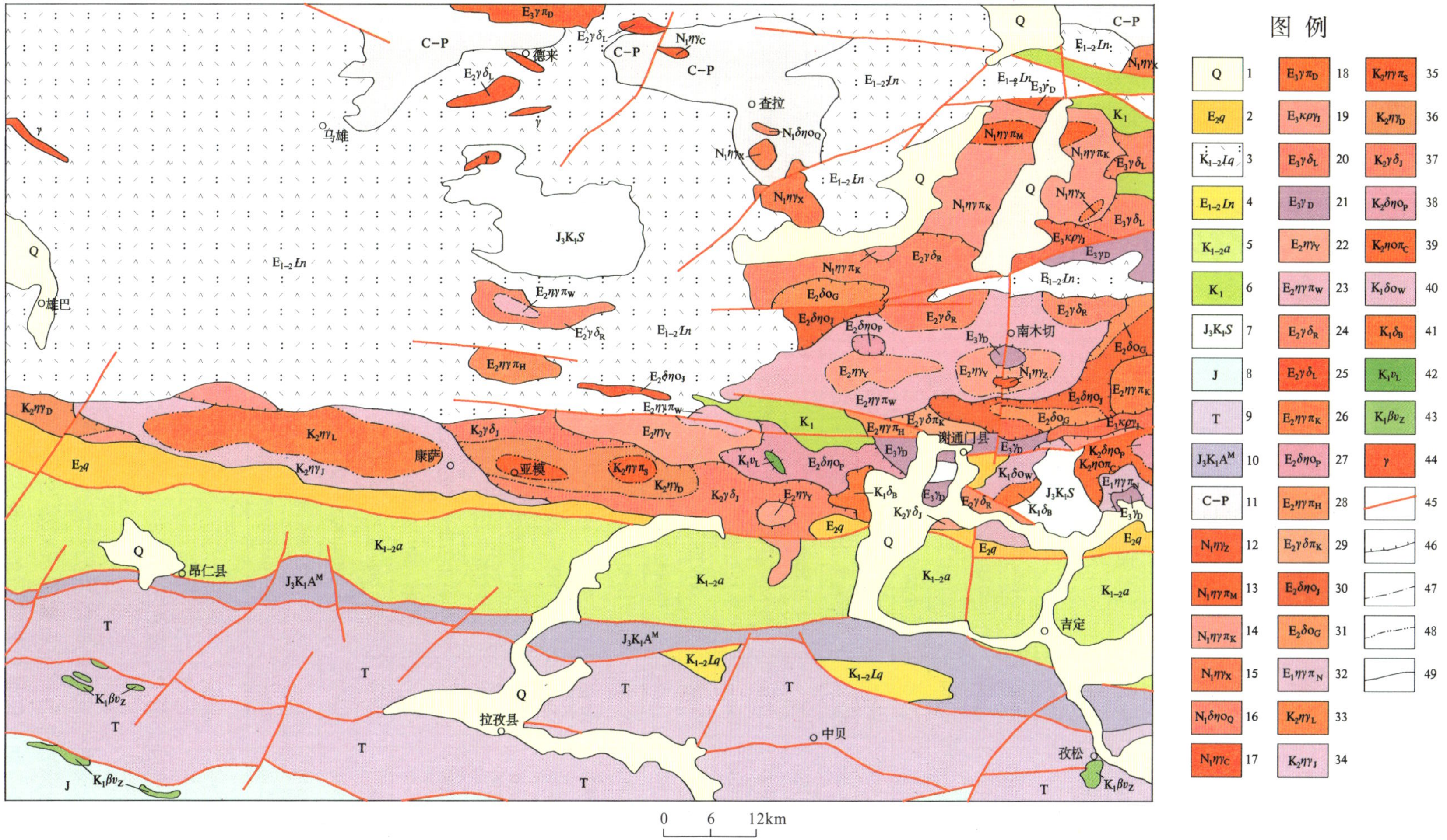

图3-1　测区侵入岩分布图

1.第四系；2.秋乌组；3.柳区群；4.林子宗群；5.昂仁组；6.早白垩世楚木龙组、塔克那组、设兴组；7.桑日群；8.侏罗系；9.三叠系；10.昂仁蛇绿岩；11.石炭系—二叠系；12.则雄单元；13.麦松单元；14.苦生单元；15.雄格巴单元；16.其顶单元；17.查拉侵入体；18.德来侵入体；19.鸡弄勒单元；20.拉木达单元；21.洞沙单元；22.鱼弄单元；23.五东单元；24.日土部单元；25.弄麦单元；26.孔洞郎单元；27.普吓单元；28.哈热萨单元；29.科木单元；30.金珠村单元；31.嘎萨单元；32.那木堆单元；32.拉萨普单元；34.加森单元；35.桑嘎单元；36.夺裸单元；37.结江单元；38.蟠郎单元；39.茶穷单元；40.旺乡单元；41.拔路单元；42.洛堆单元；43.孜松单元；44.中酸性岩脉；45.断层；46.超动接触关系；47.脉动接触关系；48.涌动接触关系；49.地质界线

表 3-1　侵入岩谱系单位划分表

时代		岩石谱系单位				接触关系	同位素(Ma) K－Ar 法
纪	世	超单元	单元	代号	岩性及特征		
N	N_1		则雄	$N_1\eta\gamma_Z$	微细粒黑云二长花岗岩	超动侵入于 $N_1\eta\gamma\pi_M$ 单元	
		团结	麦松	$N_1\eta\gamma\pi_M$	中粒斑状黑云二长花岗岩	脉动侵入于 $N_1\eta\gamma\pi_K$ 单元	10.3±0.6
			苦生	$N_1\eta\gamma\pi_K$	中粗粒巨斑黑云二长花岗岩	涌动侵入于 $N_1\eta\gamma_X$ 单元	15.9±0.2
			雄格巴	$N_1\eta\gamma_X$	中粒黑云二长花岗岩	脉动侵入于 $N_1\delta\eta o_Q$ 单元	
			其顶	$N_1\delta\eta o_Q$	中细粒角闪石英二长闪长岩	超动侵入于 $E_3\gamma\pi_L$ 单元	
		查拉侵入体		$N_1\eta\gamma_C$	中粒黑云二长花岗岩	侵入于 C_2y、C_2l 中	
E	E_3	德来侵入体		$E_2\gamma\pi_D$	中粒斑状黑云花岗岩	侵入于 E_1d、E_2p 中	
		吉丁	鸡弄勒	$E_3\kappa\rho\gamma_J$	不等粒黑云碱长花岗岩	脉动侵入于 $E_3\gamma\pi_L$ 单元	26.3±2.7
			拉木达	$E_3\gamma\pi_L$	中粒斑状黑云花岗岩	涌动侵入于 $E_3\gamma_D$ 单元	
			洞沙	$E_3\gamma_D$	中粗粒黑云花岗岩	超动侵入于 $E_2\eta\gamma_Y$ 单元	33.6±1.2
	E_2	南木切	鱼弄	$E_2\eta\gamma_Y$	中粒角闪黑云二长花岗岩	涌动侵入于 $E_2\eta\gamma\pi_W$ 单元	
			五东	$E_2\eta\gamma\pi_W$	中粒斑状角闪黑云二长花岗岩	脉动侵入于 $E_2\gamma\delta_R$ 单元	41.0±1.5
			日土布	$E_2\gamma\delta_R$	中细粒黑云角闪花岗闪长岩	超动侵入于 $E_2\eta\gamma\pi_K$ 单元	44.5±0.6
			弄麦	$E_2\gamma\delta_L$	中细粒黑云角闪花岗闪长岩	侵入于 K_1b 中	
			孔洞郎	$E_2\eta\gamma\pi_K$	中粗粒粗斑黑云二长花岗岩	超动侵入于 $E_2\delta\eta o_J$ 单元	
			普吓	$E_2\delta\eta o_P$	中粒黑云角闪石英二长闪长岩	超动侵入于 $E_2\eta\gamma\pi_H$ 单元	44.4±1.2
		曲水	哈热萨	$E_2\eta\gamma\pi_H$	中粒斑状黑云二长花岗岩	涌动侵入于 $E_2\gamma\delta\pi_K$ 单元	52.6
			科木	$E_2\gamma\delta\pi_K$	细中粒少斑黑云角闪花岗闪长岩	脉动侵入于 $E_2\delta\eta o_J$ 单元	54.3±2.0
			金珠村	$E_2\delta\eta o_J$	中细粒黑云角闪石英二长闪长岩	涌动侵入于 $E_2\delta o_G$ 单元	55.9±0.7
			嘎萨	$E_2\delta o_G$	细粒黑云角闪石英闪长岩	超动侵入于 $E_1\eta\gamma\pi_N$ 单元	
	E_1		那木堆	$E_1\eta\gamma\pi_N$	中细粒斑状黑云二长花岗岩	超动侵入于 $K_2\eta o\pi_C$ 单元	61.9±1.2
K	K_2	康萨	拉萨普	$K_2\eta\gamma_L$	中粒含斑黑云二长花岗岩	涌动侵入于 $K_2\eta\gamma_J$ 单元	
			加森	$K_2\eta\gamma_J$	细粒角闪黑云二长花岗岩	超动侵入于 $K_2\gamma\delta_J$ 单元	
		亚模	桑嘎	$K_2\eta\gamma\pi_S$	中粗粒斑状角闪二长花岗岩	涌动侵入于 $K_2\eta\gamma_D$ 单元	
			夺裸	$K_2\eta\gamma_D$	中粒含斑角闪二长花岗岩	涌动侵入于 $K_2\gamma\delta_J$ 单元	
			结江	$K_2\gamma\delta_J$	中细粒黑云角闪花岗闪长岩	被 E_1d 沉积覆盖	
		塞普	蟠郎	$K_2\delta\eta o_P$	中粒角闪黑云石英二长闪长岩	涌动侵入于 $K_2\eta o\pi_G$ 单元	
			茶穷	$K_2\eta o\pi_C$	中粗粒斑状黑云角闪石英二长岩	超动侵入于 $K_1\delta o_W$ 单元	95.0±2.5
	K_1	卡如	旺乡	$K_1\delta o_W$	中细粒黑云角闪石英闪长岩	脉动侵入于 $K_1\delta_B$ 单元	
			拔路	$K_1\delta_B$	细中粒角闪闪长岩	被 $E_2\gamma\eta o_P$ 超动侵入	108.3±6.5
			洛堆	$K_1\upsilon_L$	中细粒辉长岩(辉长辉绿岩)	被 $E_2\gamma\eta o_P$ 超动侵入	
			孜松	$K_1\beta\upsilon_Z$	中细粒辉长辉绿岩	超动侵入于三叠纪地层	

(1)超基性岩($J_3K_1A^{\Sigma}$)

为蛇绿岩带的主要组成部分,出露宽度约 2 300m。其构造变形和蛇纹石化强烈,宏观上呈规模不等的透镜网结状特征。

该剖面超基性岩主要由蛇纹石化橄榄岩类和蛇纹混杂岩组成。

蛇纹石化橄榄岩主要岩性为蛇纹石化斜辉橄榄岩、蛇纹石化单辉辉橄岩及透辉石岩等,其中二辉辉橄岩与斜辉辉橄岩之间的差别仅仅是单斜辉石的含量。

蛇纹混杂岩出露于最南部,基质主要为蛇纹石,块体有不规则状大小不等的蛇纹石化的辉橄岩类、辉长岩、辉绿岩和玄武岩,以及少量的放射虫硅质岩,出露宽度 550m。

(2)基性岩($J_3K_1A^N$)

岩床(墙)群主要出露于吉定也弄蛇绿岩中，根据其产的层位可分出两套岩床(墙)群：一套产于基性熔岩之下，堆积杂岩之上，构成蛇绿岩层序中一个独立单元；另一套岩墙群产于堆积杂岩中。其中前者的主要岩石类型为辉绿岩和粒玄岩，由斜长石、单斜辉石(透辉石)及不透明金属矿物(钛磁铁矿)组成，具辉绿结构和间粒结构；后者在本区蛇绿岩层序中并不构成独立单元，其岩石成分以辉绿岩为主。

下部与超镁铁质岩呈断层接触，上部除与枕状熔岩呈断层接触外，走向近东西至北西，向南或南东陡倾斜，边部有对称的或不对称的冷凝边，其间偶夹超镁铁质岩、辉石角闪岩、火山岩。

岩墙群的主要岩性为辉绿岩、纤闪石化辉长岩，还有少量橄榄辉绿岩及玄武玢岩。普遍经历了绿片岩相的变质作用。变质矿物有阳起石、绿泥石、黝帘石、葡萄石、钠长石(或更长石)及少量滑石和蛇纹石。

应当指出，除岩墙群外，在下伏变形的超镁铁质岩中常见到未变形的辉绿质和玄武质岩墙贯入，暗示着多期的岩浆活动以及它们的岩浆发生在超镁铁质岩层之下。

(3)基性熔岩($J_3K_1A^\beta$)

在该剖面和东拉一带出露，主要产在席状岩墙群的上部，出露宽度约620m。主要由枕状玄武岩、气孔及杏仁状玄武岩和玄武玢岩组成，间夹块状玄武岩和角砾状玄武岩等熔岩，其间有辉绿岩脉体穿插。

枕状玄武岩和气孔及杏仁玄武岩：分布较广，厚达数百米，伏于岩墙群之上。底部常有一层块状熔岩，向上枕状构造发育。枕体长几十厘米至一米多，其边部常见气孔及杏仁构造，为粗玄结构；边缘为层纹状，可见淬火结构。岩性以粗玄岩为主。

块状玄武岩及角砾状玄武岩：与下部玄武岩为整合接触，由许多角砾碎块胶结而成。

2. 拉孜汤嘎剖面(参见图 2-41)

该剖面蛇绿岩被肢解为两个亚带：

北部为主蛇绿岩带，北西西-南东东走向，向北北东陡倾。出露宽度约 1 700m。北部逆冲于昂仁组复理石之上，在逆冲断裂带内，夹有宽 10m 的冲堆组紫红色放射虫硅质岩岩块；南部以高角度逆冲于汤嘎混杂岩之上。蛇绿岩主要由蛇纹石化斜辉辉橄岩、含石榴石(镁铝榴石)斜辉橄榄岩、二辉辉橄岩和纯橄岩组成，岩石均有不同程度的蛇纹石化，南部出现玄武岩块体。

南部的次蛇绿岩带地表宽度 100m，呈透镜状断夹块出露于破姆弄混杂岩内，走向与主蛇绿岩带近平行，向东西两侧尖灭。主要物质组成为蛇纹石化二辉辉橄岩，蛇纹石主要沿后期构造面发育，露头上构成规模不等的网结状构造。

在蛇绿岩带之间汤嘎蛇混杂岩，主体为以放射虫硅质岩为主的深海沉积和蛇绿岩成分组成的蛇绿质混杂岩；破姆弄混杂岩主要为以硅泥质和泥砂质组分为主的沉积混杂岩。柳区群磨拉石呈透镜状夹于二者之中，与两侧岩石呈断层接触。

3. 昂仁卡嘎剖面(参见图 2-42)

在昂仁县汤嘎剖面中，蛇绿岩主要由下部的超镁铁岩组成，近东西走向。出露宽度仅 550m。其北侧蛇绿岩逆冲于昂仁组复理石之上，在相邻东部路线上，该断裂带夹有放射虫硅质岩透镜体(冲堆组)；南侧与以紫红色放射虫硅质岩类为主体的蛇绿质混杂岩，即汤嘎混杂岩断裂接触，汤嘎混杂岩地表出露宽度约200m。

超基性岩强烈蛇纹石化和片理化，主要由斜辉辉橄岩及少量的单辉辉橄岩和蛇纹岩组成。

在斜辉辉橄岩中常见夹有辉长岩、辉绿岩、异剥钙榴岩等岩块，岩块形状各异，大小不等，最大可达150cm。单辉辉橄岩和斜辉辉橄岩无明显的界线，在南部的超基性岩中含有单斜辉石。

单一的蛇纹岩较集中出露于北部逆冲断裂带的蛇绿岩一侧，宽度约 20m。透辉石岩、辉长岩、辉绿岩和异剥钙榴岩，均呈脉状或不规则块体产出。

(二)岩石学特征

调查区蛇绿岩物质组成，主体以蛇纹岩为基质，超基性岩(辉橄岩和少量的纯橄岩)为岩块的混杂岩，东部含基性侵入岩、基性熔岩和放射虫硅质岩。

1. 超基性岩

构成蛇绿岩的主体，主要包括纯橄岩、蛇纹岩、斜辉橄榄岩、斜辉辉橄岩、二辉辉橄岩、二辉橄榄岩、单辉辉橄岩和辉石岩类等，均遭受不同程度的蛇纹石化或者片理化。

(1)纯橄岩

分布在昂仁县南马岩体中，东部少见，多呈大小不等的透镜体产生于蛇纹石化辉橄岩中，与围岩为突变接触关系，几乎全部由橄榄石组成，含量达99%，副矿物磁铁矿含量小于1%。交代残余结构，橄榄石呈半自形到他形粒状，粒径0.5～1.2mm，主要为镁橄榄石，少数为贵橄榄石。蛇纹石沿其解理缝或晶体的边缘进行交代，形成典型的网格状特征。

(2)蛇纹岩

为蛇绿混杂岩基质主体。主要由纤维状、叶片—鳞片状变晶的蛇纹石组成，含量一般大于95%，片径0.05～0.15mm，其他矿物有半自形粒状磁铁矿及铁质物等。原岩为橄榄岩、辉石岩和辉橄岩等。蛇纹石沿原生矿物裂隙交代，形成网纹状构造，有的则全部成为被蛇纹石交代的矿物假象，同时伴有磁铁矿微粒析出，是典型的岩浆后期蚀变矿物。

(3)斜辉辉橄岩及(含石榴石)斜辉橄榄岩

由橄榄石和斜方辉石及少量的尖晶石和磁铁矿组成，微碎裂状结构，块状构造。橄榄石：含量66%～89%，受应力作用晶体一般发育网格状的裂隙，并有铁质物沿裂隙填充。斜方辉石主要见顽火辉石，含量10%～31%，呈宽板柱状，发育细密平直的裂理，呈似斑状分布于岩石中，最大柱径1.6mm×4.2mm。其他矿物尖晶石和磁铁矿含量1%～5%。在汤嘎见含石榴石斜辉橄榄岩，石榴石为镁铝榴石，含量3%，均质他形粒状，以包体形式赋存于顽火辉石晶体内，属原生矿物。露头具球状风化特征(图版Ⅱ-1)。

(4)单辉橄榄岩

他形粒状鳞片变晶结构，岩石主要由橄榄石和单斜辉石组成。橄榄石：含量66%，大多被蛇纹石网纹状交代，蛇纹石呈鳞片状或纤片状变晶。单斜辉石为透辉石，含量30%，他形粒状，少数为半自形短柱状，粒度0.1～0.25mm。其他矿物钛铁矿含量3%～5%，半自形粒状，粒径0.05～0.25 mm，个别可达0.3～0.35 mm。

(5)二辉橄榄岩

具不同程度的蛇纹石化，主要矿物由橄榄石和辉石组成。橄榄石(80%)：结晶较细，被晚期蛇纹石网格状交代，保留少量的残晶，粒径0.1～0.25mm；顽火辉石(10%)：结晶较粗，宽板柱状粒度1～3mm，具平行消光，低干涉色；透辉石(8%)：无色，短柱状和等轴粒状，粒径0.1～0.3mm，发育两组直交解理。其他零星分布少量的钛磁铁矿(2%～3%)。

(6)透辉石岩、含长透辉石岩

主要由透辉石(82%～95%)组成，含少量的基性斜长石(1%～15%)、榍石和白钛石(<3%)，纤柱状结构，致密块状构造。透辉石：自形—半自形短柱状和等轴粒状、粒度0.2～2.4mm，可见发育两组近直交解理，消光角Ng∧C≈38°，有少部分被绿泥石交代；斜长石：半自形长柱状，长0.3～1.5mm，蚀变被黝帘石取代。

2. 基性岩

(1)辉长岩、橄榄辉长岩

出露于吉定也弄基性熔岩的下部。岩石主要由近等粒状的基性斜长石、辉石和橄榄石组成，变辉长结构，块状构造。主要矿物基性斜长石：含量52%～55%，粒度0.2～1mm，经变质作用被黝帘石取代；辉石：含量35%～46%，粒度0.15～0.8mm，被绿帘石、伊丁石交代；橄榄石：含量小于10%，多被蛇纹石、伊丁石交代，并伴有铁质物析出。其他矿物有少量的半自形榍石(1%～2%)和磁铁矿(1%)。

(2)辉长辉绿岩

辉长辉绿结构和含长结构，致密块状构造。主要由基性斜长石(50%)和单斜辉石(48%)组成，其他矿物有榍石(1%)和磁铁矿(<1%)。斜长石:自形、半自形板条状,长 0.1~1.5mm,蚀变被钠长石、黝帘石取代;辉石:多呈半自形,粒度 0.3~2mm,大部分蚀变为纤闪石,少数变为绿泥石类。

(3)辉绿岩

主要分布在吉定也弄、汤嘎等地,主要由基性斜长石(52%~60%)、辉石组成(41%~57%),其他矿物有磁铁矿(2%)、榍石(1%)等。受变质作用的影响,斜长石弱显钠黝帘石和绢云母化,辉石具透闪石—阳起石化,但均保留了原来矿物假象,变余辉绿结构。

3. 基性熔岩

(1)玄武岩

分布在吉定的也弄和东嘎蛇绿岩的北部,出露有杏仁状玄武岩、枕状玄武岩(图版Ⅱ-2)、角砾状玄武岩和块状玄武岩等。具球颗、拉斑、基质间粒、玻基交织结构等,致密块状、杏仁状、枕状及角砾状构造。杏仁孔呈圆形、椭圆形和不规则状,有压扁拉长定向排列特征,其孔径 0.5~8mm,充填有绿泥石、绿帘石、石英和方解石等。岩枕一般呈椭圆状,一般长轴 10~80mm,短轴 5~45mm,岩枕常见有玻璃质外壳,岩枕之间一般以一种较粗的熔岩胶结。角砾状玄武岩的角砾呈棱角状和次棱角状,角砾大小一般在 0.5~10cm 之间,最大可达 25cm,胶结物由红色的硅质、铁质及火山质碎屑岩组成。

主要矿物有基性斜长石(38%)、透辉石(32%)和基性火山玻璃(25%~35%),以及少量的磁铁矿和钛铁矿等,含量小于 2%。蚀变矿物有钠黝帘石、透闪石、绿泥石、绿帘石、绿纤石和方解石等。斜长石表面不洁净,颗粒一般在 0.1~0.5mm 之间;辉石已全部被透闪石、绿泥石等交代,粒度一般为 0.03~0.2mm。

(2)粒玄岩

主要矿物由基性斜长石和单斜辉石组成,粒度较粗,变余少斑状结构,基质具辉绿结构。主要矿物斜长石:含量 50%,晶斑粒度 0.5mm×1mm~0.8mm×1.5mm,基质粒度 0.1mm×0.5mm~0.4mm×0.8mm,大多被钠黝帘石取代;辉石多为透辉石,含量 47%,粒度 0.3 ~1.2mm,除透闪石交代,还可见绿泥石化。其他矿物钛磁铁矿和榍石含量小于 5%。

4. 其他岩类

(1)放射虫硅质岩类

分布于蛇绿岩的南北两侧。

南侧发育较宽,与基性火山凝灰岩和粘土岩组成纹带状特征,与蛇绿岩呈断裂接触。放射虫硅质岩:岩性单一,主要由隐晶质玉髓集合体组成,含量 90%~95%,粒径小于 0.01mm。其他矿物有水云母(3%~5%)和稀散分布的褐铁矿(<2%);放射虫泥硅质岩:由硅质(69%~75%)、水云母(25%~30%)和磁铁矿、次生脉(<1%)组成;放射虫硅泥质岩:主要由水云母(80%~85%)和硅质(15%~16%)和少量的磁铁矿、炭质(<2%)组成。后两种岩石常与基性火山凝灰岩或粘土岩相互构成纹带状构造。

北侧出露零星,一般直接覆于玄武岩之上,大部分受后期构造的影响,两者之间呈断裂接触。常为放射虫泥硅质岩,以玉髓隐晶质集合体为主,粒度小于 0.01mm,间夹有微鳞片状水云母;主要矿物硅质含量 89%,水云母 10%,其他矿物磁铁矿、次生脉含量小于 1%。

放射虫硅质岩类各岩石中大量均匀分布放射虫类,一般含量 15%~45%,显微镜下圆球—椭球状外形,一般粒径 0.1~0.3mm,个别达 0.9mm,单体网格壳,壳由隐晶—微晶玉髓体组成,壳面有小棘刺;壳内充填放射状玉髓,受后期应力作用放射虫常见椭球状外形,顺层理面定向分布。产 *Patulibracchium grapevinensis*, *Vitorfus* sp. *Ultranapora praespinifera*, *Thanarlapraeveneta*, *Cassideus*, *Petasiforma* 等。属深海沉积环境。地质时代属早白垩世阿尔布期。

(2)基性火山凝灰岩

具变余岩屑凝灰结构,主要矿物钠长石(绢云母)含量 50%,绿泥石(黑云母)含量 40%,含钛矿物大约 10%,此外还见次生长石脉。该岩石的岩屑部分为基性岩,呈压扁豆荚状,主要由钠长石、绿泥石、黑云母和榍石等组成,粒度一般 0.1~0.3mm,含量 25%~30%。该岩石一般与放射虫硅质岩类呈条带互层状产出。

(3)水云母粘土岩及泥质板岩

泥质结构，主要由显微鳞片状的水云母组成，含量 95%，片径小于 0.01mm。期间含有少量的硅质（2%～5%）成分和铁质物（1%）。次生石英脉常呈网格状发育于岩石中。泥质板岩中除水云母（97%）外，还含有绿泥石（1%）和石英（1%～2%）。该岩石多呈条带状构造，在露头上，一般与放射虫硅质岩类以纹带互层状产出，纹带宽度小于 10mm。

（三）地球化学特征

测区蛇绿岩主要由超基性岩、基性岩和基性熔岩组成，由于在其形成过程中，经历了多期次构造事件，遭受不同程度的蚀变和变质，尤其是超基性岩现已大多数蛇纹石化。对于样品测试，在分析前人的资料基础上，尽量选择蚀变弱、变质不强的样品测试。所有的常量元素、稀土及微量元素分析由湖北省地质实验所完成，电子探针分析由中国地质大学（武汉）测试中心完成，同位素由武汉地质调查中心测试。

1. 常量元素特征

测区蛇绿岩化学成分见表 3-2，其特征分述如下。

(1)超基性岩

表 3-2 中斜辉辉橄岩、透辉辉橄岩、二辉橄榄岩和蛇纹石岩等，1～10 号样品，分析结果表明：其 Mg/〈Fe〉>7.9，均在 7.9～10.3 之间，在 Mg/〈Fe〉对 Mg+〈Fe〉/Si 变异图上（图 3-2），均落入镁质区和镁铁质区。Al_2O_3 在 1.31%～2.59%之间，在 Al_2O_3 对 SiO_2 的变异图上落在贫铝区与低铝区（图 3-3）。碱质含量一般小于 0.3%，在（K_2O+Na_2O）- SiO_2 变异图（图 3-4）上落在贫碱区。CaO 小于 2%。因此，测区雅鲁藏布江蛇绿岩带中超基性岩在化学性质上表现为富镁、贫铁、贫铝和贫钙，而基性度较高的特点，属于阿尔卑斯型橄榄岩、蛇纹岩共生组合类型。

(2)基性岩

雅鲁藏布江蛇绿岩带中基性岩在表 3-2、表 3-3 中为 10～22 号样品，主要有橄榄辉长岩，辉长岩、辉绿岩等。化学分析结果可以看出：SiO_2 含量范围在 38%～58%之间。Mg/〈Fe〉<3，在 Mg/(Fe)对 Mg+〈Fe〉/Si 变异图上（图 3-2），均落入镁铁质区和铁镁质区。Al_2O_3 在 12%～18%之间，在 Al_2O_3 对 SiO_2 的变异图上落在铝质区与高铝区（图 3-3）。K_2O+Na_2O 为 1%～7%之间，在（K_2O+Na_2O）- SiO_2 变异图（图 3-4）上落在强碱质区和碱质区，少数落在弱碱质区。

(3)基性熔岩

在表 3-2 中为 23～28 号样，主要化学成分：SiO_2 含量范围在 49%～54%之间，Al_2O_3<18%，K_2O+Na_2O 为 3.5%～5.6%之间。在 Al_2O_3 对 SiO_2 的变异图上落在铝质区与高铝区（图 3-3）。在（K_2O+Na_2O）- SiO_2 变异图（图 3-4）上落在强碱质区。在 AFM 图解中（图 3-5），投点落入拉斑系列和钙碱性系列中。

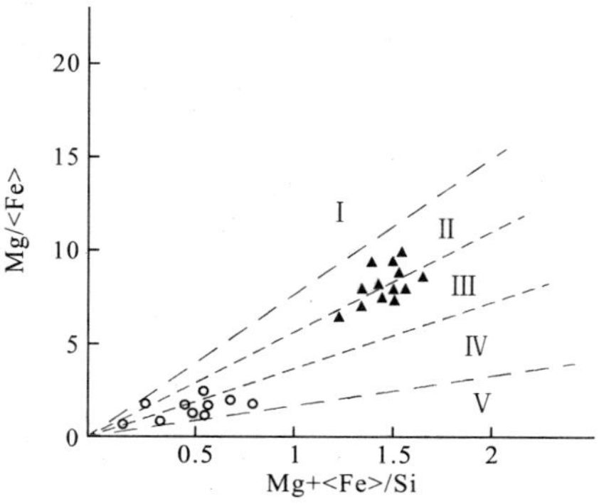

图 3-2　蛇绿岩 Mg/〈Fe〉- Mg+〈Fe〉Si 变异图

Ⅰ. 超镁质区；Ⅱ. 镁质区；Ⅲ. 镁铁质区；Ⅳ. 铁镁质区；Ⅴ. 铁质区；▲. 超基性岩；○. 基性岩

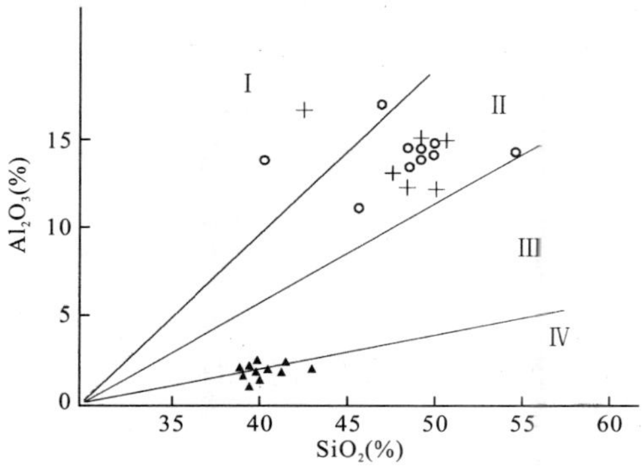

图 3-3　蛇绿岩 Al_2O_3 - SiO_2 变异图

Ⅰ. 高铝质区；Ⅱ. 铝质区；Ⅲ. 低铝质区；Ⅳ. 贫铝质区；▲. 超基性岩；○. 基性岩；+. 基性熔岩

表 3-2 蛇绿岩化学成分(%)

编号	样号	岩性	产地	SiO_2	MgO	FeO	Fe_2O_3	MnO	TiO_2	Al_2O_3	CaO	Na_2O	K_2O	P_2O_5	H_2O^+	Lost
1	L2501/2-1	斜辉橄榄岩	拉孜	40.16	38.00	1.73	5.43	0.08	0.03	1.63	0.11	0.02	0.03	0.01	11.90	12.42
2	L2503/59-1	斜辉橄榄岩	拉孜	39.72	37.54	0.83	6.37	0.14	0.03	1.75	0.39	0.06	0.01	0.01	12.45	12.71
3	L2503/61-1	二辉辉橄岩	拉孜	40.45	34.18	1.60	6.39	0.14	0.05	2.37	1.94	0.05	<0.01	0.01	11.95	11.98
4	L2821/11-2	斜辉橄榄岩	卡嘎	39.96	36.92	2.03	5.66	0.12	0.03	1.52	0.14	0.05	0.03	0.02	12.48	12.75
5	L2821/12-2	斜辉橄榄岩	卡嘎	40.15	35.43	2.40	5.25	0.11	0.03	2.01	1.16	<0.01	0.01	0.02	12.48	12.47
6	L0096/15-1	蛇纹石岩	也弄	39.78	37.43	1.73	6.11	0.11	2.02	1.31	0.24	0.01	0.01	0.01	12.65	12.55
7	L0096/20-1	二辉辉橄岩	也弄	40.17	34.62	1.50	6.98	0.13	0.04	2.29	1.82	0.03	0.01	0.02	11.63	11.74
8	L0096/23-1	透辉辉橄岩	也弄	39.67	37.06	2.60	4.83	0.09	0.07	2.20	0.30	0.06	0.01	0.01	12.51	12.06
9	L0212/1	斜辉橄榄岩	拉孜	42.17	40.13	4.37	3.09	0.27	0.03	2.59	0.46	0.21	0.15	0.01	1.89	3.75
10	L0735/1	斜辉辉橄岩	优朵	43.12	5.54	2.93	1.89	0.08	0.13	19.18	20.50	0.16	0.74	0.45	4.00	1.62
11	L2501/2-1	斜辉橄榄岩	拉孜	40.16	38.00	1.73	5.43	0.08	0.03	1.63	0.11	0.02	0.03	0.01	11.90	12.42
12	L2821/12-1	斜辉橄榄岩	卡嘎	39.40	5.13	3.70	4.74	0.13	1.01	13.61	28.58	0.06	<0.01	0.10	3.27	2.92
13	L0099/8-1	异剥辉岩	推坐	56.07	1.94	3.87	3.85	0.03	0.70	13.41	1.13	3.06	1.19	0.13	7.03	13.01
14	L0096/15-2	辉石岩	也弄	38.07	8.13	6.27	2.24	0.15	1.03	15.27	24.61	0.02	0.01	0.07	3.87	3.22
15	L0096/31-1	辉石岩	也弄	42.77	5.61	7.90	1.33	0.15	1.75	18.00	15.87	1.62	0.03	0.13	4.59	3.77
16	L0096/21-1	橄榄辉长岩	也弄	46.98	12.79	5.87	1.93	0.15	0.20	12.33	15.30	0.87	0.13	0.01	3.08	2.60
17	L1053/1-1	辉长岩	昂仁	51.16	5.33	9.37	1.36	0.18	1.44	14.49	8.47	4.80	0.25	0.14	2.64	1.92
18	L0096/33-1	辉长岩	也弄	47.93	9.75	3.70	0.90	0.10	0.22	17.33	14.99	1.44	0.48	0.01	2.86	2.32
19	L0096/14-1	辉绿岩	也弄	57.44	5.43	5.07	1.39	0.12	0.68	14.87	6.53	5.83	0.08	0.06	2.27	1.61
20	L0096/32-1	辉绿岩	也弄	49.87	7.97	6.70	1.98	0.17	1.08	14.83	9.65	3.63	0.39	0.08	3.38	3.20
21	L2501/6-1	辉绿岩	拉孜	50.06	6.41	6.27	2.54	0.18	0.98	14.38	11.70	3.63	0.09	0.10	3.05	2.81
22	L0097/38-1	辉绿岩	也弄	49.09	7.01	4.43	3.02	0.13	0.72	14.11	15.52	0.38	0.01	0.08	4.86	4.71
23	L2501/6-1	辉绿岩	拉孜	50.06	6.41	6.27	2.54	0.18	0.98	14.38	11.70	3.63	0.09	0.10	3.05	2.81
24	L0096/34-1	粒玄岩	也弄	49.86	7.85	6.70	1.68	0.33	1.20	15.45	7.96	3.75	1.22	0.04	1.74	2.17
25	L0096/17-1	玄武岩	也弄	53.58	6.21	6.43	2.10	0.47	0.90	13.29	8.03	4.07	1.18	0.03	2.04	1.32
26	L2503/58-1	玄武岩	汤嘎	48.38	6.80	6.53	3.26	0.32	1.50	14.88	8.09	4.15	1.35	0.23	2.07	1.84
27	L2501/19-1	玄武岩	拉孜	43.02	9.86	6.77	3.31	0.18	2.27	17.45	6.48	2.68	0.85	0.24	6.40	6.01
28	L0095/10-1	基性熔岩	也弄	51.18	9.70	5.97	1.92	0.15	0.87	15.55	4.40	4.31	0.50	0.10	4.89	4.58
29	L0099/1-1	拉斑玄武岩	也弄	49.86	4.46	4.21	8.69	0.31	1.50	13.23	9.33	4.42	1.01	0.19	0.99	1.43

注:样品测试单位为武汉综合岩矿测试中心,2002-03。

表 3-3　测区蛇绿岩 CIPW 标准矿物成分及特征参数表

编号	样号	岩性	CIPW 标准矿物(%)													特征参数					
			Ap	Il	Mt	Hm	Or	Ab	An	Crd	Di	Hy	Ol	Ne	Lc	DI	A/CNK	SI	σ43	σ25	AR
1	L2501/2-1	斜辉橄榄岩	0.03	0.07	6.59	1.68	0.20	0.19	0.56	1.59		23.26	65.48			0.40	6.14	84.05	0.00	0.00	1.06
2	L2503/59-1	斜辉橄榄岩	0.03	0.07	3.51	4.92	0.07	0.58	2.16	1.10		19.46	68.12			0.65	2.14	83.78	0.00	0.00	1.07
3	L2503/61-1	二辉辉橄岩	0.03	0.11	6.27	3.00	0.07	0.49	7.13		2.99	24.52	55.41			0.55	0.65	80.94	0.00	0.00	1.03
4	L2821/11-2	斜辉橄榄岩	0.05	0.07	7.92	1.08	0.20	0.49	0.67	1.38		26.42	61.72			0.69	4.12	82.61	0.00	0.00	1.10
5	L2821/12-2	斜辉橄榄岩	0.05	0.07	8.97		0.07	0.10	6.25		0.20	43.18	41.29			0.17	0.94	82.20	0.00	0.00	1.01
6	L0096/15-1	蛇纹石岩	0.02	4.32	0.09	6.82	0.07	0.10	1.28	0.98		22.87	63.46			0.16	2.83	82.65	0.00	0.00	1.03
7	L0096/20-1	二辉辉橄岩	0.05	0.09	5.87	3.92	0.07	0.29	6.94		2.51	22.60	57.66			0.36	0.68	80.25	0.00	0.00	1.02
8	L0096/23-1	透辉辉橄岩	0.03	0.15	8.06		0.07	0.58	1.64	1.80		41.81	45.85			0.65	3.36	83.17	0.00	0.00	1.06
9	L0212/1	斜辉橄榄岩	0.02	0.06	4.79		0.95	1.90	2.38	1.36		29.54	59.01			2.85	1.93	83.69	0.07	0.01	1.27
10	L0735/1	斜辉辉橄岩	1.04	0.26	2.98		−5.44		52.18		40.4			0.77	7.88	3.22	0.50	49.20	0.36	0.04	1.05
11	L2501/2-1	斜辉橄榄岩	0.03	0.07	6.59	1.68	0.20	0.91	0.56	1.59		23.26	65.84			0.40	6.14	84.05	0.00	0.00	1.06
12	L2821/12-1	斜辉橄榄岩	0.23	1.99	7.12		−36.0		38.18		59.92			0.29	28.28	−7.44	0.26	37.61	0.00	0.00	1.00
13	L0099/8-1	异剥辉岩	0.33	1.56	6.54		8.24	30.32	5.67	6.22		8.97				70.71	1.60	13.95	1.09	0.61	1.83
14	L0096/15-2	辉石岩	0.16	2.04	3.39		−63.4		43.33		64.62			0.10	49.74	−13.5	0.34	48.77	0.00	0.00	1.00
15	L0096/31-1	辉石岩	0.30	3.49	2.03		0.19	7.31	43.88		31.22		7.83	3.94		11.26	0.57	34.02	1.55	0.15	1.10
16	L0096/21-1	橄榄辉长岩	0.20	0.39	2.90		0.80	7.62	30.40		38.45	7.57	11.85			8.42	0.42	59.24	0.19	0.05	1.08
17	L1053/1-1	辉长岩	0.32	2.82	2.03		1.52	41.67	17.97		20.46		13.28	0.11		43.30	0.61	25.25	2.78	0.89	1.56
18	L0096/33-1	辉长岩	0.02	0.43	1.35		2.93	12.58	40.69		38.68	2.85	10.47			15.51	0.57	59.93	0.61	0.16	1.13
19	L0096/14-1	辉绿岩	0.13	1.32	2.07		0.48	50.59	14.53		14.87	14.10				52.79	0.69	30.51	2.31	1.08	1.76
20	L0096/32-1	辉绿岩	0.18	2.31	2.98		2.39	31.88	23.54		20.54	5.21	10.89			34.27	0.62	38.56	1.99	0.65	1.39
21	L2501/6-1	辉绿岩	0.23	1.93	3.82		0.55	31.88	23.89		29.24	3.45	5.36			32.43	0.53	33.84	1.66	0.55	1.33
22	L0097/38-1	辉绿岩	0.18	1.45	4.63		0.06	3.40	38.90		33.56	7.45				13.28	0.49	47.21	0.02	0.01	1.03
23	L2501/6-1	辉绿岩	0.23	1.93	3.82		0.55	31.88	23.54		29.24	3.45	5.36			32.43	0.53	33.84	1.66	0.55	1.33
24	L0096/34-1	粒玄岩	0.09	2.37	2.54		7.51	33.04	22.62		14.77	1.11	15.96			40.54	0.70	37.30	3.00	0.99	1.54
25	L0096/17-1	玄武岩	0.07	1.78	3.16		7.24	35.76	15.07		21.27	15.52				43.14	0.59	31.07	2.35	0.97	1.65
26	L2503/58-1	玄武岩	0.53	2.98	4.93		8.35	31.78	18.84		17.57		12.30	2.70		42.48	0.65	30.78	4.33	1.29	1.63
27	L2501/19-1	玄武岩	0.56	4.63	5.15		5.39	24.53	33.01	0.92		8.02	17.96			29.75	1.02	42.01	4.49	0.68	1.35
28	L0095/10-1	基性熔岩	0.23	1.75	2.94		3.12	38.53	22.44	0.14		22.27	8.59			41.66	0.99	43.30	2.33	0.89	1.64
29	L0099/1-1	拉斑玄武岩	0.43	2.93	10.52	1.68	6.14	38.74	13.66		25.13					45.66	0.52	19.57	3.76	1.19	1.63

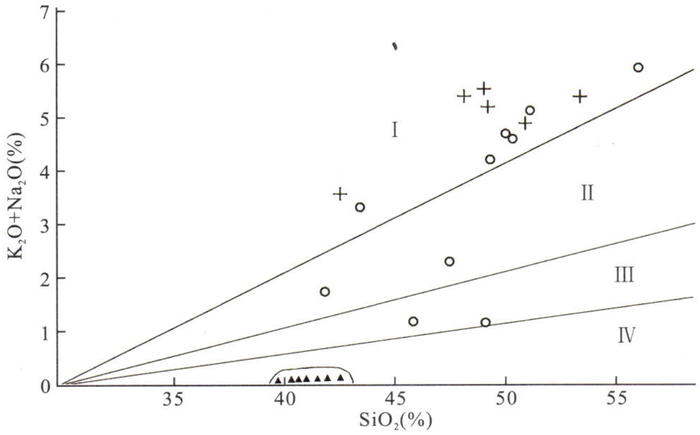

图 3-4　蛇绿岩(K_2O+Na_2O)- SiO_2 变异图

Ⅰ.强碱质区；Ⅱ.碱质区；Ⅲ.弱碱质区；Ⅳ.贫碱质区；

▲.超基性岩；○.基性岩；+.基性熔岩

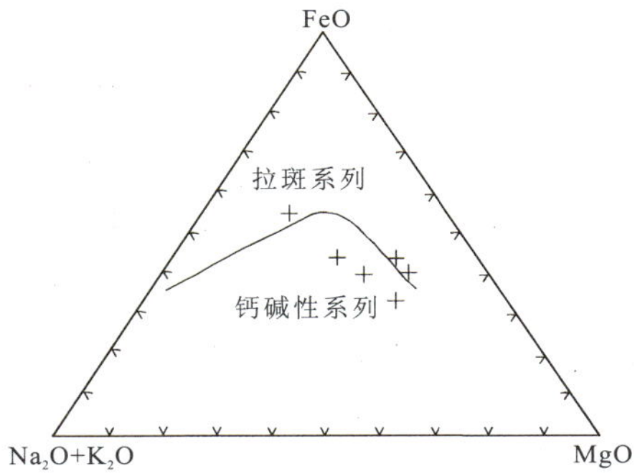

图 3-5　玄武岩 AFM 图

(Irvine 和 Baragar，1972)

测区基性熔岩岩石化学成分 SiO_2、(FeO)、Na_2O、K_2O 和 TiO_2 含量范围见表 3-4，表 3-4 表明，测区这些氧化物的含量和大洋中脊拉斑玄武岩(TH)系列近似。

表 3-4　不同构造环境中 TH 系火山岩的一般成分范围

构造区 / 成　分	岛弧 TH 系	洋中脊 TH 系	洋岛 TH 系	测区 TH 系
(FeO)/MgO	1～7	0.8～2.1	0.5～2.5	0.80～2.69
SiO_2	46～76	47～51	45～65	43.02～53.58
(FeO)	6～16	6～14	8～16	7.8～12.0
Na_2O	1.1～3.6	1.7～3.3	0.7～4.5	2.68～4.15
K_2O	0.1～0.2	0.07～0.4	0.06～2.0	0.5～1.22
TiO_2	0.3～2.0	0.7～2.3	0.2～5	0.87～1.50

2. 稀土元素特征

测区蛇绿岩套稀土含量列于表 3-5。

(1)超基性岩

表 3-5 中 1～6 号超基性岩稀土分析样品，分别代表斜辉辉橄岩、二辉辉橄岩和蛇纹石岩。稀土配分型式为微向右倾的近平坦型(图 3-6)，Eu 的异常不明显。超基性岩稀土除个别样品外，其总量较低，在 $1.82\times10^{-6}\sim4.46\times10^{-6}$ 之间，说明该超基性岩为亏损型地幔或者经高度部分熔融后的残余地幔。

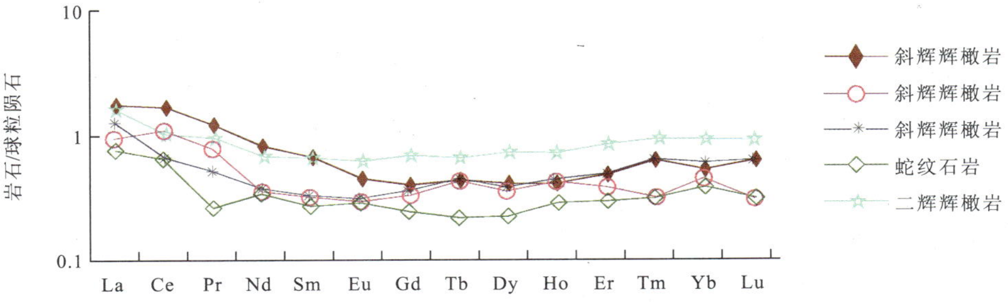

图 3-6　超基性岩稀土元素配分型式图

表 3-5　蛇绿岩地幔橄榄岩 REE 丰度(×10⁻⁶)

序号	样号	岩性	La	Ce	Pr	Nd	Sm	Eu	Gd	Tb
1	L2501/2-1	斜辉辉橄岩	0.51	1.30	0.14	0.47	0.13	0.03	0.10	0.02
2	L2503/59-1	斜辉辉橄岩	0.28	0.85	0.09	0.20	0.06	0.02	0.09	0.02
3	L2503/61-1	二辉辉橄岩	4.26	5.26	0.36	0.63	0.12	0.04	0.19	0.04
4	L2821/11-2	斜辉辉橄岩	0.38	0.48	0.06	0.21	0.06	0.02	0.08	0.02
5	L0096/15-1	蛇纹石岩	0.22	0.50	0.03	0.20	0.05	0.02	0.06	0.01
6	L0096/20-1	二辉辉橄岩	0.47	0.79	0.11	0.38	0.12	0.04	0.17	0.03
7	L0096/15-2	辉石岩	1.49	3.95	0.87	4.63	1.69	0.76	2.30	0.43
8	L0096/31-1	辉石岩	5.32	8.70	1.89	9.69	3.40	1.33	4.37	0.83
9	L0096/21-1	橄榄辉长岩	0.34	1.06	0.14	0.80	0.38	0.22	0.64	0.13
10	L0096/33-1	辉长岩	1.14	1.18	0.33	1.43	0.46	0.31	0.63	0.12
11	L1053/1-1	辉长岩	3.92	10.74	2.05	10.06	3.24	1.17	4.41	0.82
12	L0096/14-1	辉绿岩	1.92	5.16	0.90	4.97	1.68	0.74	2.10	0.41
13	L0096/32-1	辉绿岩	3.29	7.03	1.19	6.57	2.12	0.92	2.18	0.52
14	L2501/6-1	辉绿岩	2.74	7.09	1.28	6.72	2.28	0.91	3.02	0.57
15	L0097/38-1	辉绿岩	2.30	5.87	0.87	4.96	1.61	0.70	2.17	0.39
16	L0096/17-1	玄武岩	2.53	6.19	1.21	5.44	1.75	0.69	2.36	0.46
17	L0096/34-1	粒玄岩	2.45	7.09	1.40	6.78	2.32	0.89	3.27	0.61
18	L0099/1-1	拉斑玄武岩	3.51	10.03	2.06	9.56	3.24	1.28	4.40	0.84

序号	样号	岩性	Dy	Ho	Er	Tm	Yb	Lu	Y	ΣREE
1	L2501/2-1	斜辉辉橄岩	0.13	0.03	0.10	0.02	0.11	0.02	0.79	3.89
2	L2503/59-1	斜辉辉橄岩	0.11	0.03	0.08	0.01	0.09	0.01	0.68	2.63
3	L2503/61-1	二辉辉橄岩	0.25	0.06	0.20	0.03	0.22	0.04	1.57	13.27
4	L2821/11-2	斜辉辉橄岩	0.12	0.03	0.10	0.02	0.12	0.02	0.77	2.47
5	L0096/15-1	蛇纹石岩	0.07	0.02	0.06	0.01	0.08	0.01	0.48	1.82
6	L0096/20-1	二辉辉橄岩	0.23	0.05	0.18	0.03	0.19	0.03	1.62	4.46
7	L0096/15-2	辉石岩	3.08	0.62	1.82	0.26	1.50	0.24	15.31	38.95
8	L0096/31-1	辉石岩	5.96	1.21	3.62	0.53	3.24	0.49	30.26	80.85
9	L0096/21-1	橄榄辉长岩	0.91	0.18	0.58	0.09	0.51	0.08	4.80	10.87
10	L0096/33-1	辉长岩	0.88	0.17	0.50	0.08	0.46	0.07	4.47	12.23
11	L1053/1-1	辉长岩	5.26	1.19	3.45	0.51	3.45	0.52	30.74	81.52
12	L0096/14-1	辉绿岩	2.88	0.58	1.68	0.25	1.44	0.23	14.77	39.72
13	L0096/32-1	辉绿岩	3.71	0.74	2.18	0.33	1.96	0.27	19.14	52.78
14	L2501/6-1	辉绿岩	3.93	0.80	2.43	0.37	2.26	0.35	22.76	57.52
15	L0097/38-1	辉绿岩	2.88	0.59	1.79	0.26	1.61	0.26	14.74	40.99
16	L0096/17-1	玄武岩	2.97	0.60	1.94	0.31	1.93	0.29	16.67	45.32
17	L0096/34-1	粒玄岩	3.98	0.88	2.60	0.40	2.52	0.38	23.04	58.61
18	L0099/1-1	拉斑玄武岩	5.36	1.18	3.43	0.50	3.28	0.49	30.65	79.81

(2)基性岩墙

表 3-5 中 7～15 号基性岩稀土分析样品中,9 号样品橄榄辉长岩和 10 号样品辉长岩稀土总量较低,分别为 10.87×10^{-6}和 12.23×10^{-6},配分型式为微向左倾且右半部分近平坦型(图 3-7)。具重稀土富集、轻稀土亏损,以及 Eu 正异常特征。其他基性岩样品稀土总量在 38.95×10^{-6}～81.52×10^{-6}之间,配分型式近平坦型,微具 Eu 正异常。

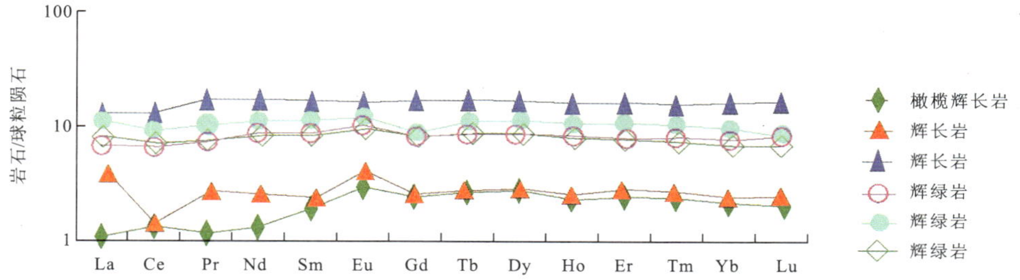

图 3-7　基性岩稀土元素配分型式图

(3)基性火山岩

基性熔岩的 3 个样品分别为玄武岩、粒玄岩和拉斑玄武岩,其稀土总量(表 3-5)依次为 45.32×10^{-6}、58.61×10^{-6}和 79.81×10^{-6}。配分型式为微向左倾近平坦型(图 3-8),与洋中脊拉斑玄武岩的稀土含量及配分型式相似。微具 Eu 正异常。

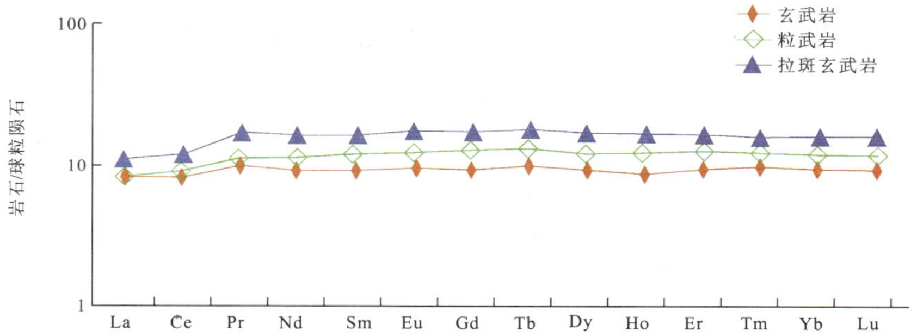

图 3-8　玄武岩稀土元素配分型式图

以上特征表明:雅鲁藏布江蛇绿岩套,从超基性岩—基性岩—基性熔岩,其稀土总量逐渐增加,稀土配分型式总体一致,Eu 的异常不明显—Eu 微具 Eu 正异常,与 Troodos 蛇绿岩各岩石类型所反映的特征相似,反映了各岩石间的同源性。

3. 微量元素特征

测区蛇绿岩套各岩类微量元素分析见表 3-6。

由表可知,超基性岩类(表 3-6 中 1～6 号样),相容元素 Cr、Ni 大大超过了原始地幔成分(McDonough,1985),与一般超基性岩相容元素铬、镍高含量元素组合一致。中等不相容元素 Sr 和强不相容元素 Ba 富集,不相容元素 Nb、Y、Yb 和 Ti、K 亏损。

表 3-6 中 7～18 号样为雅鲁藏布江蛇绿岩带基性岩、基性熔岩,其微量元素特征值表明:与 Pearce(1982)的洋中脊玄武岩(MORB)对比,除 Y 大大富集、玄武岩 K 含量高,以及 Rb 严重亏损外,其他微量元素介于 Pearce 的大洋拉斑玄武岩(N－MORB)和过渡型玄武岩(T－MORB)之间。

(四)蛇绿岩造岩矿物化学特征

前人对雅鲁藏布江蛇绿岩已经作过系统的矿物化学研究,并且取得了大量的数据。本次区调在测区内仅选择了蚀变弱的一些常见超基性岩类进行了电子探针分析,对无蚀变,测试结果可靠的分析数值列于表 3-7。

表 3-6　蛇绿岩地幔橄榄岩微量元素丰度

序号	样号	岩性	Rb	Sr	Ba	Th	Nb	Ta	Ni	Cr	Y	Yb	K_2O	TiO_2
1	L2501/2－1	斜辉辉橄岩	1.0	65.0	17.0	<1.0	<0.5	<0.5	1 649.0	2 924.0	0.79	0.11	0.03	0.03
2	L2503/59－1	斜辉辉橄岩	<1.0	70.0	14.0	<1.0	<0.5	<0.5	1 776.0	3 055.0	0.68	0.09	0.01	0.03
3	L2503/61－1	二辉辉橄岩	<1.0	59.0	16.7	<1.0	<0.5	0.7	1 704.0	3 032.0	1.57	0.22	<0.01	0.05
4	L2821/11－2	斜辉辉橄岩	<1.0	62.0	28.1	<1.0	<0.5	<0.5	1 319.0	3 146.0	0.77	0.12	0.03	0.03
5	L0096/15－1	蛇纹石岩	<1.0	71.0	12.8	<1.0	<0.5	<0.5	1 565.0	2 853.0	0.48	0.08	0.01	2.02
6	L0096/20－1	二辉辉橄岩	<1.0	74.0	15.9	<1.0	<0.5	<0.5	1 723.0	2 899.0	1.62	0.19	0.01	0.04
7	L0096/15－2	辉石岩	<1.0	90.0	13.8	<1.0	0.9	<0.5	69.0	98.0	15.31	1.50	0.01	1.03
8	L0096/31－1	辉石岩	<1.0	381.0	17.6	<1.0	1.7	<0.5	49.0	43.0	30.26	3.24	0.03	1.75
9	L0096/21－1	橄榄辉长岩	<1.0	350.0	45.6	<1.0	<0.5	<0.5	147.0	380.0	4.80	0.51	0.13	0.20
10	L0096/33－1	辉长岩	5.0	231.0	16.5	<1.0	<0.5	<0.5	131.0	727.0	4.47	0.46	0.48	0.22
11	L1053/1－1	辉长岩	<1.0			<1.0	<1.0	<1.0			30.74	3.45	0.25	1.44
12	L0096/14－1	辉绿岩	<1.0	161.0	24.0	<1.0	0.7	<0.5	44.0	152.0	14.77	1.44	0.08	0.68
13	L0096/32－1	辉绿岩	<1.0	171.0	17.4	<1.0	1.0	<0.5	60.0	165.0	19.14	1.96	0.39	1.08
14	L2501/6－1	辉绿岩	<1.0	266.0	36.2	<1.0	1.3	<0.5	75.0	256.0	22.76	2.26	0.09	0.98
15	L0097/38－1	辉绿岩	<1.0	84.0	15.7	<1.0	0.9	<0.5	93.0	253.0	14.74	1.61	0.01	0.72
16	L0096/17－1	玄武岩	<1.0			<1.0	<1.0	<1.0			16.67	1.93	1.18	0.90
17	L0096/34－1	粒玄岩	<1.0			<1.0	<1.0	<1.0			23.04	2.58	1.22	1.20
18	L0099/1－1	拉斑玄武岩	<1.0			<1.0	<1.0	<1.0			30.65	3.28	1.01	1.50
原始地幔 McDonough(1985)			0.69	23.7	6.81	0.088	0.75	0.043	160	200	4.69	0.477		
N－MORB Pearce(1982)			(2)	121	(20)	0.26	4.6	0.29	(90)	251	0.20	1.44	0.20	1.44
T－MORB Pearce(1982)			(6)	196	(60)	0.80	16	0.85	(130)	411	0.51	1.39	0.51	1.39

注：氧化物为质量百分数(%)；其他单位均为 μg /g(×10^{-6})。

表 3-7　地幔橄榄岩中橄榄石(Ol)、斜方辉石(OPX)和单斜辉石(MP)化学成分

样品 / 化学成分(%)	橄榄石(Ol)					斜方辉石(OPX)		单斜辉石(MP)
	孜龙	昂仁			吉定	拉孜		吉定
	二辉橄榄岩	单辉辉橄岩	单辉辉橄岩	纯橄岩	斜辉橄榄岩	二辉橄榄岩	二辉橄榄岩	斜辉橄榄岩
	L0212/1	L2941/1	L2941/1*	L2941/2	L0096/21－1	L0212/1	L0212/1*	L0096/21－1
SiO_2	41.39	41.52	41.19	41.50	37.88	58.20	58.18	51.61
MgO	50.83	50.90	51.67	50.82	35.49	35.25	35.34	16.77
FeO	8.06	6.99	7.39	7.17	25.94	5.09	4.71	7.23
MnO	0.06	0.00	0.00	0.00	0.35	0.01	0.06	0.21
TiO_2	0.00	0.03	0.00	0.00	0.00	0.00	0.00	0.35
Al_2O_3	0.00	0.00	0.00	0.00	0.00	0.55	0.73	2.28
CaO	0.01	0.02	0.00	0.02	0.00	0.79	0.68	21.21
Na_2O	0.00	0.00	0.00	0.00	0.00	0.00	0.00	0.12
K_2O	0.00	0.00	0.00	0.00	0.00	0.00	0.00	0.00
Cr_2O_3	0.00	0.00	0.00	0.00	0.00	0.32	0.50	0.13
合计	100.35	99.46	100.25	99.51	99.66	100.21	100.20	99.91
矿物成分	Fo 92	Fo 91	Fo 92	Fo 93	Fo 84	En 92	En 92	Wo 42、En 49、Fs 9

注：样品由中国地质大学(武汉)测试中心测试。

1. 橄榄石

地幔橄榄岩类样品主要包括纯橄岩、斜辉辉橄岩、二辉橄榄岩和单辉橄榄岩，其橄榄石的电子探针氧化物含量见表3-7。

从表中可以看出，除L0096/21－1外，各亚类岩石中的橄榄石成分有一个相当稳定的范围，仅出现微小的差异。MgO含量为50.82%～51.67%，FeO含量为6.99%～8.06%，均属于镁橄榄石Fo 91～93。

2. 斜方辉石

通常在地幔橄榄岩类的二辉橄榄岩中蚀变较弱。表3-7中斜方辉石的成分特点是：Al_2O_3 和CaO含量均小于1%，而MgO的含量较高，一般大于35%。成分变化不大，En为92，属于顽火辉石，见表3-7。

3. 单斜辉石

仅在斜辉橄榄岩中取得了有效电子探针值，见表3-7。依据主要化学成分计算的矿物成分，Wo 42，En 49，Fs 9，属于透辉石。

（五）同位素年龄特征

本次区调对蛇绿岩套的斜辉橄榄岩、透闪石辉石岩和玄武岩进行了同位素年龄测定，测试结果见表3-8。

表3-8显示：地幔橄榄岩$^{87}Sr/^{86}Sr$的初始值为0.716 29，与世界上其他典型的橄榄岩如阿尔卑斯橄榄岩有相似的比值。而地幔橄榄岩与其上覆构成洋壳的玄武岩—堆积岩（辉绿岩）的各同位素的比值有明显的差别，作为洋壳的$^{147}Sm/^{144}Nd$、$^{143}Nd/^{144}Nd$和$^{87}Rb/^{86}Sr$、$^{87}Sr/^{86}Sr$比值范围十分接近，说明他们的母岩浆物质均来自同一幔源区。

表3-8　测区蛇绿岩Pb、Sm－Nb和Rb－Sr同位素

岩　石		斜辉橄榄岩	透闪石辉石岩	玄武岩
样　号		L2821/11－1	L0097/38－1	L0096/15－1
产　地		昂　仁	吉　定	吉　定
Pb同位素	$^{206}Pb/^{204}Pb$	18.145±0.01	18.021±0.01	18.073±0.01
	$^{207}Pb/^{204}Pb$	15.559±0.01	15.547±0.01	15.531±0.01
	$^{208}Pb/^{204}Pb$	38.189±0.01	38.118±0.02	38.146±0.04
	表面年龄（Ma）	309	328	328
	Φ值	0.596	0.597	0.597
	μ值	9.41	9.37	9.37
	Th/U	3.76	3.77	3.77
Sm－Nb同位素	$W(Sm)/10^{-6}$	0.049 89	1.836	1.912
	$W(Sm)/10^{-6}$	0.134 9	5.466	5.821
	$^{147}Sm/^{144}Nd$	0.223 7	0.206 2	0.198 7
	$^{143}Nd/^{144}Nd\pm1\sigma$	0.123 14±0.000 15	0.513 080±0.000 010	0.513 112±0.000 012
	TDM(Ma)±1σ		1 420±202	387±122
Rb－Sr同位素	$W(Rb)/10^{-6}$	0.882 3	1.15	0.668 2
	$W(Sr)/10^{-6}$	1.972	25.92	24.37
	$^{87}Rb/^{86}Sr$	1.291	0.127 9	0.079 03
	$^{87}Sr/^{86}Sr(1\sigma)$	0.716 29±0.000 04	0.705 61±0.000 05	0.704 90±0.000 04

(六)蛇绿岩的成因探讨

1. 地幔类型

本区内雅鲁藏布江蛇绿岩套的地幔橄榄岩，岩石类型及其矿物组合和成分存在广泛的均一性。岩石类型单调，主要为一套纯橄岩—斜辉辉橄岩和二辉橄榄岩组合。岩石呈各种构造组构，显示不同的亚固相变形，其结构缺乏典型的岩浆堆积结构，常呈粒状镶嵌结构并常伴有辉石的出溶现象(见上述)。

地幔橄榄岩各亚类岩石中的橄榄石成分(表 3-7)有一个相当稳定的范围，仅出现微小的差异。MgO 含量为 50.82%～51.67%，FeO 含量为 6.99%～8.06%，均属于镁橄榄石 Fo 91～93。由此可见，该地幔橄榄岩不可能来自岩浆的堆积作用，而应该是难熔的残余地幔。

岩石的主要元素 Al_2O_3 在 1.31%～2.59%之间，CaO 小于 2%，(K_2O+Na_2O)小于 0.3%；稀土总量较低，在 1.82×10^{-6}～4.46×10^{-6}之间；微量元素除相容元素 Cr、Ni 高度富集外，其他大多数不相容元素比原始地幔值小；同位素 $^{87}Sr/^{86}Sr$ 的初始值为 0.716 29。

综上所述，测区雅鲁藏布江蛇绿岩套的地幔橄榄岩，与世界上其他典型的橄榄岩，如阿尔卑斯橄榄岩有相似特征。类属大洋地幔性质，为亏损 N 型地幔或经高度部分熔融后的残余 N 型地幔。

2. 形成的构造环境

一般来说，地幔橄榄岩与其上覆构成洋壳的堆积杂岩—辉长岩(辉绿岩)—玄武岩共同构成一个蛇绿岩序列。测区雅鲁藏布江蛇绿岩套，从超基性岩—基性岩—基性熔岩，其稀土总量逐渐增加，稀土配分型式总体一致，Eu 的异常不明显—Eu 微具 Eu 正异常，与 Troodos 蛇绿岩各岩石类型所反映的特征相似，反映了各岩石间的同源性。

而作为洋壳的主要组成部分的基性岩和基性熔岩，其同位素 $^{147}Sm/^{144}Nd$、$^{143}Nd/^{144}Nd$ 和 $^{87}Rb/^{86}Sr$、$^{87}Sr/^{86}Sr$ 比值与地幔橄榄岩同位素的比值有明显的差别，但基性岩和基性熔岩的比值范围十分接近，说明他们的母岩浆物质均来自同一幔源区。

从蛇绿岩岩石的地球化学特征来看：表 3-7 中 18～28 号样品的辉绿岩和玄武岩，在 TiO_2—〈FeO〉/MgO 构造判别图中[图 3-9(a)]，投点大部分落入 MORB 区；拉斑系列和钙碱性系列中。测区基性熔岩岩石化学成分 SiO_2、(FeO)、Na_2O、K_2O 和 TiO_2 含量范围(表 3-2)，和大洋中脊拉斑玄武岩系列(TH)近似；在 AFM 图解中(图 3-5)，投点落入拉斑系列和钙碱性系列中。本区大多数微量元素介于 Pearce 的大洋拉斑玄武岩(N-MORB)和过渡型玄武岩(T-MORB)之间(见上述)。

表 3-5 和表 3-6 中 12～15 号样品微量元素的构造判别图玄武岩 Cr-Y 图[图 3-9(b)]中辉绿岩均落在 MORB 区。

基性岩和玄武岩的铅同位素与印度洋玄武岩具有相似性，而 $^{87}Sr/^{86}Sr$(初始值)比现代深海拉斑玄武岩(0.702 0～0.703 5)高，显然它可能形成于大洋中脊环境。

对地幔橄榄岩中斜方辉石(表 3-2)的化学成分，利用单斜辉石地质温压方法(Mercier，1987)，计算出平均温度为 1 105.21℃，平均压力为 33.7kPa。这样的温压条件不可能发生在地壳内，只能在上地幔条件下形成。

(七)形成时代

根据分析与蛇绿岩(玄武岩)相伴生的深海沉积物古生物，即深海放射虫硅质岩中的放射虫动物群时代及特征，是确定其形成时代有效方法。

本次区调，在蛇绿岩带北部东拉、昂仁等地，发现了含放射虫化石的深海硅质岩类。受后期构造作用的影响，野外露头上，深海沉积岩石组合与蛇绿岩断裂接触，但局部(东拉)依然可见放射虫硅质岩与枕状玄武岩正常沉积接触关系。放射虫动物群主要包括 *Patulibracchium grapevinensis*，*Vitterfus* sp.，*Thanarla praeveneta* 等(图版Ⅷ)。其地质时代属早白垩世阿尔布期。

在蛇绿岩带南侧拉孜区、也弄等地的汤嘎蛇绿质混杂岩的深海硅质岩中，发现了大量含放射虫动物化

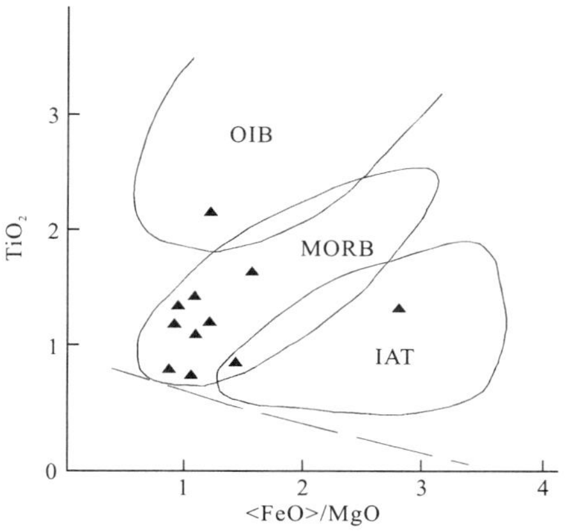

(a) 玄武岩TiO_2-〈FeO〉/MgO图(Myiashiso,1973)

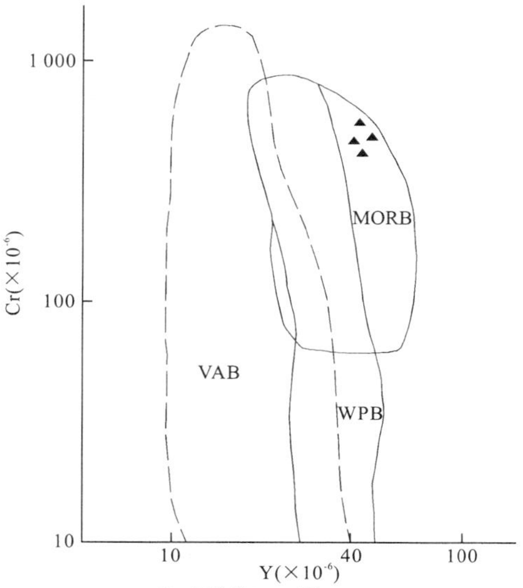

(b) 玄武岩Cr-Y图(Pearce,1982)

图 3-9 玄武岩构造环境判别图

OIB. 洋岛玄武岩;MORB. 洋中脊玄武岩;IAT. 岛弧拉斑玄武岩;VAB. 火山岛弧玄武岩;WPB. 板内玄武岩

石群,放射虫包括 *Acanthocircus multicostata*,*Eucyrtis micropora*,*Mirifusus guadalupensis*,*M. bailieyi*,*Tripocyclia joneoi* 等(图版Ⅶ),地质时代为晚侏罗世—早白垩世。

上述特征表明,测区雅鲁藏布江蛇绿岩作为洋壳的形成时代,推断应为晚侏罗世—早白垩世。

二、基性岩

区内基性岩出露不多,零星分布于测区南部仁庆顶、香芝、孜松及彭错林以北等地,可划分为两个独立单元,分别为孜松单元和洛堆单元。

(一)孜松单元($K_1\beta\upsilon z$)

1. 地质特征

零星分布于测区南部仁庆顶、香芝、孜松等地,呈许多面积较小的岩株(独立侵入体)产出,侵入体数量有 12 个,面积最大者仅 $4km^2$,极为分散。侵入体形态因受构造作用影响多呈细长的透镜体状,近东西向展布,少数具球形、椭球形。

各侵入体的围岩有郎杰学岩群(T_3L)、修康群(T_3X)、涅如组(T_3n)、日当组($J_{1-2}r$)的砂板岩和破姆弄泥砂质混杂岩。与围岩间多以脆性断层接触,部分具脆韧性剪切带并常被推覆到围岩之上,内外接触带普遍出现劈理、片理或糜棱面理,伴随透镜状石英脉,有粗糜岩、片理化绿泥岩等;局部也可以见到侵入接触关系,但接触界面也多被后期构造改造调整为与主构造面相一致(图 3-10)。

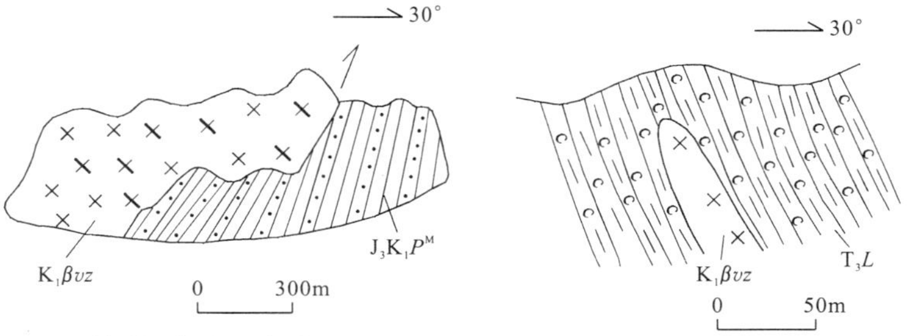

(a) 孜松单元推覆于破姆弄泥砂质混杂岩之上

(b) 孜松单元与围岩界面受后期构造调整与板理方向一致

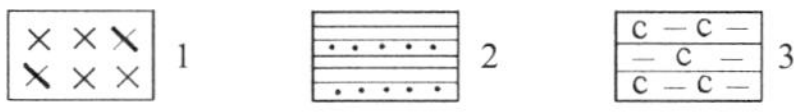

图 3-10 孜松单元与围岩的接触关系

1. 孜松单元辉长辉绿岩;2. 破姆弄泥砂质混杂岩;3. 郎杰学岩群炭泥质板岩

该单元孤立于测区北部冈底斯岩浆弧侵入岩之外,无成因上的必然联系。其侵入于三叠纪至早白垩世围岩中,并在燕山晚期开始的板块运动过程中发生改造、运移，聚集在蛇绿岩以南主要断裂带附近，故可初步判断其侵入时代为早白垩世。

2. 岩石学特征

该单元岩性为变质中细粒辉长辉绿岩，岩石具变余辉长辉绿结构，块状构造。主要矿物成分有基性斜长石和辉石，并常见有暗色矿物经变质作用而形成的透闪-阳起石，另有少量磁铁矿、榍石、黑云母及石英等。基性斜长石：含量占35%～50%，多呈他形粒状晶，少数为半自形板柱状，细—中粒，多被钠长石、黝帘石集合体取代而残存条状外形假象，偶见聚片双晶，极大晶体内含辉石、副矿物包体；辉石：含量占50%±，他形粒状晶，多因变质作用而被各种矿物所取代，有透闪石、绿泥石、纤闪石、阳起石、绿帘石等，较大晶体内含副矿物和斜长石包体；石英：含量少于1%，他形粒状，沿主要矿物粒间分布；副矿物：以榍石和磁铁矿为主，自形—半自形粒状晶，含量在3%～5%之间。

3. 岩石化学特征

经过样品分析和CIPW标准矿物计算，其化学成分、标准矿物和特征参数见表3-9、表3-10(部分数据参考1∶20万谢通门幅区域地质调查报告①)。岩石中SiO_2的平均含量为48.12%，而铁镁氧化物及CaO的含量均较高，Na_2O+K_2O的含量极低，仅2%±，属基性岩的范畴。(Na_2O+K_2O+CaO)$>Al_2O_3>$(Na_2O+K_2O)(分子数)，为次铝的岩石化学类型。主要标准矿物除钾长石(Or)、钠长石(Ab)和钙长石(An)外，紫苏辉石(Hy)和透辉石(Di)的含量极高，不含石英(Qz)或石英分子含量极少，有时出现橄榄石(Ol)，磁铁矿(Mt)和钛铁矿(Il)的含量也相对较高，里特曼指数(σ)平均为1.54，属钙碱性岩类。SiO_2-AR与碱度关系图上也投影于钙碱性区域(图3-11)。长英指数(FL)和分异指数(DI)平均仅分别为17.05和24.04，而固结指数(SI)则较高，平均达29.25，均指示岩浆分异程度较差。

(二)洛堆单元($K_1\upsilon_L$)

1. 地质特征

分布于冈底斯复式岩基的南部，彭错林以北，在测区仅有3个独立侵入体，面积约3km²，受后期岩体侵入破坏，呈不规则状或椭球状的残留体。明显见到被晚期普吓单元和孔洞郎单元超动侵入，侵入界面起伏不平，具弱蚀变带，带宽5m±，界面附近见大量晚期单元的岩枝穿插其中(图3-12)。该侵入体中脉岩发育，多为辉绿玢岩、闪长玢岩，脉宽1m±居多，一般呈近东西走向。据测区和邻区资料，该单元侵入于麻木下组(J_3K_1m)，并被晚期其他单元、超单元超动侵入，其岩性在复式杂岩体中最偏基性，是板块俯冲初始阶段的产物，侵入时代应该为早白垩世。

2. 岩石学特征

该单元岩性为中细粒辉长岩，具中细粒辉长结构，块状构造。主要矿物为斜长石、辉石和角闪石，次要矿物有黑云母、石英等。斜长石：半自形近等轴状，双晶发育，具钠长石律和卡钠复合律，少数具环带构造，斜长石牌号在56～58之间，含量在50%～55%之间；辉石：半自形短柱状，多为透辉石，无色，少数为紫苏辉石，粉红色，部分变质为纤闪石，含量在25%～30%之间；普通角闪石：半自形柱状，少部分呈棕色，普遍具辉石反应边，含量约10%～15%；黑云母：自形片状，棕、浅棕黄色，含量在3%～5%之间；石英：他形粒状，填充于其他矿物间，含量少于5%。该单元副矿物组合为锆石-磷灰石-磁铁矿-榍石，以磁铁矿含量高为主要特征，锆石多为圆柱状，由柱面m、a和锥面x、p组成聚形，双晶连生体发育。总之，该单元在矿物组合、岩石结构等方面与晚期单元差别较大，属基性岩类。

---

① 西藏区调队. 1∶20万谢通门幅区域地质调查报告，西藏地矿局，1997.

表 3-9 白垩纪侵入岩化学成分表(%)

超单元	单元	样号	岩性	SiO_2	TiO_2	Al_2O_3	Fe_2O_3	FeO	MnO	MgO	CaO	Na_2O	K_2O	P_2O_5	H_2O^+
康萨	拉萨普	L1420	中粒含斑黑云二长花岗岩	66.42	0.320	14.36	1.84	1.99	5.820	1.83	2.48	2.57	0.71	0.120	0.94
		L1421		74.69	0.200	11.87	0.82	0.93	4.090	0.33	0.85	5.43	0.28	0.012	0.38
		L1422/1		63.47	0.450	14.33	1.98	2.83	5.070	2.16	4.57	2.36	1.46	0.160	0.82
		平均		68.19	0.323	13.52	1.55	1.92	4.990	1.44	2.63	3.45	0.82	0.097	0.71
	加森	L1971/1	细粒角闪黑云二长花岗岩	68.75	0.050	13.89	2.00	2.52	0.048	1.41	3.52	2.68	4.63	0.125	0.79
亚模	桑嘎	L1371/1	中粗粒斑状角闪二长花岗岩	73.61	0.025	12.86	1.24	0.95	0.038	0.14	1.24	3.98	4.83	0.050	1.02
	夺棵	L0172/1	中粒含斑角闪二长花岗岩	69.96	0.050	14.02	1.31	1.34	0.008	0.75	2.08	3.28	6.60	0.125	0.76
		L1370/1		69.79	0.075	14.52	1.39	1.83	0.064	0.80	3.00	3.22	4.47	0.150	1.00
		平均		69.88	0.063	14.27	1.35	1.59	0.036	0.78	2.54	3.25	5.54	0.138	0.88
	结江	L1369/1	中细粒黑云角闪花岗闪长岩	69.91	0.050	13.60	1.75	1.98	0.110	1.17	2.80	4.26	3.34	0.125	0.97
塞普	蟠郎	D1068/1	中粒角闪黑云石英二长闪长岩	67.66	0.610	14.49	1.49	2.66	0.060	1.55	3.68	3.00	3.63	0.200	0.28
	茶穷	D1069/1	中粗粒斑状黑云角闪石英二长岩	66.38	0.560	15.06	1.84	2.38	0.088	1.18	2.88	4.21	4.18	0.150	0.56
		D1192/2		64.02	0.550	15.74	2.34	2.77	0.096	2.21	4.83	3.53	2.18	0.140	1.14
		平均		65.20	0.560	15.04	2.09	2.58	0.092	1.69	3.86	3.87	3.18	0.150	0.85
卡如	旺乡	D1053	中细粒黑云角闪石英闪长岩	63.40	0.890	16.14	2.16	3.32	0.110	2.57	5.44	2.96	2.70	0.330	0.30
		D1057		65.62	1.450	14.62	2.59	2.51	0.020	2.25	3.68	2.93	3.98	0.260	0.31
		平均		64.51	1.170	15.38	2.38	2.93	0.520	2.41	4.56	2.95	3.34	0.290	0.30
	拔路	D1024/3	细中粒角闪闪长岩	56.53	1.340	13.61	4.39	7.47	0.180	4.65	7.65	1.34	0.52	0.470	0.86
	洛堆	D4027/1	中细粒辉长岩(辉长辉绿岩)	40.40	0.480	16.62	5.53	7.88	0.160	12.83	10.15	0.77	0.17	0.050	3.45
		D0015		57.17	0.680	17.25	2.14	4.94	0.098	3.85	3.09	4.17	3.78	0.340	1.11
		平均		48.78	0.580	16.93	3.84	6.41	0.130	8.34	6.62	2.47	1.97	0.200	3.23
	孜松	L1426/4-1	中细粒辉长辉绿岩	48.75	0.550	15.71	2.54	8.81	0.410	6.94	11.49	1.43	0.55	0.100	1.55
		L1426/6-1		47.52	0.580	13.44	4.54	9.31	0.450	5.72	9.14	2.00	0.20	0.125	3.63
		平均		48.14	0.570	14.57	3.54	9.06	0.430	6.33	10.32	1.72	0.38	0.113	2.59

表 3-10　白垩纪侵入岩 CIPW 结果及特征参数表

超单元	单元	样　号	CIPW 标准矿物(%)											特　征　参　数					
			Ap	Il	Mt	Or	Ab	An	Qz	Crd	Di	Hy	Ol	DI	A/CNK	SI	σ43	σ25	AR
康萨	拉萨普	L1420	0.27	0.62	2.71	4.26	22.09	11.78	35.91	5.19		17.25		62.26	1.51	20.47	0.45	0.26	1.48
		L1421	0.03	0.38	1.19	1.66	46.17	4.17	36.15	1.12		9.17		83.99	1.10	4.24	1.03	0.66	2.63
		L1422/1	0.35	0.86	2.90	8.73	20.20	21.99	26.28	0.91		17.83		55.21	1.04	20.02	0.70	0.38	1.51
	加森	L1373/1	0.05	0.02	0.80	37.65	23.82	1.24	34.80		1.35	0.28		96.26	0.95	0.48	2.49	1.63	6.43
亚模	桑嘎	L1371/1	0.11	0.05	1.82	28.84	34.03	2.99	29.83		2.33			92.70	0.92	1.26	2.53	1.60	4.33
	夺裸	L1370/1	0.33	0.14	2.03	26.60	27.43	12.05	26.33		1.70	3.38		80.37	0.93	6.83	2.20	1.32	2.56
		L0172/1	0.27	0.10	1.91	39.19	27.89	4.06	21.07		4.56	0.96		88.14	0.86	5.65	3.61	2.18	4.18
	结江	L1369/1	0.28	0.10	2.57	19.98	36.48	8.22	24.96		4.18	3.23		81.42	0.87	9.36	2.16	1.30	2.73
塞普	蟠郎	D1068/1	0.44	1.17	2.18	21.66	25.63	15.50	26.00		1.43	5.98		73.30	0.93	12.57	1.77	1.03	2.15
	茶穷	D1069/1	0.33	1.08	2.70	24.97	36.01	9.96	18.37		2.94	3.64		79.35	0.90	8.56	2.98	1.71	2.76
		D1192/2	0.31	1.06	3.45	13.09	30.35	21.00	21.63		2.03	7.08		65.08	0.93	16.96	1.53	0.84	1.77
卡如	旺乡	D1053	0.72	1.69	3.13	15.95	25.04	22.77	20.30		1.83	8.56		61.29	0.91	18.75	1.57	0.83	1.71
		D1057	0.57	2.76	3.76	23.54	24.81	15.00	23.12		1.36	5.09		71.47	0.92	15.78	2.11	1.18	2.21
	拔路	D1024/3	1.05	2.59	6.49	3.13	11.55	30.14	22.50		4.67	17.88		37.19	0.82	25.31	0.25	0.11	1.19
洛堆		D4027/1	0.12	0.86	8.44	1.06	6.86	43.57			7.29	10.65	21.15	7.92	0.83	47.20	−2.09	0.06	1.07
		D0015	0.76	1.32	3.18	22.91	36.18	13.67	4.16	1.45		16.36		63.25	1.04	20.39	4.25	1.98	2.28
孜松		L1426/4-1	0.22	1.07	3.79	3.34	12.44	35.80	1.99		18.23	23.13		17.77	0.66	34.24	0.58	0.16	1.16
		L1426/6-1	0.29	1.16	6.94	12.46	17.85	[illegible]			19.86	16.56	1.91	30.31	0.61	24.27	2.50	0.71	1.43

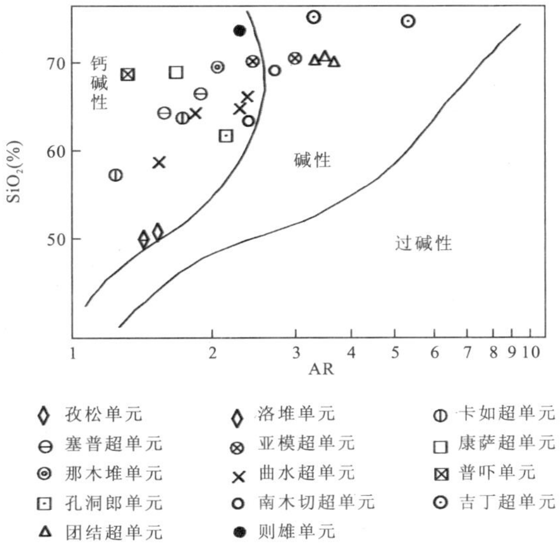

图 3-11 SiO_2 - AR 与碱度关系图

(Wright J B,1969)

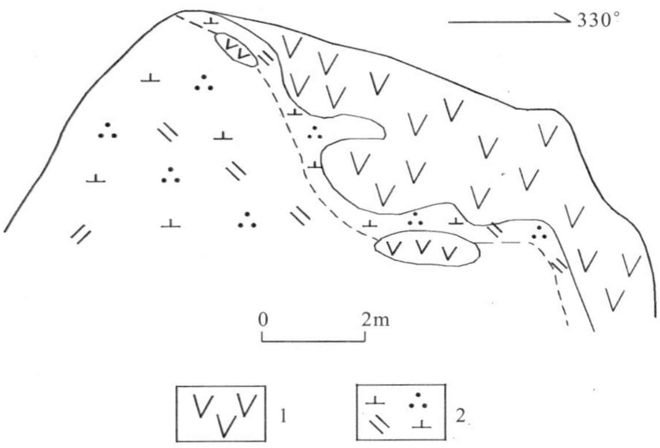

图 3-12 普吓单元超动侵入于洛堆单元之中

1.洛堆单元辉长岩;2.普吓单元石英二长闪长岩

3. 岩石化学特征

该独立单元化学成分,标准矿物及特征参数见表 3-9(部分数据参考 1∶20 万谢通门幅区域地质调查报告①)。岩石中 SiO_2 的平均含量为 48.78%,$Fe_2O_3+FeO+MgO$ 的含量高,达 18.59%,而 Na_2O+K_2O 的含量低,属基性岩的范畴。

$Na_2O+K_2O+CaO>Al_2O_3>Na_2O+K_2O$,为次铝的岩石化学类型。标准矿物以钠长石(Ab)和钙长石(An)为主,石英(Qz)含量极少,小于 5%,有些样品未见石英分子。另外磁铁矿(Mt)和紫苏辉石(Hy)的含量也较高,有时出现刚玉(Crd)分子、透辉石(Di)或橄榄石(Ol)的分子。平均里特曼指数(σ)为 2.29,属钙碱性岩类,另在 SiO_2 - AR 与碱度关系图上也均投影于钙碱性区域(图 3-11)(邱家骧,1985)。长英指数(FL)平均为 40.24,分异指数(DI)平均为 35.58,数值均较小;而固结指数(SI)平均为 33.79,又相对较大,均具幔源分异程度较差的特点。

4. 地球化学特征

稀土元素含量、微量元素含量见表 3-11、表 3-12(部分数据参考 1∶20 万谢通门幅区域地质调查报告①)。稀土元素总含量为 130.87×10^{-6},处于较低的水平,表明岩浆分异作用并不强烈,铕的异常系数 δEu 为 0.828,且 Eu/Sm 也相对较高,为 0.272,在稀土元素分配型式图上(图 3-13)呈弱的富铕异常,也同样表明岩浆未发生明显的分异。图上曲线向右倾斜,轻稀土分馏较重稀土分馏明显,Ce_N/Yb_N 及 ΣLREE/ΣHREE 均远大于 1,但与其他单元相比则明显偏小。

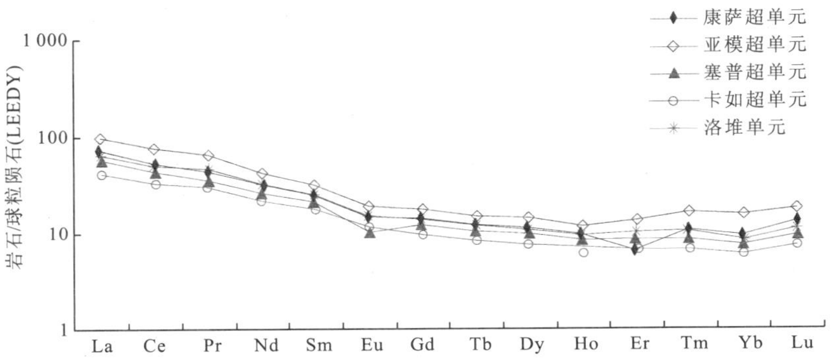

图 3-13 白垩纪花岗岩稀土分配型式图

① 西藏区调队. 1∶20 万谢通门幅区域地质调查报告,西藏地矿局,1997.

表 3-11　测区超单元、独立单元稀土元素含量及特征参数表

超单元或独立单元	样品数	稀土元素含量值（$\times10^{-6}$）																特 征 参 数					
		La	Ce	Pr	Nd	Sm	Eu	Gd	Tb	Dy	Ho	Er	Tm	Yb	Lu	Y	ΣREE	Ce_N/Yb_N	δEu	δCe	Eu/Sm	ΣL/ΣH
则 雄	1	25.77	49.90	5.85	20.09	3.44	0.73	.39	0.34	1.82	0.34	0.90	0.12	0.91	0.15	9.79	122.54	13.26	0.739	0.88	0.121	6.31
团 结	3	54.12	108.48	11.01	39.33	5.82	0.89	4.42	0.68	4.01	0.80	2.22	0.33	2.16	0.33	18.47	253.07	12.14	0.521	0.96	0.153	6.57
吉 丁	2	31.00	78.98	6.94	31.86	3.39	0.54	3.65	0.65	4.45	0.99	2.91	0.46	2.94	0.41		240.09	6.49	0.471	1.17	0.159	1.75
南木切	4	31.62	62.48	7.43	26.48	4.93	0.89	4.09	0.66	3.80	0.77	2.27	0.36	2.42	0.37	19.41	167.98	6.24	0.595	0.89	0.181	3.92
孔洞郎	1	46.78	95.98	10.40	33.43	4.95	0.92	2.84	0.33	1.64	0.32	0.72	0.12	0.66	0.10	7.98	207.17	35.16	0.688	0.94	0.186	13.08
普 吓	2	42.18	91.96	7.83	31.27	3.89	0.81	2.27	0.40	2.62	0.57	1.65	0.26	1.71	0.21	6.21	193.84	13.00	0.767	1.07	0.208	11.19
曲 水	5	28.45	62.06	6.35	29.11	5.40	1.08	4.88	0.80	8.30	1.09	3.08	0.46	2.96	0.43	22.34	176.79	5.07	0.637	1.00	0.200	2.99
那木堆	1	25.29	46.91	4.64	15.16	2.45	0.72	1.80	0.27	1.49	0.30	0.89	0.13	0.93	0.16	8.83	109.97	12.19	1.003	0.91	0.249	6.43
康 萨	1	22.14	44.29	4.99	18.24	3.26	0.88	2.63	0.41	2.32	0.45	1.35	0.21	1.35	0.22	11.43	114.16	7.93	0.898	0.92	0.270	4.61
亚 模	1	34.04	65.62	7.56	25.98	4.81	1.32	4.20	0.69	4.22	0.91	2.74	0.48	3.45	0.54	23.48	180.04	4.60	0.886	0.89	0.274	2.77
塞 普	2	20.48	42.54	4.67	17.64	3.49	0.80	3.09	0.46	3.07	0.61	1.81	0.28	1.83	0.31	17.78	118.82	5.62	0.729	0.95	0.229	3.07
卡 如	3	14.91	29.78	3.71	14.54	2.94	0.92	2.65	0.39	2.45	0.47	1.36	0.20	1.32	0.22	13.28	89.14	5.45	0.989	0.88	0313	2.99
洛 堆	1	20.45	44.71	5.26	21.16	4.27	1.16	3.94	0.57	3.32	0.75	2.06	0.30	1.94	0.32	20.33	130.87	5.57	0.828	0.95	0.272	2.87

表 3-12　测区超单元、独立单元微量元素含量表

超单元或独立单元	样品数	微量元素含量值（$\times10^{-6}$）															
		Rb	Sr	Ba	Ni	Cr	Li	Sc	Nb	P	Co	Hf	V	Th	U	Cu	Pb
则 雄	2	101	448	451	6.07	127	17.9	3.8	5.9	442.5	4.2	3.9	34.4	12.7	2.8	16.4	91.5
团 结	8	235	294.5	458.1	7.7	156.1	30.9	9.6	15.9	701.3	4.9	5.2	36.5	31.3	4.3	16.0	49.0
吉 丁	6	96.7	448	628	12.0	238.6	22.1	1.8	10.1	669	5.0	4.0	33.9	12.7	3.0	19.1	18.2
南木切	4	198.5	321.6	575.3	16.0	24.3	35.0	8.9	16.9	766.8	11.4	5.1	66.5	25.2	3.8	16.6	23.8
孔洞郎	1	149	494	699	12.8	23.3	22.4	4.8	12.2	1 022	10.4	5.3	73.2	27.4	4.8	5.4	44.7
普 吓	1	148	129	486	3.5	189	35.7	1.4	7.8	115	1	2.5	5	15.5	2.1	6.3	16.4
曲 水	8	101.5	306.8	502.3	9.5	248.9	28.5	8.2	12.8	739.8	9.2	5.3	69.6	10.3	2.7	30.5	15.4
那木堆	3	15.3	280	521	18.4	185.2	25.6	4.1	13.3	320	3.28	4.4	33	20.8	4.6	11.6	1 527
康 萨	1	165	419	1 103	10.1	12.1	26.3	7.1	13.9	850	10.8	4.1	69.7	19.5	3.7	53.3	20.1
亚 模	1	288	40.5	161	3.9	5.0	27.3	3.1	21.5	145	2.4	3.4	5.8	38.2	5.1	2.0	23.3
塞 普	6	112.5	365	489	9.0	215.8	21.9	10.8	12.2	678.5	12	4.5	84.7	13.5	4.3	21.2	15.5
卡 如	7	83.35	505	576	14.9	186.7	16.4	12.5	10.7	927	17.0	5.1	123.7	8.0	2.19	49.5	50.0
洛 堆	2	42.6	292	411	71	70.8	16.9	15.5	8.3	838	46.8	2.35	194	4.75	0.95	101	23.3

微量元素中亲石元素 Rb、Sr、Ba、Li 和不相容元素 Th、U 明显较低，而过渡元素 Ni、Sc、Co、V、Cu 等与其他各单元、超单元相比均最为富集，Rb_N/Yb_N（球粒陨石标准化）数值最低。以上特征均表明该单元为岩浆演化初始阶段的产物。

第二节　中酸性侵入岩

一、白垩纪侵入岩

分布在冈底斯复式岩基的南部边缘，扎西岗—如多断裂以北，即测区谢通门南、昌那、亚模至雪巴拉一带，呈窄的东西带状展布，形成于板块运动早期俯冲阶段至碰撞前的时期，岩性相对偏基性，可以划分为 3 个超单元。

（一）卡如超单元（K_1KR）

1. 地质特征

位于复式岩基的南缘即测区中部谢通门，荣玛等处，出露面积约 90km²，共圈出侵入体 13 个，由两个单元组成：拨路细—中粒角闪闪长岩（$K_1\delta_B$）和旺乡中—细粒黑云角闪石英闪长岩（$K_1\delta o_W$），构成成分演化系列。其中拨路单元由 9 个侵入体组成，面积约 55km²，旺乡单元由 4 个侵入体组成，面积约 35km²，由于后期侵入体的多次侵入破坏，该超单元各侵入体分布极为零散，常呈不规则的残留体。在谢通门西南可见其侵入于晚侏罗世—早白垩世的麻木下组（J_3K_1m）火山沉积岩系之中，发育宽约近百米的接触变质带，见矽卡岩化和角岩化，出现大理岩、褐铁矿及长英质角岩等，其中褐铁矿铁帽形成宽约 4～5m，长数十米的透镜体，此种透镜体沿接触带断续或重叠分布，可能形成有价值的工业矿床。超单元内两单元之间为脉动接触，沿界面常见伟晶岩脉断续产出。

两单元侵入体局部常含较多的暗色细粒闪长岩包体，普遍呈透镜体状，长轴 15～20cm，短轴 5～8cm，长轴方向与主侵入体叶理走向一致。各侵入体均具弱—中等强度叶理构造，仅见少量浅色细晶花岗岩脉，叶理与脉体走向均为近东西向，据前人 K－Ar 稀释法测定，黑云母同位素年龄值为 108.3±6.5Ma，故将该超单元时代定为早白垩世晚期，在板块俯冲阶段侵位。

2. 岩石学特征

早期拨路单元为细一中粒角闪闪长岩，细—中粒结构，弱叶理构造。所含矿物斜长石：自形—半自形柱状晶体，洁净，钠长石律和卡钠复合律发育，部分具正环带，An＝36～38，含量 55％～60％；普通角闪石：半自形—自形柱状，深绿、浅绿黄色，含量 30％～35％；黑云母：半自形片状，棕、淡棕黄色，常包裹锆石，含量 3％～5％；石英：他形填隙状，含量 3％～5％。晚期旺乡单元为中—细粒黑云角闪石英闪长岩，矿物晶体粒径在 1～1.5mm 及 2～4mm 间，中细粒结构，中等强度叶理构造。所含矿物斜长石：自形—半自形柱状晶体，钠长石律发育，少数具卡钠复合律，个别具环带构造，An＝34～36，含量 55％～60％；普通角闪石：半自形—自形柱状，深绿—浅绿黄色，含量 10％～15％；钾长石：他形板状，少数具格子双晶，系微斜长石，含量大于 5％～10％；石英：呈较为洁净的他形填隙状，含量 5％～10％之间；黑云母：半自形片状，棕、淡黄棕色，含量 5％～10％，另外岩石中还含有少量辉石。两单元副矿物组合为锆石＋磷灰石＋磁铁矿＋榍石＋钛铁矿，磁铁矿、磷灰石、榍石等含量高。锆石呈柱状碎块，个别浑圆状。总之两单元结构构造基本相同，从早单元到晚单元普通角闪石含量递减，而微斜长石、黑云母、石英等含量均增多，显示出同源岩浆之中性向中酸性演化的特点。

3. 岩石化学特征

该超单元化学成分，标准矿物和特征指数见表 3-9、表 3-10。早晚两单元中 SiO_2 平均含量为56.53％

和 64.51%，具递增趋势，属中性岩范围。其他如 Na_2O 和 K_2O 呈递增，Fe_2O_3、FeO、MgO 和 CaO 等均呈递减，与岩浆演化的特征相吻合。标准矿物中石英(Qz)、钾长石(Or)和钠长石(Ab)呈递增趋势，而钙长石(An)、磁铁矿(Mt)和钛铁矿(Il)递减，早晚期单元中钾长石含量差别较大，不含刚玉(Crd)分子。里特曼指数(σ)平均为 1.31，属钙碱性岩类，另在 SiO_2－AR 与碱度关系图上均投影在钙碱性区域。长英指数(FL:19.56→58.12)和分异指数(DI:37.19→66.38)显著增加，而固结指数(SI:25.31→17.26)明显降低，以上变化均显示同源岩浆由基性向中性演化的特点。

4. 地球化学特征

稀土、微量元素丰度见表 3-11、表 3-12，稀土元素分配型式图如图 3-13 所示。稀土元素总含量 ΣREE 为 89.14×10^{-6}，在各单元中最低，δEu 与 Eu/Sm 分别为 0.989 和 0.313，在各单元中均最高，表明该超单元具岩浆早期分异的特点。Ce_N/Yb_N 为 5.45，因而分配型式曲线向右倾斜，轻稀土分馏明显，但与其他单元相比却最小，铈的异常系数也仅为 0.88。

微量元素与世界闪长岩类平均值比较，具低的 Rb、Sr、Ba、Ni、Nb、P，而富集 Sc、Co、Hf、V、U、Pb 等，两单元间从早至晚，亲石元素 Sc、Li、Nb、Hf 及亲铁元素 Co 递增，而 Rb、Ni、Cu、Pb 等递减，以上均反应同源岩浆分异演化规律。

(二)塞普超单元(K_2SP)

1. 地质特征

分布于测区东缘谢通门—荣玛一带，出露面积小，仅有 $45km^2$，圈出 4 个侵入体，由两个单元组成：早期茶穷单元($K_2\eta o\pi_C$)中粗粒斑状黑云角闪石英二长岩和晚期蟠郎单元($K_2\delta\eta o_P$)中粒角闪黑云石英二长闪长岩，具成分演化序列。其中茶穷单元由 3 个侵入体组成，蟠郎单元仅有 1 个侵入体，总面积仅约 $6km^2$，两单元间具涌动接触，具不完整的同心环状分布。其中茶穷单元超动侵入于早期旺乡单元，其界面波状起伏，内接触带出现宽 1～2m 的冷凝边和强叶理构造，并含较多旺乡单元的闪长质包体，包体长轴及叶理走向均与接触面延伸方向一致。

两单元各侵入体内普遍含多种暗色包体，主要有暗色闪长岩、辉长岩、二长闪长岩等深源包体和凝灰熔岩、变安山岩、变粒岩等异源捕虏体。捕虏体在早期单元中多见，至蟠郎单元渐少，以上暗色包体普遍呈纺锤状、扁豆体状，与寄生岩石接触处暗色矿物含量及结构均具明显的渐变过渡特征。包体含量不均匀，局部地段 20%～30%，个别高达 40%～50%；长轴一般 30～60cm，短轴 10～15cm，长轴排列方向与岩体叶理走向及区域构造线一致。岩体具强—中等强度的叶理构造，常与岩体边界一致而呈近东西向，在谢通门西遭韧性变形，出现片麻状构造和拉伸线理。岩体中脉体不发育，仅见少量闪长玢岩和云煌岩脉，脉宽 0.5～1.5m，长 10m±，近北东东向延伸。据 1∶20 万谢通门幅 K－Ar 稀释法测定，黑云母同位素年龄值在 69.1～95.0Ma 之间，故其侵位时间为晚白垩世。

2. 岩石学特征

早期茶穷单元为中粗粒斑状黑云角闪石英二长岩，似斑状结构，斑晶成分为斜长石，粒径 8～20mm 不等，含量大于 10%～15%；基质为中粗粒结构，强叶理构造。斜长石：半自形板柱状晶，钠长石律发育，个别具卡钠复合律，环带构造，An=46～48，含量在 35%～45%之间；钾长石：他形—半自形板状晶，具正条纹结构，为正条纹长石，部分具格子双晶，为微斜长石和具卡斯巴双晶的正长石，含量 30%～35%；石英：他形粒状，充填于长石晶粒间，含量 10%～15%；普通角闪石：半自形短柱状，绿、浅黄绿色，含量 10%～15%；黑云母：半自形片状，褐红、褐黄色，个别见绿泥石化，含量 5%～10%。晚期蟠郎单元为中粒角闪黑云石英二长闪长岩，中粒结构，中等强度叶理构造，所含矿物斜长石：半自形柱状晶，普遍具环带构造，部分具钠长石律聚片双晶，An=34～36，含量在 50%～55%之间；钾长石：他形板状、粒状，有具格子双晶的微斜长石、卡斯巴双晶的正长石和正条纹长石，含量 15%～20%；石英：他形填隙状，含量 15%～20%；普通角闪石：半自形柱状晶，绿—浅绿色，含量 10%～15%；黑云母：自形片状，褐、褐黄色，含量

10%～15%。两单元从早到晚，矿物粒径变细，叶理构造减弱，暗色矿物及钾长石含量减少，石英及斜长石含量增加，斜长石牌号降低，反映岩浆向酸性方向演化。两单元副矿物特征相似，主要矿物皆为锆石+磁铁矿+榍石，蟠郎单元内含自然金颗粒，锆石呈柱状。从早到晚，主要副矿物含量减少，锆石晶形趋于复杂。

3. 岩石化学特征

该岩体化学成分，标准矿物和特征参数见表3-9、表3-10。早晚两单元中SiO_2的含量分别为65.20%和67.66%，具递增趋势，居于中性岩向酸性岩过渡的区域，$Na_2O+K_2O+CaO>Al_2O_3>Na_2O+K_2O$，为次铝的岩石化学类型。标准矿物中石英(Qz)和钾长石(Or)、钠长石(Ab)的平均含量增加，钙长石(An)减少，磁铁矿(Mt)和钛铁矿(Il)的总量也随之递减，未见刚玉分子(Crd)。里特曼指数(σ)在1.53～2.92间，属钙碱性岩类，碱度率AR递增，在SiO_2－AR碱度关系图上均位于钙碱性区域。长英指数(FL)和分异指数(DI)递增，固结指数(SI)递减。

4. 地球化学特征

稀土、微量元素丰度值及特征参数见表3-11、表3-12，稀土元素分配型式如图3-13所示。稀土元素总含量ΣREE为118.82×10^{-6}，Eu/Sm为0.229，其值均较低；δEu为0.729，具负铕异常，明显较早期洛堆单元和卡如单元铕亏损严重，表明分异作用进一步加强。Ce_N/Yb_N为5.62，ΣLREE/ΣHREE为3.07，虽然其数值较低，但轻稀土分馏明显，分配型式曲线向右倾斜。微量元素与世界花岗岩类平均值比较，Rb、Ba、Ni、Li、Nb、Co、Th等贫化，Sr、Cr、V、Sc、Hf等趋于富集，其中过渡元素Ni、Sc、Co、V、Cu等较早期单元明显减少，Rb/Sr值为0.308，Ce_N/Yb_N为38.04，均较小。以上仍反应该超单元为板块俯冲早期具I型花岗岩的特点。

(三)亚模超单元(K_2YM)

1. 地质特征

分布在测区中部亚模区—昌那南多雄藏布两岸，总面积304km^2，共圈定出17个侵入体，由3个单元组成，如剖面图3-14所示，早期结江单元($K_2\gamma\delta_J$)为中细粒黑云角闪花岗闪长岩，由4个侵入体组成，面积约150km^2；中期夺裸单元($K_2\eta\gamma_D$)为中粒角闪二长花岗岩，由8个侵入体组成，面积约130km^2；晚期桑嘎单元($K_2\eta\gamma\pi_S$)为中粗粒斑状角闪二长花岗岩，有5个侵入体，面积仅24km^2，该岩体主要部分出露在亚模一带。各单元东西向展布，呈现出明显的同心环状结构，由于剥蚀程度较浅，顶部残留有早期单元，将同心环分隔为两部分。在亚模以西，由于受晚期岩体侵入的破坏，早期和中期单元呈分散的小侵入体分布。测区未见该岩体侵入到更早岩体之中，岩体内部单元之间均为涌动接触关系，其中夺裸和桑嘎两单元之间接

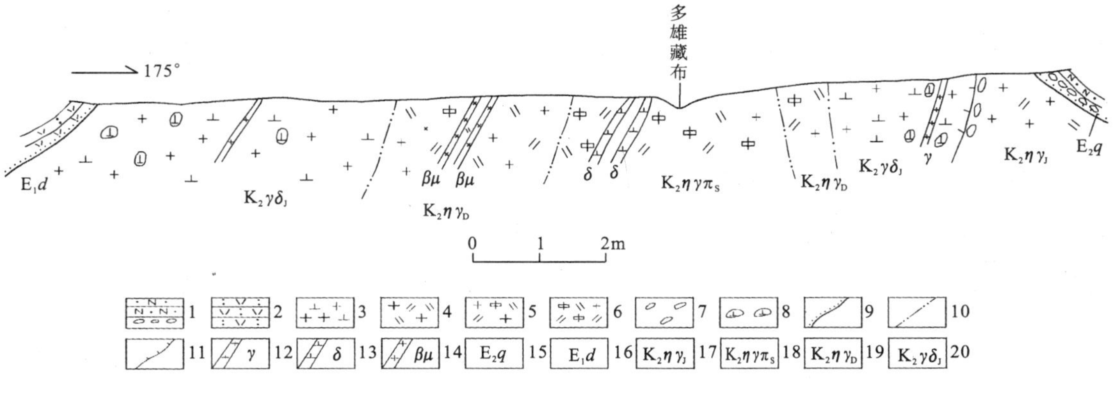

图3-14 昂仁县亚模区晚白垩世亚模超单元路线剖面图

1.砾石及长石砂岩；2.凝灰岩；3.花岗闪长岩；4.二长花岗岩；5.含斑二长花岗岩；6.斑状二长花岗岩；7.捕虏体；8.暗色包体；9.沉积型接触关系；10.涌动型接触关系；11.超动型接触关系；12.花岗岩脉；13.闪长岩脉；14.辉绿岩脉；15.秋乌组；16.典中组；17.加森单元；18.桑嘎单元；19.夺裸单元；20.结江单元

触关系特征明显(图 3-15)。

该岩体各单元中均含大量的暗色深源包体,成分主要为微细粒闪长岩,少量辉长岩,在早期单元中多数呈透镜体、扁豆体状,少量呈不规则状,长轴大小 10～20cm 居多,短轴 5～10cm,含量一般为 10%,局部可达 25%,其长轴排列具定向性,与叶理及接触界面大致相同,而在晚期单元中,包体成分均为细—微粒闪长岩,多为不规则形状,部分具小扁豆体状,大小明显减小,均不超过 10cm,其分布杂乱,一般不具定向性,含量也明显减少,且分布不均匀。岩石中脉体较为发育,主要有两种,即暗色变细晶辉绿岩脉和浅色细粒花岗岩脉,以后者为主,其中花岗岩脉宽度 1～5m 不等,延伸极为稳定,其产状大多为 330°～350°∠35°～50°;辉绿岩脉宽一般小于 2m ,少量延伸稳定,大部分长仅几米至几十米,脉体产状多样,但一般走向呈近东西向.主要的一组产状大致为 320°∠60°。岩体中早期单元发育强—中等强度的叶理构造,晚期桑嘎单元呈弱—中等强度叶理或块状构造,主要一组叶理产状为 140°～190°∠70°～85°,其次有 320°～360°∠60°～70°、160°～180°∠35°～45°等。该岩体暂无同位素资料,但其被晚期康萨超单元(K_2KS)超动侵入接触,为古新世火山岩沉积覆盖,根据该岩体在测区岩石演化系列中所处的位置和所出露的位置综合判断,其侵入时代晚于早白垩世,因此初步确定其侵入时代为晚白垩世。

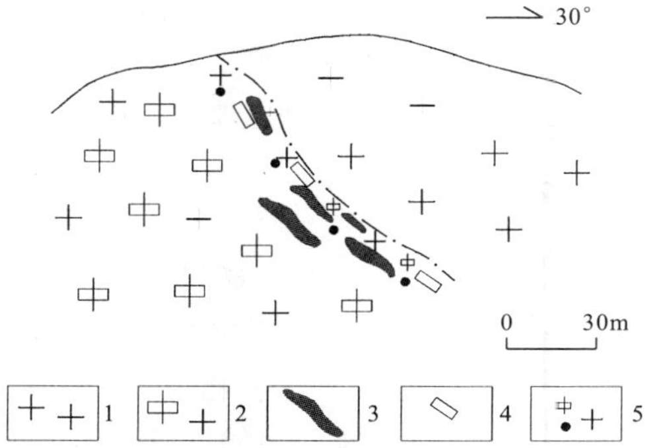

图 3-15　夺裸单元与桑嘎单元间的涌动接触关系

1. 夺裸单元中粒二长花岗岩;2. 桑嘎单元中粗粒斑状二长花岗岩;3. 暗色矿物定向排列;4. 钾长石斑晶定向排列;5. 接触混合带(过渡带)

2. 岩石学特征

该岩体各单元特征见表 3-13,可以看出在岩石结构及矿物含量等各方面呈现出极为特征的演化规律:从早至晚,结构由以细粒为主向中—粗粒演化,由不含斑到含斑至斑状演化;矿物含量石英及钾长石增多,斜长石和角闪石减少,岩性由花岗闪长岩过渡到二长花岗岩,组成一个由结构和成分共同演化的序列。总体上看,该超单元也即是处于测区侵入岩演化系列中由以成分演化为主向以结构和成分双重演化序列过渡的阶段。

3. 岩石化学特征

该超单元化学成分、标准矿物和特征参数见表 3-9、表 3-10。从早至晚各单元表现出如下演化特征:①在岩石化学成分上,SiO_2 的平均含量由 69.61%→69.88%→73.61%,Na_2O+K_2O 由 7.60%→8.79%→8.81%逐渐增高,而 $Fe_2O_3+FeO+MgO$ 由 4.93%→3.72%→2.33%递减。$Na_2O+K_2O+CaO>Al_2O_3>Na_2O+K_2O$,属次铝的岩石化学类型。②标准矿物中,石英(Qz)和钾长石(Or)、钠长石(Ab)总体呈递增的趋势,而钙长石(An)明显减少,磁铁矿(Mt)和钛铁矿(Ⅱ)的含量也随之递减,不含刚玉(Crd)分子,至晚期桑嘎单元未见紫苏辉石(Hy)分子。③特征指数中里特曼指数(σ)在 2.16～3.61 之间,属钙碱性岩类,碱度率 AR 逐渐增大,在 SiO_2 - AR 与碱度关系图上,主要投影点均落于钙碱性与碱性分界线处(图 3-11)。长英指数(FL)由 73.08→76.85→87.66 递增,分异指数(DI)由 81.42→84.25→92.70 递增,固结指数(SI)由 9.36→6.24→1.26 递减。以上变化与岩浆演化特征相符。

4. 地球化学特征

稀土、微量元素丰度值见表 3-10、表 3-11,稀土元素分配型式图如图 3-13 所示。稀土元素总含量 ΣREE 为 180.04×10^{-6},与早期单元相比,含量已有显著提高,但 Eu/Sm 为 0.294,δEu 为 0.886,ΣLREE/ΣHREE 为 2.77,减少或增加的幅度都不大。Ce_N/Yb_N 为 4.60,在各单元中数值最低,分配型式曲线向右倾斜,分馏并不明显。以上特征表明该超单元在岩浆演化的过程中居于板块俯冲碰撞间的过渡阶段。

表 3-13 亚模超单元岩石矿物特征表

单元	岩石名称	结构	构造	矿物		
				种类	矿物特征	含量
结江	中细粒黑云角闪花岗闪长岩	他形—半自形粒状结构，以细粒为主，少量中粒结构	强—中等强度叶理构造	斜长石	他形、半自形板柱状，以更长石或中更长石为主，具聚片双晶和环带构造	40%～45%
				钾长石	半自形板状、柱状，自形程度较斜长石稍好，以条纹长石及正长石为主	15%～25%
				石　英	他形粒状，充填于长石矿物颗粒间	20%～25%
				角闪石	半自形或他形不规则状、柱状、粒径小，被黑云母交代	5%～7%
				副矿物	主要为磁铁矿、榍石、磷灰石、褐铁矿	少量
夺裸	中粒含斑角闪二长花岗岩	含斑结构，基质为中粒他形粒状结构	中等强度叶理构造	斜长石	斑晶：半自形—自形板柱状，粒径 5～8mm；基质：他形粒状、半自形板状，中更长石为主，环带发育	25%～30%
				钾长石	他形粒状，以条纹长石为主	30%～35%
				石　英	他形填隙状，具波状消光	25%～30%
				角闪石	半自形—他形柱状，不规则状，含钛矿物内含榍石包体	5%
				副矿物	主要有榍石、白钛石、磁铁矿等	少量
桑嘎	中粗粒斑状角闪二长花岗岩	斑状结构，基质为中粗粒不等粒结构	中等强度叶理构造或块状构造	斜长石	他形—半自形板柱状、粒状，主要为(中)更长石，少量中长石，多具聚片双晶	20%～30%
				钾长石	斑晶：半自形—自形板状，粒径 8～24mm 不等；基质：半自形—他形板状、粒状，主要为正长石及条纹长石	斑晶：20% 基质：10%～15%
				石　英	他形粒状，充填于矿物晶体间	25%～30%
				角闪石	柱状及少量他形粒状	4%
				副矿物	主要为锆石、磁铁矿、榍石、磷灰石	少量

该超单元微量元素特征明显，Rb、Nb、Th、U 等富集程度高，而 Sr、Ba、Ni、Cr、Li、Sc、P、Co、Hf、V、Cu 等则极为贫化，Rb/Sr 极高，Rb_N/Yb_N为 52.47。以上均显示该超单元的特殊性。

（四）康萨超单元(K_2KS)

1. 地质特征

分布于测区西部多雄藏布北拉萨普—雪巴拉一线，呈东西向展布，出露面积 392km²。共圈定 4 个侵入体，由两个单元组成，早期加森单元($K_2\eta\gamma_J$)为细粒角闪黑云二长花岗岩，由 3 个侵入体组成，面积约 132km²；晚期拉萨普单元($K_2\eta\gamma_L$)为中粒黑云二长花岗岩，仅有 1 个侵入体，面积约 260km²。两单元组成一个同心纺锤状，单元内部为涌动型接触关系，并超动侵入于早期亚模超单元(图 3-16)，接触界面多呈锯齿状，界面附近见有极窄的冷凝边和少量孔洞，在外接触带，见有细粒二长花岗岩的岩枝穿入，内接触带见有大小不一的早期岩体花岗闪长岩包体，多数顺接触界面分布，局部可以见到极窄的细粒化边。另外也明显可以见到典中组(E_1d)的火山岩与秋乌组(E_2q)的砂砾岩沉积覆盖于岩体之上，与岩体间为沉积接触关系(图 3-17)。

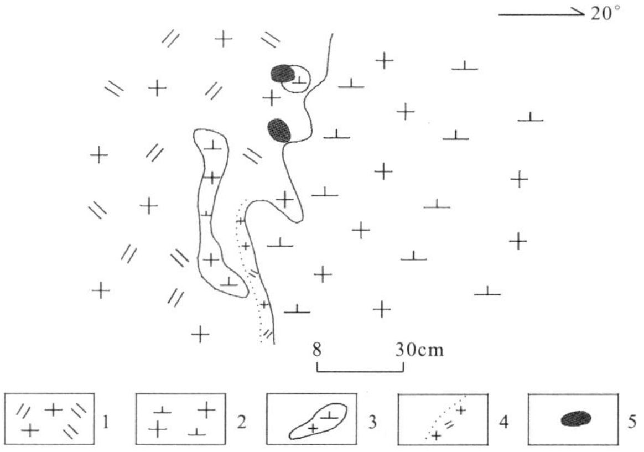

图 3-16 康萨超单元与亚模超单元之间的超动接触关系
1. 康萨超单元细粒二长花岗岩；2. 亚模超单元花岗闪长岩；3. 花岗闪长岩包体；4. 细粒化边；5. 石英伟晶岩

岩体两单元中均含大量的暗色深源包体，其成分均为微—细粒闪长岩，绝大部分为椭球状，少量具球状或不规则形状，长轴一般在 5～20cm 间，大小悬殊，以 10cm±者多见，包体与寄主岩体之间大多界线截然，少量具渐变过渡的薄边，包体分布无一定规律，但在局部具定向排列，长轴走向在 10°～30°之间。包体

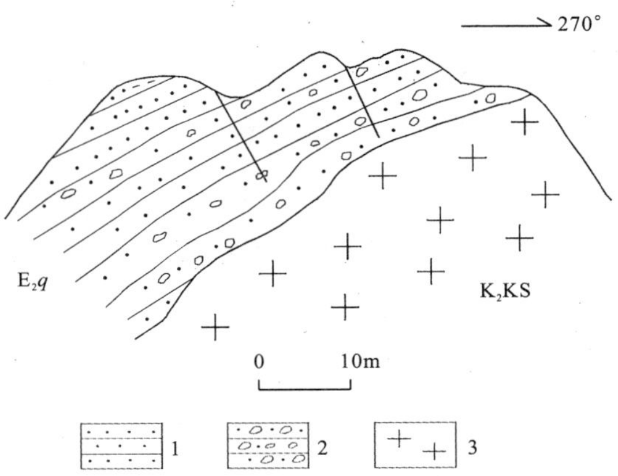

图 3-17　康萨超单元与秋乌组沉积接触关系
1. 秋乌组砂岩；2. 秋乌组砾岩；3. 康萨超单元二长花岗岩

的含量极不均匀，不含包体、包体含量稀少及含量较多者均可见，最高含量可达 30%±。岩体中主要发育两种脉岩，为浅色细粒花岗岩脉和深色细粒闪长岩脉，以前者较为发育，仅偶见石英脉。脉岩宽度从几米至近百米者均有，延伸稳定，产状集中为 140°～160°∠25°～30°和 340°～350°∠45°～70°。岩体中发育弱—中等强度的叶理，叶理产状有两种，为 10°～15°∠70°～75°，300°～330°∠70°～80°。该岩体经 K-Ar 稀释法测定，其年龄在 69.1±2.8～73.2±1.2Ma 之间，并通过与晚白垩世亚模超单元超动接触关系和与古近纪秋乌组、典中组沉积接触关系综合判断，其侵位时代为晚白垩世。

2. 岩石学特征

该岩体岩石特征见表 3-14，总体岩性差异较小，从早至晚，斜长石和暗色矿物的含量略有减少，钾长石和石英的含量略有增加，而在结构上差异较大，从早至晚，岩石变化由粗粒→中粒，由不含斑→含斑，叶理由强到弱，呈现出以结构演化为主的序列。

表 3-14　康萨超单元岩石矿物特征

单元	岩石名称	结构	构造	矿物		
				种类	矿物特征	含量
拉萨普	中粒含斑黑云二长花岗岩	似斑状结构，基质为中粒花岗结构	弱叶理构造，局部为块状构造	斜长石	自形板柱状外形，聚片双晶发育，具弱的绢云母化，成分为中-更长石	斑晶：1% 基质：35%～45%
				钾长石	他形—半自形晶，发育格子双晶和条纹构造，斑晶内含斜长石和黑云母包体，成分为微斜条纹长石	斑晶：2% 基质：25%～30%
				石　英	他形粒状，长石粒间填隙物	20%～25%
				黑云母	自形片状晶，淡黄褐色，少量具绿泥石化	5%
				副矿物	主要为锆石、榍石、磁铁矿、磷灰石	少量
加森	细粒角闪黑云二长花岗岩	细粒不等粒花岗结构，少量为中粒结构	弱—中等强度叶理构造	斜长石	半自形板柱状晶，发育聚片双晶，具绢云母化，成分为更长石	40%～45%
				钾长石	他形粒状为主，少量为半自形、板柱状、具泥化表面，含斜长石、黑云母包体，成分为微斜条纹长石	25%～30%
				石　英	他形粒状，分布于长石粒间	20%
				黑云母	自形粒状，多具绿泥石化	5%
				角闪石	自形柱状晶，具多色性 Ng—绿色，Nm—浅黄绿色，Np—浅黄色	3%～4%
				副矿物	主要为锆石、榍石、磁铁矿、磷灰石	少量

3. 岩石化学特征

该超单元化学成分，标准矿物和特征参数见表 3-9、表 3-10①。在化学成分上，岩石中 SiO_2 的平均含量为 68.37%，Al_2O_3 平均为 3.71%，早期单元变化不大，属酸性岩范畴。晚期拉萨普单元具有 MnO 含量高（大于 4%）和 Na_2O+K_2O 含量低（小于 6%）的特点。早期加森单元 $Na_2O+K_2O+CaO>Al_2O_3>Na_2O+K_2O$，为次铝的岩石化学类型，而晚期拉萨普单元 $Al_2O_3>Na_2O+K_2O+CaO$，为过铝的岩石化学类型。标准矿物上各侵入体均以含刚玉（Crd）分子而缺少透辉石（Di）为主要特征，从早至晚石英（Qz）和钠长石（Ab）的平均含量增高，钙长石（An）和钾长石（Or）明显降低。特征指数中里特曼指数（σ）较小，在

① 西藏区调队. 1：20 万谢通门幅区域地质调查报告，西藏地矿局，1997.

0.45～3.17 间，属钙碱性岩类，碱度率(AR)递增，由 1.36→1.87，在 SiO_2 - AR 与碱度关系图(图 3-11)上均投影于钙碱性区域。分异指数(DI)增高，长英指数(FL)反而下降，平均固结指数(SI)也降低。以上特征总体具有 S 型花岗岩的特点。

4. 地球化学特征

稀土、微量元素丰度值及稀土元素分配型式图见表 3-11、表 3-12、图 3-13。稀土元素总含量 ΣREE 为 114.16×10^{-6}，含量较低，铕的异常系数 δEu 为 0.898，稀土分配曲线图呈弱的负异常，ΣLREE/ΣHREE 为 4.61，Ce_N/Yb_N 为 7.93，在各单元中居于中间位置，均远大于 1，表现出分配曲线向右倾斜，并具轻稀土分馏明显而重稀土较为平整的特点。

该超单元微量元素与世界花岗岩类平均值比较，总体贫化 Rb、Sr、Cr、Li、Nb，富集 Ba、Ni、Sc、P、Co、Hf、V、Th、U、Cu 等，Rb/Sr 为 0.394，Rb_N/Yb_N 为 76.83，数值较高。

二、古近纪侵入岩

构成测区冈底斯复式岩基的主体，分布在测区东部南木切、谢通门至彭错林一带，呈东西向展布，形成于板块俯冲后期至碰撞阶段，岩性向酸性方向演化，共划分为 3 个超单元、4 个独立单元和 1 个独立侵入体。

(一)那木堆单元($E_1\eta\gamma\pi_N$)

1. 地质特征

分布在测区东部荣玛北，出露面积约 $20km^2$，仅圈定两个侵入体，呈不规则的岩株或小岩滴状，岩性为中细粒斑状黑云二长花岗岩，区内见其超动侵入于早期茶穷单元($K_1\eta o\pi_C$)，并被晚期洞沙单元($E_3\gamma_D$)侵入。

该单元仅含少量的暗色细粒闪长岩包体，脉体也不发育，偶见花岗斑岩、辉绿玢岩岩脉。据前人 K - Ar 稀释法测定黑云母同位素年龄值大致为 61.9±1.2Ma，结合与围岩侵入关系，其侵位时代为古新世。

2. 岩石学特征

该单元中细粒斑状黑云二长花岗岩具似斑状结构，斑晶为钾长石和斜长石，含量分别为 10%～15% 和 5%～10%；基质为中细粒花岗结构，矿物成分为钾长石、斜长石、石英、黑云母和少量角闪石。斜长石：半自形柱状，双晶类型复杂，有钠长律、卡钠复合律及肖钠＋钠长律，部分具环带构造，An＝22～24，含量约为 30%～40%；钾长石：他形—半自形粒状、板状，具格子双晶和分解条纹，为微斜条纹长石，少量具卡斯巴双晶，为正条纹长石，含量为 30%～35%；石英：他形粒状，充填于长石晶体间，含量为 20%～25%；黑云母：自形片状，Ng—褐红，Np—浅褐黄，约为 5%～10%。岩石具块状构造。

3. 岩石化学特征

该独立单元化学成分、标准矿物和特征参数见表 3-15、表 3-16(部分数据参考 1∶20 万谢通门幅区域地质调查报告①)。岩石中 SiO_2 的含量较高，为 70.76%，Na_2O+K_2O 为 6.04%，铁镁氧化物 $Fe_2O_3+FeO+MgO$ 含量较低，为 3.30%，属酸性岩范畴。$Na_2O+K_2O+CaO>Al_2O_3>Na_2O+K_2O$，为次铝的岩石化学类型。标准矿物中的石英(Qz，32.79%)含量最高，次为钠长石(Ab，25.42%)和钾长石(Or，18.11%)，另见有刚玉(Crd)，为 1.31%，属钙碱性偏钙性岩石类型，碱度率(AR)为 2.08，在 SiO_2 - AR 与碱度关系图上投影于钙碱性区域(图 3-11)。长英指数(FL)和分异指数(DI)分别为 64.76、76.32，接近酸性侵入岩的平均值，固结指数(SI)为 12.61。

---

① 西藏区调队．1∶20 万谢通门幅区域地质调查报告，西藏地矿局，1997.

表 3-15　古近纪侵入岩化学成分表(%)

超单元	单　元	样　号	岩　性	SiO_2	TiO_2	Al_2O_3	Fe_2O_3	FeO	MnO	MgO	CaO	NaO_2	K_2O	P_2O_5	H_2O
吉丁	鸡弄勒	D1064	不等粒黑云碱长花岗岩	75.980	0.310	11.920	0.740	0.960	0.050	0.560	1.390	2.460	4.580	0.120	0.280
	拉木达	D4082	中粒斑状黑云花岗岩	72.180	0.460	13.20	1.420	1.110	0.060	0.670	1.650	3.700	4.810	1.100	0.380
	洞　达	D2113	中粗粒黑云花岗岩	75.560	0.170	12.220	0.630	0.710	0.030	0.240	0.770	3.660	5.160	0.020	0.630
南木切	鱼　弄	L1360	中粒角闪黑云二长花岗岩	76.700	0.025	11.430	0.059	0.640	0.012	0.090	1.040	2.980	5.950	0.025	0.430
		L1361		64.650	0.075	14.260	1.840	2.800	0.100	1.120	3.520	4.830	5.850	0.150	0.790
		平　均		70.680	0.050	12.845	0.950	1.720	0.056	0.605	2.280	3.905	5.900	0.088	0.610
	五　东	L1364-1	中粒斑状角闪黑云二长花岗岩	70.340	0.050	13.500	1.100	1.350	0.042	1.780	2.480	4.000	5.000	0.125	0.580
		L1365-1		67.600	0.050	14.650	1.170	2.140	0.024	0.800	3.070	4.730	4.330	0.150	0.660
		平　均		68.970	0.050	14.075	1.135	1.745	0.033	1.290	2.775	4.365	4.665	0.138	0.620
	日土布	L0720-1	中细粒黑云角闪花岗闪长岩	57.750	1.000	15.760	2.390	3.770	0.190	4.740	5.030	3.460	3.380	0.300	1.680
		D1106-1		68.300	0.500	14.500	1.460	2.390	0.078	0.990	2.470	4.300	4.210	0.120	0.480
		平　均		63.030	0.750	15.130	1.925	3.080	0.134	2.865	3.750	3.880	3.795	0.210	1.080
	孔洞郎	D6128-2	中粗粒粗斑角闪黑云二长花岗岩	62.940	0.720	15.970	2.250	2.650	0.080	2.420	4.050	3.680	3.650	0.350	1.000
	普　吓	D0112—1	中粒黑云角闪石英正长岩	59.360	0.850	16.180	2.650	3.810	0.082	0.060	5.760	4.130	2.400	0.280	0.900
曲水	哈热萨	D1045-1	中粒斑状黑云二长花岗岩	66.180	0.840	13.830	0.810	4.130	0.060	1.760	2.460	2.610	4.270	0.240	1.050
	科　木	L0187-1	细中粒少斑黑云角闪花岗闪长岩	65.040	0.625	15.070	2.410	2.420	0.360	1.500	3.780	4.470	3.070	0.200	0.770
		L07301-1		63.340	0.500	15.420	1.840	2.750	0.120	0.940	5.090	4.780	3.520	0.175	1.140
		平　均		64.190	0.563	15.245	2.130	2.585	0.240	1.220	4.435	4.625	2.330	0.188	0.955
	金珠村	D1070	中细粒黑云角闪石英二长闪长岩	63.860	0.780	16.210	1.610	3.590	0.080	2.210	5.190	2.860	3.960	0.180	0.350
		D1079-1		63.940	0.650	14.670	1.560	2.600	0.152	1.250	4.920	3.910	3.145	0.117	1.420
		平　均		63.900	0.715	15.440	1.585	3.095	0.116	1.730	5.055	3.385	2.530	0.149	0.885
	嘎　萨	D2008	细粒黑云角闪石英闪长岩	57.600	2.010	15.950	1.770	4.050	0.128	2.350	6.070	3.450	3.050	0.160	1.200
	那木堆	D1065	中细粒斑状黑云二长花岗岩	70.760	0.560	13.910	1.240	2.010	0.050	1.340	3.290	2.990		0.320	0.320

表 3-16 古近纪侵入岩 CIPW 结果及特征参数表

超单元	单元	样号	CIPW 标准矿物(%)											特征参数					
			Ap	Il	Mt	Or	Ab	An	Qz	C	Ac	Di	Hy	DI	A/CNK	SI	σ43	σ25	AR
吉丁	鸡弄勒	D1064	0.26	0.59	1.08	27.32	21.01	6.25	40.68	0.65			2.15	89.01	1.03	6.02	1.50	0.98	3.25
	拉木达	D4082-1	2.40	0.87	2.05	28.32	31.19	1.71	30.31	1.27			1.88	89.82	0.92	5.72	2.49	1.53	3.68
	洞沙	D2113	0.04	0.33	0.92	30.75	31.23	1.69	33.03			1.69	0.33	95.00	0.94	2.31	2.38	1.55	5.23
南木切	鱼弄	L1360	0.06	0.05	0.09	35.53	25.48	0.24	35.20			3.36		96.21	0.86	0.93	2.36	1.55	6.05
		L1361	0.33	0.14	2.65	34.85	41.11		7.31		0.08	13.53		83.27	0.69	6.81	5.23	2.89	4.01
		平均	0.20	0.97	1.41	35.75	33.88	0.10	24.12			0.66	2.91	93.75	0.96	4.63	3.43	2.13	6.91
	五东	L1364-1	0.27	0.10	1.60	29.61	33.92	4.12	21.24			5.99	3.14	84.78	0.82	13.45	2.96	1.79	3.58
		L1365-1	0.33	0.10	1.72	25.92	40.54	6.03	16.83			7.13	1.40	83.29	0.81	6.07	3.31	1.94	3.09
		平均	0.30	0.10	1.66	27.78	37.22	5.07	19.05			6.53	2.31	84.04	0.81	9.77	3.12	1.86	3.31
	日土布	L0720-1	0.67	1.94	3.54	20.43	29.94	17.89	7.34			4.66	13.58	57.71	0.85	26.72	3.05	1.44	1.98
		D1106-1	0.26	0.96	2.13	25.05	36.63	7.88	20.52			3.10	3.47	82.20	0.90	7.42	2.85	1.68	3.01
		平均	0.47	1.45	2.83	22.76	33.31	12.85	13.99			3.85	8.50	70.06	0.87	18.43	2.89	1.56	2.37
	孔洞郎	D6128-2	0.77	1.38	3.30	21.84	31.53	16.48	15.85			1.42	7.41	69.22	0.92	16.52	2.66	1.42	2.16
	普吓	D0112-1	0.64	1.69	4.02	14.84	36.57	19.38	15.31			7.55		66.72	0.81	0.46	2.44	1.26	1.85
曲水	哈热萨	D1045-1	0.54	1.64	1.21	25.96	22.72	11.10	25.52	0.99			10.31	74.21	1.03	12.96	2.00	1.16	2.46
	科木	L0187-1	0.44	1.20	3.53	18.33	38.22	12.12	17.91			4.59	3.66	74.47	0.86	10.81	2.55	1.43	2.33
		L0730-1	0.39	0.96	2.70	23.71	40.88	8.99	10.57			11.79		75.17	0.72	6.58	3.72	2.00	2.49
		平均	0.39	1.08	3.12	21.03	39.57	10.56	14.20			8.74	1.30	74.80	0.78	8.66	3.10	1.70	2.41
	金珠村	D1070	0.40	1.50	2.36	13.92	24.47	24.78	22.76			0.15	9.66	61.15	0.97	17.54	1.28	0.70	1.64
		D1079—1	0.26	1.26	2.31	23.94	33.85	11.03	15.86			10.90	0.57	73.66	0.75	9.41	2.89	1.60	2.34
		平均	0.33	1.37	2.33	18.81	28.98	17.86	18.81			5.49	6.02	66.61	0.85	12.87	2.02	1.10	1.94
	嘎萨	D2008	0.36	3.97	2.67	15.56	30.39	21.40	12.79			7.25	5.59	58.74	0.82	16.61	2.28	1.11	1.75
	那木堆	D1065	0.70	1.07	1.81	18.11	25.42	14.51	32.79	0.40			5.20	76.32	0.98	12.61	1.31	0.80	2.08

4. 地球化学特征

稀土元素、微量元素丰度值分别见表 3-11、表 3-12。稀土元素总含量 ΣREE 为 109.97×10^{-6}，仍然处于较低的水平，而铕的异常系数 δEu 和 Eu/Sm 分别为 1.003 和 0.794，数值均较高，共同说明该单元分异程度较低，但 Ce_N/Yb_N 为 12.19，轻重稀土总量比值 ΣLREE/ΣHREE 为 6.43，比早期单元增高，轻稀土已有明显富集。

微量元素丰度值与世界花岗岩类平均值比较，总体贫化 Rb、Sr、Ba、Li、Nb、P、Co、V，富集 Ni、Cr、Sc、Hf、Th、U、Pb 等，其中 Pb 高达 $1\,527\times10^{-6}$，Rb/Sr 为 0.055，Rb_N/Yb_N 为 10.34，其值均较小，以上特征反映该单元为俯冲期后向碰撞期过渡的岩浆演化特点。

（二）曲水超单元（E_2QS）

1. 地质特征

该超单元位于测区冈底斯复式岩体的中南部，即彭错林、国沙至娘打一带，出露面积约 410km²，共圈定出 3 个侵入体，由 4 个单元组成，从早至晚分别为嘎萨细粒黑云角闪石英闪长岩（$E_2\delta o_G$），有 3 个侵入体，面积约 53km²；金珠村中细粒黑云角闪石英二长闪长岩（$E_2\delta\eta o_J$），有两个侵入体，面积约 150km²；科木细中粒少斑黑云角闪花岗闪长岩（$E_2\gamma\delta\pi_K$），有 5 个侵入体，面积约 110km²；哈热萨中粒斑状黑云二长花岗岩（$E_2\eta\gamma\pi_H$），有 3 个侵入体，面积约 97km²。由于受东西向构造的影响，早期两单元侵入体明显呈近东西向展布，因被后期岩体侵吞和构造破坏，岩体呈分散的岩株产出，仅局部保留不完整的弧形套叠形式。

该岩体围岩除早期侵入体外，区内还见其侵入于麻木下组（J_3K_1m），塔克那组（K_1t）和昂仁组（$K_{1-2}a$）等地层中，接触界面不平整，局部呈岩枝状，外接触带多具角岩化。岩体内部嘎萨单元与金珠村单元、科木单元与哈热萨单元之间为涌动接触，金珠村单元和科木单元间为脉动接触。岩体中普遍含暗色包体，主要有围岩捕虏体和深源闪长质包体，捕虏体成分常为角岩化砂岩、角岩、变凝灰熔岩等，在早期单元中或岩体与围岩接触带内居多，其长轴与接触界面平行排列；闪长质包体普遍呈椭圆状，在早期两单元中多见，且其长轴与叶理或区域构造线一致，晚期两单元中含量减少，且分布杂乱。从早至晚，岩体中发育由强至弱的叶理构造，在谢通门东早期两单元的南侧遭受韧性变形，出现形变的片麻状、叶理等构造，并见拉伸线理、暗色矿物的压扁拉长和剪切碎斑等现象，叶理产状常在 5°～15°∠40°～50°间。脉体不发育，有少量闪长玢岩和花岗斑岩，脉宽 0.6～2m 不等，走向北北西。据 1∶20 万谢通门幅报告，用 K－Ar 稀释法测定，黑云母同位素年龄分别为 54.6±7.2Ma，53.6±1.2Ma，54.3±2Ma，并结合与不同地层，侵入体的关系，综合判断其侵位时代为始新世①。

2. 岩石学特征

该岩体岩性特征见表 3-17，不同单元矿物特征、副矿物种类和锆石特征基本相似，但岩石结构、构造、矿物含量、岩性等呈有规律的变化，从早到晚岩石结构由细粒→中粒，由不含斑→少斑→斑状演化，岩石构造大致由中等强度叶理→弱叶理→块状演化，矿物含量斜长石和暗色矿物递减，钾长石和石英的含量增高，岩石类型由中性→中酸性→酸性演化，形成一个结构和岩性双重演化系列。

3. 岩石化学特征

该超单元化学成分、标准矿物和特征参数见表 3-15、表 3-16。从早到晚各单元表现出如下演化特征：①化学成分上，SiO_2的平均含量为 57.60%→63.90%→64.19%→66.18%，以中性岩为主，但晚期哈热萨单元其含量超过 66%，为酸性岩范畴，其含量具明显递增的趋势，而 $Fe_2O_3+FeO+MgO$ 递减，Na_2O+K_2O 递增，与岩浆演化特征相符。$Na_2O+K_2O+CaO>Al_2O_3>Na_2O+K_2O$（分子数），为次铝的岩石化学类型。②标准矿物中石英（Qz，12.79%→18.81%→14.20%→25.52%）和钾长石（Or，15.56%→

---

① 西藏区调队. 1∶20 万谢通门幅区域地质调查报告，西藏地矿局，1997.

18.81%→21.03%→25.96%)的平均含量总体呈递增的趋势，而钙长石(An)总体递减，钠长石(Ab)变化不明显。在晚期的哈热萨单元中出现有刚玉(Crd)分子，而未见透辉石(Di)。③特征参数：平均里特曼指数(σ)在2.00～3.14之间，均属钙碱性岩类，碱度率(AR)从1.75→1.97→2.41→2.46递增，在SiO_2－AR与碱度关系图(图3-11)上均投影于钙碱性区域。平均长英指数(FL)在49.54～73.77之间，分异指数(DI)在58.74～74.82之间，呈递增趋势，平均固结指数(SI)在16.61～8.69间，总体递减。

表3-17　曲水超单元岩石矿物特征

单元	岩石名称	结构	构造	矿物		
				种类	特征	含量
哈热萨	中粒斑状黑云二长花岗岩	似斑状结构，斑晶为钾长石和斜长石，基质为中粒花岗结构	弱叶理构造、块状构造	斜长石	半自形柱状晶，钠长律双晶多见，少量卡钠复合律，An=26～28	斑晶5%～10% 基质15%～20%
				钾长石	半自形—他形板状、粒状，格子双晶发育，少数具条纹和卡斯巴双晶，属正条纹长石和微斜长石	斑晶10%～15% 基质15%～20%
				石　英	他形填隙状	25%～30%
				黑云母	半自形片状，具多色性，为褐—褐红等色	10%～15%
				副矿物	主要有锆石、磁铁矿、钛铁矿、磷灰石	少量
科木	细中粒少斑黑云角闪花岗闪长岩	似斑状结构，斑晶为钾长石，基质为细—中粒半自形粒状结构	弱叶理构造	斜长石	半自形柱状，多钠长律双晶，少数为卡钠复合律、肖钠—钠长律双晶，环带构造发育，An=26～28	35%～40%
				钾长石	他形粒状，格子双晶发育，为微斜长石	斑晶5%～10% 基质15%～20%
				石　英	他形粒状，常见尘埃质点包体	20%～25%
				角闪石	半自形短柱状，Ng—绿，Np—浅黄绿色	5%～10%
				黑云母	自形片状，少量蚀变为绿泥石	5%～10%
				副矿物	主要为磁铁矿、锆石、榍石、方铅矿等	少量
金珠村	中细粒黑云角闪石英二长闪长岩	中细粒不等粒半自形粒状结构	中等强度叶理构造	斜长石	半自形柱状，多具钠长律，部分为卡钠复合律，少量为肖钠+钠长律，环带不发育，An=34～36	50%～55%
				钾长石	半自形—他形板状，粒状，格子双晶和交代成因的羽毛状条纹发育，为微斜条纹长石	15%～20%
				石　英	他形填隙状	10%～15%
				角闪石	自形柱状，绿及浅黄绿色	10%～15%
				副矿物	主要为磁铁矿、钛铁矿、锆石、磷灰石	少量
嘎萨	细粒黑云角闪石英闪长岩	细粒不等粒半自形粒状结构	弱叶理构造	斜长石	半自形板柱状，钠长律双晶发育，其次为卡钠复合律，部分具环带构造，An=34～36	55%～60%
				钾长石	他形板状，格子双晶及条纹明显，钠长石条纹呈嵌晶状，为微斜条纹长石	5%～10%
				石　英	他形粒状，为晶体间充填物	10%～15%
				角闪石	半自形柱状，绿—浅黄绿色，多绿泥石化和方解石化	10%～15%
				黑云母	他形，Ng—棕，Np—淡黄棕，部分绿泥石化	5%～10%
				副矿物	主要为锆石，磁铁矿、榍石、磷灰石、钍石等	少量

4. 地球化学特征

稀土元素、微量元素丰度值分别见表3-11、表3-12，稀土元素分配曲线如图3-18所示。稀土元素总含量ΣREE为176.79×10^{-6}，与早期单元相比显著增高，铕异常系数δEu为0.637，铕的负异常也明显增加，表明岩浆分异程度增强的特点，而Ce_N/Yb_N和ΣLREE/ΣHREE分别仅为5.07和2.99，在分配图上

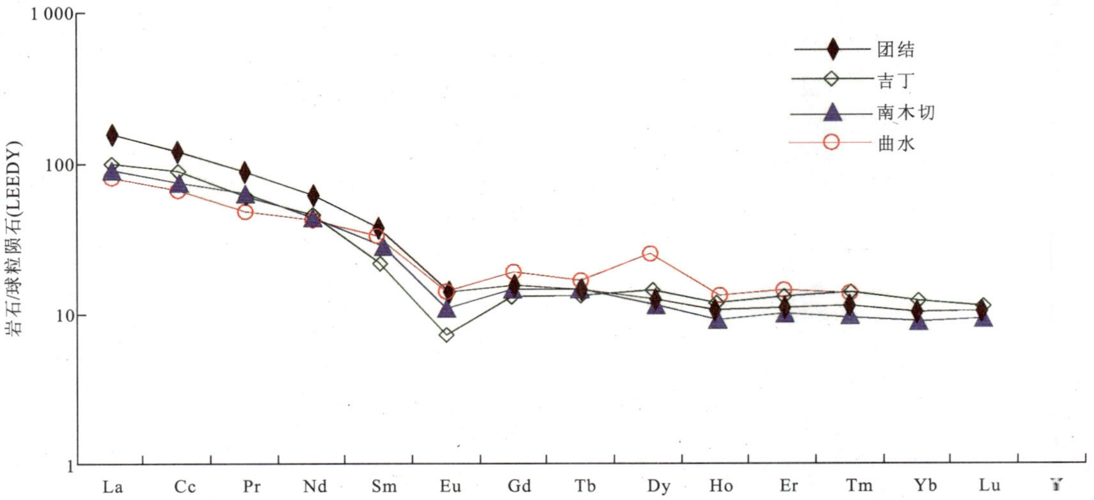

图 3-18　古近纪—新近纪花岗岩稀土元素分配型式图

曲线的分馏程度仍较低，还处于岩浆演化过程中期。

微量元素丰度值与世界花岗岩类平均值相比，各单元富集与贫化的元素基本相同，过渡元素 Ni、Cr、Sc、Co、V、Cu 等较富集，而大多数亲石元素 Rb、Sr、Ba、Li、Th、U 等贫化，特征明显。内部各单元 Rb/Li 和 Rb/Sr、Rb_N/Yb_N 平均比值均逐渐递增，与同源岩浆演化规律相一致。

(三)普吓单元($E_2\delta\eta o_P$)

1. 地质特征

该独立单元分布在测区东部彭错林北麦弄、古斑勒等地，出露面积约 83km^2。仅由 3 个侵入体组成，呈小岩株或小岩滴孤立产出，较大的一个侵入体平面上为不规则状，较小的两个近椭圆形，长轴为东西向，受控于断裂机制。该单元围岩有楚木龙组(K_1cm)与塔克那组(K_1t)沉积地层和早期侵入体洛堆单元($K_1\nu_L$)、拨路单元($K_2\delta_B$)、科木单元($E_2\gamma\delta\pi_K$)等，均呈侵入接触关系。

岩石内部组构不发育，仅在与围岩的内接触带偶见围岩的捕虏体和浅色花岗质包体。呈近椭圆形，长轴 5～10cm，杂乱分布。岩体一般为块状构造，仅在侵入体边部具弱叶理构造，叶理产状主要有两组：165°～175°∠50°～55°和 350°～360°∠40°～45°。据 1∶20 万谢通门幅在测区彭错林北所做的 K－Ar 法黑云母同位素年龄值为 44.4±1.2Ma，结合与围岩的接触关系，其侵位时代相当于始新世①。

2. 岩石学特征

该单元岩性为中粒黑云角闪石英正长岩，中粒花岗结构，块状构造为主，局部具弱叶理构造；主要矿物成分有钾长石、斜长石、石英、角闪石、黑云母等。钾长石：他形—半自形粒状、板状，具格子双晶和条纹结构，粒径 2～5mm，局部形成粗大的斑晶，主要为微斜条纹长石和正长石，含量占 50%～60%；斜长石：半自形柱状，聚片双晶和卡钠联晶发育，常见环带构造，粒径 2 ～3mm，An＝32～34，含量为 15%～20%；石英：他形粒状，作为填隙物存在，含量为 10%～15%；普通角闪石：半自形柱状，Ng—绿色，Np—浅黄绿色，含量占 5%～8%；黑云母：自形片状，Ng—深棕色，Np—浅棕黄色，含量为 3%～5%，具轻微绢云母化。主要副矿物有锆石、磷灰石、磁铁矿、榍石、独居石等，以出现自然金颗粒和磁铁矿含量高为特征。锆石为无色—淡黄色，透明，多为柱状碎块，晶棱、晶面清晰，种类较多，少数具自生连生体。

3. 岩石化学特征

该单元化学成分、标准矿物和特征参数见表 3-15、表 3-16。岩石中 SiO_2 含量为 59.36%，属中性岩，

① 西藏区调队. 1∶20 万谢通门幅区域地质调查报告，西藏地矿局，1997.

铁镁氧化物和 CaO 的含量相对较高，$Na_2O+K_2O+CaO>Al_2O_3>Na_2O+K_2O$，属次铝的岩石化学类型。标准矿物透辉石(Di)含量相对较高，未出现刚玉(Crd)和紫苏辉石(Hy)的分子。里特曼指数(σ)为 2.44，系钙碱性岩类，碱度率(AR)为 1.85，在 SiO_2－AR 与碱度关系图上投影于钙碱性区域(图 3-11)。长英指数(FL)和分异指数(DI)分别为 53.13 和 66.72，与中性岩平均值一致。

4. 地球化学特征

稀土元素、微量元素丰度值分别见表 3-11、表 3-12。稀土元素总量(193.84×10^{-6})进一步增加，与此同时，ΣLREE/ΣHREE(11.19)和 Ce_N/Yb_N(13.00)两比值也明显增高，轻稀土富集程度进一步增强，在分配型式图上曲线右倾变陡，轻稀土分馏程度较重稀土高。铕的异常系数 δEu 为 0.767，呈较弱的富铕异常，铈略富集(δCe 为 1.07)，显示岩石形成于较弱的氧化环境。与世界花岗岩类平均值相比，绝大多数微量元素的丰度值具有明显偏低的特点。

(四)孔洞郎单元($E_2\eta\gamma\pi_K$)

1. 地质特征

位于测区娘打一带，出露面积仅 $33km^2$，为 1∶20 万谢通门幅①建立的安岗超单元中最晚期的一个单元，延伸在测区仅有一个侵入体，平面上略呈圆形小岩滴状。围岩主要为早期金珠村单元。

岩体中含极少量深源微粒石英闪长质包体及早期地层与侵入体的捕虏体，捕虏体岩性有变质砂岩、角岩、青盘岩化安山岩、凝灰熔岩和石英闪长岩等，大小不等，形态各异，包体多呈扁豆体状，分布杂乱。该侵入体的南缘遭受测区东西向韧性剪切变形出现片麻状、糜棱岩化构造，向北逐渐减弱。据 1∶20 万谢通门幅①报告，经 K－Ar 法测定，其黑云母同位素年龄值为 49.5Ma，结合与围岩的侵入关系，其侵位时代为始新世(西藏区调队，1997)。

2. 岩石学特征

该单元岩性为中粗粒粗斑黑云二长花岗岩，似斑状结构，基质为中粒花岗结构，块状构造。斑晶成分以钾长石为主，次为斜长石，含量在 15%～25%之间；基质有斜长石、钾长石、石英、普通角闪石和黑云母等。斜长石：半自形柱状，斑晶粒径 20mm 以上，基质粒径 3～7mm 不等，钠长律双晶发育，次有卡钠复合律，An＝24～26，含量 30%～40%；钾长石：半自形板状，析离条纹发育，具格子双晶，为微斜条纹长石，偶见边缘被钠长石交代，形成蠕英结构，含量占 15%～20%；石英：他形粒状，常包裹尘状杂质，含量占 20%～25%；黑云母：半自形片状，Ng—棕色，Np—淡褐色，含量占 5%～10%；普通角闪石：他形—半自形柱状，多色性明显，小于 5%。副矿物组合为锆石＋磷灰石＋磁铁矿＋榍石＋钛铁矿＋褐帘石，磁铁矿含量高，并见钍石；锆石为白色，具透明的玻璃光泽，晶形复杂，以复方柱状为主，少量含金属矿物和磷灰石包体。

3. 岩石化学特征

该单元化学成分，标准矿物和特征参数见表 3-15、表 3-16。岩石中 SiO_2 含量为 62.94%，Al_2O_3 为 15.97%，为酸性偏中性岩范围，铁镁矿物 $Fe_2O_3+FeO+MgO$ 和 CaO 含量较低，Na_2O+K_2O 含量为 7.33%，均具酸性岩的特征，$Na_2O+K_2O+CaO>Al_2O_3>Na_2O+K_2O$，为次铝的化学类型。主要的标准矿物分子石英(Qz，15.85%)、钾长石(Or，21.84%)、钠长石(Ab，31.53%)和钙长石(An，16.48%)共占 85.7%，磁铁矿(Mt)和钛铁矿(Ⅱ)的含量相对较高，不出现刚玉(Crd)分子。组合指数(σ)为 2.66，属钙碱性岩石类型，碱度率(AR)为 2.16，在 SiO_2－AR 与碱度关系图上投影于钙碱性区域，长英指数(FL)和分异指数(DI)分别为 64.41、69.22，与一般酸性侵入岩的平均值接近。

---

① 西藏区调队. 1∶20 万谢通门幅区域地质调查报告，西藏地矿局，1997.

4. 地球化学特征

稀土元素、微量元素丰度值分别见表 3-11、表 3-12。稀土元素总丰度为 207.17×10^{-6}，与早期单元相比，含量进一步增高，$\Sigma LREE/\Sigma HREE$ 和 Ce_N/Yb_N 分别为 13.08 和 35.16，在区内数值最高，元素分馏程度强，主要集中在轻稀土部分。在分配型式图上，曲线右倾明显。δEu 和 Eu/Sm 分别为 0.638 和 0.186，相对较小，表明铕具负异常及岩浆分异程度增高的特点。微量元素总体贫化 Rb、Ba、Cr、Li、Nb、Cu，而富集 Sr、Ni、P、Co、Hf、V、Th、U、Pb。

（五）弄麦单元（$E_2\gamma\delta_L$）

1. 地质特征

分布在测区北部弄麦—德来一带，出露面积约 $40km^2$，仅圈定两个侵入体，呈不规则的岩株或小岩滴状，各侵入体呈十分明显的长椭球体沿东西向展布，长短轴之比在 3～5 之间。岩性为中细粒黑云角闪花岗闪长岩，侵入于昂杰组（C_2P_1a）、比马组（K_1b）、典中组（E_1d）和帕那组（E_2p）之中，接触界面起伏不平，内接触带附近常见有围岩的捕虏体，捕虏体主要岩性有变质砂页岩、长英质角岩、灰岩、大理岩、凝灰岩和火山熔岩等；外接触带则常形成接触变质岩类。

岩体内部组构除上述各类围岩捕虏体外，另见有大量微细粒暗色闪长质包体。捕虏体大小在 5～20cm 间，形态差异较大，接触界线附近捕虏体较小且呈椭球状，长轴排列方向与叶理或侵入体边界相近。该岩体与测区东部日土布单元特征相同，但因与之相距太远，其分布零散，归于同一单元依据不足，为此作为独立单元较为合适，侵入时代为中新世。

2. 岩石岩相学特征

该单元岩性为中细粒黑云角闪花岗闪长岩，矿物粒径在 1～4mm 间，中细粒不等粒花岗结构，块状构造，主要矿物有斜长石、钾长石、石英、角闪石及黑云母等，副矿物有锆石、磁铁矿、榍石等。斜长石：自形—半自形柱状，钠长律为主，少数为卡钠复合律双晶，环带构造发育，An＝26～28，含量占 40%～50%；钾长石：他形—半自形粒状、板状，格子双晶和条纹结构明显。属微斜条纹长石，含量占 15%～20%；石英：他形粒状，具波状消光，少数显裂纹，含量占 20%～25%；角闪石：半自形片状，Ng—深绿，Np—淡黄色，含量 10%～15%；黑云母：自形片状，Ng—棕色，Np—浅褐色，常包裹自形石英，含量 5%～10%。

3. 岩石化学特征

该独立单元岩石化学成分：SiO_2，57.75%；TiO_2，1.00%；Al_2O_3，15.76%；Fe_2O_3，2.39%；FeO，3.77%；MnO，0.19%；MgO，4.74%；CaO，5.03%；Na_2O，3.64%；K_2O，3.38%；P_2O_5，0.30%；H_2O，1.68%。岩石中 $Fe_2O_3+FeO+MgO$ 的含量较低，具有 $Na_2O+K_2O+CaO>Al_2O_3>Na_2O+K_2O$，属次铝的岩石化学类型。

（六）南木切超单元（E_2NM）

1. 地质特征

该超单元分布于测区中东部南木切、萨拉达一带，出露面积约 $912km^2$。共圈出 13 个侵入体，由 3 个单元组成，从早至晚为日土布中细粒黑云角闪花岗闪长岩（$E_2\gamma\delta_R$）、五东中粒斑状角闪黑云二长花岗岩（$E_2\eta\gamma\pi_W$）、鱼弄中粒角闪黑云二长花岗岩（$E_2\eta\gamma_Y$）（图 3-19）。其中日土布单元由 4 个侵入体组成，出露面积约 $272km^2$；五东单元有 3 个侵入体，出露面积约 $424km^2$；鱼弄单元有 4 个侵入体，出露面积约 $176km^2$。东部各单元侵入体在空间上紧密共生，具特征的同心椭环状套叠式格局，呈大面积的岩基状产出；在西部，各侵入体多出露在沿多雄藏布和美曲藏布等剥蚀程度较深的河谷地段，呈分散的岩株、岩滴状产出，由于受东西向构造机制作用，各侵入体呈十分明显的长椭球体沿东西向展布，长短轴之比在 3～5 之间。该岩

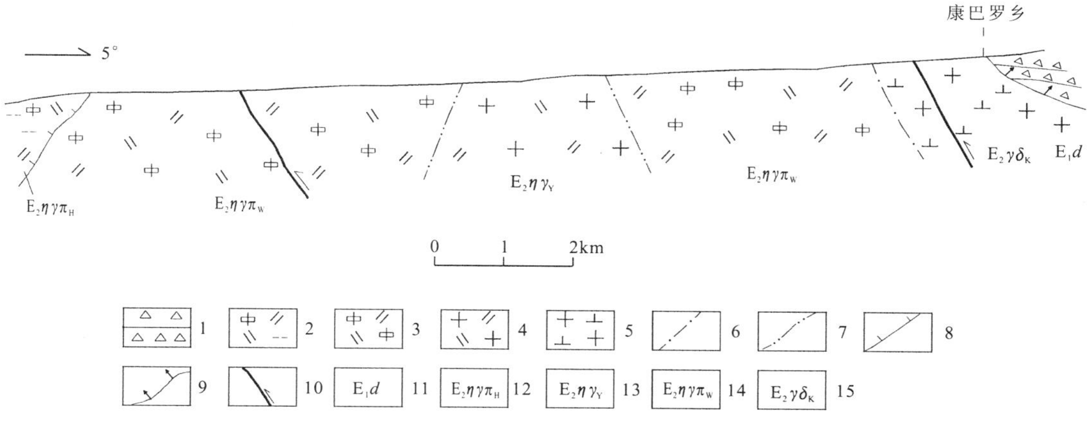

图 3-19　谢通门县康巴罗乡始新世南木切超单元路线剖面图

1. 火山角砾岩；2. 斑状黑云母二长花岗岩；3. 斑状二长花岗岩；4. 二长花岗岩；5. 花岗闪长岩；6. 脉动型接触关系；7. 涌动型接触关系；8. 岩体间超动接触关系；9. 侵入接触关系；10. 断层；11. 典中组；12. 哈热萨单元；13. 鱼弄单元；14. 五东单元；15. 日土布单元

体围岩除早期侵入体之外，还分别侵入于比马组（K_1b）、塔克那组（K_1t）和典中组（E_1d）地层之中，接触界面起伏不平，内接触带附近常见有围岩的捕虏体，甚至岩体内部还可见到早期围岩巨大的残留体或小捕虏体，捕虏体主要岩性有变质砂页岩、长英质角岩、灰岩、大理岩、凝灰岩和火山熔岩等；外接触带则常形成接触变质岩类（图 3-20）。日土布单元和五东单元间为脉动接触关系（图 3-21），五东单元和鱼弄各单元之间为涌动接触关系。

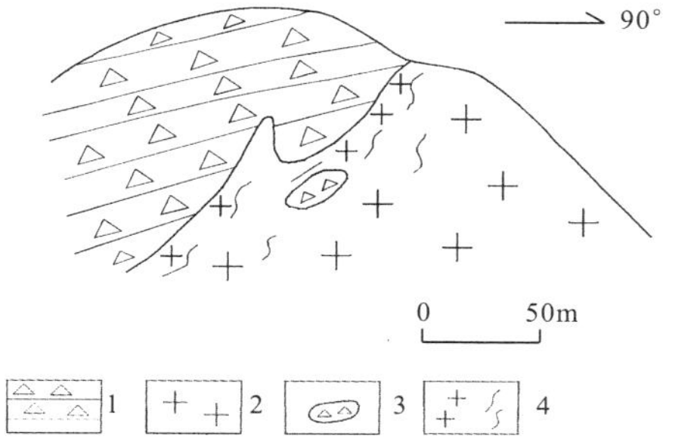

图 3-20　南木切超单元与比马组（K_1b）侵入接触关系

1. 比马组火山角砾岩；2. 日土布单元花岗闪长岩；3. 围岩捕虏体；4. 冷凝边与叶理化

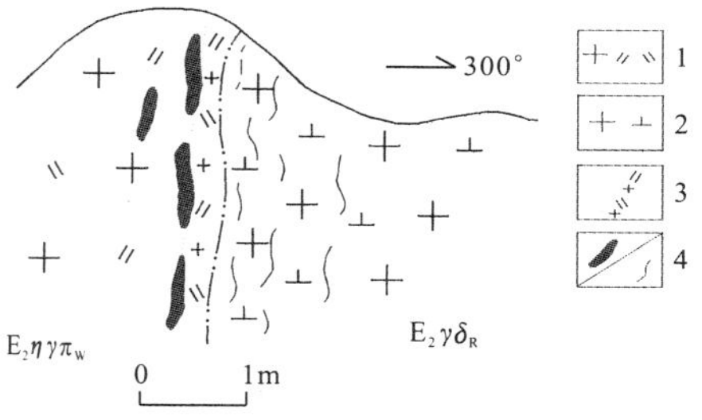

图 3-21　日土布单元和五东单元间的脉动接触关系

1. 五东单元二长花岗岩；2. 日土布单元花岗闪长岩；3. 二长花岗岩一侧的细粒化带；4. 与接触面平行的深源包体和叶理

岩体内部组构除上述各类围岩捕虏体外，另见有大量微细粒暗色闪长质包体。捕虏体大小、形态差异较大，接触界线附近捕虏体较小且呈椭球状，顺界面平行分布，岩体内部较大者分布杂乱；而暗色包体则均为扁豆体状、椭球状，大多在 5～20cm 间，长轴排列方向与叶理或侵入体边界相近。岩体中未见脉体发育，叶理构造在早期单元中发育，向岩体内部晚期单元过渡为弱叶理构造或块状构造。主要叶理产状为 330°～340°∠50°～60°和 170°～180°∠60°～65°。据 1∶20 万谢通门幅报告，K－Ar 法黑云母同位素年龄值为 44.5±0.6Ma、41.0±1.5Ma，本次用 K－Ar 法全岩同位素年龄值为 37.9Ma，故该岩体侵入时代为中新世（西藏区调队，1997）①。

2. 岩石学特征

该岩体岩石特征见表 3-18，可以看出，从早到晚各单元岩石结构由中细粒向中粒演化，构造由中等强

① 西藏区调队. 1∶20 万谢通门幅区域地质调查报告，西藏地矿局，1997.

度叶理、弱叶理向块状构造演化，斜长石和角闪石含量递减，而石英和钾长石含量递增，岩石类型由中酸性向酸性方向演化，呈现出结构和成分双重演化的特点。

表 3-18　南木切超单元岩石矿物特征

单元	岩石名称	结构	构造	矿物		
				种类	特征	含量
鱼弄	中粒角闪黑云二长花岗岩	中粒半自形粒状结构	块状构造	斜长石	半自形柱状，钠长律发育，双晶纹细密，少数有钠化镶边，An=24～26	30%～35%
				钾长石	他形—半自形板状，具格子双晶，属微斜条纹长石	25%～30%
				石　英	他形粒状，见尘状杂质包体	25%～30%
				黑云母	半自形片状，Ng—棕红，Np—浅棕黄	5%～10%
				副矿物	锆石含量高，另有磁铁矿、钛铁矿、磷灰石、榍石	少　量
五东	中粒斑状角闪黑云二长花岗岩	似斑状结构，基质为中粒半自形粒状结构	弱叶理构造	斜长石	自形—半自形柱状，以钠长律双晶为主，次为卡钠复合律，个别为肖钠长律，An=26～28	斑晶 10%～15% 基质 20%～25%
				钾长石	他形—半自形板状，格子双晶和钠长条纹发育，少量为具卡斯巴双晶的正条纹长石	斑晶 5%～15% 基质 15%～20%
				石　英	他形粒状，具波状消光	斑晶 5% 基质 20%～25%
				黑云母	半自形片状，Ng—棕红，Np—褐黄	5%～10%
				副矿物	主要有磁铁矿、榍石、磷灰石、锆石、钛铁矿等	少　量
日土部	中细粒黑云角闪花岗闪长岩	中细粒不等粒花岗结构，粒径 1～4mm	叶理构造	斜长石	自形—半自形柱状，钠长律为主，少数为卡钠复合律双晶，环带构造发育，An=26～28	40%～50%
				钾长石	他形—半自形粒状、板状，格子双晶和条纹结构明显。属微斜条纹长石	15%～20%
				石　英	他形粒状，具波状消光，少数显裂纹	20%～25%
				角闪石	半自形片状，Ng—深绿，Np—淡黄色	5%～10%
				黑云母	自形片状，Ng—棕色，Np—浅褐色，常包裹自形石英	5%～10%
				副矿物	主要有锆石、磁铁矿、榍石等，含自然金颗粒	少　量

3. 岩石化学特征

该超单元化学成分、标准矿物和特征指数见表 3-15、表 3-16。①化学成分上各侵入体 SiO_2 的平均含量在 63.03%～70.08%之间，且具有从早到晚期含量逐渐增高的趋势，最高可达 76.7%，为酸性岩的范畴，但在早期日土布单元部分侵入体中其含量低于 66%，而具中性岩的特征，SiO_2 和 Al_2O_3 的总和在 80%以上。Fe_2O_3+FeO+MgO 的平均含量较低，且从早至晚由 7.87%→4.17%→3.28%变化，含量递减。各单元均具有 $Na_2O+K_2O+CaO>Al_2O_3>Na_2O+K_2O$，属次铝的岩石化学类型。②在标准矿物上，石英(Qz)的平均含量为 13.98%→19.00%→21.06%，钾长石(Or)的平均含量为 22.74%→27.77%→35.19%，均为明显递增；另外除钠长石(Ab)含量变化较大外，钙长石(An)为 12.89%→5.08%→0.12%，磁铁矿(Mt)为 2.84%→1.66%→1.37%，钛铁矿(Il)为 1.45%→0.10%→0.09%，平均含量递减。③特征参数中各单元平均里特曼指数(σ)在 2.75→3.12→3.79 间，逐渐增大，总体属于钙碱性岩类，晚期单元大于 3.3，表现出碱钙性特点。岩石平均碱度率(AR)为 2.50→3.31→5.03，也逐渐增大，在 SiO_2－AR 与碱度关系图上投影于钙碱性与碱性的交界线附近，晚期单元偏向碱性一侧。另外长英指数(FL)和分异指数(DI)平均值增高，固结指数(SI)递减，均表现出岩浆由酸性向碱质方向演化的特点。

4. 地球化学特征

稀土元素、微量元素丰度值分别见表 3-11、表 3-12，稀土元素分配型式图如图 3-18 所示。稀土元素总丰度为167.98×10^{-6}，总体上看并不算高，但铕异常系数δEu为0.595，Eu/Sm为0.181，数值均较小，显示较明显的富铕异常和较高的分异程度，共同表现出该超单元具有I型向S型过渡的特点。内部单元稀土总量、Ce_N/Yb_N依次降低，配分曲线右倾，轻稀土较陡而重稀土近水平，具分馏程度较低和轻稀土富集的特点。

微量元素与世界花岗岩类平均值相比，具有过渡元素Ni、Sc、Co、V和不相容元素Th、U等富集，大离子亲石元素Rb、Sr、Ba、Li贫化的特点。内部单元Rb/Sr、Rb/Yb逐渐增大。

（七）吉丁超单元（E_3JD）

1. 地质特征

该超单元分布在古穷、谢通门等处，出露面积约262km²，共圈定出14个侵入体，由3个单元组成，从早至晚为洞沙中粗粒黑云花岗岩（$E_3\gamma_D$），有7个侵入体，出露面积约112km²；拉木达中粒斑状黑云花岗岩（$E_3\gamma\pi_L$），有3个侵入体，出露面积约90km²；鸡弄勒不等粒碱长花岗岩（$E_3\kappa\rho\gamma_J$），由4个侵入体组成，出露面积约60km²。各侵入体呈岩珠、岩瘤状，出露分散，平面形态多数为长条状，少数为椭圆形，长轴方向与东西向构造线一致。围岩多为早期各时代的侵入体，也有楚木龙组（K_1cm）和典中组（E_1d）等地层，与之呈侵入接触关系。接触界面多呈港湾状，内接触带出现冷凝边，常见早期围岩的捕虏体；外接触带地层体多见接触变质岩石，并见少量岩枝穿插。内部单元间为脉动接触关系。

各侵入体内部组构极不发育，仅在岩体的边部（常为洞沙单元）偶见围岩的捕虏体，主要岩性为变砂岩、凝灰熔岩等，大小3～5m不等，杂乱分布，在岩体边部略显与接触界面平行排列。另在洞沙单元内还见有少量浅色细粒长英质包体，不规则形状，大小10～15cm，分布无规律。基本无脉体发育，一般为块状构造。测区内从谢通门至德结的韧性剪切带即主要发育在该岩体中，且受到此构造带的改造而变形为长带状，出现片麻理、糜棱岩化叶理、拉伸线理等构造。据K－Ar稀释法测定，黑云母同位素年龄值为33.6±1.2Ma、26.3±2.7Ma（西藏区调查队，1997）①。结合与围岩的接触关系，该岩体侵入时代为渐新世。

2. 岩石学特征

该超单元岩石岩相特征见表3-19，总体上钾长石含量极高，暗色矿物以黑云母为主，主要矿物种类和特征基本相同。但从早至晚各单元岩石结构不等粒程度增大，钾长石含量递增，而斜长石和黑云母含量递减，斜长石牌号也逐渐降低，岩石向更酸性方向演化。

3. 岩石化学特征

该岩体化学成分、标准矿物和特征参数见表3-15、表3-16。①SiO_2的含量在72.18%～75.98%之间，硅、铝氧化物的总和大于85%，属酸性岩范畴。早期单元中$Al_2O_3>Na_2O+K_2O+CaO$，为过铝的岩石化学类型，到晚期单元$Na_2O+K_2O+CaO>Al_2O_3>Na_2O+K_2O$，过渡为正常的岩石类型。②标准矿物从早期到晚期单元石英（Qz）、钙长石（An）逐渐增高，而钾长石（Or）、钠长石（Ab）逐渐降低，在早期单元中有透辉石（Di）出现，至晚期单元开始见有刚玉（Crd）分子。③里特曼指数（σ）在1.5～2.5之间，属钙碱性系列，从早至晚，各单元碱度率（AR）由5.23→3.68→3.25，在SiO_2－AR与碱度关系图上均投影于碱性区（图3-11）。长英指数（FL）大于83，分异指数（DI）在89.01～95.00间，数值均较大，接近或达到了碱性花岗岩的平均值，而固结指数（SI）极小，仅为6，反映出岩浆经过强烈的分异重结晶作用演化到碱性花岗岩序列的特点。

4. 地球化学特征

稀土元素、微量元素丰度值分别见表3-11、表3-12，稀土元素分配型式图如图3-18所示。稀土元素总丰度为240.09×10^{-6}，含量较高，δEu仅为0.471，在区内最低，具较强负铕异常。Eu/Sm也仅只有

① 西藏区调队．1∶20万谢通门幅区域地质调查报告，西藏地矿局，1997.

表 3-19　吉丁超单元岩石矿物学特征

单元	岩石名称	结构	构造	矿物		
				种类	特征	含量
鸡弄勒	不等粒黑云碱长花岗岩	不等粒花岗结构，矿物粒径 0.5～8mm 不等	块状构造	斜长石	他形—半自形粒状、板状，格子双晶和条纹结构发育，属微斜条纹长石	55%～60%
				钾长石	他形—半自形粒状，钠长律双晶发育，少数为卡钠复合律，An=20～22	3%～5%
				石　英	他形粒状，具波状消光，显裂纹	25%～30%
				黑云母	半自形片状，显弯曲，棕、棕黄色	5%～10%
				副矿物	主要为锆石、磁铁矿、赤铁矿，含自然金	少　量
拉木达	中粒斑状黑云花岗岩	似斑状结构，斑晶 10～20mm，基质为中粒花岗结构	块状构造	钾长石	半自形板状，格子双晶和钠长条纹发育，属微斜条纹长石	斑晶 20%～15% 基质 20%～30%
				斜长石	半自形柱状，具钠长律和卡钠复合律双晶，An=22～24	15%～20%
				石　英	半自形粒状，具波状消光	20%～25%
				黑云母	半自形片状，Ng—棕，Np—棕黄，晶片弯曲	5%～10%
				副矿物	主要有锆石、磁铁矿、榍石、褐帘石	少　量
洞沙	中粗粒黑云花岗岩	中粗粒花岗结构，粒径 2～7mm	块状构造，局部具片麻状构造	钾长石	他形—半自形板状，钠长石条纹发育，交代成因，属条纹长石，少量具卡斯巴双晶，属正条纹长石	45%～50%
				斜长石	半自形柱状，多为钠长律双晶，少量为卡钠复合律双晶，双晶纹弯曲，An=26～28	15%～20%
				石　英	他形粒状，具波状消光和裂纹	25%～30%
				黑云母	半自形片状，部分变为绿泥石和白云母	5%～10%
				副矿物	主要有锆石、磁铁矿、赤铁砂、独居石等	少　量

0.159，均显示为岩浆分异作用后期的产物。Ce_N/Yb_N 和 $\Sigma LREE/\Sigma HREE$ 分别为 6.49 和 1.75，配分曲线右倾，具轻稀土富集型，但富集程度并不算高。内部单元 Ce_N/Yb_N、La_N/Sm_N、δEu 递增，而 δCe 略有降低。

微量元素各单元与世界花岗岩类平均值比较，均贫化大部分亲石元素 Rb、Ba、Li、Sc、Nb、V、U 及亲铜元素 Cu、Pb，Rb/Sr 为 0.216、Rb/Li 为 4.38。以上特征表明该超单元已演化过渡为 S 型花岗岩。

(八)德来侵入体($E_3\gamma\pi_D$)

1. 地质特征

分布在测区北部德来附近，向北延出图外，区内出露面积仅 40km²，呈椭圆状，长轴东西向。侵入于永珠组(C_1y)、拉嘎组(C_2l)、昂杰组(C_2P_1a)和帕那组(E_2p)之中，接触界面多呈波浪状，内接触带出现冷凝边，常见早期围岩的捕虏体；接触带地层体多见接触变质岩石，并见少量岩枝穿插。

各侵入体内部组构极不发育，仅在岩体的边部偶见围岩的捕虏体，主要岩性为变砂岩、凝灰熔岩等，大小 3～5m 不等，杂乱分布，在岩体边部略显与接触界面平行排列，基本无脉体发育，一般为块状构造。该侵入体与测区东部吉丁超单元地质特征极为相似，结合与围岩的接触关系，推测该岩体侵入时代为渐新世。但由于所获资料有限，归于超单元依据不足，因此，暂归于独立侵入体。

2. 岩石岩相学特征

该侵入体为中粒斑状黑云花岗岩，似斑状结构，斑晶 10～20mm，基质为中粒花岗结构，块状构造。主要矿物有钾长石、斜长石、石英及黑云母等，副矿物有锆石、磁铁矿、褐帘石、榍石等。钾长石：斑晶 20%～15%，基质 20%～30%，半自形板状，格子双晶和钠长条纹发育，属微斜条纹长石；斜长石：半自形柱状，具钠长律和卡钠复合律双晶，An=22～24，含量为 15%～20%；石英：他形粒状，具波状消光，含量占 20%～25%；黑云母：半自形片状，Ng—棕，Np—棕黄，晶片弯曲含量为 5%～10%。

三、新近纪侵入岩

集中分布在测区复式岩基的北缘，南木切区至他自拉一带，侵入体展布方向明显受较晚期南北向构造的影响，为板块碰撞期后陆内俯冲阶段的产物，以酸性岩石为主体，共划分出一个超单元、一个独立单元和一个独立侵入体。

（一）查拉侵入体（$N_1\eta\gamma_C$）

1. 地质特征

分布在测区北部查拉附近，出露面积仅 7km^2，呈透镜状，长轴东西向，为南北向断裂所分割。侵入于永珠组（C_1y）和拉嘎组（C_2l）之中。

岩体中含少量早期岩体和围岩地层的捕虏体，成分主要有变质砂板岩和石英二长闪长岩等，呈不规则形状，大小悬殊，较大者近 2m；另见一定量的暗色深源闪长质包体，多为不规则状，少量近椭圆形，长轴长 10～20cm，杂乱分布。岩体中脉岩不发育，时见弱叶理构造。岩体的野外地质及岩石学特征与相邻雄格巴单元类似，推测其侵位时代为中新世。由于资料不足，暂归为独立侵入体。

2. 岩石岩相学特征

该侵入体为中粒黑云二长花岗岩，矿物粒径在 3～5mm 之间，具中粒花岗结构，块状构造，边缘弱叶理构造，主要矿物有钾长石、斜长石、石英及黑云母等，副矿物有锆石、磁铁矿、磷灰石、榍石等。钾长石：半自形—自形柱状，为格子双晶发育的微斜条纹长石，少量晶体边缘与石英交生形成文象结构，含量约为 25%～30%；斜长石：自形板柱状，具钠长律双晶，An＝18～20，含量为 25%～30%；石英：他形粒状，充填于长石晶粒间，含量为 25%～30%；黑云母：自形长叶片状，Ng—棕色，Np—浅黄棕色，含量为 3%～5%。

（二）团结超单元（N_1TJ）

1. 地质特征

分布在测区东北部南木切北和他自拉以南的大片区域，另在查拉以南有较多小侵入体出露，总面积共 332km^2，共圈定出 16 个侵入体，由 4 个单元组成，从早到晚分别为：①其顶中细粒角闪石英二长闪长岩（$N_1\delta\eta O_Q$），由 4 个侵入体组成，面积约 18km^2；②雄格巴中粒黑云二长花岗岩（$N_1\eta\gamma_x$），有 6 个侵入体，面积占 36km^2；③苦生中粗粒巨斑黑云二长花岗岩（$N_1\eta\gamma\pi_K$），有 4 个侵入体，面积约 245km^2，为岩体的主体部分；④麦松中粒斑状黑云二长花岗岩（$N_1\eta\gamma\pi_M$），有 2 个侵入体，面积约 30km^2。岩体主要受东西向构造的影响，侵入体边界呈近东西向，同时也明显受南北向构造的改造，偏北东和北北东方向展布。该超单元主体产状为岩基，周围散布小岩株和岩滴状侵入体，呈不规则的环形套叠格局。岩体分别侵入于昂杰组（C_2P_1a）、楚木龙组（K_1cm）、塔克那组（K_1t）、设兴组（K_1s）、典中组（E_1d）和年波组（E_2n）等地层之中，并与早期日土布单元、拉木达单元呈超动侵入关系，侵入界面清晰，呈弯曲不平状或齿状。地层围岩接触带多具角岩化现象，有堇青石长英质角岩、斑点状角岩等，早期侵入体围岩接触带出现热蚀变边和弱叶理构造，并有晚期细岩枝穿插；内接触带一般具冷凝边现象，宽 0.5～1m。岩体内部单元间为脉动接触关系，沿接触带断续出现伟晶岩脉，外带具弱叶理构造和绿泥石化。

岩体中含少量早期岩体和围岩地层的捕虏体，成分主要有变质砂板岩和石英二长闪长岩等，呈不规则形状，大小悬殊，较大者近 2m；另见一定量的暗色深源闪长质包体，多为不规则状，少量近椭圆形，长轴长 10～20cm，杂乱分布。岩体中脉岩不发育，在早期两单元中时见弱叶理构造。岩体经 K－Ar 稀释法测定黑云母同位素年龄值为 15.9±0.2Ma、13.9±1.0Ma、10.3±0.6Ma（西藏区调队，1997）①，并见其超动侵入于拉木达单元（$E_3\gamma\pi_L$），其侵位时代为中新世。

① 西藏区调队．1∶20 万谢通门幅区域地质调查报告，西藏地矿局，1997.

2. 岩石学特征

该超单元岩石特征见表 3-20，从早至晚，各单元在结构、构造、主要造岩矿物含量和副矿物特征等方面具规律性变化。①结构上由中细粒→中粗，由不含斑→斑状演化；②岩石构造由弱叶理→块状构造演化；③矿物含量斜长石递减，而钾长石和石英递增，暗色矿物（黑云母和角闪石总量）总体上递减，黑云母变化较小，至晚期麦松单元几乎不含角闪石；④副矿物种类由多→少，锆石晶体由简单→复杂，晶体长宽比由小→大演变。

表 3-20　团结超单元岩石及矿物特征

单元	岩石名称	结构	构造	矿物		
				种类	特征	含量
麦松	中粒斑状黑云二长花岗岩	似斑状结构，斑晶粒径 10～20mm，基质为中粒花岗结构	块状构造	钾长石	他形—半自形板柱状，格子双晶发育，部分具条纹结构，属微斜条纹长石，个别为卡斯巴双晶，为正条纹长石	斑晶 10%～15%；基质 20%～25%
				斜长石	半自形柱状，多钠长律双晶，少量卡钠复合律双晶，An=24～26	30%～35%
				石　英	他形粒状，具波状消光	25%～30%
				黑云母	半自形片状，Ng—褐，Np—浅黄色，多包裹磁铁矿	5%～10%
				副矿物	主要为锆石、磁铁矿、榍石、褐帘石等	少量
苦生	中粗粒巨斑黑云二长花岗岩	似斑状结构，斑晶多在 20～30mm，基质为中粗粒花岗结构	块状构造	钾长石	半自形—自形板状，格子双晶发育，多具贯穿式交代条纹，属微斜条纹长石	斑晶 15%～20%；基质 15%～20%
				斜长石	自形—半自形柱状，钠长律双晶发育，少量具连续环带，An=20～22	30%～35%
				石　英	他形填隙状，含尘状杂质包体	20%～30%
				黑云母	半自形片状，Ng—棕，Np—黄褐	5%
				副矿物	主要有锆石、磁铁矿等，时含少量自然金	少量
雄格巴	中粒黑云二长花岗岩	中粒花岗结构，粒径 3～5mm	弱叶理构造	钾长石	半自形—自形板状，为格子双晶发育的微斜条纹长石，少量晶体边缘与石英交生形成文象结构	25%～30%
				斜长石	自形板状，为钠长律双晶，An=18～20	25%～30%
				石　英	他形填隙状	25%～30%
				黑云母	半自形片状，具多色性	10%～15%
				副矿物	主要有锆石、磁铁矿、磷灰石、榍石等	少量
其顶	中细角闪石英二长闪长岩	中细粒半自形粒状结构，粒径 2～7mm	弱叶理构造	钾长石	他形粒状，具格子双晶和条纹结构，属微斜条纹长石	15%～20%
				斜长石	半自形柱状，为钠长律双晶，具绢云母化，An=36～38	40%～45%
				石　英	他形粒状填隙物	10%～15%
				角闪石	半自形短柱状，具多色性	15%～25%
				副矿物	主要有锆石、方铅矿、磁铁矿、金红石等	少量

3. 岩石化学特征

该超单元化学成分、标准矿物和特征参数见表 3-21（部分数据参考 1:20 万谢通门幅区域地质调查报告①）。①化学成分：岩石中 SiO_2 的平均含量由早至晚为 50.96%→63.95%→70.44%→72.95%，具递增趋势，主要为酸性岩范畴，早期其顶单元含量仅 50.96%，落入中基性岩范围。铁镁氧化物 $Fe_2O_3+FeO+MgO$ 含量为 14.21%→4.12%→4.69%→3.10%，总体递减，而 Na_2O+K_2O 为 4.13%→2.56%→8.02%→9.27%，总体递增。$Na_2O+K_2O+CaO>Al_2O_3>Na_2O+K_2O$，属次铝的岩石化学类型。②标准矿物：石英（Qz）、钾长石（Or）和钠长石（Ab）具递增趋势，而钙长石（An）递减，局部样品中出现刚玉（Crd）分子和橄榄石（Ol）分子。③特征指数：里特曼指数（σ）在 1.99～3.03 之间，均位于钙碱性岩范围（1.8～

① 西藏区调队. 1：20 万谢通门幅区域地质调查报告，西藏地矿局，1997.

3.3)，其碱度率(AR)逐渐增大，在 SiO_2 - AR 与碱度关系图上也均投影于钙碱性区域(图 3-11)。岩石长英指数(FL)和分异指数(DI)递增，固结指数(DI)递减，以上特征均反映岩浆向富碱性方向发展。

4. 地球化学特征

稀土元素、微量元素丰度值分别见表 3-11、表 3-12，稀土元素分配型式图如图 3-18 所示。稀土元素总丰度为 253.07×10^{-6}，居于测区各超单元之首，δEu 和 Eu/Sm 均明显较低，分别为 0.521 和 0.153，表明岩浆经过强烈分异作用。Ce_N/Yb_N 和 ΣLREE/ΣHREE 分别为 12.14 和 6.57，数值均较高，稀土配分曲线右倾，具轻稀土富集型，总体分馏程度较高。

微量元素与世界花岗岩类平均值相比，大多数过渡元素 Ni、Co、V 等与平均值相当，贫化亲石元素 Li、Sc、Ba、Nb 及亲铁、亲铜元素 Cu、Co 等，富积部分亲石元素 Rb、Cr、Hf、Th、U 等。在 Rb - Sr - Ba 三角图解中向富 Rb 贫 Sr 方向演化。以上均反映岩石已完全具 S 型花岗岩的特点。

(三)则雄单元($N_1\eta\gamma_Z$)

1. 地质特征

在测区东部郭部附近仅有一个侵入体出露，与区外出露的多个侵入体共同组成则雄单元。区内该侵入体为岩滴状，出露面积仅 $4km^2$，呈椭圆形，长轴东西向，为南北向断裂所分割。侵入于早期鱼弄单元($E_2\eta\gamma_Y$)之中。

岩体内部组构不发育，未见岩脉、叶理及深源包体，仅偶见早期单元捕虏体，结合与鱼弄单元的关系和前人资料，该单元侵入时代为中新世晚期。

2. 岩石学特征

该单元岩性为微细粒黑云二长花岗岩，矿物粒径在 0.4～1.5mm 间，具微细粒花岗结构，块状构造，主要矿物有钾长石、斜长石、石英及黑云母等。钾长石：他形粒状，发育格子双晶，属微斜长石，少量为卡氏双晶，为正长石，含量约占 30%～35%；斜长石：半自形—自形柱状，具钠长律双晶，An＝18～20，含量占 30%～35%；石英：他形粒状，充填于长石晶粒间，含量占 25%～30%；黑云母：自形长叶片状，Ng—棕色，Np—浅黄棕色，含量占 3%～5%。

3. 岩石化学特征

该独立单元化学成分、标准矿物和特征参数见表 3-21。岩石中 SiO_2 的含量为 73.10%，落入酸性岩的范畴；铁镁氧化物的总量低，而钠、钾氧化物的总量较高。$Al_2O_3>Na_2O+K_2O+CaO$，属过铝的岩石化学类型，标准矿物中石英(Qz)含量高，出现刚玉分子(Crd)，而未见透辉石(Di)，里特曼指数(σ)、长英指数(FL)和分异指数(DI)均相对较高，而固结指数(SI)较低，以上特征反映出 S 型花岗岩的特点。

4. 地球化学特征

稀土元素、微量元素丰度值分别见表 3-11、表 3-12。稀土总量(122.54×10^{-6})偏低，Ce_N/Yb_N 和 ΣLREE/ΣHREE 分别为 12.36 和 6.31，稀土配分曲线分馏程度较好，属轻稀土富集型。δEu 和 δCe 分别为 0.739 和 0.88，具铕和铈的负异常。微量元素特征明显，除少数亲石元素 Sr、Hf 富集外，其他大部分元素贫化。上述特点与 S 型花岗岩类似。

四、演化特征、成因类型及构造环境探讨

(一)演化特点

测区冈底斯侵入岩侵位时代为早白垩世至中新世，分布范围广，随着板块构造环境的改变，区内各单元、超单元侵入岩在岩石学、岩石化学、地球化学、岩石成因类型及空间就位机制等多方面与空间和时间上

表 3-21　新近系侵入岩化学成分、CIPW 结果及特征参数表

超单元	单元	样号	岩性	岩石化学成分(%)											
				SiO_2	TiO_2	Al_2O_3	Fe_2O_3	FeO	MnO	MgO	CaO	Na_2O	K_2O	P_2O_5	H_2O
	则雄	D1024-1	微细粒黑云二长花岗岩	73.10	0.34	3.66	1.09	1.72	0.080	1.40	2.23	4.08	2.37	0.06	0.28
	麦松	D9094-1	中粒斑状黑云二长花岗岩	71.44	0.39	14.31	0.95	1.31	0.160	1.40	2.23	3.94	5.11	0.06	0.19
		4129-1		72.74	0.20	13.45	0.65	1.03	0.038	0.85	1.35	3.73	5.77	0.08	0.41
		平均		72.09	0.29	13.88	0.80	1.17	0.094	1.13	1.79	3.83	5.44	0.07	0.30
团	苦生	D9045-1	中粗粒巨斑黑云二长花岗岩	74.64	0.38	12.18	0.81	1.14	0.049	0.47	0.99	3.50	4.93	0.05	0.31
		1242-1		66.18	0.69	15.38	1.36	3.83	0.120	1.74	1.37	2.33	5.27	0.22	0.91
		平均		70.42	0.54	13.72	1.09	2.49	0.085	1.11	1.18	2.92	5.10	0.13	0.61
结	雄格巴	D6137-1	中粒黑云二长花岗岩	74.62	0.09	12.88	0.38	0.87	0.080	0.34	0.38	4.26	5.27	0.03	0.35
		D5901		63.28	0.78	16.01	1.33	3.98	0.080	1.89	3.46	3.41	4.17	0.12	1.11
		平均		68.95	0.44	14.45	0.85	2.43	0.080	1.11	1.92	3.84	4.72	0.30	0.73
	其顶	D6063-1	中细粒角闪石英二长闪长岩	50.96	1.34	16.10	1.19	5.92	0.110	7.10	11.09	2.90	1.23	0.30	0.87

超单元	单元	样号	岩性	CIPW 标准矿物(%)										
				Ap	Il	Mt	Or	Ab	An	Qz	Crd	dI	Hy	OI
	则雄	D1024-1	微细粒黑云二长花岗岩	0.13	0.64	1.58	13.99	34.48	10.70	32.71	0.46		5.33	
	麦松	D9094-1	中粒斑状黑云二长花岗岩	0.13	0.73	1.36	29.81	32.91	6.19	22.35		3.52	3.01	
		4129-1		0.18	0.38	0.94	34.13	31.60	2.92	25.25		2.69	1.91	
		平均		0.15	0.55	1.15	31.96	32.22	4.59	23.81		3.09	2.49	
团	苦生	D9045-1	中粗粒巨斑黑云二长花岗岩	0.11	0.73	1.18	29.39	29.87	2.99	32.96		1.37	1.41	
		1242-1		0.49	1.33	2.00	31.62	20.02	5.59	25.60	3.88		9.47	
		平均		0.29	1.04	1.60	30.51	25.01	5.15	29.08	1.55		5.77	
结	雄格巴	D6137-1	中粒黑云二长花岗岩	0.07	0.17	0.56	31.39	36.34	0.46	28.34		1.06	1.62	
		D5901		0.27	1.50	1.96	25.01	29.29	16.31	15.57		0.33	9.76	
		平均		0.66	0.84	1.24	28.15	32.79	7.83	22.30	0.18		6.00	
	其顶	D6063-1	中细粒角闪石英二长闪长岩	0.67	2.59	1.76	7.40	24.98	27.77			21.34	7.73	5.78

超单元	单元	样号	岩性	特征参数								
				DI	A/CAK	SI	σ43	σ25	AR	FL	R_1	R_2
	则雄	D1024-1	微细粒黑云二长花岗岩	81.17	1.02	13.13	1.38	0.86	2.37	74.31	2 780	578
	麦松	D9094-1	中粒斑状黑云二长花岗岩	85.06	0.89	11.01	2.90	1.75	3.42	87.02		
		4129-1		90.98	0.91	7.07	3.03	1.89	4.58	89.29	1 598	836
		平均		87.99	0.90	9.14	2.96	1.82	3.90	88.16		
团	苦生	D9045-1	中粗粒巨斑黑云二长花岗岩	92.22	0.94	4.33	2.24	1.44	4.56	89.47		
		1242-1		77.24	1.28	11.98	2.46	1.41	2.66	84.73	1 738	842
		平均		84.60	1.10	8.73	2.33	1.42	3.33	87.11		
结	雄格巴	D6137-1	中粒黑云二长花岗岩	96.07	0.96	3.06	2.86	1.84	6.11	96.17		
		D5901		69.87	0.98	12.79	2.79	1.51	2.28	68.66	2 026	644
		平均		83.24	0.97	8.57	2.81	1.67	3.19	81.68		
	其顶	D6063-1	中细粒角闪石英二长闪长岩	32.38	0.61	38.71	1.99	0.66	1.36	27.14	1 758	1 056

的关系均存在着较明显的演化规律（王增等，1996），具多期多阶段性，即从早到晚，由南向北，岩石类型由偏基性向酸性方向演化，成因类型由I型—过渡型—S型演化，侵位以受东西向构造控制至受东西向和南北向构造共同影响。

1. 岩石及矿物演化特点

区内各单元、超单元侵入岩不同时代岩性及主要矿物平均含量演化特征分别如（图3-22）（邱家骧，1985）及（图3-23）所示。总体具有岩性由基性向酸性演化，石英及钾长石含量逐渐增高，斜长石含量降低，暗色矿物角闪石含量逐渐降低，黑云母含量增高，具体表现如下。

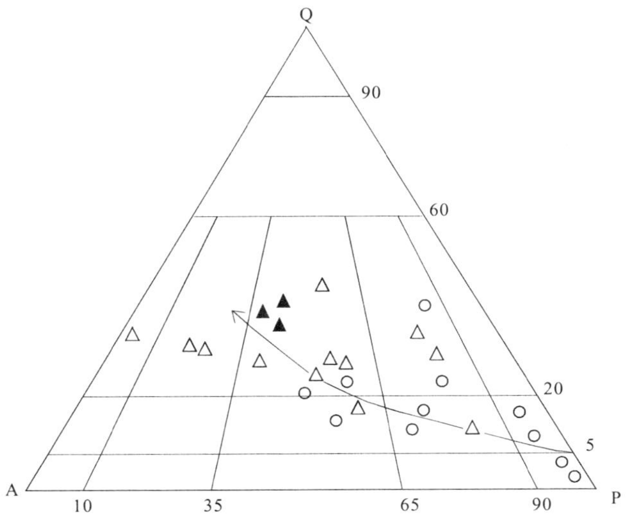

图3-22　测区不同时代侵入岩岩性演化图

○. 白垩纪侵入岩；△. 古近纪侵入岩；▲. 新近纪侵入岩；↑. 岩性演化方向

最早形成的早白垩世孜松单元、洛堆单元及卡如单元分别由基性的辉长岩向中性的闪长岩、石英闪长岩过渡，在区内冈底斯花岗岩中岩性基性程度最高，石英及钾长石的含量最低，而斜长石的含量则最高，并且斜长石偏基性，其牌号An均大于35，高可近60。暗色矿物中，与晚期侵入岩相比，角闪石含量最高，而黑云母含量最低。另多见透辉石及紫苏辉石等特征矿物。

至晚白垩世塞普、亚模及康萨超单元岩性依次为石英二长岩—花岗闪长岩—二长花岗岩，虽然出现二长花岗岩，但总体上看石英及钾长石偏低，其中石英仅为20%±，位于石英二长岩与二长花岗岩界线附

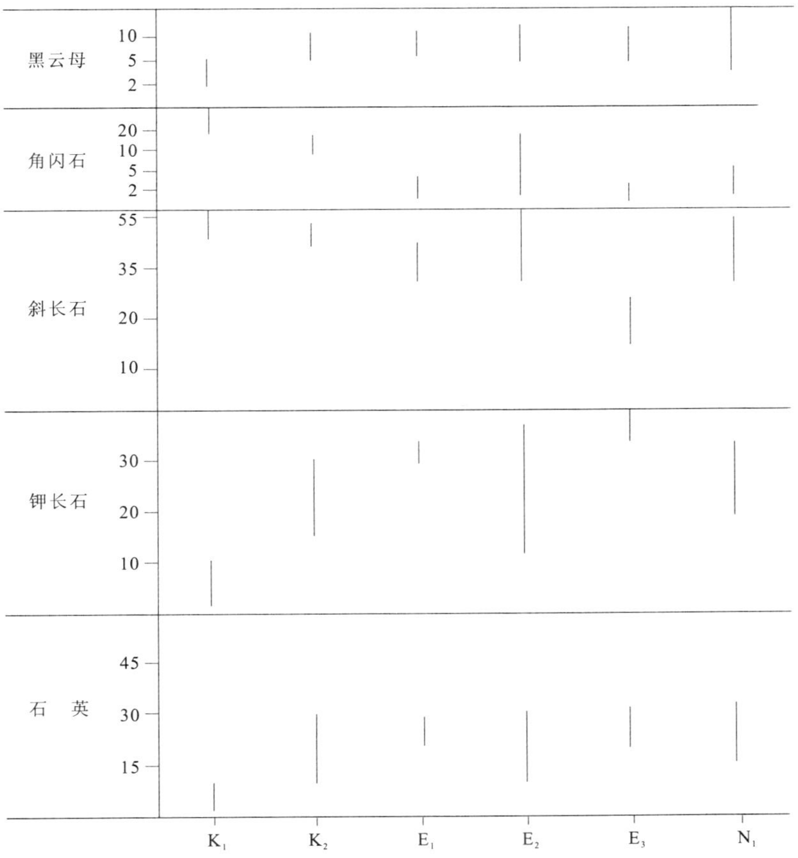

图3-23　测区不同时代侵入岩平均矿物含量变异图

近。暗色矿物早期以角闪石为主，随着演化的进行，角闪石的含量逐渐减少，为黑云母取代。

古近纪及新近纪侵入岩除在始新世时有少量石英闪长岩、石英二长闪长岩外，其他均为二长花岗岩、钾长花岗岩及碱长花岗岩，石英含量多大于25%，钾长石在25%～50%之间，多属微斜条纹长石，斜长石含量变化较大，牌号An在18～26之间，大多为20～22。区内白垩纪侵入岩均分布于冈底斯岩浆弧带的南缘，被弧前盆地昂仁组和山前磨拉石秋乌组沉积覆盖，随后侵入中心逐渐北移，至测区最晚的中新世侵入岩，则分布于岩浆弧带的最北缘雪拉普岗日一带，并见其侵入于在弧后出露的晚古生代地层之中。以上岩性变化与构造岩浆旋回的特征相符(邱家骧，1985；武汉地质学院岩石教研室，1980)，侵入岩的分布规律也与板块由俯冲至碰撞的作用机制相吻合。

2. 岩石化学成分演化特点

测区各时代侵入岩主要化学成分及特征参数分异图如图3-24所示，从中可以看出，从早至晚，岩石中SiO_2与Na_2O+K_2O的百分含量逐渐增加，铁镁质($Fe_2O_3+Fe_2O+MgO$)减少，主要的变化期居于白垩纪内，随后变化缓慢，渐新世后趋于稳定，指示出较为明显的酸性及碱性程度增加，而基性程度降低的演化特点。与此相对应，在岩石的特征参数的变化中也得到了明显反应，如指示岩石碱性程度的碱度率(AR)和里特曼指数(σ)相应增加，指示岩石结晶分异程度的长英指数(FL)和分异指数(DI)也同时增加，固结指数(SI)降低。其变化特点与板块俯冲碰撞过程中岩浆演化规律相一致。另外在早期单元中可见有橄榄石(Ol)分子，刚玉(Crd)分子也仅在部分单元中可见，康萨超单元中普遍含有极高的MnO，含量在4.1%～5.8%之间。

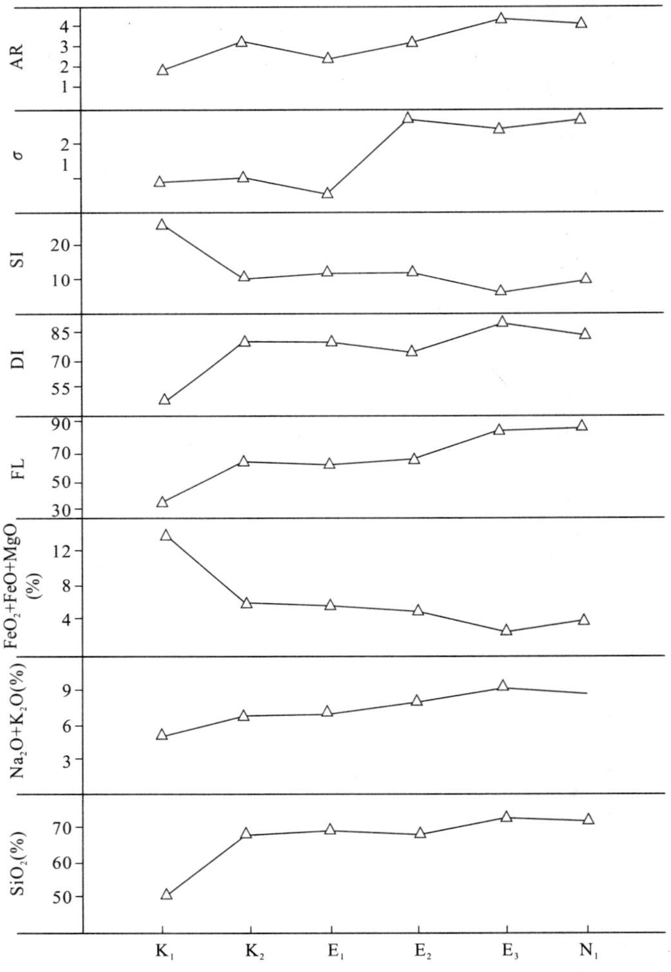

图3-24　测区不同时代侵入岩主要化学成分及特征参数变异图

FL. 长英指数；DI. 分异指数；SI. 固结指数；σ. 里特曼指数；AR. 碱度率

3. 地球化学元素演化特点

测区各时代侵入岩稀土元素、微量元素丰度值分别见表3-11、表3-12。稀土元素总量在89.14×10^{-6}～253.07×10^{-6}之间，且总体上具有从老至新含量逐渐增加的趋势，Ce_N/Yb_N均大于5，ΣLREE/ΣHREE大于1，指示各单元稀土配分曲线向右倾斜，分馏程度较好，属轻稀土富集型，从老至新两参数有逐渐增加的趋势，轻稀土富集程度和分馏程度也随之增强。Eu/Sm在0.313～0.153之间，δEu在1.003～0.521之间，δCe在0.88～1.17之间，其中Eu/Sm和δEu总体减小，而δCe无特别明显的变化，指示从早至晚岩浆分异作用加强，而表生作用则变化不大。

微量元素与世界花岗岩类、闪长岩类相比，明显贫化Rb、Ba、Li、Nb、P，而富集Ni、Cr、Sc、Hf等；而从早至晚各单元、超单元演化趋势具有Ni、Sc、Co、V、Cu逐渐减少，Li、Hf、Th、U、Pb逐渐增大，其他元素则无明显的变化规律，特征参数Rb/Sr、Rb_N/Yb_N也逐渐增大。以上岩石地球化学特征均反映了区内侵入岩具有的密切相关性和同缘演化趋势（刘振声、王洁明，1990；申屠保涌、王增，1997；中国科学院青藏高原综合科学考察队，1985）。

（二）成因类型

测区侵入岩均为岩浆成因，其主要证据有：①岩体与围岩接触界线截然，可以见到明显的侵入关系，内接触带有岩体的冷凝边和围岩的捕虏体出现，捕虏体与寄主岩体分界清楚，晚期岩体中捕虏体常呈棱角状，其排列杂乱或与叶理方向一致，而与围岩的片理（层理）无必然的联系。岩体内部常具明显的相带关系，并具大量的熔融包裹体。外接触带常有接触变质现象发生，多具角岩化，如通门乡旺乡单元（$K_1\delta O_W$）与麻木下组（J_3K_1m）之间具热交代成因的砂卡岩化带；②如下节所述，测区侵入岩多为中深成相，其形成温度在660～800℃之间居多（图3-25），与交代型花岗岩差别显著；③岩体中未见石墨、硅线石、堇青石等典型的交代型矿物，副矿物种类多且分布较为均匀；④各花岗岩在标准矿物Q-Ab-Or图上分布集中，位于共结点附近，Ca-Na-K三角图解上绝大部分投影于岩浆花岗岩区（图3-26）（邱家骧，1985）。

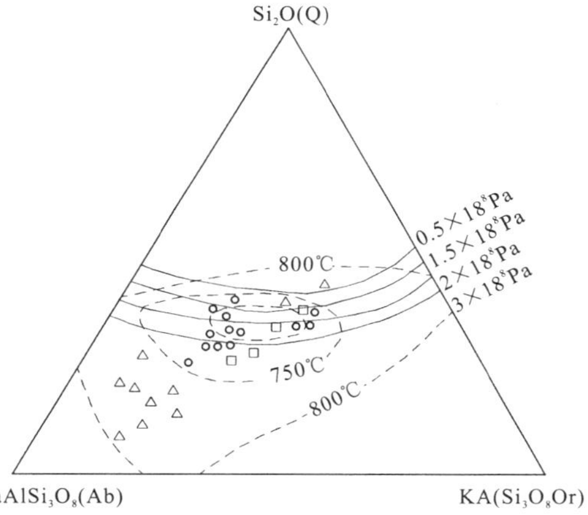

图3-25 测区侵入岩Q-Ab-Or相图

△.白垩纪侵入岩；○.古近纪侵入岩；□.新近纪侵入岩

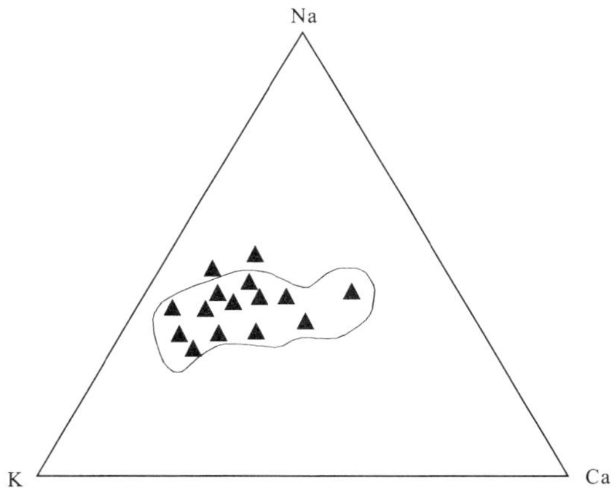

图3-26 测区主要侵入体Ca-Na-K三角图

（据Raju等，1972）

图中Ca、Na、K代表原子重量百分比

对于造山带花岗岩，一般可以分为Ⅰ型和S型两种类型，从各超单元、单元ACF三角图解上的投影可知（图3-27）（高秉璋、洪大卫等，1991），洛堆、孜松单元、卡如、塞普、亚模、曲水超单元和普吓单元为Ⅰ型花岗岩，南木切超单元投影于Ⅰ型和S型分界线两侧附近，而康萨、吉丁、团结超单元和则雄单元位于S型花岗岩区域。

Ⅰ型花岗岩居于测区岩浆演化系列的早期，岩石类型偏基性，有辉长辉绿岩、辉长岩、闪长岩、石英闪长岩、石英二长岩、花岗闪长岩和二长花岗岩等，SiO_2含量较低，在48%～71%之间，变化较大。均为次铝的岩石化学类型，且$Al_2O_3/(Na_2O+K_2O+CaO)$（分子数）的比值较低，平均为0.87，$Fe_2O_3/(Fe_2O_3+$

FeO)(质量百分比)相对较高,多大于 0.4。一般不出现刚玉分子,而普遍见透辉石,暗色矿物含量高,以普通角闪石主,副矿物为锆石+磷灰石+榍石+钛铁矿+磁铁矿组合。

过渡型的 IS 型花岗岩有南木切超单元,岩性为花岗闪长岩和二长花岗岩,SiO_2 含量在 57%～76%之间。仍为次铝的岩类,但 Al_2O_3/Na_2O+K_2O+CaO 接近 1,比 I 型数值高;Fe_2O_3/Fe_2O_3+FeO 的比值降低,平均为0.38。暗色矿物呈现出由普通角闪石向黑云母变化的趋势,副矿物与 I 型花岗岩类似,另见少量褐帘石。

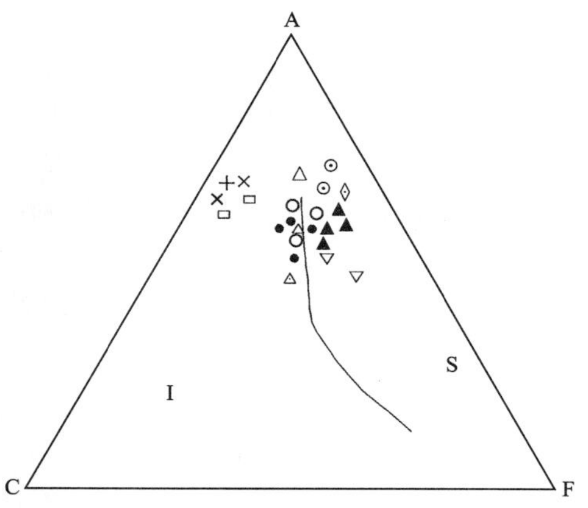

图 3-27　测区各超单元、单元 ACF 图解

A. ($Al_2O_3+Fe_2O_3-Ne_2O+K_2O$);C. $CaO-3.3P_2P_5$;

F. FeO+MnO+MgO(据田中节边,1979)

△̇. 洛堆单元;□. 卡如超单元;×. 塞普超单元;△. 亚模超单元;▽. 康萨超单元;●. 曲水超单元;+普吓单元;○. 南木切超单元;⊙. 吉丁超单元;▲. 团结超单元;◇. 则雄单元

S 型花岗岩有康萨、吉丁、团结超单元和则雄单元,均为酸性岩石,SiO_2 的含量绝大部分在 66%～75%之间,含量变化范围窄,岩性以二长花岗岩为主,有少量钾长花岗岩和碱长花岗岩,$Al_2O_3/(Na_2O+K_2O+CaO)$ 的比值高,部分大于 1,达到过铝花岗岩类;而 $Fe_2O_3/(Fe_2O_3+FeO)$ 比值最小,平均比值常小于 0.3 。暗色矿物含量少,以黑云母为主;副矿物种类增多,出现褐帘石、独居石、钍石、锡石等,磁铁矿和钛铁矿的含量减少;标准矿物中常见有刚玉分子,而透辉石出现的频率明显减少。

(三)侵位深度和成岩温压条件

1. 侵位深度

测区花岗岩大部分为中深成相,侵位深度以 2.5～10km 间居多,主要由以下几个方面推测。①岩体的产状:测区侵入岩出露面积大,以复式岩基产出,在沿美曲藏布和查拉等处虽常见有岩株、岩滴状小侵入体,许多仍是因剥蚀程度不够仅出露顶部的深成岩基,其与测区东部的侵入岩主体相连,如此大规模的岩浆活动,不可能是浅成相的产物;而其平面形态、变质程度和侵入时代,决定其更不可能是深成相的产物。②结构:岩体以中粒结构为主,并常具中粗粒似斑状等结构类型,表现出中深成相岩体特有的结构特点。③矿物:岩体中钾长石和钠长石共存(闵际昆等,1990),钾长石种类属具条纹构造的微斜长石和正长石,钾长石的三斜度(0.966±)和斜长石的有序度(0.78)均较大,似斑状结构中斑晶成分为钾长石或斜长石,且其粒度相差较大,未出现石英斑晶。地质上常用 $Fe_2O_3/(Fe_2O_3+FeO)$(质量百分比)代表氧化程度,以指示岩体的侵位深度,测区各样品的该种比值在 20%～50%之间,与中深成相特征相符。④围岩及接触关系:围岩具较低的或不具明显的区域变质作用,接触界线清楚,常为不协调界线,也有许多呈东西向的接触线与围岩产状协调。外接触带常见有长英质角岩化和矽卡岩化蚀变,内接触带多捕虏体,常为椭球形,冷凝边窄或不清。⑤其他方面:大多数岩体中发育脉岩和叶理,叶理也常与接触面平行。在 Q－Ab－Or 三角相图上,各样品成岩压力在 2×10^8～10×10^8 Pa 间(图 3-25),也反映出中深成相的特点(邱家骧、林景仟,1991)。

2. 成岩温压条件

岩体成岩温压条件与侵位深度密切相关,区内岩体具有中深成相的特点,在 Q－Ab－Or 相图上可知(图 3-25)(邱家骧、林景仟,1991)。各侵入体投影于共结点附近,形成温度在 680～800℃之间,成岩压力大于 3×10^8 Pa,早晚有明显差别:白垩纪岩体形成温度在 750～800℃之间,成岩压力相差大,但多集中 5×10^8 Pa 以上的区域;晚期古近纪和新近纪成岩温压条件相似,成岩温度集中在 680～750℃之间,成岩压力小于 5×10^8 Pa,以 1.5×10^8～4×10^8 Pa 居多。

（四）剥蚀程度和隐伏岩体预测

1. 剥蚀程度

测区侵入岩居于板块碰撞仰冲板块一侧迅速抬升的区域，抬升和剥蚀速度极快，测区东部和多雄藏布沿岸有大面积的岩体出露，这些地区为深剥蚀区，主要表现在：①较大的出露面积与剥蚀程度有关，一般来说，剥蚀程度越高，岩体出露面积越大；②许多超单元表现出环带状结构或者具多期脉动侵入的特点，晚期单元多被剥蚀出露，而且出露面积大，常形成为超单元的主体部分，如南木切超单元的早期日土布单元出露面积小，而以中期五东单元为主，团结超单元早期其顶单元出露面积极小，中晚期苦生单元占据了该岩体的绝大部分；③各超单元内部单元间大多具涌动接触关系，仅少量为脉动型接触，说明各岩体上顶部均已被剥蚀；④大面积出露的岩体内部未见有围岩的残留顶界出现，岩体早期单元内有时见少量捕虏体，常呈圆滑的椭球状，棱角状少见，也不发育近水平的 L 型节理；⑤岩体结构以中粒和中粗粒为主，也常具斑状结构，细粒结构较少，以上特征为深剥蚀岩体所具有，但即使同一片岩体不同部位剥蚀程度也有差别，一般来说，在南木切至谢通门一带剥蚀程度最深，向北至他自拉，向西至雪巴拉，剥蚀程度有逐渐变浅的趋势。

另外沿美曲藏布河谷和查拉一带，有许多规模较小的侵入体出露，具有浅剥蚀的特点，它们一般出露在高程较低的河谷两侧，面积不超过 $50km^2$，以早期单元为主，如沿美曲藏布出露的多是南木切超单元的早期日土布单元，在查拉出露的为团结超单元的早期其顶单元和早中期雄格巴单元。局部岩体中甚至有围岩顶盖残留。

2. 隐伏岩体预测

测区岩浆侵入及火山活动均极为强烈，从东部荣玛、康巴罗等地均可见到下部为侵入岩，上部为火山及沉积地层的双层结构特点。正如前所述，由于测区西部剥蚀浅的缘故，仅在高程较低的美曲藏布、多雄藏布及查拉南的河谷等处见有小面积带状的岩体出露。测区绝大多数侵入体被典中组沉积覆盖，而在西部雄巴—麦让拉—威章拉一带，仅出露有典中组之上的年波组和帕那组。而且从区域上看，测区以北郎拉—亲都，以西许如错、安觉错环湖四周等剥蚀较强的地段也均有大面积的岩体出露。因此可以预测，测区西部火山岩之下，应有大面积的岩体分布。另外在 TM 假彩色卫片上，区内麦让拉、脚拉等处具有多个环形影像特征，有时略具环状背斜褶皱，可能与隐伏岩体侵位有关。通过航磁调查研究，在测区扎西岗、昌那、雄巴等地推断有多个白垩纪和喜马拉雅早期花岗岩隐伏岩体，另在雅江北部弧前盆地与冈底斯岩浆弧之间推测存在着隐伏的古蛇绿岩带。

（五）就位机制

侵入岩的就位机制一般分为两种类型即主动就位和被动就位。测区岩体在平面形态上多呈近东西向的长椭球体或不规则形状，除亚模和南木切超单元外，绝大多数岩体不具或具不明显的同心环状结构，岩体内部组构一般发育较弱，早期侵入体见弱—中等强度叶理，晚期以块状构造为主，接触界面处围岩未出现新的片理，岩体的侵入也未影响围岩原有的构造形迹，因而总体上测区岩体以被动就位为主，并伴随主动就位特点，具复合就位机制。具体而言，各岩体之间也有较大差别。

白垩纪早期洛堆单元、卡如和塞普超单元出露于岩浆弧与弧前盆地间的如多—扎西岗断裂以北、冈底斯复式岩基南部，小面积散布成带状，形状不规则，为板块俯冲阶段，岩浆沿岛弧区次生断裂小规模被动上侵而形成。同时上述岩体中叶理较为发育，且多与展布方向平行，并见与之平行的脉体，与围岩分界处界面截然，未见岩枝穿插现象，表现为强力就位特点，具有早期沿断裂被动扩张，随着岩浆的继续贯入，晚期以强力气球膨胀为主的复合就位机制。

白垩纪晚期亚模和康萨单元与上述岩体产出部位一致，但分布面积较大且较为集中，开始呈现出同心环状特点，内部发育中—弱叶理构造，多扁长暗色包体，与接触带大致平行。指示岩浆沿东西向断裂上侵过程中，由于多次脉动上升，岩体不断向南北两侧挤压围岩，横向拓宽，表现出热轻气球膨胀的强力侵位特点。

古近纪和新近纪侵入岩出露于复式岩体的中北部，构成岩体的主体部分，面积大且较为集中，东西向展布的特征逐渐减弱，内部包体、捕虏体、叶理、脉岩及定向组构等发育程度进一步降低，有时可见岩体与围岩的齿状界线或纵深入围岩的岩枝，指示板块碰撞阶段，岩浆沿深源断裂或断裂的交汇处上升过程中分异演化，发生包括断裂扩张、顶蚀、破火口塌陷等多种就位方式，经多次脉动被动侵位，而少数岩体如南木切超单元仍表现出一定的气球膨胀强力就位的特点。

另外，孜松单元位于缝合线以南，出露面积小，其展布与构造线方向一致，深部与构造关系协调，与围岩间常具脆韧性、脆性断裂，或逆冲推覆于围岩之上，出露于泥砂质混杂岩带内或集中分布于南部的断裂两侧，具构造就位特点。

（六）构造环境探讨

测区侵入岩系由不同时代、不同成因类型的岩石组成的复式杂岩体，其形成受控于板块运动机制，为不同的板块作用方式和板块演化不同阶段的产物，在地质特征、岩石学、岩石化学、地球化学等方面表现出规律的变化，具旋回性特征，反映出与构造的密切关系（图 3-28）（高秉璋、洪大卫等，199；邱家骧、林景仟，1991）。从图中可以看出，测区花岗岩可以划分为三大构造环境类型，即板块碰撞前消减期花岗岩、同碰撞期花岗岩和板块碰撞后隆起期花岗岩。

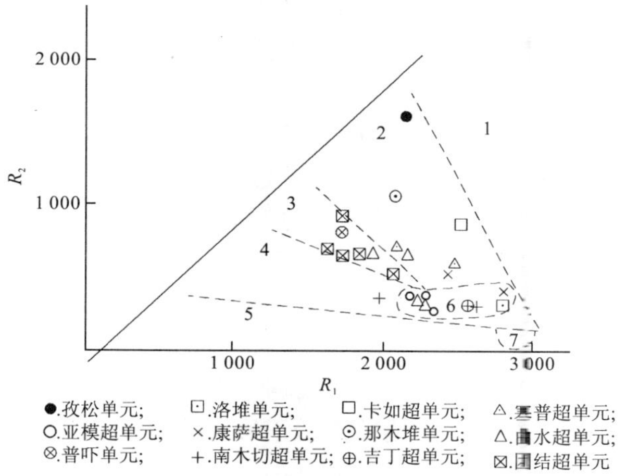

图 3-28　测区侵入岩 R_1 - R_2 图解

R_1. $4SiO_2-11(Na+K)-2(Fe+Ti)$；R_2. $Al+2Mg+6Ca$（原子数）

1. 幔源花岗岩；2. 板块碰撞前消减期花岗岩；3. 板块碰撞后隆起期花岗岩；4. 造山晚期花岗岩；5. 非造山区花岗岩；6. 同碰撞花岗岩；7. 造山期后花岗岩

1. 板块碰撞前消减期花岗岩

包括孜松单元、洛堆单元、卡如超单元和塞普超单元，康萨和曲水超单元虽有个别样品落入该区，但并非其主体部分，予以排除。在燕山晚期，印度板块开始向欧亚大陆板块俯冲，测区侵入岩区成为活动大陆边缘，形成火山岩浆岛弧。首先俯冲到欧亚大陆板块之下的是新特提斯洋壳部分和沉积于洋壳之上的陆源物质，在摩擦生热和去水作用下，伴随着消减带地幔楔形区物质的参与发生部分熔融，熔融物质带着热流上升，并有少量冈底斯陆壳下部岩石被同化混熔，形成了以基性、中基性为主的岩浆，沿着因俯冲而在岛弧区产生的东西向深源断裂被动就位，形成辉长岩、闪长岩、石英闪长岩、石英二长闪长岩等Ⅰ型花岗岩类。该期形成的孜松单元位于雅江缝合带以南，在洋壳俯冲消减的同时，其后缘形成一系列的深源断裂，地壳深部岩浆沿断裂上侵，经构造拼贴于现今部位，形成孜松单元，因而该单元多位于砂泥质混杂岩带内或郎杰学群与涅如组之间的断裂两侧。

2. 同碰撞期花岗岩

包括亚模超单元、康萨超单元、那木堆单元、曲水超单元、南木切超单元和吉丁超单元，随着俯冲消减的进行，板块之间的运动方式从以下插为主逐渐转化为以碰撞挤压为主，这一转化时期的花岗岩在 R_1－R_2 图解上仍有少量样品落入消减期花岗岩范围。直到始新世晚期，板块运动方式已经完全为碰撞作用，地壳迅速加厚而形成一系列冲断层，由于摩擦生热和上升热流作用，上升岩浆逐渐形成从Ⅰ型到 IS 型、S 型过渡的复杂的岩石类型。

3. 板块碰撞后隆起期花岗岩

以团结超单元为主体。由于印度板块持续向北推挤，测区地壳进一步加厚，熔融作用发生的部位仅发生在上地壳的硅铝层中，熔融岩浆沿东西向逆冲断裂和南北向伸展构造的交汇部位上升侵位，形成了测区晚期的S型花岗岩。

总之，随着板块运动的不断推进，测区侵入岩岩浆源于由洋壳、地幔楔形区和陆壳下部的深熔作用形成的偏基性岩浆，逐渐转变为陆壳上部硅铝层浅熔作用形成的酸性岩浆，从而造成了由早至晚，由南向北，测区侵入岩由偏基性向偏酸性演化的特点，表明了岩浆活动与构造运动的密切关系。

第三节 火山岩

一、概述

测区火山活动强烈，主要形成于两个时期：晚侏罗世—早白垩世和古新世—始新世，此外，二叠纪、三叠纪、渐新世和中新世时期也有少量火山活动。所含火山岩的地质体单元较多(表3-22)，分布面积约5 000km^2，占测区总面积的近1/3，主要出露于测区北部，中南部有少量零星分布。区内火山岩形成于板块运动的拉伸、消减及碰撞的不同阶段，因而岩石类型多样，包括基性—酸性的火山熔岩及火山碎屑岩等，其中以中—中酸性的火山凝灰岩为主。

表3-22 测区火山岩分布层位一览表

时代	地层单元	代号	岩石类型	岩石组合	火山岩的含量
E_3—N_1	大竹卡组	E_3N_1d	酸性	凝灰岩	少量
E_2	帕那组	E_2p	中—酸性	流纹岩-凝灰岩	全部
	年波组	E_2n	中酸性	凝灰岩、沉凝灰岩	较多
E_1	典中组	E_1d	基性—中酸性	玄武岩-英安岩、凝灰岩	全部
J_3—K_1	比马组	K_1b	基性—中性	沉凝灰岩	较多
	麻木下组	J_3K_1m	基性—中性	凝灰质沉积岩	较少
	破姆弄混杂岩	$J_3K_1P^M$	基性	玄武岩	少量
	昂仁蛇绿岩群	J_3K_1A	基性	玄武岩	较多
T_{2-3}	中贝混杂岩	$T_{2-3}Z^M$	基性	玄武岩	少量
P_2	浪错岩块	P_2l	基性	玄武岩、凝灰岩	少量
P_1	昂杰组	C_2P_1a	基性	玄武岩	少量

二、二叠纪—三叠纪火山岩

(一)地质特征

在测区北部查拉、南部浪错、中贝等处偶见，出露面积极小，仅以夹层的形式赋存于昂杰组(C_2P_1a)、浪错岩块(P_2l)、中贝混杂岩($T_{2-3}Z^M$)之砂板岩、灰岩之中，居于昂杰组的上部，浪错岩块的中下部，岩性以玄武岩为主，偶见少量基性凝灰岩，普遍遭受区域变质或动力变质作用。火山岩夹层厚度变化较大，最薄处不到1m，呈团块状或透镜体状产出，平面上出露面积小，多在十几到几十个平方米之间。

(二)岩石学岩相学特征

该期火山岩在区内多为深灰色拉斑玄武岩，见少量玻基玄武岩和玄武质玻屑凝灰岩。

拉斑玄武岩：在北部昂杰组、南部中贝混杂岩及浪错岩块中均有所见，具斑状结构或少斑状结构，时见间粒结构、粗玄结构等，发育杏仁构造及块状构造。岩石主要由基性斜长石和辉石组成，有少量磁铁矿、褐铁矿、钛铁矿、榍石等，此外常见有含量不等的杏仁体。斜长石成分多为拉长石，呈细长板条状、柱状自形晶，粒度变化较大，少量形成斑晶，均遭受变质而被钠黝帘石或方解石、绢云母等所取代而残存斜长石晶体假象，含量在50%～70%间；辉石成分为透辉石，无色，充填于长石杂乱分布形成的三角空隙内，呈他形粒状，粒度在0.03～0.30mm间不等，少量或者全部被绿泥石、方解石等所交代残存粒状假晶，含量约20%～35%；杏仁体发育程度差别较大，其中，在浪错岩块中的玄武岩所含杏仁体高达25%，其余含量均不超过5%，杏仁体呈大小不等的圆形、椭圆形或不规则状，其内充填有方解石和绿泥石等，大小在0.1～3.0mm间；其他如磁铁矿、榍石等副矿物含量均较少，总量在5%以下，粒度在0.03～0.15mm间，也常遭受变质，如磁铁矿被褐铁矿取代，钛铁矿被白钛石取代等。

玻基玄武岩：仅见于中贝混杂岩中，岩石具间隐间粒结构，块状构造，由基性斜长石、辉石及玻璃质组成，见少量榍石和钛铁矿等。斜长石呈细小自形—半自形条柱状杂乱排列，颗粒大小在0.03mm×0.25mm±，经变质具钠黝帘石化，含量占52%；辉石呈粒状充填于长石组成的三角形孔隙间，粒径在0.1～0.3mm间，均被绿泥石和方解石取代而残存粒状假晶，含量约占20%；与上述拉斑玄武岩相比，岩石中以含有大量均质的玻璃质为特征，其含量达20%，仍充填于斜长石的三角空隙处。

玄武质玻屑凝灰岩：仅见于浪错岩块中，岩石具凝灰结构，块状构造，主要由玄武质的玻屑、火山灰及少量晶屑、岩屑组成。玻屑呈鸡骨状、楔形、弓形等，屑径0.05～0.20mm，变质为隐晶质的绿泥石，含量约占60%；火山灰沿玻屑、晶屑及岩屑粒间分布并起胶结作用，具脱玻化，形成基性隐晶质集合体，含量占32%；岩屑近圆形，屑径0.1～0.3 mm，成分由基性隐晶质集合体组成，含量约5%；晶屑呈碎屑状，屑径在0.15～0.35mm间，成分为基性斜长石和辉石，含量约占3%。

该时期火山岩以溢流相为主，仅在早期二叠纪浪错岩块中见有爆发相的凝灰岩，均形成于海相环境。总体上该期火山活动极为微弱。

（三）岩石化学特征

岩石化学成分、标准矿物及特征参数见表3-23。岩石中SiO_2的平均含量为50.14%，属于基性岩的范畴，但含量相对较高，全碱含量相对较低，Na_2O+K_2O平均为4.42%，Al_2O_3的平均含量(14.18%)低于16%，与典型的拉斑玄武岩化学成分类似。岩石在硅-碱图上投影较为分散，但其平均值落入亚碱性系列区内(图3-29)(邱家骧、林景仟，1991)，进一步在AFM图解上均投影于钙碱性区内(图3-30)(邱家骧、林景仟，1991)，钙碱性指数(σ)的平均值为2.43，小于3.3，与钙碱性系列值相当，碱度率(AR)平均为1.58，数值也较小。岩石的长英指数(FL)和分异指数(DI)平均值分别为39.53和42.74，与晚期各时期火山岩相比数值最低，而固结指数(SI)平均值为27.42，数值最高，与该期火山岩居于构造旋回早期阶段的特点相吻合。标准矿物中不含石英(Qz)或石英分子含量很少，钾长石(Or)含量也极低，而钙长石(An)含量较高，不含刚玉分子(Crd)，以含极高的透辉石(Di)和出现橄榄石(Ol)、霞石分子(Ne)为显著特点。

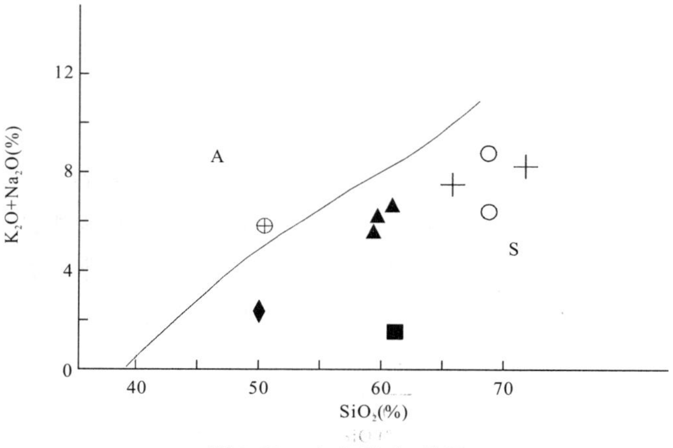

图3-29　火山岩硅-碱图

（据T. N. Irvine，1971）

S.亚碱性系列；A.碱性系列

◆.浪错岩块；⊕.中贝混杂岩；■.比马组；

▲.典中组；○.年波组；+.帕那组

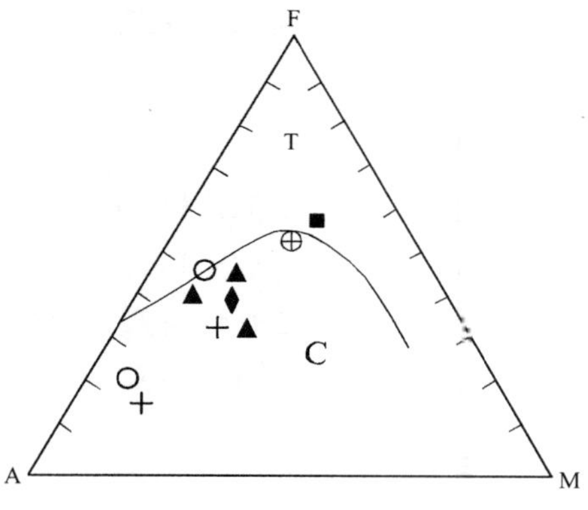

图3-30　火山岩AFM图解

（据T. N. Irvine）

T.拉斑玄武岩系列；C.钙碱性系列

◆.浪错岩块；⊕.中贝混杂岩；■.比马组；

▲.典中组；○.年波组；+.帕那组

表 3-23　火山岩化学成分、标准矿物及特征参数表

地层单位	岩性	样号	岩石化学成分(%)											
			SiO_2	TiO_2	Al_2O_3	Fe_2O_3	FeO	MnO	MgO	CaO	Na_2O	K_2O	P_2O_5	H_2O^+
帕那组	英安质凝灰岩	L1969-29-1	66.11	0.55	14.97	2.23	2.60	0.270	1.69	0.98	3.65	4.13	0.075	1.92
	流纹岩	D1280-5	72.86	0.22	14.57	1.61	0.23	0.030	0.55	0.11	5.73	2.55	0.480	1.14
年波组	流纹质凝灰岩	D1279-7	69.26	0.92	12.43	6.44	0.83	0.058	0.47	1.26	4.41	2.12	0.032	0.73
	流纹岩	L0536—1	69.72	0.025	13.64	1.83	0.96	0.044	0.18	1.96	2.68	6.73	0.038	1.95
典中组	安山岩	D5046	59.98	0.75	16.69	2.31	4.62	0.129	1.93	5.71	3.42	1.63	0.304	1.24
	安山岩	D4080	56.94	0.92	16.89	2.01	2.28	0.169	2.64	6.14	3.10	1.84	0.286	1.55
	安山质凝灰岩	L1967-8-1	60.74	0.45	14.88	1.72	4.82	0.46	1.03	3.78	3.67	2.88	0.250	2.35
比马组	沉基性凝灰岩	L0875-27-1	60.93	0.50	15.26	1.84	4.01	0.21	2.25	7.90	1.33	0.21	0.100	0.84
中贝混杂岩	变质玄武岩	L1999/12-1	51.06	0.55	15.74	2.63	7.22	0.81	5.82	4.18	6.05	0.29	0.112	2.07
浪错岩块	变质玄武岩	L1603/1	49.21	0.20	12.62	7.22	5.40	0.34	6.00	10.84	2.14	0.37	0.150	2.19

地层单位	岩性	样号	CIPW 标准矿物(%)													特征参数					
			Ap	Il	Mt	Hm	Or	Ab	Am	Qz	Crd	Di	Hy	Ol	Ne	DI	FL	SI	σ43	AR	τ
帕那组	英安质凝灰岩	L1969-29-1	0.17	1.07	3.32		25.09	31.75	4.55	24.16	2.96		6.93			81.01	88.81	11.82	2.56	2.90	20.58
	流纹岩	D1280-5	1.06	0.42	0.20	1.49	15.23	49.00	—2.30	30.26	3.25		1.38			94.49	98.68	5.15	2.29	3.59	40.18
年波组	流纹质凝灰岩	D1279-7	0.07	1.78	2.71	6.42	12.75	37.99	6.17	34.76	0.67		1.19			83.50	83.83	3.29	1.61	2.82	8.72
	流纹岩	L0536-1	0.08	0.05	3.44		40.66	23.18	5.43	25.33		2.54				89.18	82.76	1.45	3.27	4.04	438.4
典中组	安山岩	D5046	0.68	1.46	3.13		9.88	29.69	26.03	17.67		0.99	10.16			57.24	46.76	13.87	1.45	1.58	17.69
	安山岩	D4080	0.67	1.87	2.63		11.66	28.14	28.68	16.46		1.74	7.65			56.26	44.50	22.24	1.55	1.55	14.99
	安山质凝灰岩	L1967-8-1	0.58	0.90	2.82		17.97	32.80	16.50	17.21		1.50	9.91			67.99	63.41	7.29	2.26	2.08	24.91
比马组	沉基性凝灰岩	L0875-27-1	0.23	1.00			1.31	11.90	37.07	32.44		3.11	10.11			45.66	16.31	23.34	0.12	1.14	27.86
中贝混杂岩	变质玄武岩	L1999/12-1	0.26	1.11	4.04		1.81	53.38	15.81			4.47		18.69	0.44	55.63	60.27	26.44	4.08	1.93	17.61
浪错岩块	变质玄武岩	L1603/1	0.35	0.40	11.08		2.31	19.16	25.12	8.38		24.64	8.56			29.86	18.80	28.40	0.78	1.24	52.40

(四)地球化学特征

稀土元素、微量元素丰度及特征参数见表3-24、表3-25(部分数据参考1∶20万谢通门幅区域地质调查报告①),稀土元素分配型式图如图3-31所示,可以看出,稀土总量($\sum$REE)平均为64.15×10^{-6},含量低,位于稀土分配型式图的最下方。

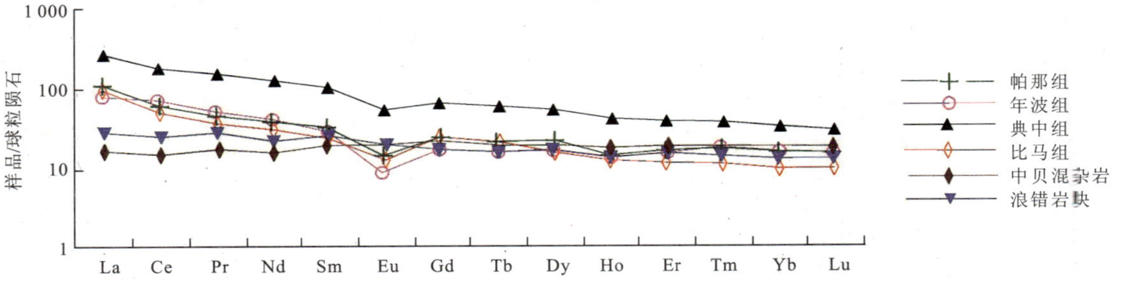

图3-31　测区火山岩稀土元素配分型式图

轻重稀土的比值($\sum$LREE/$\sum$HREE)平均为2.306,Ce_N/Yb_N平均为1.384,在各期火山岩中数值最低,表明稀土分馏程度不明显,在稀土分配型式图上曲线平缓;铕的异常系数(δEu)平均为0.97,接近于1,铕没有明显亏损。

微量元素含量变化范围大,与晚期各时代火山岩相比特征明显,主要表现在Rb、Ba、Th、U亏损程度高,而Ni、Co、Ti、V、Cu极为富集,其中Ti的平均丰度值高达9 877×10^{-6},与大洋拉斑玄武岩Ti含量高的特点相吻合。

三、晚侏罗世—早白垩世火山岩

(一)地质特征

该期火山岩分别位于测区北部桑日群和南部昂仁蛇绿岩及其附近的混杂岩中,后者已在本章第一节蛇绿岩中作了说明,其中桑日群小面积散布在雅江边荣玛、美曲藏布两岸及知布龚等剥蚀程度较深的地段,其上均被典中组火山岩(E_1d)角底不整合覆盖,总面积约280km²,属冈底斯岛弧火山岩的组成部分。桑日群可分为麻木下组(J_3K_1m)和比马组(K_1b),区内麻木下组中火山岩仅见少量沉凝灰岩、凝灰质砂岩夹层,上部比马组以沉凝灰岩为主,夹凝灰质(粉)砂岩等,火山岩占该组地层厚度的84%,为滨海相火山喷发—间歇沉积环境。

(二)岩石学岩相学特征

该期火山岩岩性在区内均为向沉积岩过渡的火山碎屑岩,包括沉凝灰岩和凝灰质沉积岩。

沉凝灰岩:多为沉基性凝灰岩,主要产于比马组中,沉凝灰结构或含砂凝灰结构,显层状,条带构造和层理构造发育。由基性火山碎屑物和正常沉积碎屑物共同组成,基性火山碎屑物有钠长石(35%～45%)、绿帘石(40%～50%)和含钛矿物集合体(榍石、白钛石)(1%～5%),部分样品含较多的透辉石(30%)。基性碎屑呈隐晶质集合体,外形具不规则粒状,屑径0.3～2.0mm不等,为火山灰。另常见有少量钠长石晶屑,呈尖棱角状,屑径0.10～0.35mm间。正常碎屑沉积物主要为粉砂—细砂级的石英,屑径0.03～0.35mm,次棱角—次圆形,分布于火山碎屑颗粒间,含量5%～20%不等。少量样品中除石英单晶外,偶见石英岩岩屑。由于岩石遭受区域变质和热接触变质作用,多见绢云母和石榴子石变质矿物。

凝灰质沉积岩:包括凝灰质微—细晶灰岩、凝灰质粉砂岩、凝灰质细砂岩和凝灰质砾岩等。具正常沉积岩的结构构造特点,岩石成分以正常沉积物为主,火山碎屑物成分为基性隐晶质集合体,有绿帘石、钠长

① 西藏区调队.1∶20万谢通门幅区域地质调查报告,西藏地矿局,1997.

表 3-24 测区火山岩稀土元素含量及特征参数表

地层单位	样号	稀土元素含量值（$\times10^{-6}$）															特征参数			
		La	Ce	Pr	Nd	Sm	Eu	Gd	Tb	Dy	Ho	Er	Tm	Yb	Lu	ΣREE	Ce_N/Yb_N	δEu	δCe	ΣL/ΣH
帕那组	L1969/29-1	49.76	83.72	9.82	35.55	6.32	1.46	5.57	0.88	5.16	0.99	2.86	0.44	2.77	0.42	205.72	7.307	0.743	0.809	9.78
	D4205-9	22.67	19.94	2.63	18.15	3.86	0.61	3.52	0.63	4.31	0.95	2.78	0.43	2.73	0.41	83.62	7.528	0.532	0.956	9.08
年波组	L1968/16-1	35.63	67.45	7.87	28.64	5.20	0.80	5.05	0.88	5.40	1.15	3.34	0.57	3.74	0.58	166.30	4.360	0.476	0.873	7.03
	D4209-39	20.15	40.71	3.27	13.76	2.94	0.48	4.30	0.70	4.31	0.86	2.27	0.32	1.82	0.32	96.21	5.785	0.412	1.097	5.458
典中组	L1961/8-1	48.34	98.98	12.06	47.77	9.11	2.10	8.35	1.29	7.30	1.48	3.99	0.63	3.97	0.59	245.96	6.028	0.730	0.899	7.91
	L0536/1	56.89	99.23	11.81	42.10	7.60	1.52	6.50	1.03	5.83	1.13	3.13	0.49	3.27	0.50	241.03	7.336	0.651	0.823	10.02
	D3236-3	22.82	41.33	4.55	26.16	7.09	1.51	8.54	1.53	8.18	1.61	4.12	0.56	3.15	0.45	131.60	3.393	0.592	0.922	3.676
	D4209-11	51.23	91.54	8.04	36.85	6.84	1.31	9.84	1.50	8.81	1.67	4.15	0.54	2.50	0.49	225.31	9.471	0.487	0.980	6.640
比马组	D4147-12	30.24	47.58	4.22	19.15	3.93	0.90	5.29	0.84	5.10	1.01	2.58	0.35	1.99	0.33	123.51	6.184	0.603	0.891	6.062
中贝混杂岩	L1999/12-1	5.35	12.89	2.12	9.96	3.39	1.18	4.86	0.93	5.94	1.18	3.65	0.55	3.47	0.51	55.98	0.898	0.896	0.852	1.654
浪错岩块	L1603/1	9.37	22.06	3.3	13.96	3.91	1.45	4.68	0.8	5.07	0.98	3.02	0.45	2.85	0.42	72.32	1.87	1.044	0.884	2.958

表 3-25 测区火山岩微量元素含量表

地层单位	样品数	岩性	微量元素含量值（$\times10^{-6}$）															
			Rb	Sr	Ba	Ni	Cr	Li	Nb	P	Co	Zr	Ti	V	Th	U	Cu	Pb
帕那组	1	英安质凝灰岩	164	3.4	704	7.9	13.7	43.3	16.9	804	11.8	213	3 720	81.1	21.8	3.5	7.6	31.2
	2	英安岩	121	151	544	5.36	265	23.6	9.4	490	1.42	227	2 300	34.5		1.38	3.93	16.8
年波组	1	安山质凝灰岩	126	134	674	4.2	<5	23.3	15.6	259	3.2	204	1 082	12.5	22.7	2.3	2.4	16.2
	2	凝灰质砂岩	124	302	337	16.6	88.5	23.81	9.5	8.69	24.1	142	5 580	167		3.05	2.01	49.8
典中组	9	安山岩	87.7	446	455	8.16	154	28.8	11.0	1 180	13.7	198	5 310	98.5		1.17	33.8	27.0
	1	英安岩	221	32.9	72.1	4.5	<5	7.6	23.0	111	2.3	310	629	4.6	22.1	2.1	7.3	28.4
	1	流纹岩	223	167	1 047	6.1	<5	16.8	19.7	273	4.7	331	1 776	16.6	28.2	2.6	3.9	29.2
	1	安山质凝灰岩	150	198	790	9.8	11.6	48.9	19.0	1 086	11.2	302	4 320	59.6	14.1	1.5	7.0	17.3
比马组	1	安山岩	34.5	586	309	22.4	68.2	55.9	13.1	1 700	21.2	13.1	5 520	168	10.2	0.85	87.5	8.35
	3	安山质凝灰岩	65.4	469	1 142	5.94	285	13.3	10.4	570	4.17	164	1 980	30.7	8.3	1.95	37.9	19.2
	3	英安岩	218	684	598	11.6	167	33.1	10.8	804	13.3	83.6	2 997	93.4	11.3	1.45	70.5	11.4
中贝混杂岩	1	玄武岩	<3.0	191	157	67.1	165	47.0	6.6	571	42.1	113	9 273	302	<1.0	<0.5	76.4	19.8
浪错岩块	1	玄武岩	<3.0	48.5	85.7	61.6	87.7	23.0	10.8	702	34.6	138	10 480	323	<1.0	1.6	154	13.6

石、透闪石、含钛矿物等，其含量一般在 20%±。该类火山岩均属火山沉积相，为火山喷发低潮期—间歇期的产物。

从早期麻木下组至晚期比马组，具有火山活动逐渐增强的趋势。麻木下组火山活动极为微弱，比马组中的火山活动大致可以分为 4 个从喷发期—间歇期的旋回。

（三）岩石化学特征

该期火山岩岩石化学成分，标准矿物及特征参数见表 3-23。岩石中 SiO_2 的含量较低，属中性岩的范畴。岩石在硅-碱图上投影于亚碱性区域（图 3-29），在 AFM 图解上对其作进一步划分，投影于拉斑玄武岩系列与钙碱性系列分界线附近，靠近拉斑玄武岩系列一侧（图 3-30），与该期事实相吻合。碱度率（AR）和里特曼指数（σ）均较低，分别为 1.14 和 0.12，按照里特曼划分方案，比马组火山岩属于极强太平洋岩石类型。岩石的镁铁指数（FL）为 16.31，分异指数（DI）为 45.66，与林子宗群各组相比较低，而固结指数（SI）为 23.34，数值较高，符合火山岩早期演化阶段的特点。标准矿物中石英（Qz）和钙长石（An）含量高，出现透辉石（Di），不含刚玉（Crd）分子。

（四）地球化学特征

稀土、微量元素丰度值及特征参数见表 3-24、表 3-25，稀土元素分配型式图如图 3-31 所示。稀土总量（ΣREE）为 123.51×10^{-6}，Ce_N/Yb_N 和 ΣLREE/ΣHREE 分别为 6.184 和 6.062，表明稀土元素分馏程度较高，且具有轻稀土富集的特点，配分曲线表现为向右倾斜，轻稀土部分陡立，重稀土部分平缓；铕的异常系数（δEu）和铈的异常系数（δCe）分别为 0.603 和 0.891，具铕的负异常和弱铈亏损。

微量元素总体上 Sr、Nb、Cu 贫化，Rb、Th、U 富集，桑日群内岩石随着酸度的增加，P、Ti、L.、Nb、V 有所减少，而其他较多元素则有所增加。

四、古新世—始新世火山岩

（一）地质特征

大面积分布于测区冈底斯山雄巴、马雄、德来一线，出露面积约 5 000km²，占测区总面积的近 1/3，为测区冈底斯火山岩浆弧的主要组成部分。可以分为典中组、年波组和帕那组，岩石类型多样，典中组有中酸性凝灰岩、火山角砾岩、安山岩、英安岩及少量玄武岩，年波组为凝灰岩和向沉积岩过渡的沉凝灰岩、凝灰质沉积岩等，帕那组为酸性凝灰岩和流纹岩、英安岩等，属陆相为主的火山喷发环境，角度不整合覆盖于石炭系基底地层和桑日群之上，产状平缓。

（二）岩石学特征

该时期火山岩类型以凝灰岩为主，次为安山岩、流纹岩、英安岩，少量玄武岩，并存在较多凝灰岩与熔岩、凝灰岩与沉积岩的过渡类型。

玄武岩：仅见于典中组下部，以夹层出现，含量少，在测区东部他自拉偶见。岩石具玻基微晶交织结构，柱状节理构造发育，主要由基性玻璃（65%）和基性斜长石（25%）组成，基性斜长石为自形—半自形板条状，可见简单且宽的聚片双晶，晶粒长 0.1～0.3mm，宽 0.01～0.05mm。基性玻璃多已脱玻化形成粘土矿物和绿泥石等。岩石中还含有角闪石（5%）、硫铁矿（5%）等。

安山岩：主要产于典中组中，为斑状结构，基质具交织结构，以块状构造为主，局部偶见杏仁状、气孔状构造。斑晶含量 5%～40%不等，成分主要为斜长石，约占斑晶总量的 80%，次为角闪石，偶见黑云母、辉石、磁铁矿、磷灰石等斑晶。斜长石斑晶呈半自形板状，环带构造发育，属中长石，粒径 0.5～3mm。角闪石斑晶呈半自形柱状或他形粒状，粒径 0.3～1 mm。基质主要为微斜长石，占基质部分的 60%以上；次为角闪石、黑云母、石英及少量副矿物，如磷灰石、磁铁矿等。微晶斜长石呈显微细长板条状或自形粒状，粒径 0.01～0.1 mm，岩石中常见斜长石绢云母化、角闪石绿泥石化现象。

英安岩：产于典中组、帕那组中，含量少，具斑状结构，基质具玻璃质结构，偶见杏仁状构造、流纹状构造等。斑晶成分为斜长石，约占斑晶总量的85%以上；次为石英及少量钾长石，少量暗色矿物角闪石、黑云母、磁铁矿等。斜长石斑晶呈半自形板状或不规则棱角状，粒径0.2～1mm，多属更长石，石英斑晶呈次圆状或熔蚀状外形，粒径0.5～1mm；钾长石斑晶呈半自形柱状—他形粒状，粒径0.2～1.2mm，以正长石为主。基质以玻璃质为主，重结晶明显，呈微粒状，粒径小于0.01 mm。

流纹岩：主要分布于帕那组中，岩石为斑状结构，基质具玻璃质结构、球粒结构、霏细结构等，普遍具流纹构造。斑晶成分主要为钾长石、斜长石和石英，偶见少量角闪石、黑云母、磁铁矿等。斑晶含量相差悬殊，一般在10%～20%之间，少量样品可高达60%。其中钾长石斑晶呈半自形板状、他形粒状，粒径0.2～1mm，多属正长石，占斑晶总量的30%～50%；斜长斑晶石呈半自形板柱状或不规则粒状，多聚片双晶，属更长石，占斑晶总量的20%～35%；石英呈不规则状，具熔蚀状外形，为高温石英，粒径0.2～0.8mm，占斑晶总量的15%～30%。基质以玻璃质为主，部分脱璃化形成微晶长石和石英球粒。

凝灰岩：为各组中主要的岩石类型。分布广，以流纹质岩屑晶屑凝灰岩为主，其次为英安质或安山质凝灰岩，少量熔结凝灰岩，具凝灰结构，柱状节理构造或块状构造。由火山碎屑物（20%～50%）和胶结物（50%～80%）两部分组成，碎屑物以晶屑为主，玻屑次之。晶屑呈棱角状、次棱角状，多为钾长石（正长石、条纹长石）、斜长石（更长石）、石英，少量黑云母、磁铁矿等，粒径为0.2～0.5mm不等；玻屑呈不规则或次棱角状，粒径0.1～0.3mm。胶结物主要成分为火山灰，次为玻璃质。岩石中玻屑或玻璃质胶结物常脱玻化形成微晶长石、石英矿物，并常见有次生变化而形成的绿泥石、绢云母、方解石、粘土矿物等。

火山角砾岩：多出现在典中组中，帕那组偶见。岩石具火山角砾结构，基质为岩屑凝灰结构，块状构造。角砾成分多样，包括中基性熔岩、凝灰岩、砂板岩等，含量占岩石的50%～60%；角砾呈不规则棱角状，砾径0.2～6cm，角砾大者可形成集块岩。岩屑成分与角砾类似，粒径小于2mm，约占岩石的10%，胶结物成分以火山灰为主（25%～30%），次为玻璃质（5%～10%），多重结晶而呈微粒状的长英质矿物，粒径0.01mm±。

火山沉积碎屑岩：主要产于年波组中，有沉凝灰岩、凝灰质（粉）细砂岩等。具沉凝灰结构或凝灰粉（细）砂质结构，层状构造显见，发育层理。碎屑成分有火山碎屑和沉积碎屑，火山碎屑多为岩屑，次为晶屑和玻屑；岩屑呈次浑圆状，屑径0.1～0.5mm，晶屑、玻屑呈尖锐棱角状或次棱角状；沉积碎屑有细粒石英和长石，填隙物除火山灰外，含少量沉积碎屑、钙质、硅质、粘土质等，呈接触式—基底式胶结。

（三）岩相学特征

该时期火山岩相多样，以爆发相为主，次为溢流相和火山沉积相，局部偶见火山颈相和次火山相等。岩相的分布与火山机构关系密切，测区火山以中心式喷发为主，各组中均可见火山机构，以典中组中最为集中，爆发相（火山集块岩和角砾岩）、火山颈相、次火山相多集中在火山口附近，而溢流相（特别是安山岩）、爆发相（凝灰岩）和火山沉积相则分布广大，在未遭受后期改造的地区呈现出环状构造特点。

爆发相：出现在林子宗群的各个时期，尤以典中组和帕那组爆发相最为典型，各火山韵律或旋回的早期均以爆发相为主，在火山口附近堆积大量粗碎屑的火山角砾岩和火山集块岩，岩性为安山质—流纹质岩石，分布面积广，典中组火山爆发的产物来自于石炭系围岩和火山岩本身，帕那组主要来自火山岩。

溢流相：在典中组和帕那组中均可见，一般产于火山韵律或旋回的晚期，岩性有玄武岩、安山岩、英安岩和流纹岩，以中性安山岩分布面积最为广大，形成熔岩被或线状的熔岩流，而黏稠度大的英安岩和流纹岩则分布局限。中基性熔岩中时形成气孔、杏仁构造，酸性熔岩中流纹构造发育。

火山沉积相：主要在年波组中出现，为火山活动低潮期间歇产物，形成沉凝灰岩和凝灰质（粉）砂岩，层状及层理构造发育，分布范围广，粒度相差不大。

（四）岩石化学特征

岩石化学成分、标准矿物和特征参数见表3-23。岩石中SiO_2含量在57%～73%之间，属中性—酸性岩的范畴，且从早至晚，SiO_2含量明显增高，显示从中性向酸性演化的趋势。岩石在硅—碱图上投影于亚碱性区域（图3-29），在AFM图解上对其作进一步划分，各样品均投影于钙碱性系列一侧（图3-30），且从早至晚大致显示从Fe－Mg一侧，近直线延伸至碱性一侧的趋势，符合消减带火山岩的特点。主要体现为碱度率(AR)在 1.5～3.6 之间,里特曼指数在 1.5～2.5 之间,平均值从早至晚均呈递增的趋势。根据里特曼的划分方案,该期火山岩属于强—正常太平洋类型。另外,各火山岩组镁铁指数(FL)平均值(51.56→83.30→93.75)、分异指数(DI)平均值(60.50→86.34→87.75)从早至晚显示递增演化趋势,而固结指数(SI)平均值(14.47→2.37→8.46)从早至晚总体显示递减趋势。主要矿物含量从早至晚表现为石英(QZ)和钾长石(Or)总体递增,钠长石(Ab)含量较为稳定,而钙长石(An)明显递减。早期典中组含透辉石(Di)而未见刚玉(Crd)分子,至晚期帕那组则出现刚玉而未见透辉石分子。

(五)地球化学特征

稀土、微量元素丰度值及特征参数见表 3-24、表 3-25,稀土元素分配型式图如图 3-31 所示。稀土总量在 83.62×10^{-6}～225.31×10^{-6}之间,平均为 174.47×10^{-6},总体上看较为富集;Ce_N/Yb_N 平均为6.401,ΣLREE/ΣHREE 平均为 7.449,表明稀土元素分馏程度较高,且具有轻稀土富集的特点,配分曲线表现为向右倾斜,轻稀土部分陡立,重稀土部分平缓,与中酸性火成岩稀土配分型式一致;铕的异常系数(δEu)在 0.412～0.743 之间,铕亏损较为明显,而铈的异常系数(δCe)在 0.809～1.097 之间,大多小于 1,显示铈弱亏损,均反映出岩浆分异程度较低的特点。

微量元素含量范围变化较大,总体上贫化 Sr、Nb、Cu,富集 Rb、Th、U 等,从早期至晚期火山岩具有 Sr、Ni、P、Ti、Cu 逐渐降低,而 Th、U、Pb 逐渐增高的特点。

(六)火山喷发活动特点

测区林子宗群火山岩早期典中组主要为安山岩、玄武岩及安山质凝灰岩,年波组为一套火山沉积岩,晚期帕那组以流纹质凝灰岩、流纹岩为主,总体上看,从早到晚,火山活动具有从基性向酸性方向演化的趋势,并有从以溢流为主的喷发—喷发间隔—以爆发为主的喷发的活动过程,以早期典中组火山活动最为强烈。

典中组火山活动具中心式喷发的特点,在卫片上可见清晰的环形构造影像,火山口为直径不大的圆形,一般位于山顶,常被后期侵蚀作用所破坏。一个火山活动中心由一个或几个火口组成,如腩阿乡及汤嘎拉等处。火山口周围多有火山角砾岩或火山集块岩环绕,由于不均匀剥蚀等原因,火山角砾岩仅存半圆形、弧形残留,其外侧则为大面积分布的安山熔岩和安山质火山凝灰岩。在北部腩阿乡一带,火山口集中,多个火山活动具有交叉重叠等现象。

经过年波组喷发间隔,帕那组火山活动西移,活动中心位于麦让拉、勒弄等处,以爆发作用为主,喷发中心较少,但规模相对较大,具典型的环形锥状火山地貌。

现以典中组中查拉以南火山机构为例加以说明(图 3-32),该火山机构位于谢通门县查拉西南约 12km 处汤嘎拉,平面具有西侧严重侵蚀的破火山口形态,由两个火山口组成,分别位于高程 5 350m 和 5 400m的山顶。其中位于北东方位处的火山口,由于遭受剥蚀,火山通道相下部的潜火山岩体出露地表,岩性为含丰富黄铁矿化的花岗斑岩,结构和成分具分带性,内部结构较粗,矿化现象较弱,外侧出现细粒化,矿化增强,局部边缘出现片理化现象。四周为火山角砾岩及安山熔岩,外围以凝灰岩、火山角砾岩和集块岩、安山岩为主,组成混合堆积的火山锥。不同岩相的物质一般呈带状环绕火山口分布,其中火山角砾岩与集块岩仅在距火山口不远的环带上出现,并有向外侧火山角砾含量减少,砾径减小,逐渐过渡为含角砾凝灰岩和凝灰岩的特征。由于西部剥蚀较强,早期喷发堆积相多被剥露,并有少量可能为侧相侵入的次火山岩及脉体产出,呈现出不对称的平面形态。

流纹质-英安质含火山角砾玻屑晶屑凝灰岩具火山角砾晶屑凝灰结构,块状构造,局部见薄—中层构造。主要成分有晶屑、火山灰、玻屑及火山角砾等:晶屑成分以斜长石、钾长石为主,另见石英及角闪石,有少量黑云母,多数呈棱角状,少量长石类呈自形—半自形板柱状,大小不等,屑径在 0.1～2mm 间,混杂分布,暗色矿物角闪石和黑云母均具不同程度的绿泥石化,晶屑含量约占 65%;火山灰充填于晶屑和火山角砾之间,具脱玻化形成隐晶质的长英矿物集合体,晶粒直径小于 0.01mm,含量约 20%;火山角砾成分为流纹岩、流纹—英安岩,砾径大于 2mm,含量约 5%。

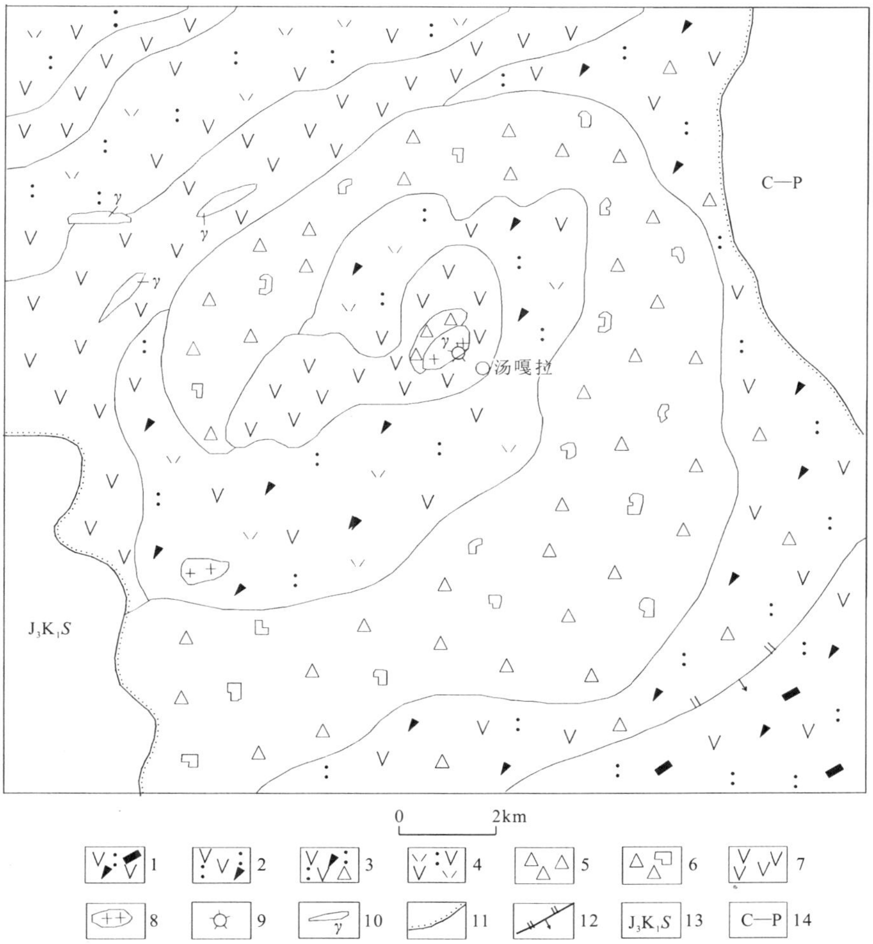

图 3-32 测区谢通门汤嘎拉典中组中火山机构岩相地质图

1. 安山质岩屑晶屑凝灰岩；2. 安山质岩屑凝灰岩；3. 安山质含火山角砾岩屑凝灰岩；4. 英安质凝灰岩；5. 火山角砾岩；6. 火山角砾岩与火山集块岩；7. 安山熔岩；8. 花岗斑岩；9. 火山通道；10. 花岗岩脉；11. 角度不整合；12. 断层；13. 桑日群；14. 石炭纪与二叠纪地层

五、渐新世—中新世火山岩

呈近东西向的带状零星分布于测区如多—查拉、秋弄拉一带，区域构造位置上居于冈底斯岩浆弧带南缘弧前山间盆地中，仅在大竹卡组(E_3N_1d)砾岩、砂岩、粉砂岩间呈夹层出现。火山岩位于大竹卡组的中下部，厚度约 26.6m，仅占该组地层总厚度的 3.9%。岩性均为灰、深灰色流纹质-英安质含火山角砾玻屑晶屑凝灰岩，属酸性岩类。另外该组地层中还见有大量的砾岩，砾石成分常为火山岩，以安山岩和流纹质晶屑岩屑凝灰岩为主。

该时期火山岩均为爆发相的酸性凝灰岩，早中期火山活动较强，以后逐渐减弱，在大地构造部位上与林子宗群($E_{1-2}Ln$)相当，岩性及火山活动特点继承了林子宗群的演化趋势，是在古新世—始新世岛弧火山岩之后，板块进一步碰撞隆起时期所形成。

六、构造环境探讨

测区火山岩经历从二叠纪—中新世漫长的时期，具有明显的演化趋势(张双全等，1998)，即早期均为基性的玄武岩、玄武质凝灰岩，至古近纪时期演化为以中酸性岩为主，晚期仅见酸性流纹质英安质凝灰岩；火山活动强度具有从弱到强再到弱的正态分布特点，活动中心总体具有由南向北迁移的趋势，与测区侵入岩的活动特点相类似，均表明其与板块运动具有密切的关系。

二叠纪—三叠纪时期，区内发育以拉斑玄武岩为主的火山活动，玄武岩在 $FeO-MgO-Al_2O_3$ 构造环境判别图上投影于洋岛区靠近大陆板块内部一侧(图 3-33)(邱家骧、林景仟,1991),是特提斯洋早期开始形成阶段的产物;至晚侏罗世—早白垩世时期,区内在雅江缝合带及两侧附近的混杂岩中,与地幔橄榄岩、深海硅质岩相伴生,发育大量的玄武岩,如本章第一节蛇绿岩中所述,其形成于洋中脊环境(图 3-9、图 3-33)。因而可以判定,从二叠纪至早白垩世,测区以玄武岩为主的基性火山岩具有一整套从特提斯洋开始扩张、逐渐形成至扩展到最大阶段的演化序列。

此外,在晚侏罗世—早白垩世时期,测区北部冈底斯火山岩浆弧内还发育一套含较多钙碱性火山岩的桑日群火山沉积地层,火山岩以基性成分为主,镁铁比值(MIF)为 0.4,K_2O 的含量仅 0.2%,属低钾的拉斑玄武岩系列,与消减早期火山岩特征吻合,在 $\log\tau-\log\sigma$ 判别图上也投影于消减带火山岩区(图 3-34)(邱家骧、林景仟,1991),故其形成于岛弧环境。但其形成的时期与测区于晚白垩世特提斯洋板块开始向欧亚大陆板块俯冲的时期不相吻合,据王成善(1999)、熊盛青(2001)等的研究指出,在现今雅江蛇绿岩带之北,区内弧前盆地与冈底斯火山岩浆弧带之间,存在着一隐伏的古蛇绿岩带,桑日群火山岩即为该蛇绿岩所属特提斯洋早期俯冲消减过程中所形成。

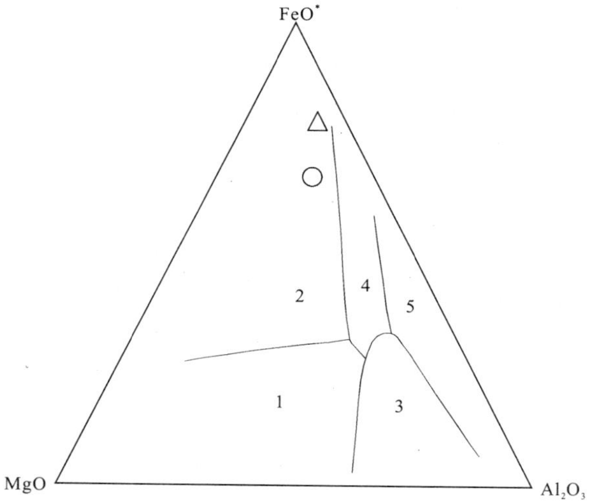

图 3-33　玄武岩 $FeO^*-MgO-Al_2O_3$ 构造环境判别图(T. H. Pearce,1977)

1. 洋中脊;2. 洋岛;3. 消减带;4. 大陆板块内部;5. 扩张中心岛屿;△. 中贝混杂岩;○. 浪错岩块

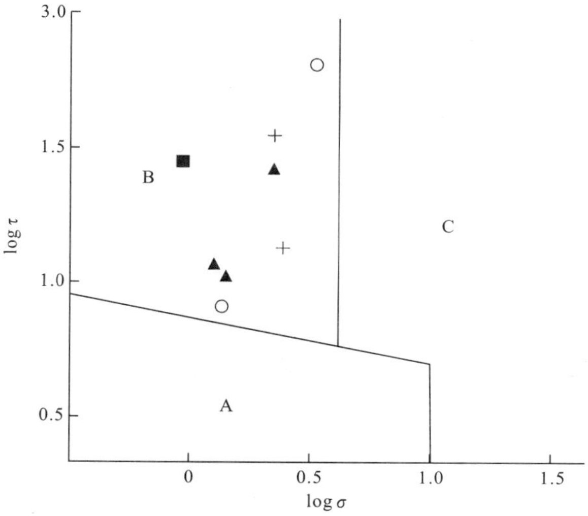

图 3-34　中酸性火山岩 $\log\tau-\log\sigma$ 判别图(据 A. Rittmann,1970)

A. 板内稳定区火山岩;B. 消减带火山岩;C. 由 A、B 区演化的碱性火岩;■. 比马组;▲. 典中组;○. 年波组;+. 帕那组

古新世—中新世火山岩居于消减带附近的火山岩浆弧带内,形成于板块俯冲晚期至碰撞期,在 $\log\tau-\log\delta$ 判别图上各样品均投影于消减带火山岩区(图 3-34),区域上与侵入岩密切共生,共同受控于板块运动机制。该期火山岩属钙碱性岩石系列,从早至晚由中性向酸性演化,在 AFM 图上由 Fe+Mg 轴向碱性(Na+K)端点演化,符合板块闭合运动控制的岩浆旋回过程,并指示由消减带近大洋一侧的岛弧环境逐渐向靠大陆一侧的活动陆缘环境演化的趋势。

第四节　脉　岩

测区脉岩较为发育,种类多,分布广泛,大多集中于北部冈底斯火山岩浆弧中,以酸性岩脉为主,次为基性岩脉和中性岩脉。

一、基性岩脉

以辉绿玢岩脉为主,另有少量辉长岩和煌斑岩脉,煌斑岩脉(图版Ⅱ-4)主要包括(辉石-橄辉石)云煌岩和斜闪煌斑岩。基性岩脉数量较少,分布零星,与侵入岩体无必然的成因关系,属区域性脉岩,为区域性的构造和裂隙所控制，走向以近东西向和北东向为主。岩石特征见表 3-26。

岩石具斑状结构、煌斑结构等，块状构造，主要矿物成分有斜长石、辉石、角闪石及黑云母等。脉体规模不大，脉宽在十几厘米至几米间，但延伸较稳定，长度为十几米至几百米，甚至几千米。为玄武岩浆结晶分异的产物。

表 3-26　测区基性岩脉岩石矿物特征

岩石名称		辉绿玢岩	云煌岩	斜闪煌斑岩
结　构		斑状结构及变余斑状结构，基质为辉绿结构	煌斑结构	煌斑结构
构　造		块状构造		
矿物特征及含量	斜长石	自形长柱状晶体，属偏基性的拉长石，聚片双晶较发育，在基质中杂乱分布，其形成的三角空隙处有角闪石或辉石充填，构成辉绿结构。含量占 40%～50%		半自形—他形柱状、粒状，成分为中一更长石，表面具泥化，部分见钠长石净边，均为基质的成分。含量占 50%～60%
	辉石	斑晶具短柱状外形，常被绿泥石和方解石取代，基质中辉石呈他形粒状，充填于斜长石间隙中。在不同辉绿玢岩中含量差别较大，最高可达 50%	自形粒状，属透辉石，横切面呈自形八边形，发育两组直交节理，纵截面呈短柱状，无色，仅在基质中分布，有时也形成少量斑晶，含量约 10%～30%不等	
	角闪石	斑晶为绿色半自形长柱状晶体，发育闪石式节理和柱状节理，基质中则杂乱充填于长石晶隙之间。含量较高时可达 20%	在斑晶中有时有少量角闪石，自形粒状，含量不足 2%	斑晶呈褐色自形长柱状，具多色性，Ng—深褐色、Nm—褐色、Np—浅褐色，基质自形粒状，见两组闪石式节理。含量为 40%～50%
	黑云母		自形片状、条带状，杂乱分布于基质中，少量呈斑晶出现，约占 30%～60%	
	其他矿物	见少量榍石、磁铁矿、钛铁矿等	有些云煌岩中见大量的橄榄石，另有少量磷灰石、磁铁矿、方解石及玻璃质等	少量磁铁矿(褐铁矿)，自形片状外形，分布于基质中，含量小于 5%

二、中性岩脉

中性岩脉以闪长玢岩和石英闪长玢岩脉为主，另见有少量石英正长斑岩、石英二长斑岩、(石英)二长闪长玢岩和细粒闪长岩脉等，分布广泛，但极为零星，呈脉状侵入于北部岩浆岩和南部混杂岩中，大部分具区域性脉岩特征，与区域性的断裂裂隙有关，多数与东西向的构造线平行，其次为北东向、近南北向等。岩石多具斑状结构，基质为显微晶质、微粒、细粒结构，矿物成分以长石为主，石英不足 15%，暗色矿物多见角闪石，黑云母极少，副矿物见磁铁矿、磷灰石、褐铁矿、榍石、锆石、白钛石等，具体岩石学特征见表 3-27。脉体规模相差较大，脉宽在几十厘米至十几米间，延伸长度短者在几米至十几米，长者可达几百米。结合区域地质特征分析，推断其为安山岩浆分异的产物。

三、酸性岩脉

以花岗(斑)岩脉为主，其次为花斑岩脉、花岗闪长斑(玢)岩脉、二长花岗(斑)岩脉、细晶岩脉及少量石英脉等。大多具专属性，一般分布在测区中北部南木切—谢通门—亚木—雄巴等地侵入岩及火山岩中，部分侵入于附近围岩地层中。岩石以斑状结构为主，基质多具隐晶—微晶花岗结构，少量为细晶结构，均为块状构造。主要矿物成分以钾长石、斜长石和石英为主，斑晶主要为钾长石和石英，少量为斜长石；暗色矿物以黑云母多见，次为角闪石；副矿物有磁铁矿、褐铁矿、磷灰石、榍石、锆石等。具体岩石矿物特征见表 3-28。

表 3-27　测区中性岩脉岩石矿物特征

岩石名称		(石英)闪长玢岩	石英正长闪长玢岩	石英二长斑岩	石英正长斑岩
结　构		斑状结构或变余斑状结构,基质为隐晶—微晶柱状结构	斑状结构,基质为隐晶质结构	斑状结构,基质具显微晶质结构	具斑状结构,基质具显微文象结构、细粒花岗结构、蠕英结构
构造		块状构造			
矿物特征及含量	石英	他形粒状,充填于斜长石与角闪石晶粒间,含量小于6%	他形粒状,少量形成斑晶,多数见于基质中,局部斑晶熔蚀形成港湾状,含量小于10%	他形粒状,少量形成斑晶,个别熔蚀成港湾状,含量小于15%	他形粒状,形成斑晶与粒径相差悬殊的基质,以基质为主,有时可见石英与钾长石成显微文象交生结构,含量约占10%
	钾长石	他形粒状,多为正长石,均含于基质中,表面微具泥化,含量小于10%	半自形板状,成分为正长石,主要在基质中出现,有极少数形成斑晶,基质中钾长石时与石英组成显微文象交生结构,约占10%±	半自形板状,成分为微斜条纹长石,发育格子双晶及条纹构造,表面显浑浊,斑晶及基质均可见,约占25%～30%	他形—半自形粒状,主要成分为正长石,可见卡式双晶,形成斑晶和基质,是组成斑晶的主要矿物,含量高,约占60%～70%
	斜长石	斑晶:为自形—半自形宽板柱状晶体,聚片双晶发育,柱体大小悬殊;基质:半自形板柱状。斑晶含量约占15%,基质占60%～65%	自形—半自形宽板柱状,成分为中—更长石,聚片双晶及卡钠复合双晶发育,普遍具泥化、绢云母化。形成斑晶和基质,为斑晶的主要组成矿物,含量约70%～75%	自形—半自形宽板柱状,发育卡钠复合双晶和聚片双晶,表面多具泥化,斑晶及基质均可见,为斑晶的主要组成矿物,含量约占45%～50%	半自形宽板柱状,以更长石为主,少量形成斑晶,大多为隐晶基质,可见聚片双晶,含量占15%
	暗色矿物	角闪石多见,形成少量长柱状的斑晶,但大多为微—隐晶质的基质,含量在30%～35%	见角闪石和黑云母,含量近相等,总含量约5%	多角闪石,未见黑云母,以斑晶形式出现,常变质为绿帘石,含量约5%～10%	以角闪石为主,常被绿泥石所取代,另见少量黑云母
	副矿物	见榍石、白钛石、磁铁矿等	见磁铁矿、锆石及磷灰石	见磁铁矿、锆石等	见磁铁矿(1%)、磷灰石(<0.1%)、褐铁矿(1%)

脉岩走向多样,以北东向为主,次为南北向及东西向,少量为北西向,受控于区域构造裂隙体制。脉体规模相差悬殊,宽度几十厘米至十几米,延伸长度几米至几百米,少数达几千米不等,其中以花岗(斑)岩脉、二长花岗(斑)岩脉规模较大,细晶岩脉和花岗闪长斑(玢)岩脉次之,石英脉规模极小,顺节理裂隙产出。

表 3-28 测区酸性岩脉岩石矿物特征

岩石名称		花岗斑岩(花斑岩)	花岗闪长斑(玢)岩	花岗细晶岩	二长花岗(斑)岩
结构		全晶质斑状结构,基质为显微晶质—微晶结构	斑状结构,基质为隐晶质结构居多	他形粒状结构	自形—半自形花岗结构或斑状结构,基质为微晶—细晶结构
构造		块状构造	块状构造	块状构造	块状构造
矿物特征及含量	石英	他形粒状,部分磨碎充填于裂隙及矿物晶粒之间,石英斑晶时被熔蚀为港湾状,常为斑晶的组成部分,超过斑晶总量的 20%,总含量约占 20%~30%	他形粒状,充填于其他矿物晶粒之间,部分为斑晶,不超过斑晶总量的 8%,含量约占 20%~28%	他形粒状或不规则状,粒径在 0.5mm 以下,含量约占 25%	他形粒状,少量为斑晶,具熔蚀现象,主要形成基质,充填于矿物和斑晶粒间,含量在 20%~25%之间
矿物特征及含量	钾长石	半自形—自形粒状,多属正长石,常与石英交生组成显微文象交生结构,隐见条纹构造,组成基质和斑晶,含量约 25%~40%	半自形板状,成分为透长石、正长石等,见条纹构造,多为基质,少量为斑晶,含量约占 8%~15%	他形粒状,以条纹长石及正长石为主,粒径约 0.2~0.5mm,含量在 40%~45%间	半自形—自形板柱状,以正长石及条纹长石为主,分别形成基质和斑晶,含量约占 25%~30%
矿物特征及含量	斜长石	自形—半自形板柱状,多属更长石,发育卡钠复合律双晶,多以基质形式存在,极少量斑晶,牌号 An < 25,约占 25%±	自形—半自形宽板柱状,双晶发育,少量呈聚合斑晶赋存,隐见环带构造,为中—更长石,基质和斑晶共存,含量约占 55%~60%	他形—半自形粒状,以更长石为主,聚片双晶密集,粒径与钾长石相似,含量约 25%	半自形板条状,以更长石及中更长石为主,可见聚片双晶及环带状内部构造,少量形成斑晶,多数为基质,含量约占 25%~40%
矿物特征及含量	暗色矿物	角闪石和黑云母多以斑晶形式出现,常被绿帘石、绿泥石等取代,含量约占 5%	以黑云母为主,含量多在 5%~8%之间	片状黑云母和不规则状角闪石,粒径较小,两者含量均在 1%±	自形程度好的黑云母和角闪石,黑云母稍多,部分黑云母形成斑晶
矿物特征及含量	副矿物	以锆石、磷灰石、磁铁矿为主,含量均小于 0.5%~1%	以磁铁矿为主,磷灰石及锆石少量	见磁铁矿、褐铁矿及磷灰石	见磁铁矿、褐铁矿、磷灰石、榍石

第四章　变质岩

第一节　概　述

测区地处藏中南冈底斯地块与喜马拉雅地块之接合部位——雅鲁藏布江缝合带南北两侧，特殊的构造部位导致岩石变形、变质作用南北存在一定差异。区内变质岩约占图幅总面积51%，约为8 225km²。除第三纪及其以后的沉积—火山岩系、燕山—喜山期岩浆岩及弧前盆地沉积外，其余各时代地层及岩浆岩绝大部分均遭受不同程度的区域变质作用改造。此外，局部侵入岩周围及断裂带附近尚发育接触变质作用及接触交代变质作用，而动力变质作用则广泛分布测区所有地层。

综合张旗等(1981)及《西藏自治区区域地质志》(西藏地质矿产局，1993)划分方案，结合本区实际情况，根据变质岩的分布、岩石组合及所处的构造单元，将本区归属为雅鲁藏布江变质区，进一步划分为3个变质岩带(图4-1)，自北向南为冈底斯变质岩带(Ⅰ)、雅鲁藏布江变质岩带(Ⅱ)、拉轨岗日变质岩带(Ⅲ)，其中冈底斯变质带进一步分为查拉—孔姆拉变质岩带(Ⅰ¹)、南木切—亚木变质岩带(Ⅰ²)，雅鲁藏布江变质带进一步分为孜松—拉孜变质岩带(Ⅱ¹)、古龙洋坡—吉村变质岩带(Ⅱ²)。

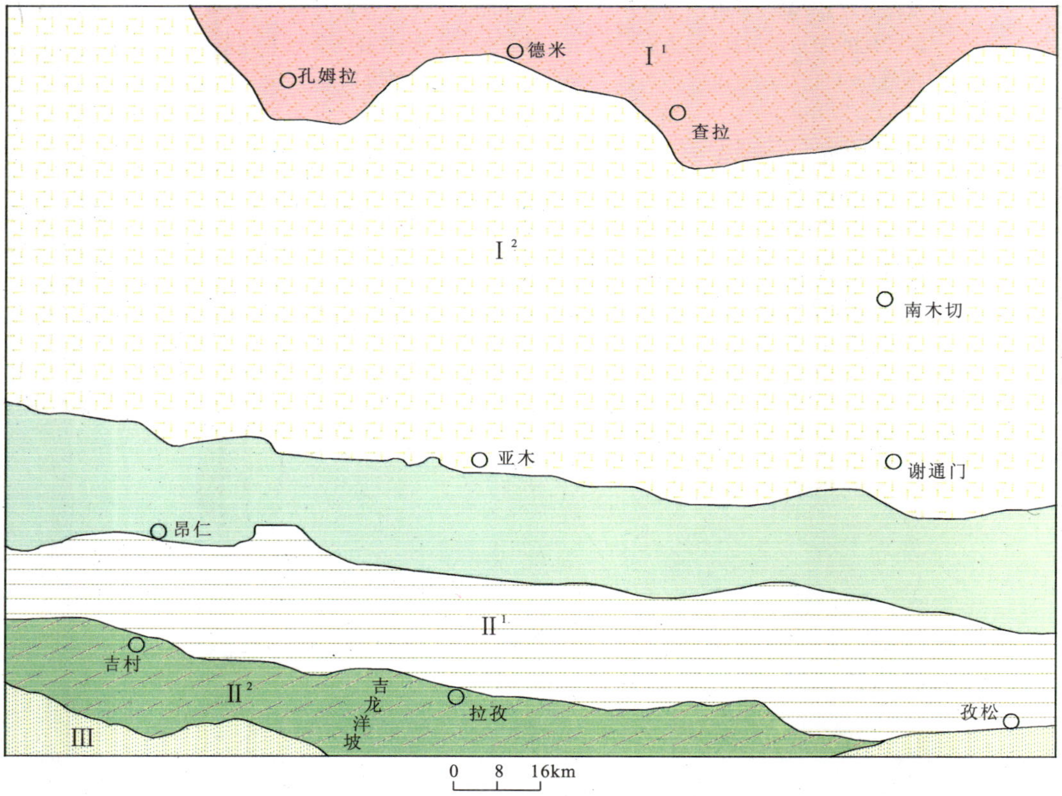

图4-1　测区变质地质单元划分简图

Ⅰ¹. 查拉—孔姆拉变质岩带；Ⅰ². 南木切—亚木变质岩带；Ⅱ¹. 孜松—拉孜变质岩带；
Ⅱ². 古龙洋坡—吉村变质岩带；Ⅲ. 拉轨岗日变质带

第二节　区域变质岩及变质作用

一、区域变质岩岩石类型

测区区域变质岩广泛分布于雅鲁藏布江缝合带南北两侧，属藏中南变质地区拉轨岗日变质岩带、雅鲁藏布江变质岩带、冈底斯变质岩带。其中，因其矿物共生组合、岩石类型、空间分布和变质作用特征不同，冈底斯变质带划分为查拉—孔姆拉变质岩带和南木切—亚木变质岩带；雅鲁藏布江变质岩带划分为孜松—拉孜变质岩带和古龙洋坡—吉村变质岩带。以下报告中按不同变质带分别详细叙述。

（一）冈底斯变质岩带（Ⅰ）

主要分布于雅鲁藏布江缝合带北侧的冈底斯岩浆岛弧区，该带因受大规模岩浆活动影响，变质岩呈零星出露，遭受区域动力变质地层包括古生代二叠纪下拉组、石炭纪—二叠纪昂杰组、石炭纪拉嘎组、永珠组，中生代侏罗纪—白垩纪桑日群（麻木下组、比马组）、楚木龙组、塔克那组、设兴组等地层。因其变质程度及特征上的差异，又进一步划分为两个亚带：查拉—孔姆拉变质岩带（$Ⅰ^1$）、南木切—亚木变质岩带（$Ⅰ^2$）。

1. 查拉—孔姆拉变质岩带（$Ⅰ^1$）

该变质岩带的受变质地层包括古生代石炭纪永珠组及拉嘎组、石炭纪—二叠纪昂杰组、二叠纪下拉组等。变质地层较多的遭受第三纪火山岩覆盖。

该变质岩带岩石以遭受浅变质为主，同时受岩浆的热流作用，导致岩石的变质程度不均一。主要岩石类型有片岩、板岩、千枚岩、变质砂岩、变质粉砂岩、大理岩等。

（1）片岩类

岩石为灰白—浅灰色，主要岩石有二云钠长片岩、钠长二云片岩、黑云钠长石英片岩、二云石英片岩等。岩石具花岗鳞片变晶结构、鳞片花岗变晶结构、变余粘土质细砂结构，片状构造。主要矿物成分为：钠长石（38%～42%）、石英（20%～52%）、白云母（15%～30%）、黑云母（20%～25%）等。钠长石：呈他形粒状及不规则拉长状，齿状外形，粒径 0.05～0.3mm；黑云母：片状、条片状，呈强的多色性，片径 0.01～0.2mm，沿长轴方向定向排列；白云母：片状、条片状，片径 0.01～0.3mm，内部有石英包体，大部分白云母可能来自黑云母的析铁退变，在白云母解理缝及其周边有铁质物附着，仍有部分黑云母呈浅棕褐色。另含极少量磁铁矿、绿帘石、白钛石等副矿物。

根据原岩中残余的原生矿物特征及变余结构特征判断，原岩为粘土质石英细砂岩或中基性凝灰质泥质粉砂岩。

（2）板岩、千枚岩类

岩石呈浅灰色，风化后为灰黄色，主要岩类有绢云母板岩（千枚岩）、粉砂质绢云板岩、绢云石英板岩（千枚岩）、石英钠长绿泥千枚岩、不等粒砂质绢云板岩、钙质板岩等。具变余砂状、细砂状结构，显微鳞片变晶结构，板状构造、千枚状构造。主要矿物成分为：绢云母（20%～90%）、石英（硅质）（8%～60%）、长石（5%～15%）等。绢云母：显微鳞片状，片径约 0.01～0.1mm，片体集合成层分布，显示较好的千枚状及板状构造；石英：他形粒状结构，见两种形态，一是分布在绢云母层中，显微粒状，颗粒边缘常为锯齿状，长轴趋于定向，粒径约 0.01～0.05mm，二是单独集中呈显微层状分布，层厚 0.05～0.25mm，粒径 0.01～0.03mm；绿泥石：片状或片状集合体不均匀分布，片径 0.1mm 左右。另含少量的褐铁矿、电气石等副矿物。个别岩石以方解石（75%～80%）为主，含微量绢云母、石英等，为钙质板岩。根据岩石中残余的结构，即变余粉砂粘土质结构、变余粘土质粉砂结构，原岩应为粉砂质粘土岩、粘土质粉砂岩等。

（3）变质砂（砾）岩、变质粉砂岩类

岩石浅灰—灰黄色，风化后显灰褐或黄褐色，为该变质岩带中主要变质岩石类型，分布较广，变化不大，走向延伸较稳定。主要岩石类型为变质细粒石英杂砂（砾）岩、变质细砂岩、变质粉砂岩等。岩石具变余细粒砂(砾)状结构、变余砾状结构、变余粉砂结构、块状或层状构造。主要矿物成分为:石英(70%～95%)、绢云母(3%～20%),另含少量长石(3%～5%)、绿泥石(5%～10%)、黑云母(5%～10%)等次要副矿物。石英呈他形不规则状、粒状、齿状外形彼此镶接,粒径0.1～0.3mm,极少仅0.05mm粒径,少数石英重结晶较好;绢云母呈显微鳞片状结构,片径0.01mm左右,以胶结物形式分布于石英颗粒之间;锆石呈次棱角状及次浑圆状外形,粒径0.02～0.05mm;电气石呈棱角状外形,吸收多色性强,粒径0.05～0.1mm。原岩为杂砂(砾)岩、细砂岩、粉砂岩等。

(4)大理岩、结晶灰岩类

此类岩石分布受层位控制,岩性单一,岩石类型主要为大理岩、含砂质大理岩、结晶灰岩。岩石具细晶结构、镶嵌粒状变晶结构,块状构造、片状构造。主要矿物成分为方解石(85%～95%),粒度0.03～0.08mm不等,均呈压扁粒状,彼此镶嵌排列,定向分布,构成岩石的片状构造;石英(5%～10%),粒径0.15mm;透闪石(1%～5%),粒径0.3mm,无色,粒状,可见两组斜交解理;绿帘石(1%～4%),粒径0.1mm,细小粒状,分布于方解石颗粒间。

2. 南木切—亚木变质岩带(I^2)

该变质岩带遭受变质地层主要包括晚侏罗世—早白垩世桑日群(麻木下组、比马组)及白垩纪楚木龙组、塔克那组、设兴组等地层,部分燕山期岩浆岩。变质地层遭受冈底斯喜马拉雅期深成岩浆岩侵蚀破坏较严重,出露极零星。

该岩带岩石变质程度低,原岩结构构造保留清晰。主要岩石类型有板岩、变质侵入岩、变质中基性火山岩、变质砂岩及大理岩等。

(1)板岩

主要岩石为绢云母板岩、含粉砂绢云母板岩、粉砂质泥质板岩等。岩石具变余粉砂泥质结构、显微鳞片变晶结构,板状构造。主要矿物成分为绢云母(68%～88%)、石英(硅质)(10%～30%),次要矿物成分为长石、绿泥石、白云母等,另含少量褐铁矿、磁铁矿等副矿物。绢云母呈显微鳞片状,片径约0.01～0.03mm;石英(硅质)呈显微粒状集合体,粒径0.1～0.4mm。根据岩石中残余的粉砂泥质结构及原生矿物的特征,镜下恢复其原岩为粘土岩或粉砂质粘土岩。

(2)变质侵入岩

主要岩石为变质闪长玢岩、变质辉长辉绿岩等。

变质辉长辉绿岩:具变余辉长(辉绿)结构,块状构造,主要矿物成分为斜长石(50%～58%)、辉石(40%～46%),另含少量榍石、钛磁铁矿等副矿物。斜长石为半自形—自形柱状,发育聚片双晶,发生不同程度的钠黝帘石化;辉石为半自形短柱状,多数被透闪-阳起石、绿泥石取代而残存假象。

变质闪长玢岩:具变余斑状结构、变余少斑结构,基质具隐粒—微晶柱状结构,块状构造。主要矿物成分为斜长石(42%～58%)、普通角闪石(15%～52%),另含少量榍石、白钛石、磁铁矿等次生矿物。斜长石呈宽板柱状,自形—半自形晶体,发育聚片双晶,随变质作用发生绢云母化和钠长石化等退变质现象;普通角闪石呈绿色长柱状晶形,部分晶体被绿泥石、黑云母、绿帘石取代,残存假象,并有含钛矿物(榍石、白钛石)析出。

(3)变质砂岩

主要为变质不等粒岩屑(长石)砂岩、(堇青石)变质砾岩、变质粉砂岩等,具变余砾状结构、变余不等粒砂状结构、变余粉砂结构,块状构造。主要矿物成分为石英(30%～65%)、长石(10%～62%),碎屑物粒度0.07～0.7mm之间,细粒—粗粒皆有,砾石2～10mm不等,受区域变质影响,碎屑物颗粒具压扁拉长定向排列,部分保留棱角状外形。堇青石呈不完整柱状晶,平行消光,无色—浅灰干涉色,晶体内富含尘埃状铁质物。

(4)变质中基性火山岩

主要为变质安玄岩、变质辉斑玄武岩等,具变余少斑结构、变余斑状结构,基质具交织或间粒结构,含杏仁构造,主要矿物为斜长石(40%～48%)、辉石(40%～50%)。受区域变质作用,矿物均被绿帘石、绿泥石取代,残存短柱状假象。

(5)大理岩

主要为片状大理岩、含燧石结核大理岩，呈粒状变晶结构，片状构造、块状构造及结核状构造，主要矿物成分为方解石(80%～97%)，另含少量粘土矿物、铁质物等。方解石粒径 0.03～0.5mm 不等。

(二)雅鲁藏布江变质岩带

该变质岩带主要分布于雅鲁藏布江缝合带南侧的混杂岩带内，北侧以蛇绿岩与冈底斯弧前盆地边界为北界，南侧以混杂岩带与康马—隆子地层分区边界断裂为其南界。

受区域动力热流变质作用地层包括，三叠纪穷果群、修康群，三叠纪—白垩纪混杂岩、侏罗纪—白垩纪蛇绿岩及白垩纪冲堆组等。

根据矿物共生组合、岩石类型、空间分布和变质作用特征，由北往南可划分出孜松—拉孜变质岩带和古龙洋坡—吉村变质岩带，它们共同组成了雅鲁藏布江中段的高压低温变质带。两条变质带各具不同的特点，明显受区域构造、地层和岩性控制，并与原岩成分关系密切。

1. 孜松—拉孜变质岩带

该带又可称为蓝片岩带，其分布与蛇绿岩形影相随，紧密伴生，呈狭长带状紧邻蛇绿岩分布，近东西走向。在测区内孜松、拉孜区等地发育最好。变质地层主要为紧邻蛇绿岩带的深海近洋壳沉积的晚侏罗世—早白垩世破姆弄岩组、昂仁蛇绿岩岩群，极少为变基性侵入岩株(可能为早期?)、二叠纪浪错岩块、早—中三叠世穷果群和晚三叠世修康群部分地层。区域变质程度低，矿物重结晶作用较弱，颗粒极细小。

该岩带岩石变质浅，多具有变余结构。主要岩石类型为含蓝闪石和黑硬绿泥石的变基性岩、绿帘石绿泥片岩，多呈扁豆体状产于地层中，扁豆体一般宽 30～50cm，少数达 1m 左右，长度不超过 5m，扁豆体分布不均匀，岩石为蓝绿色、灰蓝色、深绿色，细粒状变晶结构，也可见纤状变晶结构、千枚状或板状构造。主要矿物成分为：钠长石(40%～50%)、绿泥石(30%～50%)、绿帘石(10%～30%)等，另含少量榍石、钛铁矿、白钛石等副矿物。

岩石化学成分特征见表 4-1(刘国惠、金成伟等，1988)显示出，孜松采集 5 个样品中 SiO_2 含量均在 45%～50%之间，Al_2O_3、MgO、Na_2O 含量相对较高且比较稳定；尼格里值(al—alk)对 C 值图中，集中落在火成岩区间(图 4-2)，在(al＋fm)—(c—alk)图(图 4-3)，多数点也落在火山岩区间，结合镜下所见的变余原生结构特征，其原岩为基性火山岩、基性侵入岩。此外，测区内部分含黑硬绿泥石绿片岩，矿物成分中含较多细粒石英及细微绢云母，原岩可能为泥砂质类沉积岩。

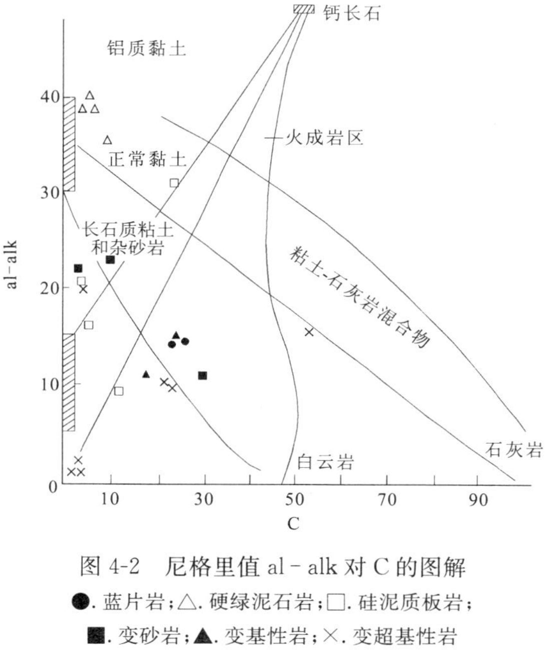

图 4-2 尼格里值 al－alk 对 C 的图解

●. 蓝片岩；△. 硬绿泥石岩；□. 硅泥质板岩；

■. 变砂岩；▲. 变基性岩；×. 变超基性岩

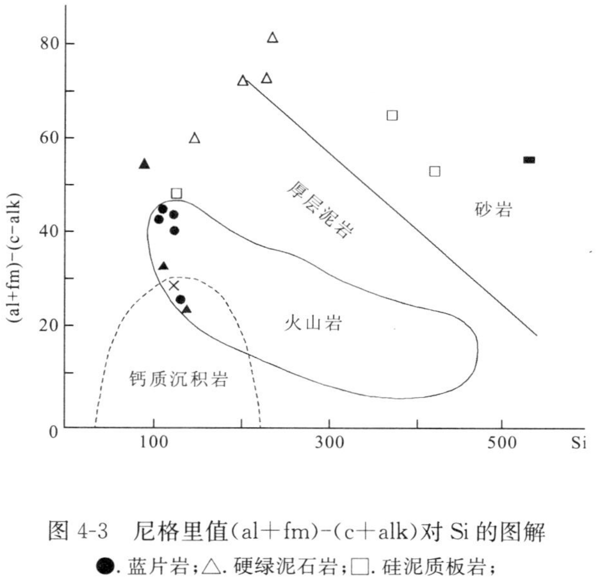

图 4-3 尼格里值(al＋fm)-(c＋alk)对 Si 的图解

●. 蓝片岩；△. 硬绿泥石岩；□. 硅泥质板岩；

■. 变砂岩；▲. 变基性岩；×. 变超基性岩

表 4-1　变质岩岩石化学全分析和尼格里值一览表

序号	样　号	岩石名称	化学分析含量(%)														尼格里值								采样位置
			SiO_2	TiO_2	Al_2O_3	Fe_2O_3	FeO	MnO	MgO	CaO	Na_2O	K_2O	P_2O_5	H_2O^+	烧失量	合计	Si	al	fm	c	alk	k	mg	c/fm	
1	M-001*	含蓝闪石变辉长岩	48.97	1.45	12.9	4.12	7.01	0.24	5	9.8	3.9	0.45	0.34	2.44	2.56	99.15	129	20	45	28	11	0.45	2.78	0.63	孜松
2	M-010(a)*	含蓝闪石黑硬绿泥石绿片岩	47.69	1.95	13.7	2.41	12.4	0.26	4.4	7.6	3	0.15	0.47	3.98	0.89	98.86	128	22	50	22	8	0.25	2.18	0.44	孜松
3	82-XG-3*	含蓝闪石黑硬绿泥石绿片岩	50.39	1.75	13.7	3.27	9.31	0.29	6.1	6.3	3.95	0.2	0.38	3.33	0.56	100.1	138	22	53	18	11	0.18	2.85	0.34	孜松
4	82-XG-5*	含蓝闪石黑硬绿泥石绿片岩	45.24	2.2	13.8	4.38	10.5	0.29	6	8.1	2.37	0.1	0.45	5.31	0.84	99.5	117	21	55	22	6	0.16	2.7	0.41	孜松
5	82-XG-10*	含蓝闪石黑硬绿泥石绿片岩	50.62	1.67	13.2	3.63	9.49	0.25	5.4	8.9	2.47	0.55	0.39	3.33	0.86	99.79	138	22	49	23	8	0.8	3.02	0.48	孜松
6	M-24*	硬绿泥石千枚岩	63.43	0.17	18.9	0.11	7.24	0.09	0.6	0.2	2.17	1.3	0.13	3.86	0.85	99.08	296	52	33	1	14	1.01	0.45	0.03	拉孜
7	协 s-99*	硬绿泥石千枚岩	57.48	0.9	21.2	5.36	3.56	0.1	1.09	0.8	1.35	2.43	0.12	4.38	/	99.38	233	50	35	3	11	0.53	0.18	0.09	拉孜
8	协 s-100*	硬绿泥石千枚岩	60.18	0.51	19	7.93	0.57	0.01	1.14	0.45	1.3	2.43	0.09	4.78	/	100.8	266	50	36	2	12	0.55	0.21	0.06	拉孜
9	X-34*	硬绿泥石千枚岩	49.16	0.05	24.2	3.05	7.09	0.19	1.52	2.95	2.15	1.53	0.07	4.17	/	99.19	161	46	34	10	10	0.31	0.21	0.29	拉孜
10	L1994/11-1	硅泥质板岩	68.47	0.4	14.2	4.08	1.39	0.29	2.34	0.72	1.64	2.72	0.08	0.3	2.84	99.44	386	35	43	4	18	0.53	0.44	0.09	中贝乡
11	L1995/15-2	变中—细粒长石石英砂岩	81.76	0.25	8.01	1.28	1.89	0.16	0.78	0.98	1.38	0.93	0.05	1.68	0.39	99.54	703	41	33	9	17	0.31	0.3	0.27	中贝乡
12	L1996/30-1	硅泥质板岩	79.08	0.25	8.39	1.71	1.88	0.22	1.22	2.09	0.41	0.84	0.03	1.58	2.4	100.1	609	38	38	17	7	0.56	0.37	0.45	中贝乡
13	L1999/12-1	硅泥板岩	51.06	0.55	15.7	2.63	7.22	0.81	5.82	4.18	6.05	0.29	0.11	2.07	/	96.53	138	25	47	12	16	0.03	0.5	0.26	中贝乡
14	L2000/31-1	硅泥质板岩	73.05	0.38	12	4.06	1.1	0.26	1.45	0.52	1.51	2.84	0.03	2.2	0.22	99.64	423	41	37	3	19	0.56	0.35	0.08	中贝乡
15	L2000/34-1	变细粒岩屑砂岩	77.64	0.45	9.92	1.45	2.04	0.11	1.5	0.52	1.53	1.91	0.13	2.16	0.2	99.56	525	42	36	4	19	0.45	0.44	0.11	中贝乡
16	L2503/58-1	变玄武岩	48.38	1.5	14.9	3.26	6.53	0.32	6.8	8.09	4.15	1.35	0.23	2.07	1.84	99.4	120	22	45	21	12	0.18	0.56	0.47	拉孜区
17	L2501/6-1	变辉绿岩	56.06	0.98	14.4	2.54	6.27	0.18	6.41	11.7	3.63	0.09	0.1	3.05		105.4	135	20	41	30	9	0.02	0.57	0.73	拉孜区
18	L1053/1-1	蛇纹石化斜辉橄榄岩	51.16	1.44	14.5	1.36	9.37	0.18	5.33	8.47	4.8	0.25	0.14	2.64	/	99.63	130	22	43	23	12	0.04	0.47	0.53	吉定
19	L2821/11-2	蛇纹石化斜辉橄榄岩	39.96	0.03	1.52	5.66	2.03	0.12	36.9	0.14	0.05	0.03	0.02	12.8	0.75	100.1	64	1	98	0	0	0.5	0.9	<0.01	昂仁
20	L2821/12-1	蛇纹石化斜辉橄榄岩	39.4	1.01	13.6	4.74	3.7	0.13	5.13	28.6	0.06	<0.01	0.1	3.27	/	99.73	75	15	27	57	0	0.5	0.53	2.11	昂仁
21	L2821/12-2	蛇纹石化斜辉橄榄岩	40.15	0.03	2.01	5.25	2.4	0.11	35.4	1.16	<0.01	0.01	0.02	12.8	0.47	99.88	65	2	96	2	0.2	0.5	0.9	0.02	昂仁
22	L2501/19-1	变基性凝灰岩	43.02	2.27	17.5	3.31	6.77	0.18	9.86	6.48	2.68	0.85	0.24	6.4	0.01	99.52	99	24	53	16	7	0.17	0.64	0.3	拉孜区
23	L2821/10-1	蛇纹石岩	95.17	0.06	1.66	0.66	0.4	0.21	0.29	0.15	0.21	0.28	0.05	0.71	0.57	100.4	3 310	33	50	4	13	0.5	0.29	0.08	昂仁
24	L2821/13-1	片状蛇纹石岩	40.46	0.01	0.88	6.75	0.87	0.1	37.6	0.3	<0.01	<0.01	0.01	12.3	0.88	100.2	64	1	99	0.4	0.2	0.5	0.9	0	昂仁

注:带 * 数据引自刘国惠、金成伟等,1988。

2. 古龙洋坡—吉村变质岩带

该带又可称为绿片岩带，主要分布在蓝片岩带南部，沿萨迦县德沙乡、拉孜县南仁噶村、中尼公路古龙洋坡、昂仁县吉村一线近东西向展布，以仁噶村、古龙洋坡等地发育最好。受变质地层主要为晚三叠世郎杰学岩群、三叠纪—侏罗纪混杂岩及修康群等地层。

该带岩石受变质程度较浅，原岩结构、构造仍得以较好的保留。主要岩石类型为片岩类、板岩(千枚岩)类、变沉积岩类、变火山岩类 4 个类型。

(1)片岩类

主要岩石为钠长方解绿泥片岩、钠长方解透闪石片岩、方解绿泥黑云钠长片岩等。岩石为黄褐色，他形粒状鳞片变晶结构、他形粒状纤状变晶结构，片状构造。主要矿物为绿泥石(20%～50%)、钠长石(25%～40%)、方解石(5%～35%)、黑云母(25%)、透闪石(36%)，另含少量磁铁矿、白钛石等副矿物。绿泥石显鳞片状变晶，片径 0.05～0.2mm；钠长石呈他形粒状变晶，粒径 0.01～0.15mm；方解石呈他形粒状变晶，粒径 0.03～0.25mm，部分呈残留辉石短柱状假象，可能是辉石残斑；黑云母呈鳞片变晶结构，片径0.1～0.35mm；透闪石呈纤状变晶，定向排列，片径 0.1～0.3mm。

根据矿物共生组合特征及镜下鉴定，原岩为基性火山岩或基性岩屑凝灰岩。

(2)板岩类

该类岩石在变质带中分布极广泛，主要岩石有硅泥质板岩、(含硅)泥板岩、含粉砂泥板岩、(含钙粉砂)绢云板岩、含黑硬绿泥石硅质板岩(千枚岩)、含绿泥绢云板岩等。岩石为浅灰—灰黄色，少数浅灰绿色，隐粒—微粒泥质结构，含泥砂质粉砂状结构、(含)粉砂状鳞片变晶结构，板劈理构造(图版Ⅴ-1)。主要矿物为绢云母(50%～85%)或水云母(53%～85%)、石英(或硅质)(10%～40%)、绿泥石(8%～15%)、黑硬绿泥石(1%～15%)、方解石(9%～26%)、硬绿泥石(1%～80%)以及少量磁铁矿、褐铁矿、白钛石、锆石等副矿物。绢云母：显微鳞片变晶结构，片径 0.01～0.03mm，定向排列；石英(或硅质)：为隐晶质集合体成层状分布，较少石英则呈现单晶或棱角—次棱角状外形出现；绿泥石：显微鳞片变晶结构，片体 0.03～0.05mm，定向排列构成板状构造；黑硬绿泥石：呈放射状或花瓣状变晶结构及细小片状、针状均匀分布，暗褐或淡黄色晶体(d=0.05mm±)；硬绿泥石：呈粗大的变斑晶分布于岩石之中，板状晶形，二轴晶正光性，内部含炭质包体，条状切面具倾斜消光，消光角约 10°，粒径 0.2～1.5mm。

岩石化学特征(表 4-1)上反映出，SiO_2 变化较大，变化区间为 50%～80%之间，Al_2O_3 较高，一般 12%～14%，较少低于 10%，K_2O、Na_2O、CaO 较低，Fe/MgO 比值较大。尼格里值投点，(al—alk)对 C 图解(图 4-2)含硬绿泥石千枚岩落点在正常粘土至高铝粘土区，硅泥质板岩落点为正常粘土区、长石质粘土和杂砂岩区及火成岩区边界，反映出其沉积环境复杂所致；(al+fm)—(c+alk)对 Si 图解(图 4-3)中岩石落点为厚层泥岩区及砂岩区，极个别落在火山岩区边界附近。再结合岩石中残余的沉积结构，其岩石原岩应为粘土岩、粉砂岩、硅质粘土岩，少数含火山碎屑物质。

(3)变质沉积岩类

测区内分布较广泛，主要岩石类型有变质长石石英砂岩、变质岩屑细砂岩、变质砾岩、变质粉砂岩、变质粘土岩、含黑硬绿泥石硅质岩、绿泥—黑硬绿泥石细晶白云岩等。

变质长石石英砂岩、变质岩屑细砂岩、变质砾岩、变质粉砂岩、变质粘土岩等，岩石为浅灰—灰黄色，岩石具变余砾状结构、变余(粉砂质)粘土结构、变余粉砂状结构、变余中—细粒砂状结构，块状或层状构造。主要矿物为石英(50%～96%)、绢云母(1%～94%)，另含长石、黑云母等，极少量磁铁矿、锆石、电气石、绿帘石、白钛石等副矿物，少量钙质成分较高者方解石含量达 30%～47%，为钙质××岩。石英：次棱角—次浑圆状，齿状外形，粒度 0.03～0.5mm 不等，部分颗粒大者 2mm，重结晶作用明显，有的颗粒边缘可见清晰的重结晶加大的边；绢(水)云母：显微鳞片状变晶，片体 0.01～0.05mm，定向分布，少数进变成鳞片变晶的绿泥石(片体 0.01～0.02mm)。副矿物均具次棱角—次浑圆状外形。

原岩结构构造清晰，可根据镜下特征直接恢复原岩。

含黑硬绿泥石硅质岩为深灰—灰黑色，隐晶—微晶结构，黑硬绿泥石呈放射状或花瓣状变晶结构，主要矿物为硅质(玉髓、石英)(88%～92%)，黑硬绿泥石(8%～10%)。硅质为隐晶质集合体(d<0.01mm)

及微粒集合体($d=0.01 \sim 0.03$mm)两种;黑硬绿泥石呈放射状或花瓣状变晶,均匀分布,为变质矿物。另见极少量白钛石、磁铁矿等副矿物及粘土矿物。

绿泥—黑硬绿泥石细晶白云岩为浅灰微带绿色,鳞片状细晶结构。主要矿物为白云石(50%),半自形—自形,粒径0.03~0.25mm;黑硬绿泥石(28%),鳞片状集合体,片径0.03~0.08mm;绿泥石(20%),鳞片状集合体,片径0.01~0.03mm。矿物均匀分布,黑硬绿泥石及绿泥石为变质作用生成的矿物。镜下鉴定原岩为基性凝灰质白云岩。

(4)变质侵入岩、火山岩类

主要岩石为变(辉长)辉绿(玢)岩、变玄武岩、变基性火山凝灰岩,岩石为灰绿色、黄绿色,变余(辉长)辉绿结构、变余间粒结构、变余玄武质—火山凝灰结构、变余少斑状结构等,块状构造、变余杏仁状构造。主要矿物成分为基性斜长石(50%~62%),多数被钠长石、绢云母交代殆尽,残存长板柱状假象晶,较少被钠黝帘石交代,呈现次生变化的特点,矿物粒度0.05mm×0.35mm~0.2mm×0.6mm不等;辉石(22%~50%),矿物多被绿泥石、绿帘石、透闪一阳起石、纤闪石化及褐铁矿化次生交代,残存短柱状假象晶体沿斜长石格架内分布,粒度0.15~0.35mm;另含少量榍石、白钛石、磁铁矿等副矿物。

岩石化学特征(表4-1)为SiO_2在40%~50%,变化稳定,Al_2O_3集中在15%附近,K_2O、Na_2O、CaO含量稳定,且含量较高。尼格里值(al-alk)对C图解(图4-2)投点落于火山岩区,(al+fm)-(c+alk)对Si图解(图4-3)投点落于火山岩区,极个别落于厚层泥岩区,可能因为其Al_2O_3含量较高所致。

结合岩石中残存结构及镜下鉴定,原岩应为(辉长)辉绿(玢)岩、玄武岩及基性火山凝灰岩。

变质闪长玢岩:岩石为深灰色,变余多斑或微晶柱状结构,块状构造,主要矿物为斜长石(61%~69%),多被钠长石或中长石、绢云母、绿帘石交代,呈微晶细长板状,双晶明显,受变质作用,长石牌号降低;角闪石(17%~30%),均被绿泥石、绿帘石、黑云母、方解石交代,残存横切面六边形,纵切面呈长柱状假象晶体并伴有铁质物析出,柱径0.25mm×0.7mm~0.5mm×1.3mm;石英(5%~6%),呈他形粒状,粒径0.08~0.35mm,较多被熔蚀呈港湾状,并含有角闪石包体。另含少量榍石、白钛石、磁铁矿、锆石等副矿物。

镜下鉴定显示其原岩为石英闪长玢岩。

(三)拉轨岗日变质带

主要分布于测区图幅西南角及东南角,出露极少,受区域动力变质作用地层为三叠纪涅如组、侏罗纪日当组、遮拉组、维美组等,岩石变质极浅,为低绿片岩相绿泥石带变质。

主要岩石类型为含石英粉砂质绢云板岩、绿泥绢云板岩、炭质板岩、变石英细砂岩等。岩石具变余(粉砂)—显微鳞片变晶结构、变余砂状结构(图版Ⅴ-2),板状构造。主要矿物为绢云母(70%~83%):显微鳞片状,片径0.01mm左右;石英(15%~85%):次棱角状、不规则状,粒径0.01~0.03mm,发生了重结晶,在原生石英碎屑的边部生长出了细粒的石英,有的石英略具定向,边缘界线不清晰,仍以碎屑石英为主,保持砂状结构。另含少量磁铁矿、绿帘石、榍石等副矿物。根据残留的结构构造及镜下鉴定特征,原岩为粉砂质粘土岩、石英细砂岩。

二、变质作用

参照都城秋穗(1979)划分方案,即以特征变质矿物、常见变质矿物、常见变质相系列、共生岩浆岩等因素综合考虑确定并结合测区实际情况,划分出测区变质相、变质相系(表4-2、图4-4)。

区域变质作用包括区域动力热流变质作用和区域低温动力变质作用。其中中—高压型区域动力热流变质作用造成的变质地层主要为三叠纪—白垩纪混杂岩带内地层及侏罗纪—白垩纪蛇绿岩,属低绿片岩相—蓝片岩相过渡;低压型区域动力热流变质作用和区域低温动力变质作用造成变质的地层则包括冈底斯地块石炭纪—白垩纪地层、喜马拉雅地块稳定陆缘带二叠纪—三叠纪地层及雅鲁藏布江缝合带南侧混杂岩带内二叠纪—白垩纪地层等,属低绿片岩相—高绿片岩相。

以下根据测区划分的不同变质带分别叙述。

表 4-2　测区变质带、变质相划分表

变质带						变质相
冈底斯变质带		雅鲁藏布江变质带		拉轨岗日变质带		
变泥质岩	变基性火山岩	变泥质岩	变基性火山岩	变泥质岩	变基性火山岩	
铁铝榴石（堇青石）带	角闪石—钠长石带					高绿片岩相
黑云母带	阳起石—钠长石带	含硬绿泥石千枚岩带	含蓝闪石片岩带	含硬绿泥石千枚岩带	绿泥石—钠长石带	低绿片岩相
绿泥石带	绿泥石—钠长石带					

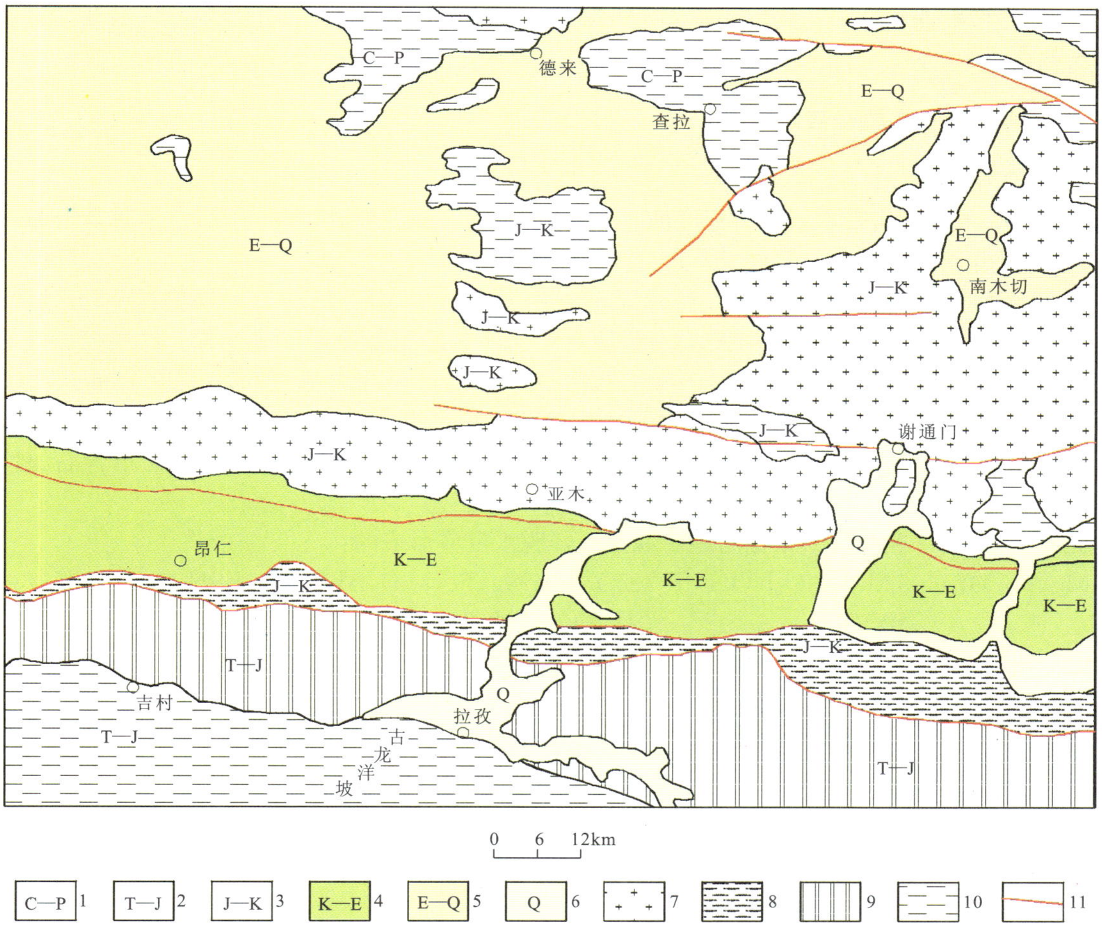

图 4-4　测区变质相图

1. 石炭系—二叠系；2. 三叠系—侏罗系；3. 侏罗系—白垩系；4. 白垩系—古近系；6. 第四系；7. 燕山期—喜山期花岗岩；8. 蛇绿岩带；9. 蓝闪—绿片岩相；10. 绿片岩相；11. 断层

（一）冈底斯变质岩带（Ⅰ）

1. 查拉—孔姆拉变质岩带（$Ⅰ^1$）

（1）新生变质矿物

查拉—孔姆拉变质岩带变质程度较低，岩石基本保留了原始成分及结构，新生的变质矿物主要为白云母、绢云母、绿泥石、黑云母等，几种变质矿物形成的变质程度均较低。都城秋穗(1973)认为，在递增变质作用过程中，黑云母的形成是分阶段的，最贫铝的岩石中黑云母可在较低温反应下出现，反应式为：$Mi + Chl \rightarrow Bi + Ms + Qz + H_2O$。

(2)变质相及变质相系

主要由查拉—孔姆拉一带的石炭纪—二叠纪地层组成，岩石为一套碎屑及碳酸盐沉积岩系，变质程度低，原岩组构保留较好，变质矿物单一。变质带中各岩类变质矿物共生组合为：

变质石英细砂岩　　Pl＋Bi＋Ser＋Ms＋Qz

变质石英粉砂岩　　Pl＋Bi＋ Ms ＋Chl ＋Qz

绢云石英千枚岩　　Ser ＋ Ms ＋ Bi ＋Chl ＋Qz

据以上矿物共生组合特征，该变质岩带应为低绿片岩相。一般认为低绿片岩相变质温度为 300～500℃，压力 0.2～1.0GPa。变质岩石主要为板岩—千枚岩类，这与测区的区域变质岩石类型相吻合。

据区域上的资料，查拉—孔姆拉变质岩亚带向东延伸，变质程度具升高的趋势，局部地段出现铁铝榴石、堇青石等特征矿物，这是高绿片岩相的代表矿物。说明由西向东，为低绿片岩相→高绿片岩相过渡的变质特征。同时，根据查拉—孔姆拉变质岩亚带所处的构造部位为碰撞板块的仰冲盘，因此，其应为低压高温变质相系。

2. 南木切—亚木变质岩带(Ⅰ²)

(1)特征变质矿物

南木切—亚木变质岩带岩石变质程度低，虽然岩浆作用在该变质岩亚带上发育，但热源分散，构造层次较浅，岩石受变质影响范围较局限。

该岩带特征变质矿物有铁铝榴石、硬绿泥石、阳起石、黑云母等，在区域上，图幅东侧部分地段受后期岩浆侵入影响出现蓝晶石，本图幅内未见及，说明由东向西变质程度由深→浅变化。铁铝榴石与石英、绢(白)云母、钠长石、黑云母共生，含量 2%～3%，粒径 0.3～0.8mm，半自形、自形变斑状分布于岩石中。铁铝榴石的稳定范围和压力关系密切，压力较大时易于出现，压力较低时则形成代替它的堇青石，堇青石呈不完整柱状晶，平行消光，无色—Ⅰ级灰干涉色，且体内富含尘埃状铁质物，可能为铁堇青石，柱体大小 0.2mm×0.4 mm～0.25mm×1mm。

在泥质岩石中，一般认为铁铝榴石是由绿泥石经脱水反应形成的：

$$\underset{\text{(绿泥石)}}{2(Mg,Fe,Mn)4.5Al_3Si_{2.5}O_{10}(OH)_8} + \underset{\text{(石英)}}{4SiO_2} \rightarrow \underset{\text{(铁铝榴石)}}{3(Mg,Fe,Mn)_3Al_2Si_3O_{12}} + \underset{\text{(水)}}{8H_2O}$$

并常与黑云母、白云母稳定共生。测区的铁铝榴石的形成符合上述条件。

(2)变质相及变质相系

变质火山岩及变质岩浆岩仍保留了原岩的组分和组构，泥砂质岩石变质后仅达到板岩级，主要变质矿物组合如下。

泥砂质变质岩：

绢云母＋白云母＋黑云母＋绿泥石＋石榴石(堇青石)。

变质火山岩：

绢云母＋白云母＋黑云母＋绿帘石＋绿泥石。

变质岩浆岩：

绢云母＋绿泥石＋透闪阳起石＋黑云母＋绿帘石。

以上矿物共生组合，反映出该变质岩带为低绿片岩相向高绿片岩过渡的特征。南木切—亚木变质岩带为低温高压变质相系，只是其温度和压力比查拉—孔姆拉变质岩带更低。

燕山晚期—喜山早期，经历了新特提斯洋的扩张之后，测区构造背景转入俯冲消减及陆—陆碰撞阶段，冈底斯陆块由北向南发生仰冲，近南北向的剪切应力场造成大量的热能释放，大量的岩浆和火山活动，温度和压力显著升高，新生的云母类、绿泥石的片状矿物及铁铝榴石、铁堇青石等粒状矿物形成。

(二)雅鲁藏布江变质带

根据矿物共生组合、岩石类型、空间分布和变质作用特征，雅鲁藏布江变质带以蛇绿岩为界，由北向南划分为孜松—拉孜变质岩带和古龙洋坡—吉村变质岩带。

1. 孜松—拉孜变质岩带

(1)特征变质矿物

①蓝闪石类矿物

测区内萨迦县孜松区较为典型,在区域资料上可见近东西向延伸稳定,尤其以昂仁桑南最为典型(肖序常、李廷栋等,1988)。

镜下多呈细小针状(约为 0.1～0.05mm)和纤状集合体,甚至毛发状。具明显多色性,Ng—淡蓝色,少量呈淡紫蓝色,Np′—淡黄色,淡黄绿色。消光角小者 C∧Ng′=5°～10°,正延性。部分消光角大者 C∧Ng′可达 15°～20°,正、负延性兼有。光性特征上近于青铝闪石,一部分为蓝透闪石。个别矿物可见环带结构,可能代表蓝闪石与青铝闪石(?)的共生固溶体。

②黑硬绿泥石

测区内萨迦县孜松区、拉孜县拉孜区、昂仁县等地均发现黑硬绿泥石,既出现在变基性岩中,也普遍产于变沉积岩中。

黑硬绿泥石在镜下一般呈束状、片状、放射状及细小针状,多色性显著,Ng—Np 红褐色、Np—黄、金黄,中正突起,干涉色Ⅱ级中到顶部,多数情况下呈现金黄、暗红褐色异常干涉色,平行消光,正延性。变沉积岩中呈鳞片状沿片理分布,变基性岩中有时分布在裂隙和杏仁体边部。常与蓝闪石类、绿帘石、绿泥石、霰石共生。

孜松区的黑硬绿泥石单矿物电子探针分析结果见表 4-3。

由表显示,FeO、Al_2O_3、K_2O 含量相对较高,与标准黑硬绿泥石成分一致。

③硬柱石

主要见于萨迦县孜松区变辉长岩中。

镜下为自形、半自形,柱状、板状或粒状,无色,微具多色性,干涉色紫蓝色、淡黄褐色,高正突起,负延性,平行消光,柱状负延性与同一薄片内的葡萄石相区别。硬柱石单矿物成分经电子探针分析(表 4-3),其中 Al_2O_3和 CaO 较高,SiO_2低,微量 Fe、Mg、Na,仅 CaO 含量较低区别于葡萄石(葡萄石 CaO 含量一般为 26%～28%)。在 ACF 图中属硬柱石范围(图 4-5)。

表 4-3　孜松蓝片岩带中标型矿物化学成分表*

化学成分	黑硬绿泥石					硬柱石			
SiO_2	44.6	44.4	47.78	50.14	40	37.83	42.85	42.85	42.54
TiO_2	0.02		0.01	0.01	0.01	0.04		0.01	0.03
Al_2O_3	5.56	5.65	5.67	5.25	5.89	26.17	24.31	24.12	24.08
Cr_2O_3	0.07	0.06	0.03	0.09					
FeO	32.37	31.83	31.11	39.82	32.68	1.09	0.32	0.02	0.2
MgO	3.62	3.43	2.79	2.51	2.94	2.09	0.01		0.01
MnO	0.45	0.48	0.26	0.37	0.43	0.03	0.03	0.07	0.04
CaO	0.29	0.44	0.4	0.28	0.18	21	21.57	21.54	22.23
K_2O	1.01	1	0.69	0.87	1.07	0.13	0.09	0.04	0.08
Na_2O	0.29	0.27	0.17	0.27	0.38	0.36	0.14	0.09	0.11
合计	88.28	87.56	88.91	99.61	83.58	88.74	89.32	88.74	89.32
	根据分子数计算的 A′KF 值					根据分子数计算的 ACF 值			
A′	6.14	6.77	7.6	6.25	6	A 52.9	54.6	54.7	53.8
K	1.89	1.76	2.06	2.56	2.74	C 39.8	44.6	45	45.6
F	91.7	91.47	90.32	91.1	91.25	F 7.3	0.8	0.3	0.6

* 矿物成分结果根据《西藏雅鲁藏布江缝合带中段高压低温变质带的新认识》(肖序常等,1984)。

如上所述，孜松—拉孜蓝片岩带与世界上典型高压低温变质带相比，具有自己的特征：缺少典型的高压低温变质矿物组合和岩石类型，指示矿物蓝闪石类、黑硬绿泥石、硬柱石(?)、霰石(?)含量都很少，颗粒细小，矿物多为过渡类型。这些特征与雅鲁藏布江缝合带独特的板块构造演化和变质作用有关，主要原因为：

a. 测区该变质带属低级或极低级变质作用等级，变质矿物组合不平衡。矿物重结晶程度很弱，颗粒极细小。尤其是蓝闪石类矿物，多为细小纤维状和毛发状，表明是变质重结晶过程刚开始的产物。蓝片岩的矿物组合较复杂，生成物与反映物共生，这也表明变质反应不完全。

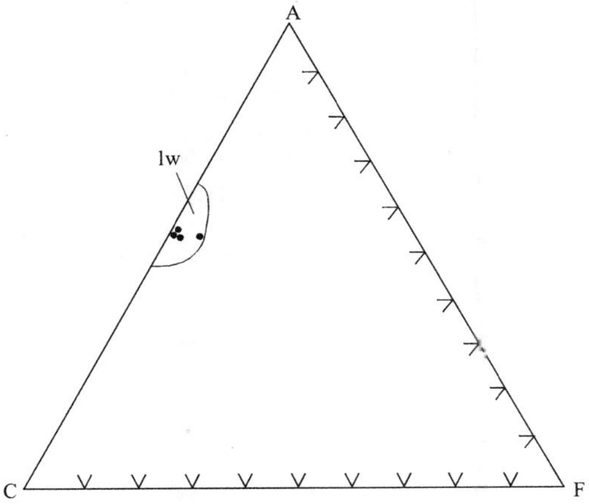

图 4-5　硬柱石单矿物的 ACF 图

lw. 硬柱石区；•. 样品采自日喀则西孜松区

b. 变质作用时间短，剥蚀程度浅。根据区域资料分析，该区高压低温区域变质作用开始于早第三纪始新世或稍前，到中新世前已经结束，整个演化时间很短。高压低温变质反应很可能仅停止在初期阶段。另一种可能是剥蚀程度浅，深部较好的变质岩未剥露出来。蓝片岩形成的环境和温压条件显示出其结晶作用发生在俯冲带 20～30km 深度，而雅鲁藏布江地段根据地质分析，剥蚀深度不超过 10km。这是本区蓝片岩带与边界其他地区相比不典型的一个因素。

c. 缺少必要的物质条件。测区中蓝片岩矿物组合显示出，基性岩中生成蓝闪石的主要反应有两种：

Ⅰ. $4NaAlSi_3O_8 + MgSi_4O_{10} \cdot (OH)_8 \stackrel{压力}{\rightleftharpoons} 2Na_2Mg_3Al_2Si_8O_{22} \cdot (OH)_2 + H_2O$

钠长石　绿泥石　蓝闪石　水

Ⅱ. $50NaAlSi_3O_8 + 9Mg_5Al_2Si_3O_{10} \cdot (OH)_8 + 6Ca_2Mg_5Si_8O_{22} \cdot (OH)_2 \stackrel{压力}{\rightleftharpoons}$

钠长石　绿泥石　阳起石

$25Na_2Mg_3Al_2Si_8O_{22} \cdot (OH)_2 + 6CaAl_3Si_3O_{12} \cdot (OH)_2 + 7SiO_2 + 14H_2O$

蓝闪石　绿帘石　石英　水

硬柱石和硬玉形成的反应式为：

Ⅰ. $NaAlSi_3O_8 \stackrel{压力}{\rightleftharpoons} NaAlSi_2O_6 + SiO_2$

钠长石　硬玉　石英

Ⅱ. $8NaAlSi_3O_8 + Mg_4FeAlSi_3O_{10} \cdot (OH)_8 + CaCO_3 \stackrel{压力}{\rightleftharpoons} 5(Na_{0.08}Ca_{0.2}) + (Fe_{0.2}Al_{0.8})Si_2O_6$

钠长石　绿泥石　硬玉质辉石

$+ 2Na_2(Mg_2Fe)Al_2Si_8O_{22}(OH)_2 + 2SiO_2 + CO_2 + H_2O$

蓝闪石

Ⅲ. $NaCaAl_3Si_5O_{16} + 2H_2O \stackrel{压力}{\rightleftharpoons} Na_2AlSi_2O_6 + CaAl(Si_2O_7)(OH)_2 + H_2O + SiO_2$

斜长石　水　硬玉　硬柱石　水　石英

从上述反应式中可见到，蓝闪石的形成与钠长石和绿泥石成分含量关系极大。而测区内样品显示钠长石含量均较低，而绿泥石则过剩，因此就不可能形成蓝闪石＋硬玉＋石英的典型高压矿物组合，而且硬柱石的形成也离不开钠长石。所以形成测区内蓝片岩中高压变质矿物组合不典型，矿物多具过渡类型的特征。

(2)变质相及变质相系

蓝闪绿片岩相：主要发育于蛇绿岩及其南侧的三叠纪—白垩纪混杂岩带内，以基性火山岩、泥砂质沉积岩、碳酸盐岩变质后出现蓝闪石或组合(硬柱石、硬绿泥石、黑硬绿泥石等)为特征。

变质矿物组合可归纳如下。

①变基性岩

a. 蓝闪石类＋黑硬绿泥石＋绿帘石＋绿泥石；

b. 绿帘石＋蓝闪石类＋石英＋绿泥石；

c. 硬柱石(?)＋石英＋斜长石＋葡萄石；

d. 黑硬绿泥石＋阳起石＋石英蓝闪石类；

e. 绿帘石＋红帘石(?)＋绿泥石＋石英。

②变沉积岩

a. 石英＋黑硬绿泥石＋阳起石＋绢云母；

b. 绿泥石＋黑硬绿泥石＋绢云母＋石英；

c. 霰石＋方解石＋黑硬绿泥石＋阳起石；

d. 绿泥石＋绿纤石＋绢云母＋石英；

e. 白云母＋绢云母＋石英＋绿泥石。

以上矿物组合，以及野外观察和室内镜下鉴定，在蓝片岩中钠长石成分含量极少，这种物质条件造成测区未形成典型的蓝闪石。

该带在测区内变质程度低，测区内尚未发现典型的蓝闪石，但蓝透闪石、黑硬绿泥石、硬柱石、硬绿泥石等一般高压低温变质相矿物较常见。国外大量实验测定表明，蓝闪石形成条件为600MPa/200℃～800MPa/300℃，硬柱石稳定温压条件为2 200MPa/300℃左右。黑硬绿泥石和硬绿泥石等矿物虽然稳定压力区间变化较大，但它们对温度反应却十分明显，黑硬绿泥石不超过450℃，硬绿泥石不超过550℃，因此它们为典型低温类型矿物。另外，该带内普遍缺少黑云母，这也是高压相系绿片岩相区别其他相系绿片岩相的一个标志(Miyashiro A，1973)。

从以上特征来看，测区应属于蓝闪绿片岩相。结合该变质岩带处于蛇绿岩的南侧，与蛇绿岩紧紧相连，这种特殊的构造部位，显示了高压低温相系的特征，但是测区内未见典型的蓝闪石，这又说明了测区非典型的高压低温相系，而是处于中高压—高压相系的过渡带。

2. 古龙洋坡—吉村变质岩带

(1)特征变质矿物

①硬绿泥石

主要出现于拉孜县以南、孜松以南、中尼公路古龙洋坡一带。一般颗粒较大，肉眼即可识别，暗绿色、黑绿色六方板状，较多亦呈斑点出现，大者可达3mm。镜下为浅绿色自形柱状、束状集合体(图版Ⅴ-3)，中高正突起，多色性明显，Np—绿色、Ng′—淡黄色、浅绿色，Nm—靛蓝色，吸收性Nm＞Np＞Ng，普遍具有砂钟构造。干涉色Ⅰ级灰，聚片双晶发育，平行消光到斜消光，$C\wedge NP=0^{\circ}\sim15^{\circ}$，负延性，二轴晶，正光性，光轴角中等。

拉孜县南仁噶村硬绿泥石X光粉晶分析结果(表4-4)，证明为三斜晶系硬绿泥石。

②黑硬绿泥石

主要出现于拉孜县以西中尼公路古龙洋坡—查邬一线。肉眼可识别，暗绿色，呈针状、片状、放射状、花瓣状及束状集合体出现。镜下特征为：片状、条片状，放射状，具强的吸收多色性，Ng—红褐色、Np—浅黄色、Nm—红褐色，中正突起，片径0.01～0.1mm不等。

该带硬绿泥石可能为以下反应：

赤铁矿＋富铁绿泥石 → 硬绿泥石＋磁铁矿＋石英＋水

带内出现硬绿泥石和黑硬绿泥石，且结晶程度完好，矿物组合简单，未出现蓝闪石和硬柱石等矿物，这一方面反映出原岩的成分上存在一定差异，另一方面可能与远离俯冲带的构造环境有关。

(2)变质相及变质相系

该带相对于北边蓝片岩带变质更浅，仅出现硬绿泥石和黑硬绿泥石等变质矿物，未见高压相系的典型矿物蓝闪石、硬柱石等矿物，反映出构造环境中压力减弱的趋势。根据前人实验得出结果，黑硬绿泥石、硬绿泥石稳定压力区间较大，天然硬绿泥石的合成只能在1 000MPa以上才能再现，低压合成不了硬绿泥石，但其对温度反应却很明显，黑硬绿泥石不超过 450℃，硬绿泥石不超过 550℃，而这两种变质矿物的同时出现，更能说明雅鲁藏布江变质带内部蓝片岩带和绿片岩带是紧密伴生的，无一个截然的区分界线。当然，这还有待后人进一步做研究工作。

表 4-4 硬绿泥石单矿物 X 光粉晶分析数据*

1		2		1		2	
硬绿泥石 三斜		硬绿泥石 拉孜		硬绿泥石 三斜		硬绿泥石 拉孜	
d(A°)	I	*d*	*I*	*d*	*I*	*d*	*I*
4.75	10			2.21	30	2.199	5
4.64	10			2.14	60	2.137	10
4.5		4.52	11	2.1	20	2.088	2
4.45	100	4.45	100	2.08	10	2.071	3
		4.23	12	2.04	20		
3.81	30	3.78	6	2.02	10		
3.61	10			1.945	10		
		3.51	3	1.905	20		
		3.43	2	1.896	20		
		3.83	43	1.853	20		
3.25	60	3.24	14	1.834	70	1.829	12
		3.19	5			1.817	15
2.97	80	2.969	35	1.782	40	1.78	8
2.92	20	2.921	7	1.727	10		
2.77	40	2.766	15	1.685	10		
2.7	70	2.686	18	1.669	30	1.67	10
2.66	30			1.64	10	1.637	3
2.51	10			1.629	20	1.621	8
2.46	90	2.455	20	1.68	80	1.568	15
		2.421	10	1.566	30	1.561	10
2.37	30	2.363	15			1.481	12
2.32	10					1.411	10
2.3	50	2.288	10			1.393	2
		2.281	13			1.38	3
2.26	30	2.52	2			1.372	10
						1.368	5

* 矿物成分结果根据《西藏雅鲁藏布江缝合带中段高压低温变质带的新认识》（肖序常等，1984）。

矿物组合特征如下。

①基性岩

绿泥石＋钠长石＋黑云母＋方解石；

透闪石—阳起石＋钠长石＋方解石；

②泥砂质岩

绢（白）云母＋石英＋绿泥石＋硬绿泥石或黑硬绿泥石＋方解石；

石英＋绿泥石＋黑硬绿泥石。

古龙洋坡—吉村变质岩带的区域变质作用应属于绿片岩相→蓝闪绿片岩相过渡。该变质岩带逐渐远离雅鲁藏布江缝合带，压力减小，但是根据矿物组合中见到硬绿泥石及黑硬绿泥石等高压变质矿物，该变质岩带仍属于中高压—高压相系的过渡带，只是压力更小而已。

雅鲁藏布江变质岩带上无明显花岗岩活动，而与构造混杂岩、蛇绿岩伴生，均佐证了高压低温相系变质作用特征，从变质带的空间分布来看，变质作用从南向北至蛇绿岩带具有压力增大、温度降低的趋势，这也与板块构造运动的特征相吻合。雅鲁藏布江变质带的形成与发展是和新特提斯洋的消减作用密不可分的，其变质作用与俯冲消减造山阶段及陆-陆碰撞、陆内俯冲造山阶段变形作用紧密关联。燕山晚期—喜山早期，俯冲消减造山阶段幔内型韧性剪切及壳内型—壳幔型韧性剪切作用以及陆-陆碰撞、陆内俯冲造山作用生成了测区一系列中—高压变质矿物，并且在古龙洋坡一带硬绿泥石和黑硬绿泥石共同出现，由于二者都严格受一定温压条件的控制，一般不会共同出现，它们在同一个地点（同一块样品）出现，是否预示了两期变形变质作用，这有待于以后进一步做研究工作。

（三）拉轨岗日变质带

拉轨岗日变质带在测区内分布很有限，仅图幅西南角和东南角少有出露，本次工作中未做细致的工作。因此，资料很少。

该带在测区内变质作用极浅，变质矿物组合及典型矿物组合为：

1. 变泥质岩

绢(白)云母＋绿泥石＋石英＋方解石＋钠长石。

2. 变基性岩

绿泥石＋斜黝帘石＋钠长石＋绿帘石＋阳起石＋方解石＋石英。

测区未见明显的特征变质矿物种类，但在图幅南边拉轨岗日低分水岭地区见到较典型的硬绿泥石，虽然对于硬绿泥石开始出现的 $P-T$ 条件还不太清楚，根据温克勒(1976)的意见，可能在低级(绿片岩相)和很低级(葡萄石—绿纤石相)之间，高于或低于该界线，以硬绿泥石首次出现为标志，预示绿片岩相的开始或即将开始。因此，推测测区内应为相同的变质环境，应为低绿片岩相—绿片岩相变质环境。

测区内拉轨岗日变质带属拉轨岗日低分水岭地区北缘，远离雅鲁藏布江缝合带，其遭受新特提斯洋消减阶段及陆-陆碰撞造山阶段的变形变质均较弱。因此，在燕山晚期—喜山早期的变质作用表现不明显，仅生成低级别的变质矿物。

第三节　接触变质岩

测区内接触变质岩主要分布在冈底斯火山—岩浆弧地区。接触变质作用是伴随岩浆作用而发生的一种热变质现象，分布很局限，通常规模不大。测区内热接触变质作用和接触交代变质作用强烈，变质作用主要与燕山晚期—喜山期的中酸性岩浆侵入作用有关，发生在侵入体与围岩的接触带上，在侵入体外侧形成较清楚的不等规模，不同形态的接触变质带。并在接触变质作用环境下形成了金属及非金属矿产。因此，接触(交代)变质作用与成矿有着密切的关系。

一、热接触变质岩石

该接触变质岩主要发育于侵入体周围，因受岩浆侵入体温度的影响，使围岩发生广泛的变质结晶和重结晶作用，一般出现于构造运动不强烈的地区，深度较浅。根据围岩性质的不同和受温度影响的差异，形成不同类型的斑点板岩、角岩和角岩化岩石、大理岩等。

（一）岩石类型及特征

1. 斑点板岩

岩石具显微鳞片变晶结构，斑点状构造，主要由显微鳞片变晶绢云母定向排列，形成一组劈理构造，其间较均匀分布呈斑点状显微粒状集合体的硅质。岩石重结晶作用不完全，具较多残余原岩特征，出现少量新生变质矿物雏晶，呈斑点状分布。为泥质原岩受热接触变质程度较低的产物。

2. 角岩

区内主要岩石类型有长英质角岩、钙硅角岩等。因接触变质是在区域变质之后叠加的，所以接触变质岩具有更为复杂的成分和组构。在侵入体外接触带的产状常随侵入体同步变化，出露宽度5～80m，最宽达150m。岩石具鳞片粒状变晶结构、角岩结构，块状或平行构造，既有热接触变质结构的特点，又残余有原岩层理构造特征。主要变质矿物往往随原岩成分的不同而发生变化，较常出现的矿物有黑云母、石英、堇青石、透辉石、石榴石、透闪石、方柱石及少量绿帘石、绿泥石、绢云母、白云母等。粒状矿物均发生明显的重结晶，呈等轴粒状紧密镶嵌接触，片状和鳞片状矿物稍显定向排列。从岩石残余结构和矿物分析，原岩多为泥砂质岩石和含钙质碎屑岩。

3. 角岩化岩石

主要分布于侵入体外接触带中的角岩外侧，与角岩紧密相伴，共同构成侵入体的接触变质晕圈。角岩化带较窄，一般十几米至几十米。主要岩石有角岩化堇青绢云板岩、角岩化砂岩、角岩化石英云母千枚岩等。岩石具显微粒状鳞片变晶结构，个别斑状变晶结构，板状（千枚状）构造。矿物成分及含量随原岩不同而发生变化，主要变质矿物为绢云母、黑云母、绿泥石、堇青石、石英、长石等。鳞片状矿物和粒状长英质矿物，均显示平行定向分布。因原岩组构清晰保留，原岩可直接恢复。

4. 大理岩

分布在侵入体外接触带。岩石呈灰白色，厚层块状，粒状变晶结构，层状构造。主要矿物为方解石，粒度0.03～0.25mm。常含少量绢云母、蛇纹石。受热变质作用影响，岩石中有新生矿物蛇纹石生成，又叫温石棉，细长纤维状，近平行消光，粒径0.1～0.2mm。

（二）主要变质矿物特征

区内接触变质岩石中形成的几种主要接触变质矿物如下。

（1）黑云母

为角岩和角岩化岩石的主要叠加变质矿物。呈等轴鳞片状，多色性呈褐红色，反映为温度较高环境下形成，一般于岩石中均匀分布，有时晶片聚集成斑点，构成斑点状构造。

（2）堇青石

仅出现于部分岩石中，为叠加的热接触变质形成。含斑点变晶，粒径1.5～4mm不等，个别晶体具聚片双晶，晶体中常包裹较多的石英、黑云母等基质成分，即筛状变晶结构。

（3）透辉石

见于部分长英角岩及钙硅角岩中，为接触变质形成新生矿物。呈短柱状或粒状变晶，近无色，最大消光角($C \wedge Ng$)=38°～40°，粒径0.03～0.2mm。

（4）石榴石

等轴粒状变晶，具均质性全消光，粒度0.05～0.35mm。

（5）透闪石

纤维状或粒状变晶，粒度0.03～0.2mm。

（6）方柱石

不规则粒状或块柱状集合体，无色，低正突起，粒度0.05～0.3mm。

二、接触交代变质岩石

接触交代变质作用一般仅产生于挥发组分能聚集而不易散逸的中等深度，常见于侵入岩接触带或其附近，除围岩外（外接触带），有时侵入岩体本身的边缘部分（内接触带）也起变化。测区中以谢通门及萨拉达最为发育，尤其是谢通门一带矽卡岩型金、银、铜矿化与接触交代变质关系密切。

(一)岩石类型及特征

测区谢通门一带，发育有透辉石榴矽卡岩、符山石矽卡岩、阳起绿帘矽卡岩、绿帘透辉矽卡岩、磁铁矿矽卡岩及矽卡岩化大理岩等。萨拉达一带则发育石榴斜长透辉矽卡岩、方解石榴石矽卡岩等。这些接触交代变质岩石一般产于侵入体外接触带，产状常随侵入体同步变化。岩石一般具较粗不等粒变晶结构，块状构造。新生的交代变晶矿物分布杂乱，成分复杂，主要为透辉石、符山石、钙铝榴石—钙铁榴石、透闪石、绿帘石、阳起石等，伴生金属矿物有磁铁矿、黄铁矿、黄铜矿、方铅矿等，生成较晚，常交代透辉石、石榴石、符山石等早期矽卡岩矿物。属复杂型矽卡岩。

1. 透辉石榴石矽卡岩

岩石呈他形粒状变晶结构，块状构造。矿物成分简单，主要为石榴石(钙铝榴石—钙铁榴石)(30%～55%)，他形粒状，粒径 0.5～4 mm 不等，具均质性，浅褐色，晶体内有细小粒状绿帘石、方解石、长石等集合体次生物分布；透辉石(15%～45%)，呈无色柱状晶，大小 0.2mm×0.4mm～0.5mm×0.8mm，并伴生有含钛矿物(榍石、白钛石)析出；方解石(15%～20%)，呈自形变晶粒状。次要矿物有绿帘石、符山石、透闪石等，皆出现在方解石晶体内或颗粒间。

2. 石榴符山矽卡岩

岩石呈粒状变晶结构，块状构造。粒径 0.5～1.2mm。主要矿物成分有符山石(60%～65%)，显示不规则粒状，异常干涉色明显；钙铝榴石(15%～20%)呈自形粒状晶体；方解石(15%～20%)为原岩交代变质后的残余成分。

3. 阳起绿帘矽卡岩

岩石呈纤柱状变晶结构，块状构造。粒径 0.1～0.2mm 及 0.6～2mm 不等。主要矿物成分为绿帘石(60%～70%)，呈细小他形粒状；阳起石(15%～20%)呈纤柱状或细柱状，成绿色。次要矿物成分有方解石、钙铝榴石、符山石、石英等，伴生金属矿物磁铁矿、黄铁矿、黄铜矿、褐铁矿等。

(二)主要变质矿物

接触交代变质形成的矽卡岩或矽卡岩化岩石，由于原岩性质的不同，所形成的交代变质矿物成分复杂，分布不均匀，这给划分接触变质相带带来一定难度。以上述矽卡岩为代表，从总的接触交代变质矿物平衡共生结构分析，其交代变质矿物共生组合有：

方解石＋透辉石＋铁铝榴石＋硅灰石；

符山石＋钙铝榴石＋方解石；

绿帘石＋阳起石＋方解石＋钙铝榴石＋符山石＋石英。

三、蚀变岩石

热的气体及溶液作用于已形成的岩石，使已有岩石产生矿物成分、化学成分及结构构造的变化，它可以产生于两种岩石之间或一种岩石本身，通常沿破碎带及矿脉边缘发育，可作为一种找矿标志，又称近矿蚀变。此种岩石为蚀变岩石。

测区内主要蚀变作用类型有蛇纹石化、硅化、碳酸盐岩、绿帘石化、褐铁矿化、黄铁矿化等。其中以蛇纹石化最发育。

蛇纹石化及蛇纹岩：主要沿蛇绿混杂带分布，是超基性(富镁质)岩石，经气液交代作用，使其中橄榄石和部分辉石转变成蛇纹石，形成蛇纹岩，部分仅轻微变化，称为蛇纹石化岩石。

岩石常呈暗绿色至黄绿色，并且随杂质成分不同而发生变化，含绿泥石者呈黄绿色，含磁铁矿、铬铁矿者色黑，含褐铁矿者呈褐红。有的具斑驳状色纹，风化后颜色变淡，呈灰白和黑白相间的网纹状。质地较软，略具滑感，裂隙发育，常呈致密块状的隐晶质，错动滑痕常见，在滑动面上常有一层黄绿色或浅蓝色的蜡状薄壳。

岩石矿物成分单一，主要由蛇纹石组成，鳞片—叶片状变晶结构，网纹状构造，块状、带状、片状、透镜状构造。蛇纹石片体 $d=0.03\sim0.2$mm，沿原生矿物的裂隙交代，有的则全部成为被交代矿物的假象(它是典型的岩浆期后蚀变矿物)，同时伴有磁铁矿颗粒析出。

蛇纹岩一般认为是由超基性岩经水化、硅化作用转化而成：

$$2Mg_2SiO_4+3H_2O\rightarrow H_4Mg_3SiO_9+Mg(OH)_2$$

橄榄石　　　　　蛇纹石　　水镁石

$$3MgSiO_4+4H_2O+SiO_2\rightarrow 2H_4Mg_3SiO_9$$

橄榄石　　　　　　蛇纹石

喜山期，强烈的造山运动之后，青藏高原转入均衡调整阶段，伴随强烈的岩浆火山活动，热应力释放，测区发生了不均匀的接触变质作用、接触交代变质作用及蚀变作用。

第四节　动力变质岩

动力变质岩是各类岩石碎裂变质作用的产物，是构造断裂带中的原岩在不同性质应力影响下，发生破碎、变形和重结晶等作用而形成的岩石。其分布有一定局限性，测区内动力变质岩主要分布于构造分区的边部，近东西向脆—韧脆性剪切带、断裂及北北东向、近南北向脆性断裂附近，受构造断裂带控制特征十分明显，呈狭长带状分布。根据测区动力变质岩特征，参照中国地质大学(钟增球等，1991)动力变质岩划分方案，分为糜棱岩系和碎裂岩系两大系列，前者以塑性变形为主，后者以脆性变形为主。

一、糜棱岩系

糜棱岩是在较高温度和负荷压力下，以塑性变形为主而形成的岩石，其基本特征是：粒度减小、出现在较窄的带内、具增强的页理和线理。测区该类岩石主要分布于混杂带内部或边界的脆—韧性断裂蛇绿岩带内部及边界，以及谢通门韧性剪切带中，另外，其他部分东西向脆—韧性断裂中亦有见之。根据岩石中重结晶作用的性质和强度，主要颗粒的大小及基质(包括碎基和动态重结晶颗粒)的含量，进一步分为糜棱岩类和构造片岩类。

(一)糜棱岩类

出现岩石类型为糜棱岩及糜棱岩化××岩。原岩在挤压剪切应力作用下，发生破碎，碎块被研磨、拉长，呈眼球状和透镜状定向分布(图版Ⅴ-4)，具明显的糜棱结构，粒径主要为 0.5～2mm 不等，部分粒径小于 0.5mm。岩石中见“δ”型旋转碎斑(图版Ⅵ-1)、石英具“拔丝”构造(图版Ⅵ-2、图版Ⅵ-3)，表现为碎粒重结晶，压扁拉长绕着长石晶体定向排列。长石双晶发生弯折(图版Ⅵ-2)，发育不对称压力影构造，新生绢云母形成 S-C 组构。

(二)构造片岩类

岩石经强烈的动力变质作用，使岩石破碎后，碎块被研磨呈拉长的“豆荚状”或“绳状”，后期又有方解石脉或石英脉穿切，脉体形成后又受到构造变动，使岩石片理化，岩石中碎块拉长状定向排列。

二、碎裂岩系

测区内该类岩石广泛分布于各种不同方向的脆—韧性断裂及脆性断裂附近，局部地段还可见其叠加在早期糜棱岩之上或被晚期糜棱岩改造，形成多期变质的特征。岩石表现为以脆性变形为主，其显著特征是岩石无定向或略具定向，微破裂发育，以裂隙切割为主，无或少有重结晶作用。按其主要颗粒粒径及碎基含量划分为砾岩及粒化岩类。

(一)角砾岩类

产于较浅表的构造层次,原岩受张应力作用发生脆性变形而形成,碎块含量约70%,胶结物30%。碎块呈棱角状,具角砾状结构,碎块杂乱分布,大小不等,一般2～4.5mm,少数达5～7mm。沿角砾之间被成分相同的破碎物和大量的钙质、泥质、铁锰质成分填充胶结,形成"网脉状"展布于岩石之中。

(二)粒化岩类

岩石被裂隙切割,开始碎块间相对位移不大,随着变形的增强,位移增大,粒度变细,碎基增多,粒化加剧。按主要颗粒大小及碎基含量进一步划分为碎裂岩、碎斑岩及碎粒岩。

1. 碎裂岩

具碎裂结构,裂隙将岩石切割成不规则的碎块,位移一般不大,碎块间有时可大致互相拼接,碎块块径一般小于2mm,含量一般小于50%,碎块间充填了磨碎的碎块物质及纵横交错分布的网格状泥、硅质、铁锰质等次生物质。当岩石具碎裂变余结构,即碎块间充填物小于10%,原岩结构构造基本保留的岩石,称为碎裂岩化××岩。

2. 碎斑岩

具碎斑结构,岩石受破裂作用产生的碎粒、碎粉物质包围着残留碎斑,但碎斑仍多于碎基。碎斑在多经位移、转动,但可在不同程度保留原岩的性质和结构。碎斑粒径一般0.5～2mm,碎基仅0.02～0.05mm,碎块含量约为10%～50%。其中碎斑80%、碎基20%。受碎裂作用影响,碎斑均不同程度发生碎裂变形,小碎块体发生位移,长石双晶发生弯折,石英具波状消光、亚颗粒,个别晶体边缘具细粒化、云母片体微弯曲变形。

3. 碎粒岩

具碎粒结构,大部分矿物破碎为碎粒、碎粉,原岩结构难以辨认,碎斑一般0.1～0.5mm,少数0.5～1.6mm(含量2%～3%),含量20%±,石英具波状消光,碎粒具重结晶,碎基粒度小于0.1mm,含量80%±,碎粒较均一,且趋于圆化。

第五章　地质构造及构造发展史

第一节　测区大地构造位置与构造单元划分

一、大地构造位置

测区地处西藏中南部，喜马拉雅山北麓，大地构造上位于印度陆块与冈底斯—拉萨陆块结合部，雅鲁藏布江缝合带横贯其南部（潘桂棠、王培生等，1988；肖序常等，1988）（图 5-1）。区内自石炭纪以来的沉积建造发育，岩浆活动频繁，变质作用局限，但具分带性，尤其是多期次洋内及洋-陆剪切、陆-陆碰撞、陆内俯冲、差异升降等构造变动强烈，晚期并有近南北向构造活动（地震）带叠加其上，宏观上表现为"两块夹一带"的构造格局（图 5-2）。

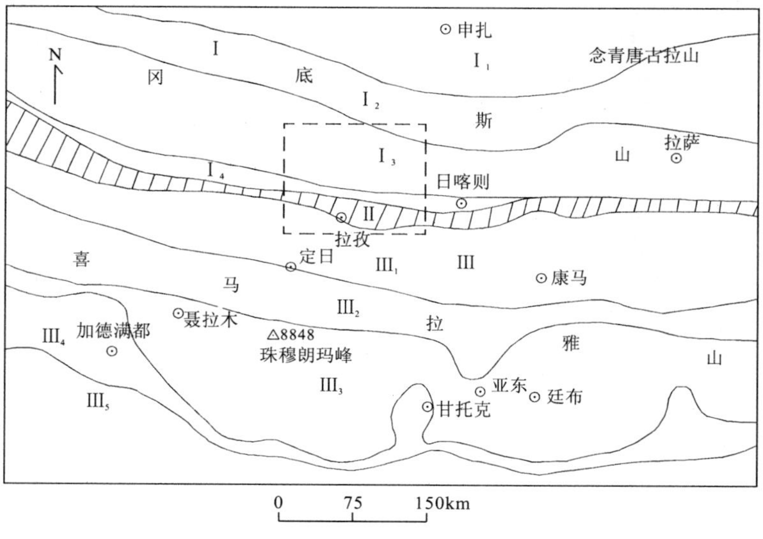

图 5-1　测区大地构造位置

（据潘桂棠等，2002，略加修改）

Ⅰ. 冈底斯陆块：Ⅰ$_1$. 革吉—措勒晚中生代复合弧后盆地；Ⅰ$_2$. 隆格尔—工布江达断隆；Ⅰ$_3$. 冈底斯晚燕山—喜马拉雅期火山岩浆弧带；Ⅰ$_4$. 冈底斯南缘弧前盆地；Ⅱ. 印度河—雅鲁藏布江结合带；Ⅲ. 印度陆块；Ⅲ$_1$. 北喜马拉雅特提斯沉积褶冲北带；Ⅲ$_2$. 北喜马拉雅特提斯沉积褶冲南带；Ⅲ$_3$. 高喜马拉雅结晶基底逆冲带；Ⅲ$_4$. 低喜马拉雅褶冲带；Ⅲ$_5$. 西瓦里克前陆盆地带

二、构造单元划分的依据、方法与方案

不同学者采用不同观点对本区地质构造单元有多种划分方案（肖序常等，1988；中国地质科学院岩石圈研究中心、地质矿产部地质研究所，1988；高延林等，1988），在此不一一列出。根据任务书要求，此次区调应运用板块构造理论（李春昱等，1981；周详等，1984）及活动论观点（刘增乾等，1988）对测区地质构造进行研究。鉴此，本书力求以上述理论作指导，以反映测区主要地质构造演化特征为基本原则来划分构造单元。具体方法如下。

一级构造单元以地壳性质及具缝合线特征的区域性大断裂作为分界，划分为陆块和缝合带两部分。在此需要指出的是，所谓缝合带并非一条主干断裂所能表明的线，而是指含蛇绿岩、蓝片岩及混杂岩等复杂物质组成的高应变带，亦即构造混杂岩带（李春昱、郭令智、朱夏等，1981），其中混有洋壳、地幔岩、洋底盆地、海沟及陆基等多种构造环境中的沉积物；陆块则是指缝合带两侧的陆壳块体，属相对稳定的大地构造单元，包括陆缘及古老结晶或褶皱基底（地块）等。

二级构造单元则根据主要构造活动时期之构造沉积岩相、变形特征与变质作用及岩浆活动等差异性，其间仍以区域性断裂或角度不整合面为界划分。如测区北部陆块可划分断隆、火山岩浆弧及弧前盆地等次级构造单元，南部陆块则可划分陆棚—陆坡等。

本书各级构造单元均以构造性质命名。其中一级称为陆块或缝合带，二级除陆相断陷盆地外，其他则以构造性质并冠以区内典型山脉或地方名称加“（亚）带”称之。

据此，以本次 1∶25 万区调实际资料为主，并参考青藏高原地区最新研究成果（中国地质调查局，2000）①、（潘桂棠等，2002），测区地质构造单元自北而南划分如下（图 5-3）。

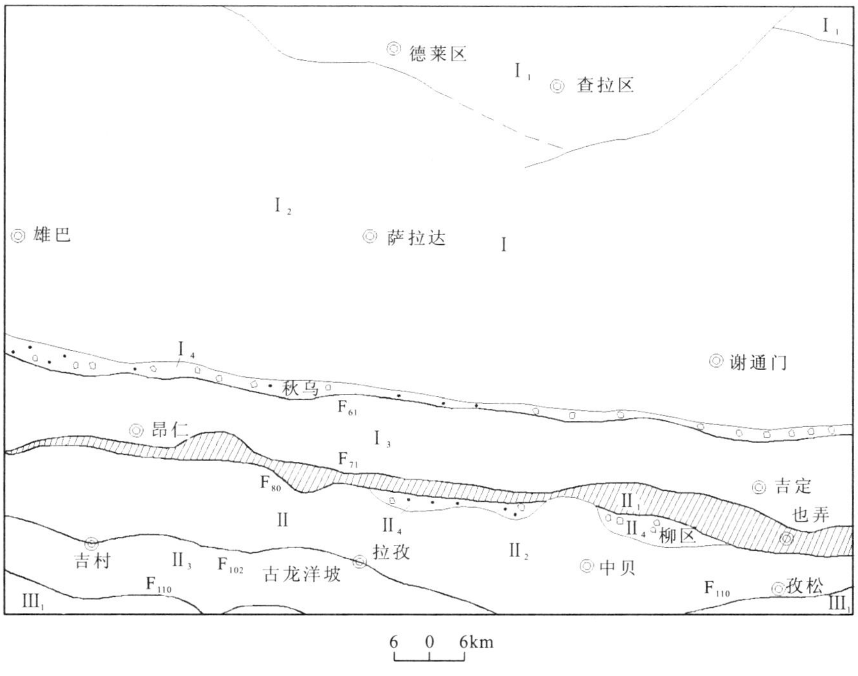

图 5-3 测区构造单元划分简图

各构造单元名称如下：

Ⅰ 冈底斯—拉萨陆块

Ⅰ₁ 德莱区—查拉区断隆带

Ⅰ₂ 雄巴—谢通门晚燕山—喜马拉雅期火山岩浆弧带

Ⅰ₃ 昂仁—吉定弧前盆地带

Ⅰ₄ 秋乌陆相断陷盆地

Ⅱ 雅鲁藏布江缝合带

Ⅱ₁ 昂仁—也弄蛇绿岩亚带

Ⅱ₂ 浪错—中贝泥砂质混杂岩亚带

Ⅱ₃ 吉村—古龙洋坡褶冲亚带

Ⅱ₄ 柳区陆相断陷盆地

Ⅲ 印度陆块

---

① 中国地质调查局. 青藏高原区域地质调查理论与方法，2000.

Ⅲ₁　特提斯喜马拉雅北缘拉巴弄—错穷拉褶冲带

F_{61}如多—桑祖岗断裂；F_{71}昂仁—也弄断裂；F_{102}吉村—拉孜断裂；F_{110}压弄—如巴桑断裂。

第二节　区域性主构造边界断裂

昂仁—也弄断裂（F_{71}）和压弄—如巴桑断裂（F_{110}）是区内一级构造单元划分的主边界断裂，亦是其地表分界线。上述二者将测区自北而南分割为冈底斯—拉萨陆块、雅鲁藏布江缝合带和印度陆块（特提斯喜马拉雅北缘）3 个一级构造单元。

一、昂仁—也弄断裂

该断裂为区内一级构造单元雅鲁藏布江缝合带（Ⅱ）与冈底斯—拉萨陆块（Ⅰ）的北部边界，东起也弄，向西途经孜龙、郎杰嘎，西至昂仁卡嘎，横贯测区中南部，东西两端分别延出图外，总体呈北西西向展布。断裂北侧为冈底斯南缘弧前盆地昂仁组复理石沉积，昂仁等地并见少量古近纪柳区群磨拉石沉积；南侧主体为昂仁蛇绿岩群，尚断续出现海沟冲堆组蛇绿质及硅泥质沉积，主要特征如下。

断裂在区内出露长约 150km，一般宽 3～50m，断面产状 190°～210°∠40°～55°。其中碎裂变质辉长岩、变质橄辉岩及砂岩、页岩发育，尚见少量碎裂变玄武岩及放射虫硅质岩，偶见石英脉沿裂隙充填，硅化及蛇纹石化蚀变普遍。此外，断面上擦痕亦较发育，牵引褶皱常见。尚值得一提的是，在图内东部 7 道班南侧的巴曲一带，见一宽约 400m 的楔状冲断体[图 5-4(c)]，冲断体由昂仁组砂页岩与昂仁蛇绿岩群变辉长岩等构造混合而成，貌似“构造混杂岩”。

区域地质填图表明，断裂南侧较老地层全都覆于北侧新地层之上[图 5-4(a)、(b)，图版Ⅲ-1]，显示其逆断层性质，其中擦痕及牵引褶皱则指示了由 S→N 的逆冲运动特点。

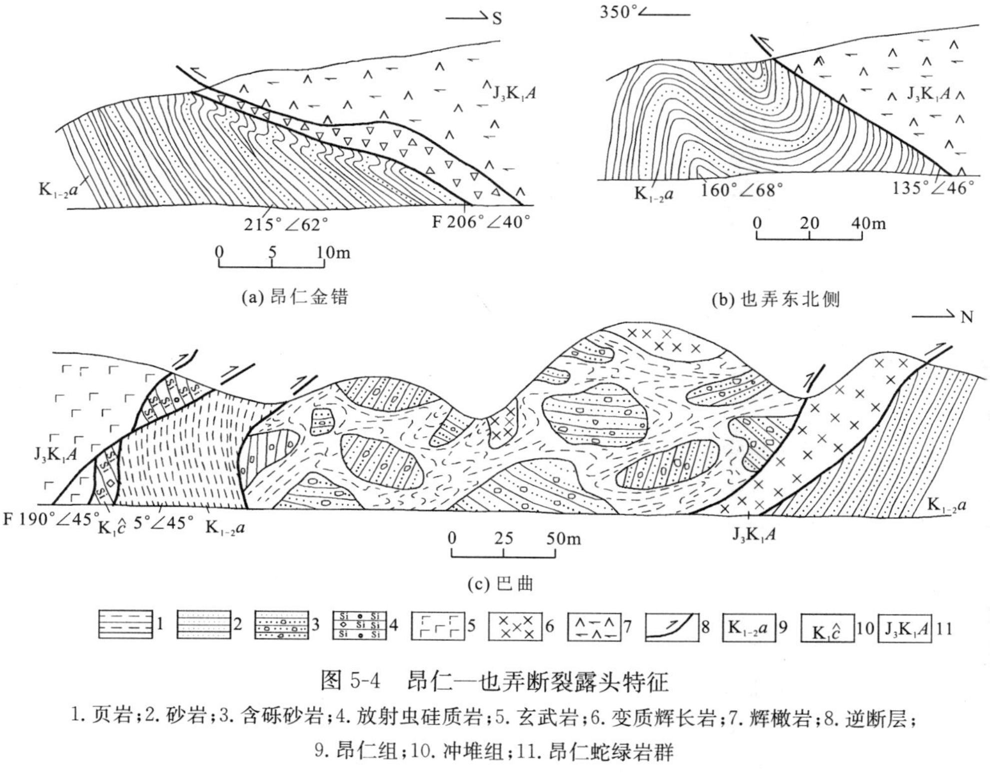

图 5-4　昂仁—也弄断裂露头特征

1. 页岩；2. 砂岩；3. 含砾砂岩；4. 放射虫硅质岩；5. 玄武岩；6. 变质辉长岩；7. 辉橄岩；8. 逆断层；9. 昂仁组；10. 冲堆组；11. 昂仁蛇绿岩群

断裂南侧为正地形陡岩地貌，北侧为负地形沟谷地貌，尚零星可见湖泊及断裂温泉分布，如直岗温泉等。TM 卫片上，影像特征分界明显，其南侧为暗灰黄色，北侧为浅灰黄色并略具紫红色，宏观上构成卫片影像色调分界线。航磁图上则表现为一近东西向展布的磁异常轴（熊盛青等，2001）（图 5-5）。

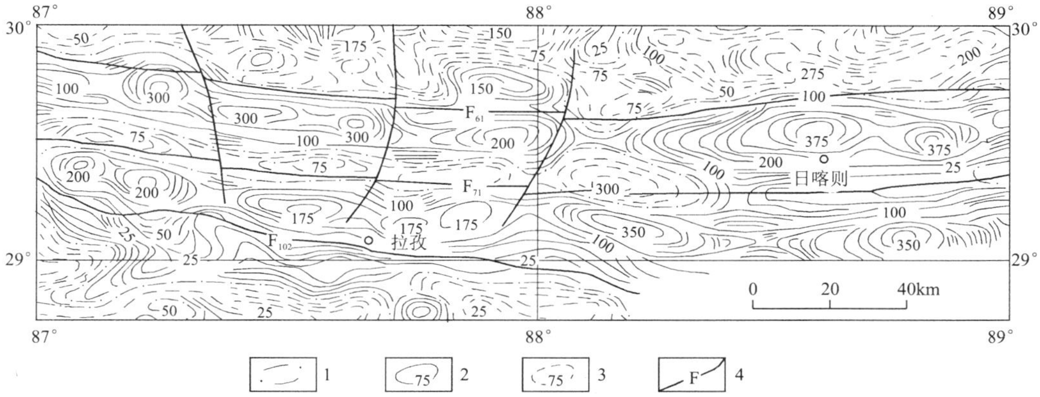

图 5-5　雅鲁藏布江断裂中段磁异常等值线平面图(单位:nT)
(据熊盛青等,2001)
1.零等值线;2.正等值线;3.负等值线;4.断裂及编号

该断裂波及的最新地层为古近纪柳区群磨拉石沉积,并对其形成与发展具明显控制作用,而冲堆组与昂仁组表现为连续沉积接触关系。据此表明,本断裂活动始于古近纪,早期具张性正断层性质,晚期则表现为逆断层特征。

综合上述,昂仁—也弄断裂是一古近纪开始活动的断裂,早期具张性正断层性质,晚期则表现为压性逆断层特征,并对其北侧古近纪柳区群磨拉石的沉积与发展具明显控制作用,同时也是昂仁蛇绿岩群最终出露地表(构造侵位)的具体表现。

二、压弄—如巴桑断裂

该断裂为区内一级构造单元雅鲁藏布江缝合带(Ⅱ)与印度陆块(Ⅲ)的南部构造边界,西起压弄,途经如巴桑,东至古龙洋坡南坡,斜贯测区西南部及东南部,东西两端分别延出图外,总体呈北西西向展布。其中东段被一系列北东向及南北向断层截割而出现南北错移。北侧出露地层为郎学杰岩群,南侧断续出露晚三叠世—侏罗纪地层涅如组、日当组、遮拉组和维美组,西段尚见少量变辉长辉绿岩沿断裂旁侧分布。

断裂在区内出露长约65km,宽10~30m,断面产状10°~25°∠30°~50°,发育碎裂粉砂质板岩、碎裂石英砂岩及挤压构造透镜体,局部具硅化蚀变。地质填图表明,断裂北侧较老地层皆于南侧新老不一地层之上(图5-6,图版Ⅲ-4),显示由N→S逆冲运动特征。

断裂沿线为正地形山脊地貌,TM卫片上略具色调深浅不一的线性影像。

断裂波及的最新地层为晚侏罗世维美组及早白垩世变辉长辉绿岩侵入体,尚无其他更新地质体受其破坏改造,结合其与区域性北西向倒转同斜褶皱紧密伴随的地质事实,可初步推测该断裂主要变形活动发生于始新世早期末。至于其是否控制南北两侧地层早期沉积相的分布,目前尚无更多资料论证,故有待区域上更大范围深入研究。

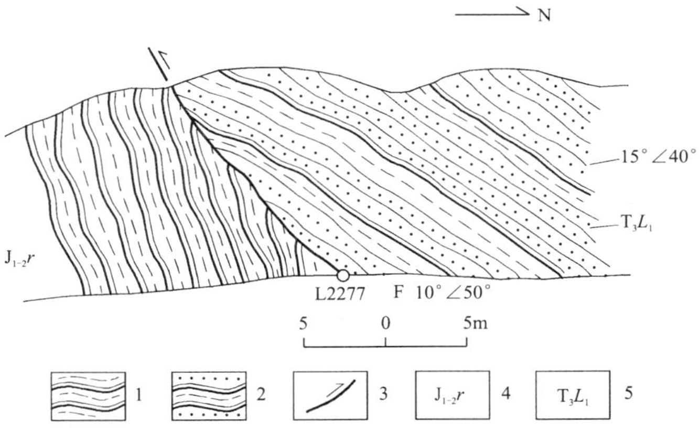

图 5-6　压弄—如巴桑断裂露头特征(懂佳娃)
1.泥质板岩;2.砂岩夹板岩;3.逆断层;4.日当组;5.郎杰学岩群一岩组

综合上述,压弄—如巴桑断裂是一主要发生于始新世早期末的由N→S逆冲断裂,早期是否控制南北两侧地层的沉积相展布,目前尚难定论。

第三节　雅鲁藏布江缝合带

该带呈近东西向—北西西向横贯测区中南部，南以压弄—如巴桑断裂与印度陆块特提斯喜马拉雅北缘褶冲带相接，北以昂仁—也弄断裂与冈底斯南缘日喀则弧前盆地分界，东西长约150km，南北宽10～35km。雅鲁藏布江缝合带包括昂仁—也弄蛇绿岩亚带、中贝—浪错泥砂质混杂岩亚带、吉村—古龙洋坡褶冲亚带，以及挟持于其间的修康—坚固龙构造岩片（穷果群、修康群）等，宏观上显示典型缝合带结构特征。带内三叠纪—古近纪及第四纪的地层广泛出露，其中二叠纪地层集中分布于中贝、错拉山口及昂仁等地，以外来岩块或推覆岩片的形式露布。晚侏罗世—早白垩世岩浆活动强烈，其他时期微弱，高压低温变质作用（蓝片岩相带）集中分布在蛇绿岩亚带和泥砂质混杂岩亚带中，而黑硬绿泥石带则集中出露于吉村—古龙洋坡褶部亚带内，总体具明显带状展布特征。多期次的洋内及洋-陆仰冲剪切，加之后继陆-陆碰撞及陆内俯冲收缩变形，该带总体表现为北西西向—近东西向脆韧性剪切带分割与透镜状或长条状弱应变块体交织而成的复杂构造岩片拼贴构造格局，横剖面上则呈现不对称花状构造组合样式。

综合研究表明，本带主要经历了五期变形：①第一期变形，发生于早白垩世末期—晚白垩世初，新特提斯洋向北俯冲消减，导致洋内仰冲剪切，进而形成幔内型韧性推覆剪切带，伴随向北缓倾的糜棱面理、S-C组构及近南北向斜方辉石和橄榄石等矿物拉伸线理；②第二期变形，发生于晚白垩世末期，新特提斯洋持续向北俯冲消减，导致洋-陆仰冲剪切，进而形成壳幔型及壳内型韧性推覆剪切带，伴随向北缓倾斜的糜棱面理、板劈理、（千枚理）及近南北向石英矿物集合体拉伸线理生成，并见有向南倒转的a型褶皱及剪切不对称褶皱；③第三期变形，形成于始新世早期末，由于新特提斯洋俯冲消亡，继之，印度陆块与冈底斯—拉萨陆块发生陆-陆碰撞，进而前期剪切面理或新生板劈理发生重褶，局部可见劈理折射，楔冲构造岩片内表现以层理为形面的近东西向紧闭同斜或斜歪褶皱，一般不具轴面劈理，与此同时，伴随走向逆冲断层形成；④第四期变形形成于始新世中晚期，印度陆块与冈底斯—拉萨陆块碰撞之后，测区及邻区构造向南迁移，进而发生陆内俯冲作用，本构造带因均衡调整，在总体挤压构造背景下，局部出现压力松弛，从而沿蛇绿岩亚带及其旁侧形成纵向同沉积正断层，并伴随柳区群磨拉石沉积；⑤第五期变形，持续的陆内俯冲作用导致磨拉石沉积盆地迅速封闭消亡，进而发生构造反转，即早期正断层向晚期逆断层转化，产生走向对冲或背冲逆断层和北北东或北北西平移断层（南北向构造）组合，以致蛇绿岩向北逆冲覆于昂仁组之上，向南则逆冲覆于柳区群之上，同时，带内地质体并发生一定程度的南北向错移。

根据沉积、岩浆活动建造及变形变质特征的差异，以卡嘎区—旺堆断裂（F_{80}）和吉村—拉孜断裂（F_{102}）为界，本带进一步划分为昂仁—也弄蛇绿岩亚带（$Ⅱ_1$）、中贝—浪错泥砂质混杂岩亚带（$Ⅱ_2$）、吉村—古龙洋坡褶冲亚带（$Ⅱ_3$）和柳区陆相断陷盆地（$Ⅱ_4$）4个次级构造单元。鉴于脆性断层大多波及全区，故将其单列一节与上述3个次级构造单元并列论述。在此，尚需提及的是，本书下述幔内型、壳幔型及壳内型韧性剪切带是根据许志琴（1984）提出的按形成深度及大地构造部位予以划分。

一、区域性次构造边界断裂

（一）卡嘎区—旺堆断裂（F_{80}）

该断裂为区内昂仁—也弄蛇绿岩亚带与中贝—浪错泥砂质混杂岩亚带的分区边界断裂，相当于王成善等（1999）所称之的昂仁—仁布断裂（NRT），亦即主南中央断裂，与肖序常（1988）及崔军文（1997）所论述的壳幔型韧性推覆剪切带主界面基本相同。区内东起纳弄贡巴，向西途经旺堆、扎果，西至卡嘎区，两端分别延出图外，在卡嘎区西侧图边与昂仁—也弄断裂并为一支，东段柳区一带因古近纪磨拉石沉积掩盖而特征不清，总体倾向北，走向东西，局部倾向南，如卡嘎区等地。

断裂在区内出露长约140km，宽5～30m，断面舒缓波状，产状320°～10°∠40°～70°。发育碎裂变辉长辉绿岩、放射虫硅质岩或硅泥质糜棱岩等。破碎带内牵引褶皱及擦痕常见，在西段也弄南侧显示由S→N逆冲，而中段汤嘎南侧及旺堆（图5-7，图版Ⅲ-3）则表现自N→S逆冲运动特征，可能为后期北北东向脆性断层改造牵引所致。

断裂总体为正地形山脊地貌。在TM卫片上，影像特征分界明显，断裂北侧为褐绿色，南侧为浅灰黄色，航磁图上亦表现为近东西向展布的窄带状磁异常。重力测量结果表明断面北倾，这与大多地表观察结果一致。

断裂波及的最新地层为古近纪柳区群，局部沿断面并见昂仁蛇绿岩群逆冲于柳区群之上，若联系区域上蛇绿岩仰冲发生于89Ma（王希斌，1987）的地质事实，那么由此可以推断该断裂活动始于晚白垩纪末期，至新近纪仍在活动。

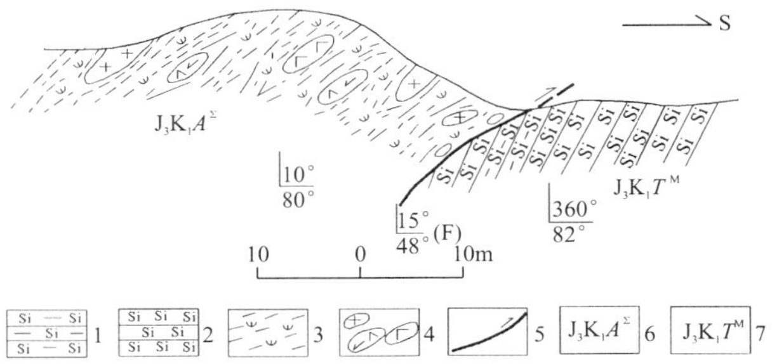

图5-7　卡嘎区—旺堆断裂露头特征（旺堆）

1.硅泥岩；2.硅质岩；3.蛇纹质糜棱岩；4.变辉绿岩、变玄武岩及变单斜辉橄岩透镜体；5.逆冲断层；6.昂仁蛇绿岩群超基性岩段；7.汤嘎混杂岩

综合上述，卡嘎区—旺堆断裂是一始于晚白垩纪末期，至新近纪仍在活动，由中深构造层次→浅表构造层次，从韧性到脆性，由N→S的多期次壳幔型脆韧性推覆剪切带，亦可能为新特提斯洋壳向北俯冲的直接产物。

（二）吉村—拉孜断裂（F_{102}）

该断裂为雅鲁藏布江缝合带内的次级边界，亦即中贝—浪错泥砂质混杂岩亚带与吉村—古龙洋坡褶冲亚带的分界线，东起孜松，途经占宗、拉孜，西至吉村，查邬—占宗一线因第四系掩盖而特征不清，东西两端分别延出图外，总体亦呈北西西向展布。断裂北侧为中晚三叠世、早白垩世泥砂质构造混杂岩，南侧出露晚三叠世郎学杰岩群砂板岩。

断裂在图内出露长约135km，宽5～50m，产状185°～205°∠20°～67°，断面略具舒缓波状，以发育碎裂岩、构造磨砾岩及挤压片理为特征。此外，帕布等地尚见宽约20m的碎裂状、透镜状糜棱岩化粉砂岩。据此表明该断裂具两期活动特征，其中早期为韧性变形，晚期为脆性变形叠加。破碎带内尚发育牵引褶皱［图5-8(a)］和构造角砾岩［图5-8(b)］等，均显示了NNE→SSW的逆冲运动学特点。

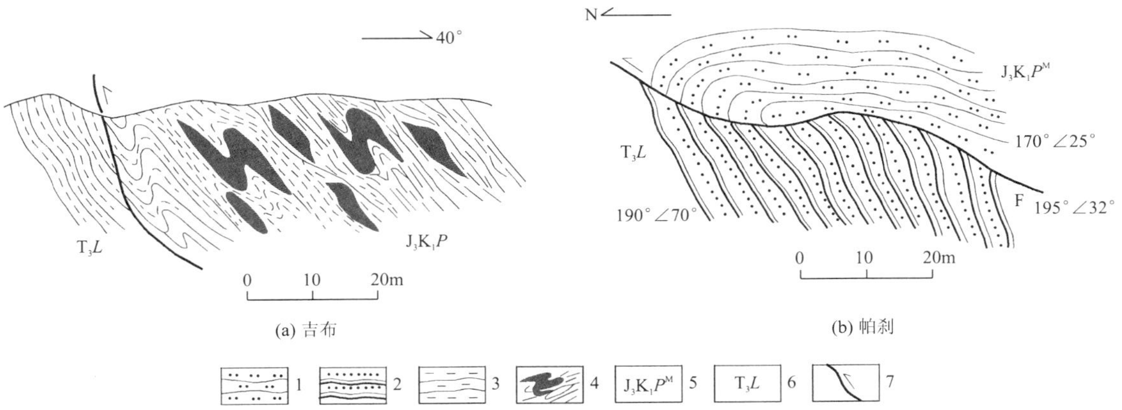

图5-8　吉村—拉孜断裂露头特征

1.砂岩；2.粉砂质板岩；3.泥质页（板）岩；4.泥砂质混杂岩；5.破姆弄混杂岩；6.郎杰学岩群；7.逆冲断层

断裂西段大致沿雅鲁藏布江谷地展布，东段北盘多为沟谷地貌，且有断裂温泉露布，如锡金温泉。TM卫片上，其北侧为浅灰黄色影像，南侧为灰绿色影像，二者界线亦较分明。航磁图上则为一线状磁异常带（图5-5）。

区域地质填图表明，断裂波及的最新地层为晚侏罗世—早白垩世泥砂质构造混杂岩，且其均未逾越此边界。据此推测本断裂活动始于晚白垩纪。

综上所述，吉村—拉孜断裂是一自晚白垩纪以来，早期为韧性、晚期为脆性，由中浅→浅表构造层次，自NNE→SSW逆冲推覆的脆韧性剪切带，并控制了雅鲁藏布江泥砂质构造混杂岩带的分布。

二、昂仁—也弄蛇绿岩亚带（Ⅱ$_1$）

该亚带自东向西沿也弄—汤嘎—昂仁一线呈北西西向—近东西向展布，北以昂仁—也弄断裂（F_{71}）与冈底斯南缘日喀则弧前盆地昂仁组复理石沉积分界，南以卡嘎区—旺堆断裂（F_{80}）与中贝—浪错泥砂质混杂岩亚带相接，东西长 145km，南北宽 1～10km。带内主要由晚侏罗世—早白垩世的昂仁蛇绿岩群组成，自下而上包括超基性岩段、基性岩段和基性熔岩段，次为早白垩世冲堆组深海沟放射虫硅质岩沉积，在也弄东侧尚见少量古近纪柳区群磨拉石沉积不整合覆于其上或与其呈逆冲断层接触。本带以发育自 N→S 的幔内型韧性推覆剪切带及走向叠瓦状逆冲断层为其显著特征（图 5-9），局部尚见蛇绿质构造混杂岩。此外，北北东向平移断层进一步将此带强烈肢解，从而造成蛇绿岩亚带频繁出现南北错位。

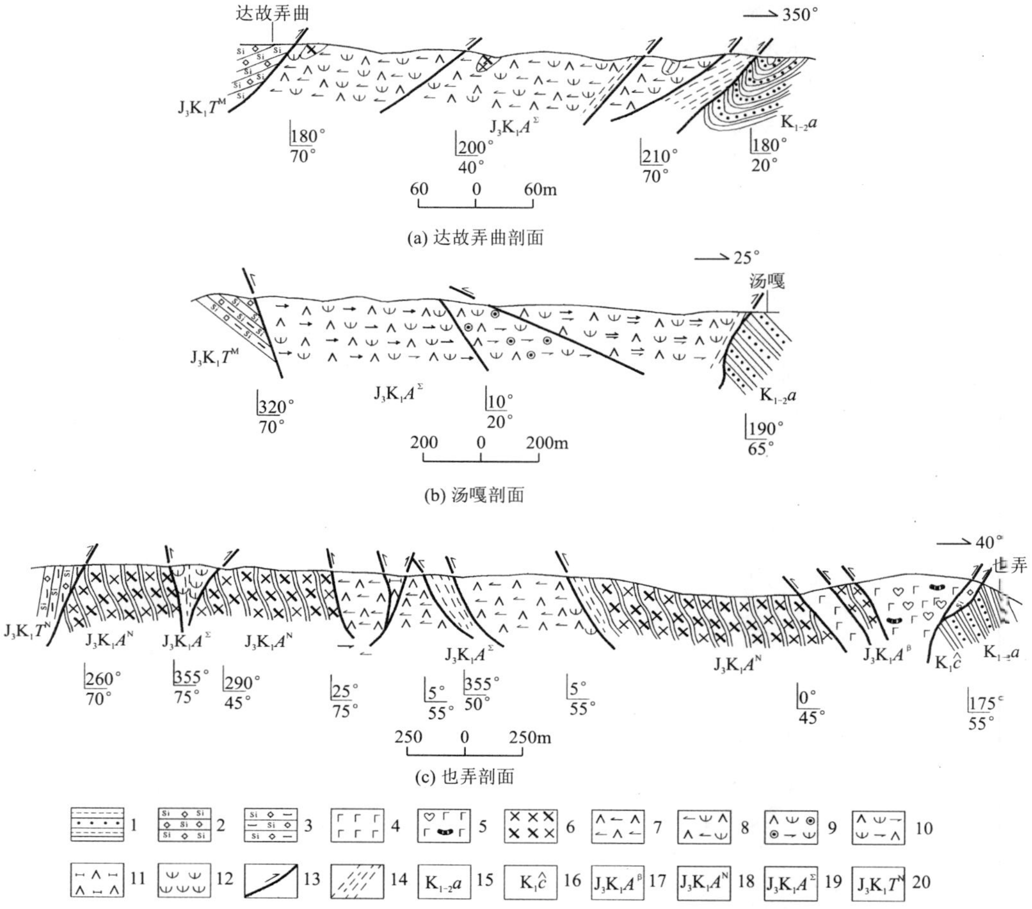

图 5-9　雅鲁藏布江缝合带之昂仁—也弄蛇绿岩亚带联合构造剖面

（示蛇绿岩横剖面构造及幔内型韧性剪切带分布特征）

1. 砂页岩；2. 放射虫硅质岩；3. 放射虫硅泥岩；4. 块状玄武岩；5. 枕状杏仁状玄武岩；6. 变辉长辉绿岩；7. 单斜辉橄榄岩；8. 蛇纹石化单斜辉橄岩；9. 蛇纹石化含榴斜辉橄榄岩；10. 蛇纹石化二辉橄榄岩；11. 透辉橄榄岩；12. 蛇纹石岩；13. 逆冲断层；14. 幔内型韧性剪切带；15. 昂仁组；16. 冲堆组；17～19. 昂仁蛇绿岩群：17. 基性熔岩段；18. 基性岩段；19. 超基性岩段；20. 汤嘎混杂岩

（一）幔内型韧性推覆剪切带

主要发育于蛇绿岩亚带之超基性岩段中或其与基性岩段分界面附近。区内自西往东分布于昂仁、汤嘎、中尼公路 4 979km 路碑处及也弄等地，一般出露宽 30～150m，长几百米到数千米不等，产状总体向北缓倾，倾角 20°～40°，局部因后期构造改造向南缓倾，且沿走向分布不稳定。其共同特征是：①普遍发育超镁铁质（橄榄石、辉橄石、蛇纹石）糜棱岩或糜棱岩化岩石，局部尚见糜棱岩化玄武岩，且露头尺度的剪切变形分解现象亦很常见。镜下多具典型糜棱结构，由细粒化（0. 1～0. 4mm）的橄榄石及蛇纹石等定向排列构成基质，透镜状、眼球状并具不同程度圆化的橄榄石、辉石及钛磁铁矿残斑（一般大于 2mm）或碎块亦呈较强定向排列，且基质绕其分布并具揉皱变形，二者共同显示了塑性流动变形特征。其中橄榄石波状消光、扭折带及单斜辉石出溶片晶褶皱等较常见。②伴随剪切变形形成新生糜棱面理及矿物拉伸线理[图 5-10(a)]，其中线理由橄榄石或辉石的拉伸定向排列显示出来，产状（La）：5°～350°∠8°～20°，反映了近南北向水平剪切特征，与新特提斯洋盆敛合方向一致。露头尺度的剪切变形分解透镜体及 S－C 组构[图 5-10(b)]，则指示其自 N→S 的逆冲推覆运动特征。③据李德威（1993）研究，剪切带中糜棱岩的变形物理环境是：温度 850～950℃，压力 10～11kb，估算深度 35～40km。据此表明，剪切带形成于上地幔流变状态。肖序常等（1988）研究认为，剪切带活动始于 100Ma，故其形成于早白垩世末期。

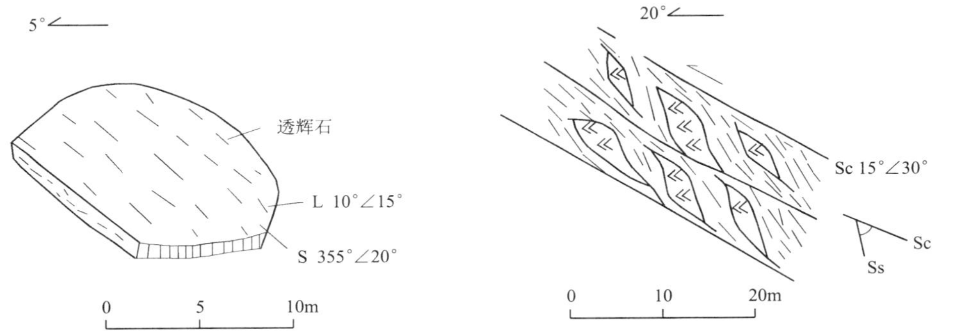

(a) 辉橄糜棱岩中的S-L组构(孜龙道班西南侧)　(b 橄榄石糜棱岩中的S-C组构示由N→S推覆剪切（也弄）

图 5-10 昂仁—也弄蛇绿岩亚带之幔内型韧性推覆剪切带中的小构造素描

综上所述，蛇绿岩亚带中出露的剪切带是在上地幔流变状态下，形成于早白垩世末期、自 N→S 的幔内型韧性推覆剪切带，亦是新特提斯洋之洋内剪切变形构造烙印。

（二）叠瓦状逆冲断层系

如前所述，本亚带尚发育一系列北西向逆冲断层，部分断层并具右行平移剪切特征。其中逆冲断层将蛇绿岩分割成一系列叠瓦状冲断片，使其沿走向尖灭再现，进而整体出现倒置层序（图 5-9c）。其详细特征见下述“脆性断裂”一节。

三、中贝—浪错泥砂质混杂岩亚带（Ⅱ$_2$）

本亚带介于卡嘎区—旺堆断裂（F_{80}）和吉村—拉孜断裂（F_{102}）之间，总体呈北西西向—近东西向展布，占宗东南部则呈向南凸出的弧形延至邻幅，东西断续长约 143km，南北宽 8～23km。带内出露有中晚三叠世中贝混杂岩、晚侏罗世—早白垩世的破姆弄混杂岩及汤嘎混杂岩（嘎学群）、中晚三叠世的修康群及穷果群，柳区、扎果和影振等地并见古近纪柳区群磨拉石沉积不整合覆于其上，其间尚见大量二叠纪灰岩外来岩块散布。其中岩浆活动微弱，仅于吉村北部和孜松南部见少量基性侵入岩，除修康群、穷果群、二叠纪灰岩外来岩块及柳区群外，其余地质体普遍遭受蓝片岩相高压变质作用。主要构造形迹有壳幔型及壳内型由 N→S 的韧性推覆剪切带、一系列北西西向—近东西向逆冲断裂及与之伴随的紧闭同斜或斜歪褶皱等。其中北西西向—近东西向走向逆冲断裂将本带分割成一系列透镜状或长条带状构造岩片，二者交织成菱形网结状构造岩片拼贴为其显著构造特征。

（一）壳幔型韧性推覆剪切带

主要发育于汤嘎混杂岩内或其与蛇绿岩分界面附近（图 5-11），区内仅于旺堆、影振和卡嘎区等地见及，一般出露宽几十米，最宽可达 200m，长数千米。剪切带产状总体向北缓倾，倾角 20°～35°。其共同特征如下所述。

带内以发育硅质糜棱岩及硅泥质糜棱岩为显著特征，与蛇绿岩分界面附近并见蛇纹质糜棱岩。其中石英波状消光、变形纹、矩形石英条带及拔丝构造常见，尚见压扁拉长透镜状石英集合体，反映了强烈塑性

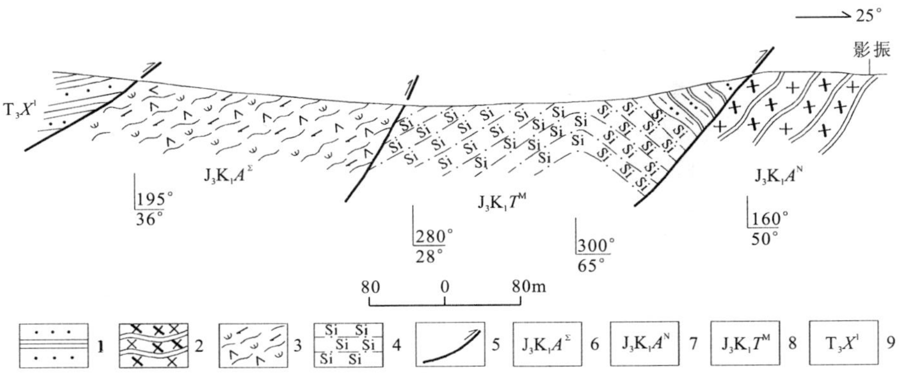

图 5-11　影振壳幔型韧性剪切带实测剖面图

1. 砂页岩；2. 变辉长辉绿岩；3. 片理化蛇纹石化辉橄岩；4. 硅质糜棱岩；5. 逆冲断层；6～7. 昂仁蛇绿岩群：6. 超基性岩段；7. 基性岩段；8. 汤嘎混杂岩；9. 修康群一段

流变特征。

伴随剪切变形作用，亦形成新生糜棱面理及石英矿物集合体拉伸线理，其中线理产状（La）355°～30°∠15°～30°，显示近南北向水平韧性剪切变形特征。与此同时，形成不对称褶皱及紧闭同斜褶皱（图 5-12），指示由 N→S 逆冲推覆剪切运动特点。此外，带内尚见钠长石、绿泥石及黑硬绿泥石等高压低温变质矿物组合。

据王希斌等（1987）研究，剪切带内变质矿物（角闪石）同位素年龄为 89Ma，故其形成于晚白垩世末期。

(a) 放射虫硅质岩中的不对称褶皱，示NNW→SSE推覆剪切(哑长)　(b) 放射虫硅质岩中的紧闭同斜褶皱(影振)

图 5-12　壳幔型韧性推覆剪切带中的褶皱样式

综合上述，汤嘎混杂岩内及其与蛇绿岩分界附近出露的剪切带是低温高压变质作用叠加于高温低应变作用（地幔流变）之上，形成于晚白垩世末期，自 N→S 的壳幔型韧性推覆剪切带，亦是新特提斯洋壳蛇绿岩仰冲上陆的洋陆剪切变形烙印。

（二）壳内型韧性推覆剪切带

主要发育于泥砂质混杂岩亚带之破姆弄混杂岩和中贝混杂岩中，并波及到其南侧的郎杰学岩群，分布于浪错、沙磊、破姆弄、中贝和增麦等地，一般出露宽数千米到几百米，长几十千米到数千米不等。剪切带产状总体向北缓倾，倾角 20°～40°，沿走向呈带状或菱形网结状展布。其共同特征是：①发育长英质糜棱岩、硅质糜棱岩、钙质糜棱岩、眼球状糜棱岩及糜棱岩化岩石。镜下具糜棱结构，基质由细粒化石英或绢云母揉皱条带组成，残斑或碎块由硅质岩、泥板岩或重结晶方解石组成，部分呈 σ 型残斑（?）出现。其中石英波状消光、拔丝构造、方解石扭折带常见，总体显示强烈塑性流变特征。②带内剪切变形分解透镜体、剪裂型石香肠、S－C 组构、不对称褶皱（图 5-13）等塑性变形现象十分普遍，指示其由 N→S 推覆剪切运动特

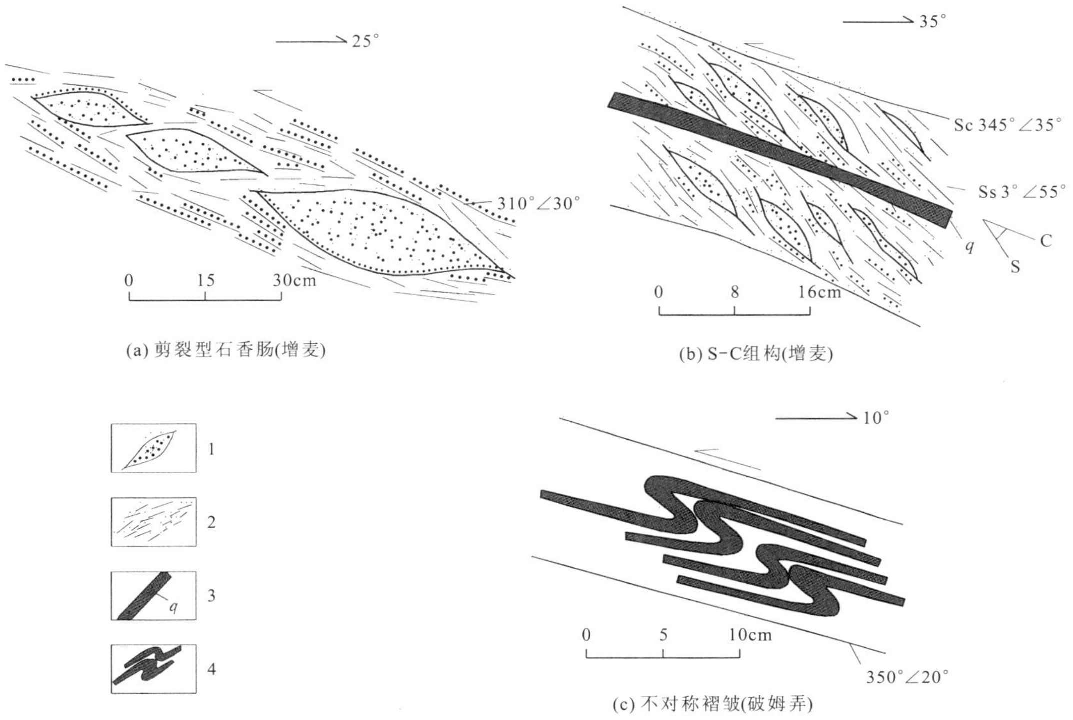

图 5-13　壳内型韧性推覆剪切带中的小构造素描

1. 长石岩屑砂岩透镜体；2. 片理化硅泥质板岩；3. 同构造分异石英脉；4. 硅质条纹

征。与此同时，伴生新生糜棱面理及石英条纹状和绢云母矿物生长线理，其中线理产状(La)350°～20°∠10°～30°，显示南北向近水平剪切塑性流变特征。③伴随剪切变形作用，带内出现钠黝帘石＋绿泥石＋方解石或蓝闪石＋黑硬绿泥石＋绿泥石±(硬柱石)等变质矿物组合。显然，其与壳幔型韧性剪切带变质相同，亦反映了高压低温变质作用特征。④根据带内变质矿物组合与壳幔型韧性剪切带变质的相似性及与其空间紧密伴随特征，推断它与壳幔型韧性剪切变形时代相当，是洋陆仰冲阶段在陆壳边缘的韧性剪切变形烙印。

综合上述，壳幔型韧性剪切带南侧的泥砂质混杂岩亚带中出露的剪切带是晚白垩世末期，在洋陆仰冲阶段于陆壳边缘，自 N→S 的壳内型韧性推覆剪切带。

(三)混杂岩构造

所谓混杂岩是指岩层或岩体的上下和侧向连续性均被剪切面所错动和破坏，不同年代、不同成分和不同成因的岩石被彻底混合，杂乱排列，能干岩石漂浮于普遍遭受剪切变形的软弱基质中，包括基质和岩块(原地或异地)两部分，宏观上为构造-地层(岩石)混合体(许靖华，1985)。鉴于蛇绿质混杂岩前已述及，故此处主要论述泥砂质混杂岩，下面按基质和岩块分述之。

1. 基质构造特征

按基质成分及形成时代，大致可划分 3 套，即晚侏罗世—早白垩世的玄武岩—硅泥质、晚侏罗世—早白垩世的泥砂质和中晚三叠世的泥砂质。其中第二套基质中新发现有似箭石(J_2?)，因此，其形成时代可能延至中侏罗世，但仍有待深入研究。基质岩石类型归纳起来主要有泥板岩、千枚岩、杂色(紫红色、灰绿色)放射虫硅质岩、放射虫硅泥质板岩、含粉砂硅泥质板岩、岩屑长石杂砂岩、变含钙泥砂质粉砂岩和石英杂砂岩等，总体呈似层状产出。其中杂色硅质岩、石英杂砂岩在局部以岩块的形式产出。详细构造解析表明，这些不同时代、不同成分的基质主要经历了两期变形。

(1)第一期变形

发育透入性的板劈理、千枚理及大致顺层的壳幔型和壳内型韧性推覆剪切带，局部伴随矿物生长线理生成，具 S－C 组构[图 5-14(a)]及 S－L 组构。其中板劈理及千枚理和顺层韧性推覆剪切带较强地置换了原生层理，以致原生沉积构造大多被破坏，仅局部残留。此外，露头尺度的剪切变形分解现象十分普遍[图 5-14(b)]，层内褶皱及紧闭同斜褶皱亦很常见。与此同时，伴随高温低绿片岩相变质。

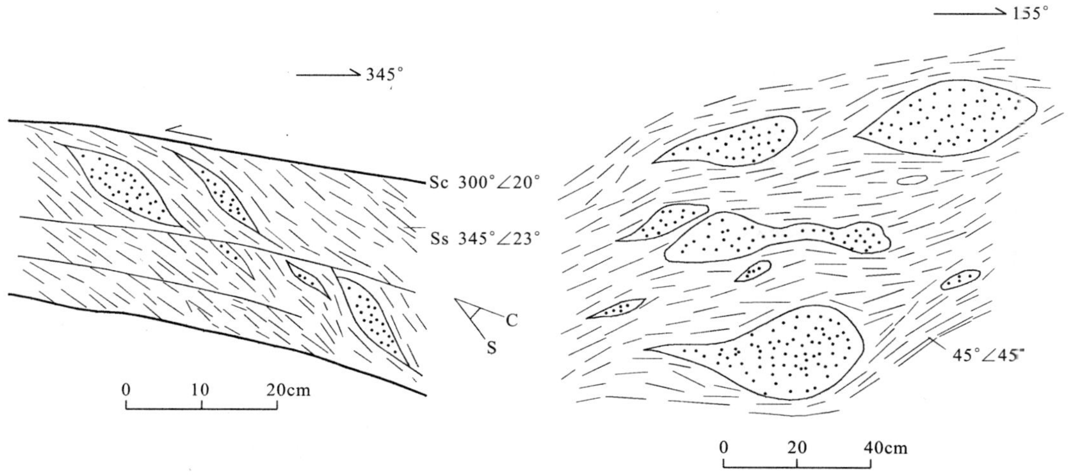

(a) 硅泥质板岩中的S－C组构及透入性剪切面理，并示由N→S推覆剪切(马龙)

(b) 剪切片理化硅质板岩及剪切变形分解透镜体(错拉山口)

图 5-14　混杂岩基质构造特征素描

1. 岩屑砂岩透镜体；2. 剪切片理化硅泥质板岩；3. 剪切面理

(2)第二期变形

以板劈理、千枚理或剪切面理为形面构成的东西向斜歪褶皱，同斜褶皱多限于露头尺度，区域尺度未见，一般不发育轴面劈理，与此同时，一系列北西西—近东西向走向逆冲断层形成(图 5-15)。该期变形奠定了本亚带北西西向—近东西向构造岩片拼贴的构造格局。

2. 岩块构造特征

按位置可分为原地和异地(外来)两种；按成分划分有生物碎屑灰岩、杂色放射虫硅质岩、变玄武岩及石英杂砂岩等，其中前者属外来岩块，后者属原地或准原地岩块；按形成机制可分为构造混杂岩块和塌积(沉积混杂)岩块两类，结合基质前者为构造混杂岩，后者谓之塌积岩，有的学者亦将后者称为沉积混杂岩。岩块规模大小不一，小者仅几厘米，大者长数千米或十几千米，最宽达 800m，如浪错灰岩岩块。上述尤以二叠纪灰岩岩块最醒目，TM 卫片上表现灰白色影像，地貌上呈现凸起的山峰或山脊，沿中贝—错拉山口—浪错一线公路旁侧均可见及，十分壮观。露头观察结果表明，岩块长轴方向与围岩基质新生面理不仅走向基本一致，而且绝大部分呈剪切挤压片理或断层构造接触关系，总体反映了构造混杂成因特征，其岩貌可与许靖华(1985)所描述的美国圣弗兰西斯半岛的 Francescan 混杂岩媲美。

在此，尤其需要指出的是，区内于温泉区北侧新发现有灰岩岩块与围岩(薄层硅质岩及页岩)基本连续过渡[图 5-16(a)]，且二者之间无明显剪切变形，经初步分析认为，它可能是早期裂陷扩张滑塌堆积产物，亦即塌积岩的残留。由此看来，这套混杂岩早期部分属塌积岩，晚期历经构造混杂，亦即由塌积→构造混杂转化，终成今日之构造混杂岩面貌。

岩块产出方式归纳起来主要有 3 种，即镶嵌式、楔入式[图 5-16(b)、(c)]和被覆式，尤以前两者分布最广。其中原地或准原地岩块基本以剪切破裂变形[图 5-16(e)]为主，局部见有层理为形面形成的层内褶皱或紧闭同斜褶皱，与围岩呈剪切挤压片理或断层构造接触关系。异地(外来)岩块内则见露头尺度的纹层或条带褶皱[图 5-16(f)]，同时，剪切破裂变形亦较强烈，与围岩基质亦呈剪切挤压片理或断层构造接触关系。

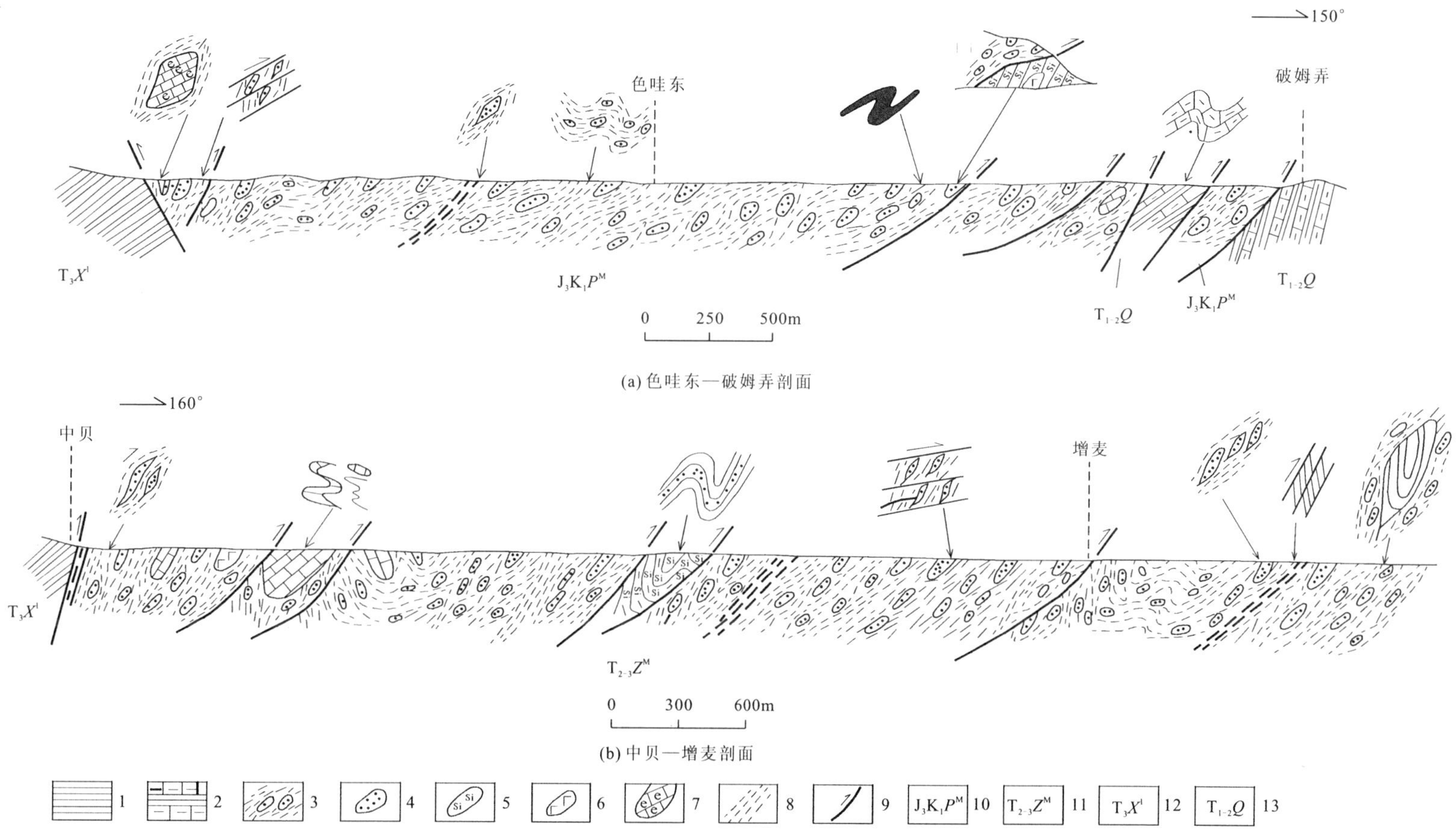

图 5-15 中贝—浪错泥砂质混杂岩亚带实测构造剖面

1. 页岩；2. 页岩与泥灰岩互层；3. 剪切片理化硅泥质板岩(基质)；4. 岩屑砂岩及石英杂砂岩岩块或稳定镜体；5. 硅质岩岩块；6. 玄武岩岩块；7. 二叠纪生物碎屑灰岩岩块；8. 韧性剪切带；9. 逆断层；10. 破姆弄混杂岩；11. 中贝混杂岩；12. 修康群一段；13. 穷果群

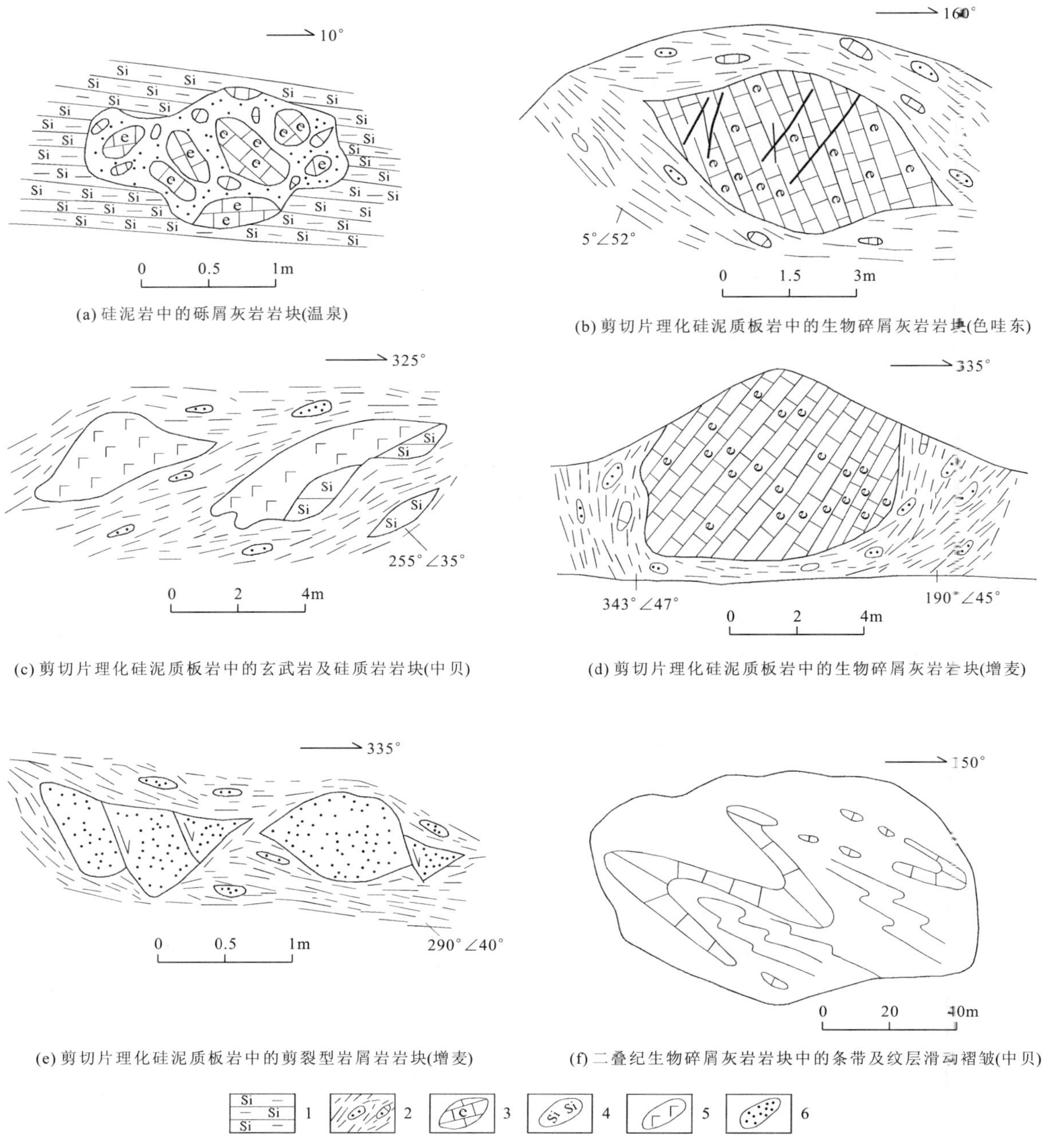

图 5-16　中贝—浪错泥砂质混杂岩亚带中混杂岩岩块构造特征及产出方式

1. 硅泥质岩；2. 剪切片理化硅泥板岩；3. 二叠纪生物碎屑灰岩岩块；4. 硅质岩岩块；5. 玄武岩岩块；6. 岩屑砂岩岩块

(四)楔冲拼贴构造岩片

所谓楔冲拼贴构造岩片是指平剖面上呈透镜状、楔状产出，周边为脆性逆冲断裂或脆韧性推覆剪切带分割，在三度空间上并有较大规模展布的岩石地层体。据此，本亚带共划分出森格龙—曲娘—坚固龙岩片、克弄岩片和浪错岩片共3个拼贴构造岩片。岩片由滨海相晚三叠世修康群砂页岩和浅海相中晚三叠世穷果群页岩—灰泥岩组成。这套地层体前人常称三叠纪类复理石。需要指出的是，除接掌、森格隆两地见二叠纪灰岩外来岩块呈逆冲推覆岩片覆于其上外，其他地方则未见外来岩块混入。

上述岩片总体呈北西西向—近东西向透镜状、楔状及不规则状产出，其间以走向逆冲断层分割，晚期并有北北东向断层叠加改造，导致其南北错位。岩片内原始沉积构造基本保留，如平行层理、水平层理常见，局部并见波痕构造及交错层理，尚富含双壳类化石。

1. 褶皱

以层理为形面构成的近东西向斜歪褶皱，露头上可见平卧褶皱(图版Ⅳ-2)、紧闭同斜褶皱为其显著构造样式(图5-17)，一般不具轴面劈理，从露头到区域尺度均可见及。其中区域性褶皱有曲姆向斜(17)、格龙背斜(18)、查果背斜(19)和中贝背斜(20)等。下面分述之。

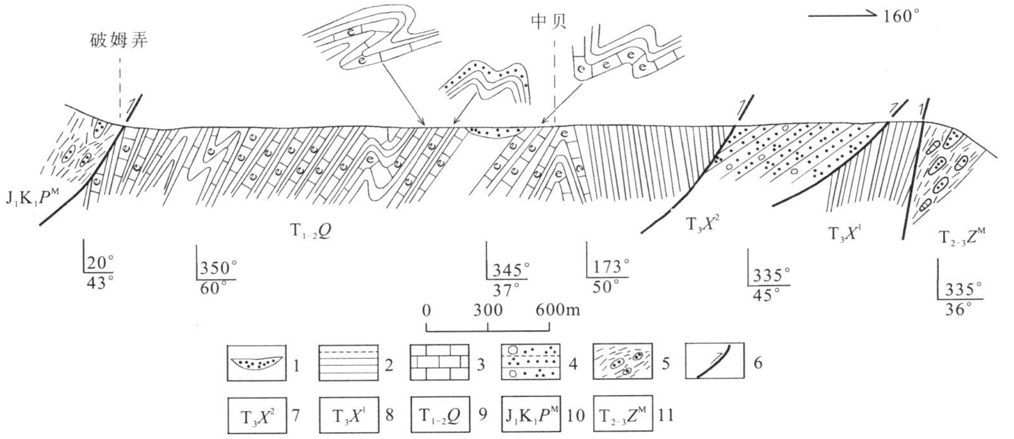

图5-17　破姆弄—中贝穷果群及修康群实测构造剖面

1. 第四系冲积砂砾层；2. 页岩；3. 生物碎屑泥灰岩；4. 含砾石英砂岩；5. 剪切片理化硅泥质板岩；6. 逆断层；7. 修康群二段；8. 修康群一段；9. 穷果群；10. 破姆弄混杂岩；11. 中贝混杂岩

曲姆向斜(17)：位于曲姆、488高地一线，轴迹近东西，长7km，宽近2km。核部地层为修康群二段，两翼分别为修康群一段，轴面产状355°∠40°，但轴面劈理不发育，北翼产状30°∠43°～50°，南翼产状350°∠35°～40°，属一同斜褶皱。

格龙背斜(18)：位于格龙、郎拉一线，轴迹近东西，长近9km，宽2.5km，北翼因一北西向断层切割及第四系掩盖而出露不完整，同时中部并被另一北东向断层截切错移。核部地层为穷果群，两翼分别由修康群构成。其枢纽产状275°∠5°，轴面产状5°∠70°，北翼产状350°∠35°，南翼产状185°～200°∠35°～40°，属一斜歪水平褶皱。

查果背斜(19)：位于查果、黑熊、修康一线，轴迹北东东，长8km，宽2.5km，其中中部被一北东向断层切割错移，西段则被两条北西西断层截切，导致褶皱出露不完整。其核部地层为修康群一段，两翼分别由修康群二段构成，转折端紧闭，轴面产状355°∠60°，北翼产状355°∠40°，南翼产状340°∠25°～40°，属一斜歪褶皱。

中贝背斜(20)：位于错拉山口、中贝、亚委则一线，轴迹北东东，长12km，宽4.5km，南北两翼分别被两条近东西—北东向弧形逆断层截切，以致其翼部地层出露不完整乃至断失。其核部地层为穷果群，两翼分别由修康群构成，轴面产状345°∠70°，北翼产状345°～20°∠37°～60°，南翼产状165°～175°∠35°～50°，属一不完整短轴穹状背斜。

2. 脆性断裂

上述岩片内部及其旁侧尚发育一系列北西—近东西向和北北东向两组断层，其中前者多属逆断层，后者多为平移断层。二者强烈肢解，以致这些岩片在平剖面上呈透镜状或楔状产出。鉴于其在后面脆性断裂一节中详述，故此处从略。

四、吉村—古龙洋坡褶冲亚带(Ⅱ$_3$)

本亚带呈北西向斜贯测区西南部，北以吉村—拉孜断裂与中贝—浪错泥砂质混杂岩亚带分界，南以压弄—如巴桑断裂与拉巴弄—错穷拉褶冲亚带相接，东西长达90km，南北宽2～15km。带内出露地层仅有晚三叠世浅变质砂板岩系郎杰学岩群，且无混杂岩出露，岩浆活动微弱，如压弄等地见少量变质辉绿岩大致顺层侵入，变质作用强烈，高压低温变质带之黑硬绿泥石带几乎全产于该带中。此外，该构造单元后期变形改造亦很强烈，详细构造解析表明，其主要经历了 3 期变形，下面分述之。

（一）第一期变形构造

以层理为形面构成的层内褶皱、a 型褶皱及与之伴随的轴面劈理、顺层剪切面理和近南北向黑硬绿泥石矿物生长线理及黄铁矿压力影构造等（图 5-18）。后二者共同形成 S－L 组构，同时沿新生面理见黑硬绿泥石、绿泥石及绢云母等高压低温变质矿物组合，总体反映了早期由 N→S 顺层固态剪切流变特征。综合研究表明，此期变形与北侧蛇绿岩发生洋陆仰冲剪切相关。

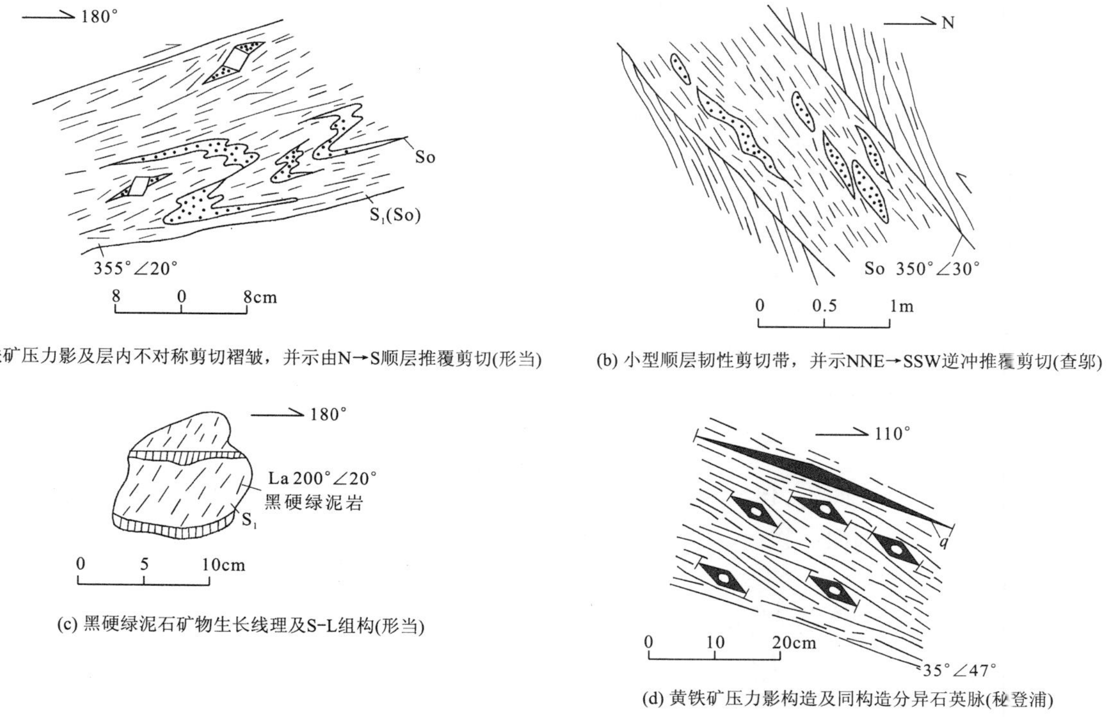

(a) 黄铁矿压力影及层内不对称剪切褶皱，并示由N→S顺层推覆剪切(形当)

(b) 小型顺层韧性剪切带，并示NNE→SSW逆冲推覆剪切(查邬)

(c) 黑硬绿泥石矿物生长线理及S-L组构(形当)

(d) 黄铁矿压力影构造及同构造分异石英脉(秘登浦)

图 5-18　吉村—古龙洋坡褶冲亚带郎杰学岩群中早期顺层剪切固态流变构造

（二）第二期变形构造

以前期新生面理及残存原生层理为形面构成的北西向，北倾南倒紧闭同斜褶皱及与之伴随的走向逆冲断层（图 5-19、图 5-20）为其显著特征，该期变形奠定了此带北西向褶冲构造格局。此外，局部露头上尚可见两期褶皱叠加干扰格式。

1. 褶皱

从露头到区域尺度均可见及，其中区域性褶皱有查嘎渣背斜（21）、阿土尔向斜（22）、罗布特背斜（23）、萨木孜向斜（24）、多列拉背斜（25）、形当背斜（26）、旭打隆向斜（27）、各弄向斜（28）等，露头尺度可见平卧褶皱（图版Ⅳ－3）。下面以陆土尔向斜（22）、罗布村背斜（23）为例描述之，其他褶皱特征见表 5-1。

陆土尔向斜（22）：位于冶弄、百普、陆土尔一线，长 9km，宽 3km，核部为郎杰学岩群三岩组，两翼分别由郎杰学群二岩组和三岩组构成，转折端紧闭，轴迹北西西向，枢组产状 295°∠5°，轴面产状 20°∠40°，但轴面劈理不发育，两翼产状 10°～30°∠35°～60°，属一倒转同斜水平褶皱。

罗布村背斜（23）：位于各玛、罗布特、哑甘孜一线，图内长约 13km，宽 3.5km，核部为郎杰学岩群一岩组，两翼分别由郎杰学岩群二岩组构成，转折端紧闭，轴迹北西向。各玛及罗布村一带被晚期北北东向断层截切，以致轴迹发生南北向错移，轴面产状 30°∠50°，但轴面劈理不发育，两翼产状 20°～30°∠48°～75°，属一倒转同斜褶皱。

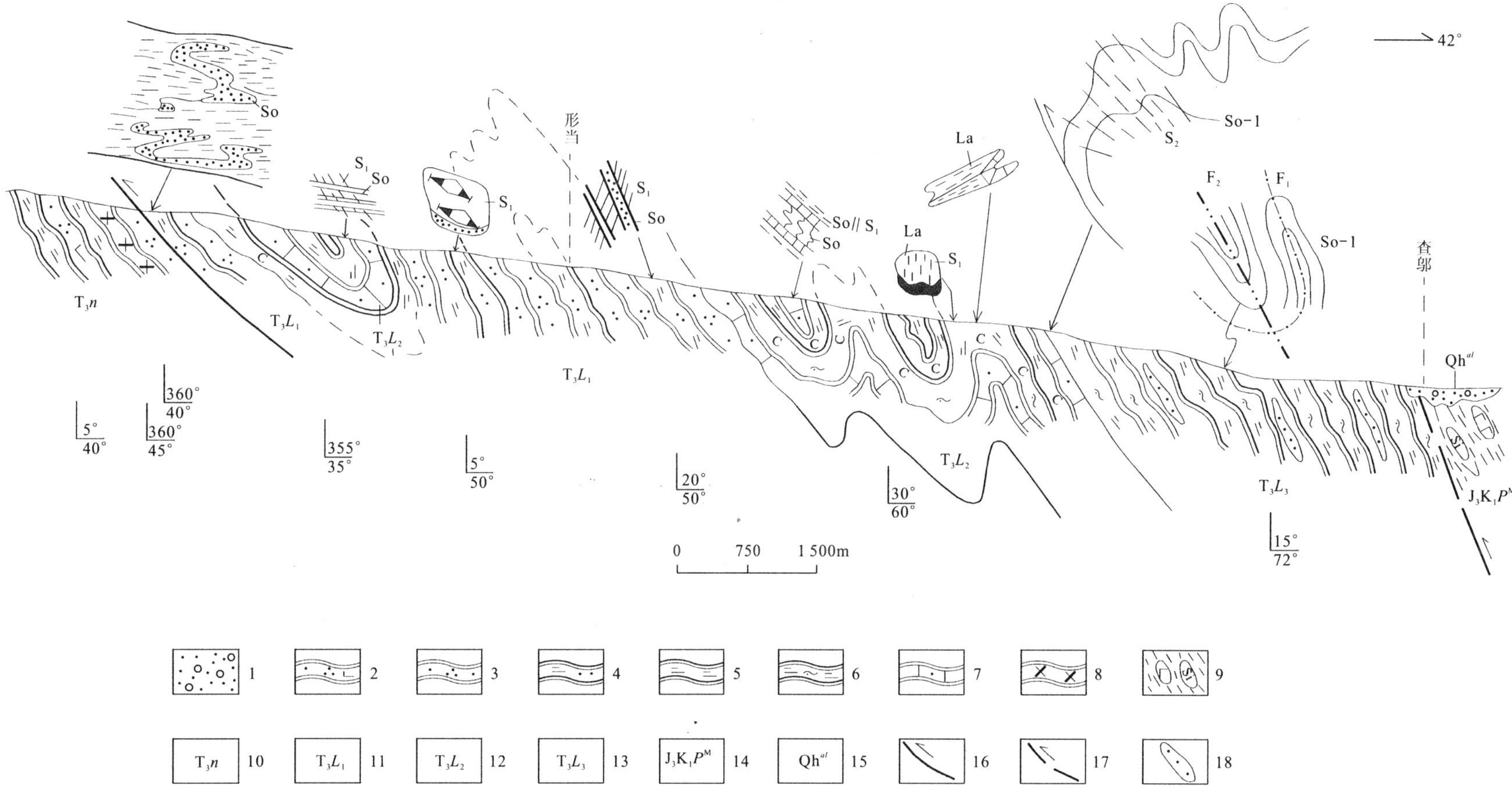

图 5-19　查邬—形当实测构造剖面(示主期褶冲构造及早期顺层剪切固态流变构造)

1. 砂砾层；2. 变质钙质石英砂岩；3. 石英砂岩；4. 绢云粉砂质板岩；5. 绢云板岩；6. 含黑硬绿泥石绢云板岩；7. 变质砂质灰岩；8. 变辉绿岩；9. 泥砂质混杂岩；10. 涅如组；11. 郎杰学岩群一岩组；12. 郎杰学岩群二岩组；13. 郎杰学岩群三岩组；14. 破姆弄混杂岩；15. 第四系；16. 逆断层；17. 隐伏断层；18. 砂岩透镜体

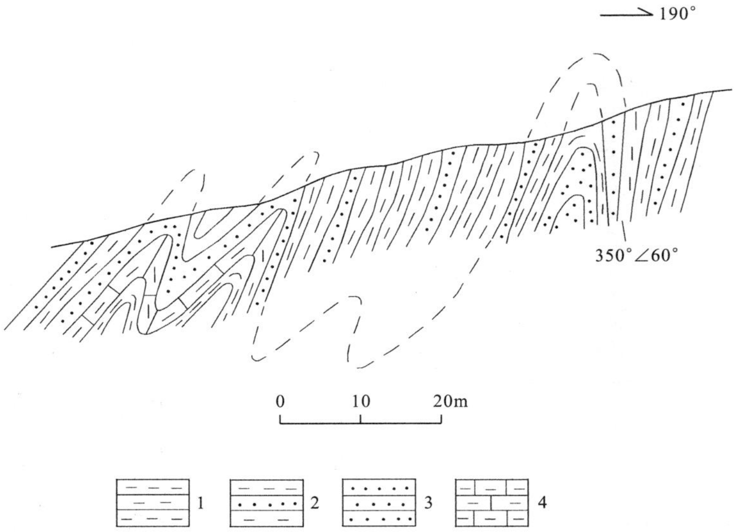

图 5-20　吉村—古龙洋坡褶冲亚带中主期褶皱构造样式(德乌)

1. 泥质板岩;2. 砂板岩互层;3. 砂岩;4. 泥灰岩

表 5-1　吉村—古龙洋坡褶冲亚带其他主要褶皱特征简表

编号	褶皱名称	褶皱特征						长度(km)	宽度(km)
		枢纽产状或轴迹	核部地层	翼部地层	两翼产状	轴面产状	轴面劈理		
(21)	查嘎渣背斜	轴迹北西西向	T_3L_1	T_3L_2	北翼 350°～10°∠40°～65° 南翼 350°～15°∠40°～50°	10°∠45°	不发育	10	3
(24)	萨木孜向斜	300°∠15°	T_3L_3	T_3L_2	北翼 15°∠65° 南翼 350°∠50°	20°∠60°	稀疏劈理	12	3.5
(25)	多列拉背斜	295°∠12°	T_3L_1	T_3L_2	北翼 355°∠65° 南翼 350°∠55°	15°∠65°	不发育	[illegible]	2.5
(26)	形当背斜	290°∠15°	T_3L_1	T_3L_2	北翼 10°∠50°～65° 南翼 5°∠35°～50°	10°∠50°	稀疏劈理	15	4
(27)	旭打隆向斜	285°∠13°	T_3L_2	T_3L_1	北翼 5°～10°∠40° 南翼 5°∠35°	10°∠40°	不发育	11	3

2. 脆性断裂

此期变形所伴生的断层较发育,多属走向逆冲断层,以发育构造磨砾岩、碎裂岩为特征。主要有由娥断层(F_{104})、雀如断层(F_{103})和爬口果断层(F_{112})等,下面以由娥断层(F_{104})为例描述之,其他断层特征见表 5-2。

由娥断层(F_{104}):位于由娥、冶弄普一线,长 8km,宽 10～30m,断面平直,产状 15°∠45°。破碎带内发育构造磨砾岩、剪切透镜状砂岩及碎裂岩,指示由 N→S 逆冲运动特征(图 5-21)。同时,其北侧尚伴随中小型倒转背、向斜,轴面产状与断面产状趋于一致,反映褶皱与断层同生变形特征,二者综合显示了褶冲构造组合样式。

(三)第三期变形构造

以发育高角度北北东向及近南北向平移断层为特征,该期变形对本带北西向构造格局影响不大,主要造成地质体及前期构造形迹出现南北错移。主要断层有问拉断层(F_{105})、普勒贡巴断层(F_{106})、纳木坚断层(F_{107})、旭打隆断层(F_{108})和由巴断层(F_{109})等。下面以普勒贡巴断层(F_{106})为例描述之,其他主要断层特征见表 5-2。

普勒贡巴断层(F_{106}):位于普勒贡巴、热吓一线,近南北向展布,长 12km,宽 10～20m,断面平直,产状 100°∠75°。破碎带内发育碎裂岩、构造磨砾岩,沿断面见近水平擦痕,其两侧地层明显发生左行错移。此外,TM 卫片上线性影像清晰,地貌上为一线状沟谷负地形。综合上述,该断层为一左行平移断层。

表 5-2 吉村—古龙洋坡褶冲亚带其他主要脆性断裂特征简表

方向	断裂名称	编号	规模		产状	主要特征	类型	结构面力学性质
			长(km)	宽(m)				
北北东—近东南北向	问拉断层	F_{105}	16	20	120°∠60°	碎裂岩、构造磨砾岩、擦痕,TM 卫片上线性影像清晰	平移	扭
	纳木坚断层	F_{107}	8(图内)	10	275°∠75°	碎裂岩、构造磨砾岩	不明	不明
	旭打隆断层	F_{108}	12(图内)	30	115°∠65°	碎裂岩、TM 卫片上线性影像清晰	不明	不明
	由巴断层	F_{109}	8	15	345°∠70°	碎裂岩,构造透镜体	逆	压
北西向	雀如断层	F_{103}	12	10	40°∠60°	碎裂岩、构造磨砾岩,TM 卫片上线性影像清晰	逆—平移	压扭
	爬口果断层	F_{112}	6.5	10	30°∠25°	碎裂岩、构造透镜体	逆	压

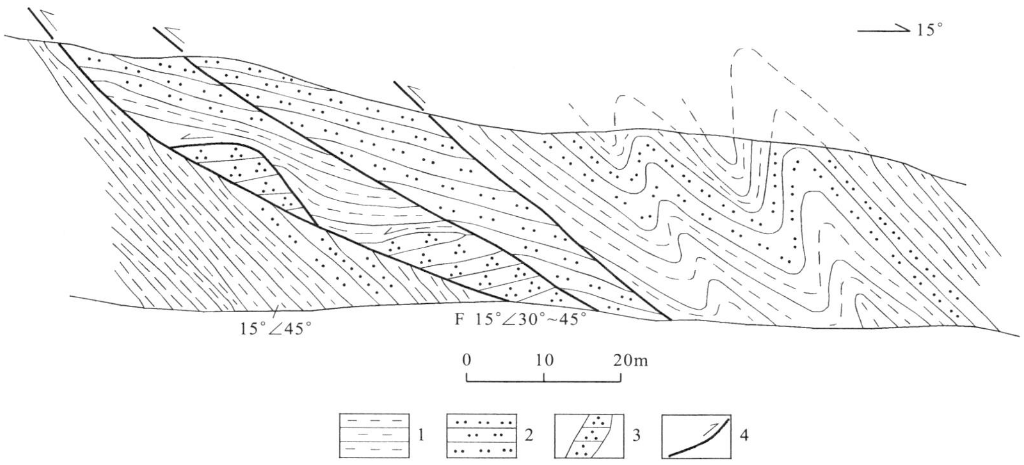

图 5-21 由娥断层及其伴随的倒转同斜褶皱素描(其普)

1. 泥质板岩;2. 粉砂质板岩;3. 石英砂岩透镜体;4. 逆冲断层

五、柳区断陷盆地(Ⅱ$_4$)

此处所称盆地系指发育古近纪柳区群磨拉石沉积的陆相断陷盆地。区内主要分布于蛇绿岩带南侧的柳区、扎果和影振等地,其北侧仅于昂仁县城南见及,带内也弄东侧亦有小规模露布,总体呈近东西向串珠状展布。盆地东西断续长约 60km,最宽达 5.5km,窄处仅 50m。其中柳区一带规模最大,出露地层最全,东西长 20km,南北宽 2～5.5km。

1. 盆地基底构造

该盆地基底包括强烈变形(部分变质)的穷果群、修康群、昂仁蛇绿岩群、汤嘎混杂岩和昂仁组等,形成时代自中三叠世至晚白垩世,构造线方向为东西向。盆地内沉积物以较大角度不整合与于上述不同层位。据此表明,盆地形成初期,基底起伏不平并已褶断隆升成陆,从而成为上覆盆地沉积物源区。同时,需要指出的是,盆地长轴方向与基底构造线一致,显然,盆地形成与发展受基底构造控制。

2. 盆地边缘构造

蛇绿岩亚带内及其南侧的盆地北部边缘均以断层与老地层接触[图 5-22(a)]，南部边缘及东西两端则以角度不整合与下伏老地层接触[图 5-22(b)、(c)]，但因后期构造叠加改造，亦有部分地段呈断层接触。蛇绿岩亚带北侧盆地南部边缘以逆断层与老地层接触，北部边缘则以角度不整合与下伏老地层昂仁组接触[图 5-22(d)]。在此，需要指出的是，上述盆地边界断层几乎均为逆断层。但经仔细观察，这些断层面均较陡，局部露头上可见上陡下缓反向倾斜的弓形断面，由此可追寻其早期正断层活动的踪迹[图 5-22(a)]。同时表明，该盆地边界断层具早"正"晚"逆"二期活动特征，现今地表观察到的主要是晚期构造反转留下的逆断层形迹，早期正断层因掩盖而难以观察。若将上述盆地在南北向横剖面上综合示之，宏观上则呈现半地堑—地垒—半地堑构造组合样式。

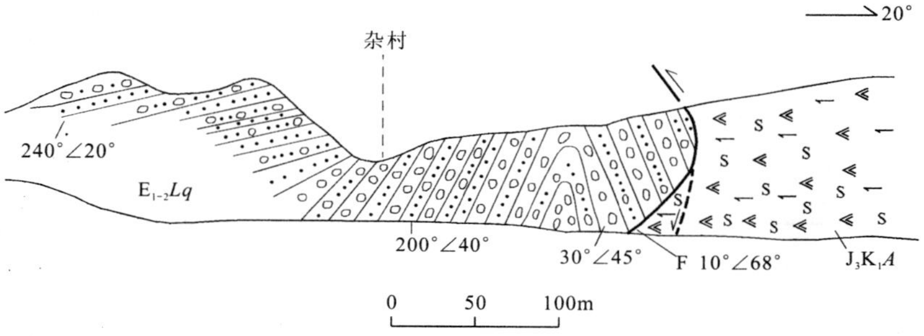

(a) 杂村路线剖面，示柳区群与昂仁蛇绿岩呈逆断层接触(推测早期为断层)

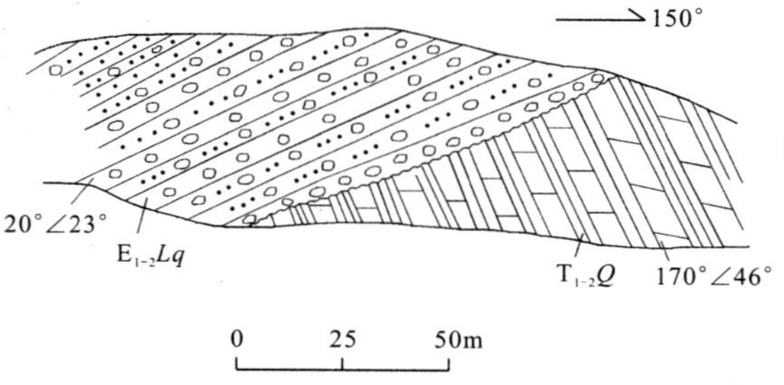

(b) 柳区群与穷果群角度不整合接触(八坡)

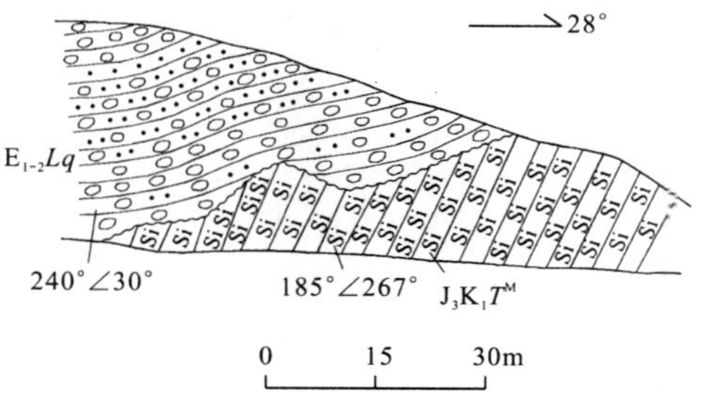

(c) 柳区群与汤嘎混杂岩角度不整合接触(影振北侧)

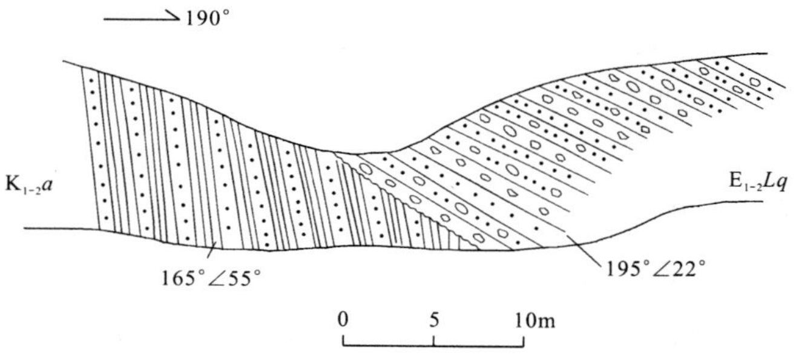

(d) 柳区群与昂仁组角度不整合接触(昂仁县城东南部)

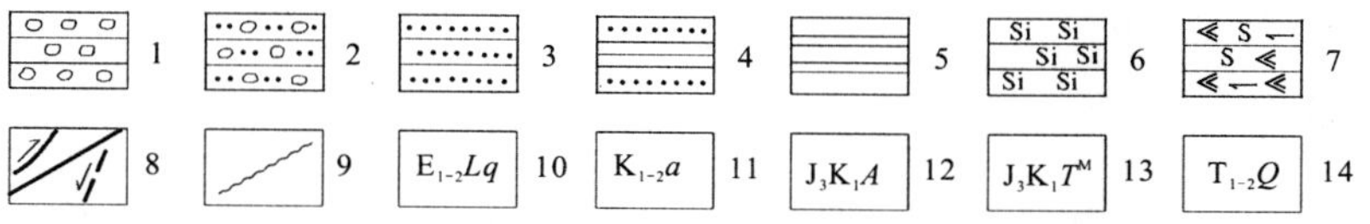

图 5-22　柳区盆地边缘构造特征

1. 砾岩；2. 砂质砾岩；3. 细砂岩；4. 粉砂岩、页岩互层；5. 页岩与泥灰岩互层；6. 硅质岩；7. 蛇纹石化斜辉橄榄岩；8. 逆断层/推测早期正断层；9. 角度不整合界线；10. 柳区群；11. 昂仁组；12. 昂仁蛇绿岩群；13. 汤嘎混杂岩；14. 穷果群

3. 盆地内部构造

如前所述，盆地内这套磨拉石沉积被称为古近纪柳区群。其岩层产状走向近东西，倾向北，局部向北北西倾斜，倾角陡缓不一，一般 25°～75°，总体表现为向北或北北西倾斜的单斜构造。详细露头观察表明，盆地内可识别出两期变形构造：第一期变形，近东西向露头尺度的直立水平褶皱（图 5-23）及与之伴随的走向高角度逆断层；第二期变形，北北东向或近南北向正断层，它明显切割前期构造，但未见褶皱构造伴随。

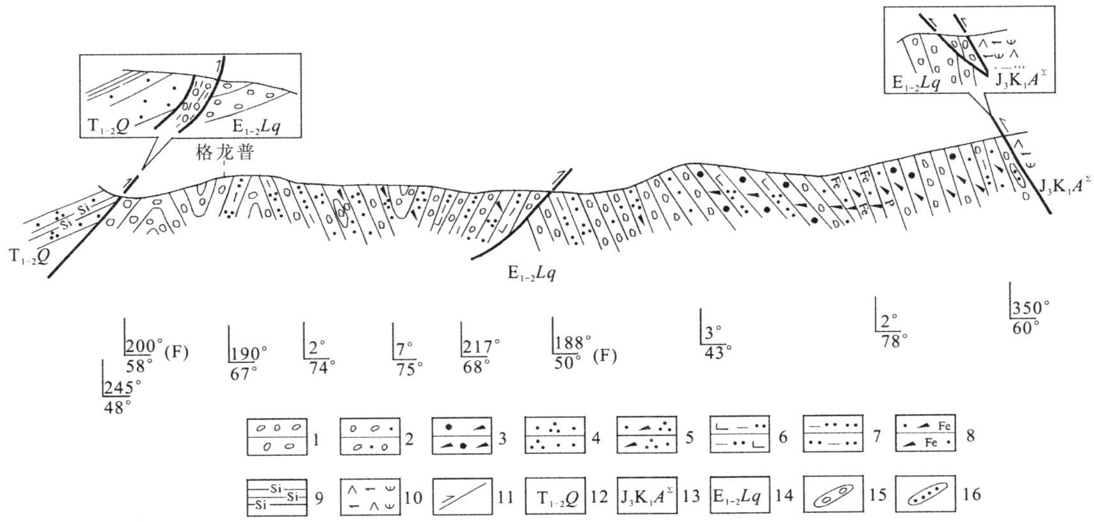

图 5-23 格龙普剖面，示柳区群构造样式

1. 砾岩；2. 砂质砾岩；3. 岩屑粗砂岩；4. 石英砂岩；5. 岩屑石英砂岩；6. 钙质泥质粉砂岩；7. 泥质粉砂岩；8. 铁质岩屑砂岩；9. 硅质页岩；10. 蛇纹石化辉橄岩；11. 逆断层；12. 穷果群；13. 昂仁蛇绿岩群；14. 柳区群；15. 砾岩透镜体；16. 砂岩透镜体

六、脆性断裂

前已述及，本构造带之脆性断层大多具贯穿各亚构造带分布特征，为叙述方便，故将其单列一小节综合描述。按方向大致可分为四组，即北北东向、北北西向、北西向和近东西向，其中北北东向和北西向断层最为发育。下面按不同方向择其典型断层描述之，其他主要断层特征见表 5-3。

1. 北北东向

主要断层有玛蛙—由松断层（F_{66}）、拉果—德堆梅断层（F_{67}）、森格隆—布嘎断层（F_{69}）、祖布断层（F_{70}）、多列普—占宗断层（F_{77}）、松嘎—捌弄断层（F_{84}）、奶巴桑—塔蛙断层（F_{93}）、比穹断层（F_{94}）、吓布断层（F_{95}）等。其产状均较陡，倾角一般为 45°～70°，以发育碎裂岩、构造磨砾岩及密集剪节理为特征，多属平移断层，TM 卫片上线性影像清晰。下面以森格隆—布嘎断层（F_{69}）为例描述之。

森格隆—布嘎断层（F_{69}）：位于错穷拉—森格卫生及布嘎一线，走向北东 30°，图内长约 28km，宽约 20m，旁侧尚有次级同向断层伴随，断面产状 150°∠70°。破碎带内发育碎裂岩、构造磨砾岩，沿断面并见北北东向近水平擦痕。断层东西两盘岩层明显右行错移，并切割早期近东西向逆断层（图 5-24、图版Ⅲ-2）。错距大于 300m。地貌上为直线状沟谷负地形，TM 卫片上线性影像清晰。综合上述，该断层为一右行平移断层。

2. 北北西向

该方向断层不发育，主要有刘塔断层（F_{68}）、擦格拉—查阿断层（F_{99}）和扑马断层（F_{100}），其产状较陡，倾角一般大于 45°，破碎带内常发育碎裂岩及构造透镜体，尚伴生擦痕及阶步，结构面具压性和扭性双重力学性质，多属逆—平移断层。下面以刘塔断层（F_{68}）为例描述之。

表 5-3 雅鲁藏布江缝合带其他主要脆性断裂特征简表

方向	断裂名称	编号	规模		产状	主要特征	类型	结构面力学性质
			长(km)	宽(m)				
北北东向	玛蛙—由松断层	F_{66}	15	15	290°∠70°	碎裂岩、构造磨砾岩，两盘地层明显错移，有温泉分布，沟谷负地形，TM卫片上线性影像清晰	平移	扭
	拉果—德堆梅断层	F_{67}	26	20	320°∠60°	碎裂岩，两盘岩层产状明显相顶并错移，伴生牵引小褶曲，沟谷负地形，TM卫片上线性影像清晰	平移	扭
	祖布断层	F_{70}	15	10	305°∠50°	碎裂岩、构造磨砾岩及断层泥，明显截切两盘地层及早期东西向断层	逆—平移	扭
	多列普—占宗断层	F_{77}	18	13	340°∠45°	碎裂岩，构造磨砾岩，两盘岩层产状明显不协调，伴生不对称牵引小褶曲	逆—平移	压扭
	松嘎—捌弄断层	F_{84}	16	12	300°∠55°	碎裂岩、构造磨砾岩，伴生牵引小褶曲，TM卫片上线性影像清晰，沟谷负地形	平移	扭
	奶巴桑—塔蛙断层	F_{93}	19	10	290°∠70°	碎裂岩、密集剪节理，局部具构造透镜体，TM卫片上线性影像清晰，山脊正地形	平移	扭
	比穹断层	F_{94}	10	5	140°∠60°	碎裂岩、碎粉岩、断层泥，两盘地层产状相顶，TM卫片上线性影像清晰	逆—平移	压扭
	吓布断层	F_{95}	13	5～10	130°∠60°	碎裂岩、碎粉岩，构造透镜体，见温泉分布，TM卫片上线性影像清晰	逆—平移	压扭
	常脚拉断层	F_{96}	7	5	95°∠65°	碎裂岩，两盘岩层产状明显不协调，垭口负地形	正—平移	张扭
北北西向	擦格拉—查阿断层	F_{99}	8	10	70°∠45°	碎裂岩、构造透镜体，伴生擦痕及阶步，TM卫片上具粗略线性影像	逆—平移	压扭
	扑马龙断层	F_{100}	7	10	265°～280°∠60°±	碎裂岩、构造透镜体挤压片理化带，沟谷负地形	逆—平移	压
北西向	航郎断层	F_{73}	8	10	200°∠40°	碎裂岩、构造透镜体及剪节理发育	逆	压
	5116高地断层	F_{76}	22	17	30°∠60°	碎裂岩、构造透镜体发育，TM卫片上线性影像清晰	逆	压
	影振断层	F_{82}	18	10	200°∠50°	碎裂岩，伴生擦痕	逆	压
	林嘎断层	F_{83}	20	23	30°∠45°～55°	碎裂岩，构造透镜体，TM卫片上线性影像清晰	逆	压
	达木拉断层	F_{88}	28	15	25°∠35°	碎裂岩，构造透镜体，伴生擦痕及阶步，TM卫片上线性影像清晰	逆	压
	毡子拉—仲克断层	F_{91}	60	10～40	15～30°∠50°～71°	碎裂岩、构造磨砾岩，共轭剪节理，TM卫片上线性影像清晰	逆	压
近东西向	来温汤嘎断层	F_{72}	13	8	355°∠40°	碎裂岩、构造透镜体，低洼盆地，TM卫片上线性影像清晰	逆	压
	阿乌—拔嘎断层	F_{90}	48	20	160°∠40°～60°	碎裂岩、构造透镜体，伴生擦痕和阶步，低洼负地形，TM卫片上线性构造影像清晰	逆	压
	克日断层	F_{79}	18	20	350°∠60°	碎裂岩，共轭剪节理及构造透镜体，垭口负地形	逆	压
	错顶断层	F_{97}	18	15	175°∠45°	碎裂岩，两盘岩层产状明显相顶，且部分地层断失	逆	压
	错拉断层	F_{98}	28	10～20	350°～20°∠30°～40°	碎裂岩、构造角砾岩，局部构造透镜体，垭口负地形	逆	压
	帕烟—沙磊断层	F_{101}	44	15～30	5°～35°∠30°～50°	碎裂岩，构造透镜体，两盘地层产状明显不协调，垭口负地形，TM卫片上线性影像清晰	逆	压
	巴曲断层	F_{74}	13	15	175°∠55°	碎裂岩、构造透镜体，牵引小褶曲，TM卫片上线性影像清晰	逆	压
	也弄断层	F_{75}	18	50	355°∠45°～60°	碎裂岩、构造透镜体发育，TM卫片上线性影像清晰	逆	压

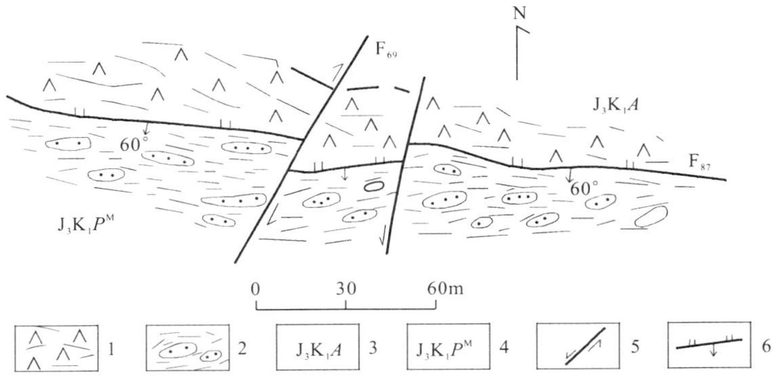

图 5-24　森格隆断层(F_{69})局部平面素描

1. 蛇纹石化辉橄岩；2. 剪切片理化硅泥质板岩；3. 昂仁蛇绿岩群；4. 破姆弄混杂岩；5. 平移断层；6. 逆断层

刘塔断层(F_{68})：位于刘塔、布马及董不弄一线，走向北北西 330°，长 15km，宽 20m，断面产状230°∠50°。破碎带以发育碎裂岩为特征，尚伴生擦痕及阶步。露头上明显可见南西盘岩层覆于北东盘岩层之上，同时断层两侧地质体明显右行错移。TM 卫片上线性影像清晰，地貌上则呈现断续线状沟谷负地形。综合上述，该断层为一右行逆—平移断层。

3. 北西向

该方向断层发育，主要有航郎断层(F_{73})、巴曲断层(F_{74})、也弄断层(F_{75})、5116 高地断层(F_{76})、影振断层(F_{82})、林嘎断层(F_{83})、常脚拉—扎西顶断层(F_{87})、达木拉断层(F_{88})和毡子拉—仲克断层(F_{91})等。其产状陡缓不一，倾角 30°～70°不等，大多向北倾，少数倾向南，几乎全属逆断层，南北向横剖面上常构成叠瓦状逆冲断层系或走向背冲断层组合。下面以常脚拉—扎西顶断层(F_{87})为例描述之。

常脚拉—扎西顶断层(F_{87})：位于森格隆、常脚拉及扎西顶一线，走向北西—近东西，长近 60km，宽 10～40m 不等，断面产状 175°～210°∠30°～45°，东段被一系列北北东向平移断层截切错移，以致沿走向分布极不连续。地表上该断层构成破姆弄混杂岩与修康群的分界线，破碎带内以发育碎裂岩及构造磨砾岩为特征。露头上明显可见南盘地层以较大角度不协调覆于北盘地层之上(图 5-25)，指示由 S—N 逆冲运动特征。TM 卫片上线性影像清晰。综合上述，其为一由 S→N 的逆断层。

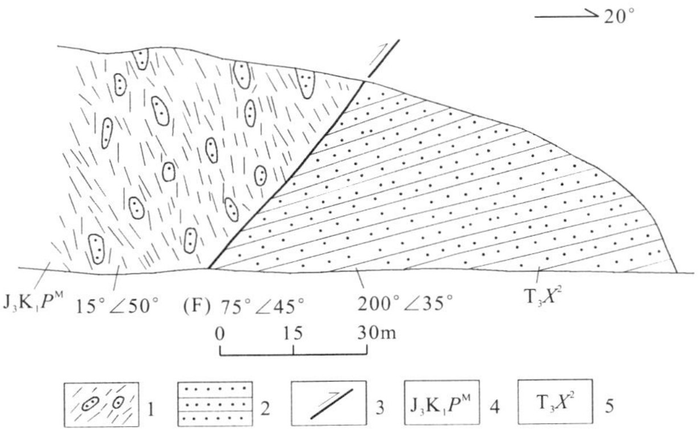

图 5-25　常脚拉—扎西顶断层(F_{87})素描

1. 剪切片理化硅泥质板岩；2. 石英杂砂岩；3. 逆断层；4. 破姆弄混杂岩；5. 修康群二段

4. 近东西向

该方向断层亦较发育，主要有来温汤嘎断层(F_{72})、克日断层(F_{79})、苏莫特乌—甲脚断层(F_{81})、阿乌—拔嘎断层(F_{90})、错顶断层(F_{97})、错拉断层(F_{98})和帕烟—沙磊断层(F_{101})等。倾角一般为 30°～45°，但倾向不一，南倾北倾都有，以发育碎裂岩及构造透镜体为特征，多属逆断层。下面以苏莫特乌—甲脚断层(F_{81})为例描述之。

苏莫特乌—甲脚断层(F_{81})：位于苏莫特乌、帕拉、甲脚一线，东西断续长 56km，宽 10～30m 不等，断面产状 192°∠40°～55°。破碎带内碎裂岩及构造磨砾岩发育，尚伴随牵引小褶曲，并指示由 S→N 逆冲运动特征，沿走向，少数地层体尖灭再现，表明该断层断失作用强烈。此外，该断层并被一系列北北东向或北北西向平移断层截切错移，以致沿走向极不连续。TM 卫片上线性影像十分清晰。综合上述，该断层为一由 S→N 的逆断层。

第四节　印度陆块

印度陆块(Ⅲ)在区域上划分为:北喜马拉雅特提斯沉积褶冲北带(Ⅲ$_1$);北喜马拉雅特提斯沉积褶冲南带(Ⅲ$_2$);高喜马拉雅结晶基底逆冲带(Ⅲ$_3$);低喜马拉雅褶冲带(Ⅲ$_4$);西瓦里克前陆盆地带(Ⅲ$_5$)。本区仅涉及北喜马拉雅特提斯沉积褶冲北带(Ⅲ$_1$)的部分:特提斯喜马拉雅北缘拉巴弄—错穷拉褶冲带,呈近东西向展布于测区东南角及西南角,东西断续长 90km,南北宽 1～10km,北以压弄—如巴桑断裂与雅鲁藏布江缝合带的吉村—古龙洋坡褶冲亚带或中贝—浪错泥砂质混杂岩亚带分界。带内出露地层有晚三叠世涅如组、侏罗纪日当组及遮拉组和晚侏罗世维美组;岩浆活动微弱,仅于索来和孜松南部见少量变辉绿岩大致顺层侵入;变质作用亦很微弱,仅局部见有极低级变质(绢云母-绿泥石级)岩石出露。该带构造变形改造不强,主要构造形迹有褶皱和脆性断裂,一系列北西—近东西向北倾南倒同斜褶皱及与伴随的逆断层为其显著构造样式,晚期并有近南北向—北北东向脆性断裂叠加改造,总体上与北侧吉村—古龙洋坡褶冲亚带构造面貌相似。

一、褶皱

从露头到区域尺度均可见及,以层理为形面构成的北西向—近东西向紧闭、倒转同斜褶皱为其显著构造样式(图 5-26),局部并见走向逆断层伴随,其轴面大多北倾,倾角中等,产状一般为 340°～350°∠30°～45°。区域性褶皱有各弄背斜(28)、拉巴弄向斜(29)、朴节向斜(30)和来雄向斜(31)等。下面以来雄向斜(31)为例描述之,其他褶皱特征见表 5-4。

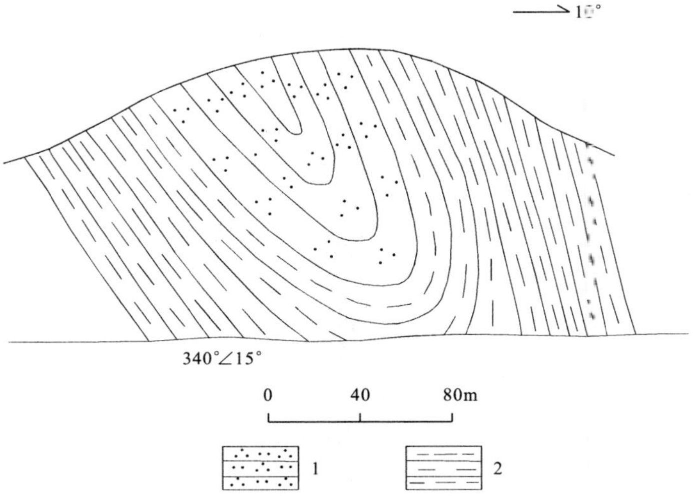

图 5-26　日当组中的紧闭同斜褶皱(朴节)

1. 石英砂岩;2. 泥质板岩(变泥质岩)

来雄向斜(31):位于来雄、居绒一带,长 17km,宽 4km,核部为遮拉组,两翼分别由日当组及涅如组组成,其中北翼因压弄—错平腊断层(F_{110})冲断掩盖而出露不全,转折端圆滑,轴迹总体近东西向,但一系列北北东向—近南北向断层改造使其发生一定程度的南北向错移。枢纽产状 280°∠19°,但轴面劈理不发育,两翼产状 5°～15°∠30°～47°,属一倒转同斜褶皱。

表 5-4　拉巴弄—错穷拉褶冲带其他主要褶皱特征简表

编号	褶皱名称	褶皱特征						长度(km)	宽度(km)
		枢纽产状或轴迹	核部地层	翼部地层	两翼产状	轴面产状	轴面劈理		
(28)	各弄背斜	265°∠8°	$J_{1-2}r$	$J_{2-3}\hat{z}$	北翼 350°∠30° 南翼 350°∠45°	350°∠40°	不发育	7	2
(29)	拉巴弄向斜	轴迹近东西向	$J_{1-2}r$	$J_{2-3}\hat{z}$	北翼 350°∠45° 南翼 345°∠35°	350°∠35°	不发育	10	2.5
(30)	朴节向斜	265°∠12°	$J_{2-3}\hat{z}$	$J_{1-2}r$	北翼 345°∠35° 南翼 350°∠30°	345°∠35°	不发育	12	3.5

二、脆性断裂

本区脆性断层不发育,按方向大致可分为近东西向和北北东—近南北向两组,其中后者常切割前者,故其生成先后顺序为近东西向→北北东、近南北向。由于北北东—近南北向脆性断层主体出露不在本区,且在前面有关构造单元中已详述，故此处从略。下面以近东西向的索来断层(F_{111})为例描述之。

索来断层(F_{111})：位于恰则、索来一线，压弄南侧与压弄—如巴桑断层复合，东西长 7.5km，宽 15m，断面平直，断面产状 20°∠50°。其中北盘地层为日当组，南盘地层为遮拉组，东端并切割早白垩世变辉长辉绿岩。破碎带内碎裂岩及剪切透镜体发育，局部尚见石英脉充填，尚伴生不对称小褶曲，并指示由 N→S 逆断层特征(图 5-27)。

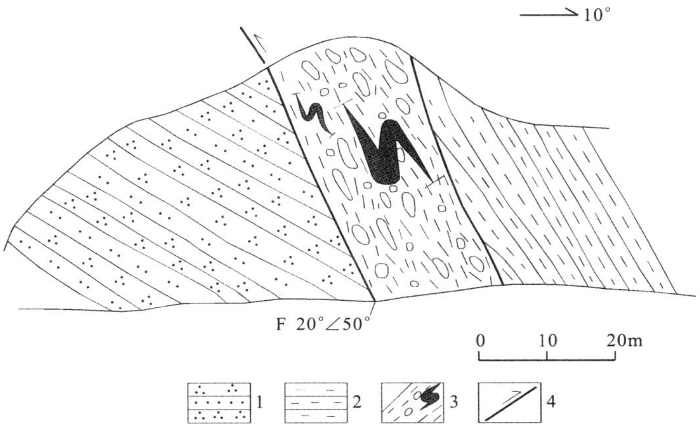

图 5-27　索来断层露头特征素描

1. 石英砂岩夹粉砂质板岩；2. 泥质千枚岩；3. 挤压透镜体带；4. 逆断层

第五节　冈底斯—拉萨陆块

本构造单元呈东西向横贯测区中北部，出露范围占全区面积近 2/3，南以昂仁—也弄断裂(F_{61})与雅鲁藏布江缝合带分界。区内主要由深成侵入体和火山岩两部分组成。其中深成侵入岩由早白垩纪—新近纪前侵入的辉长岩、闪长岩、花岗闪长岩和花岗岩组成，火山岩则由侏罗纪—白垩纪岛弧型火山岩和古近纪陆缘火山弧型火山岩组成。沉积建造除上述火山岩(桑日群、林子宗群)外，尚有石炭纪—二叠纪永珠组、拉嘎组、昂杰组及下拉组浅海陆棚沉积，白垩纪塔克那组、楚木龙组及设兴组弧间盆地沉积和昂仁组弧前盆地沉积，始新世秋乌组和渐新世—中新世大竹卡组磨拉石沉积。其变质作用局限，仅古生代地层及桑日群具低级变质作用，其他地质体则以接触变质作用为主。

该区构造变形较简单，归纳起来主要经历了五期变形：①第一期变形，发生于中晚侏罗世(?)，以发育近东西向北倾南倒紧闭同斜褶皱、斜歪褶皱及稀疏轴面劈理为特征，同时伴随东西向脆韧性推覆剪切带及低绿片岩相区域变质作用，但仅于古生代地层中见及；②第二期变形，发生于晚白垩世末，以发育近东西向斜歪褶皱为特征，目前仅于桑日群及塔克那组、楚木龙组和设兴组等地层中见及；③第三期变形，发生于始新世早期末，主要构造形迹有近东西向扇形褶皱、放射状轴面劈理及走向逆冲断层等；④第四期变形，发生于中新世—上新世早期，以发育北西向逆冲断层及近东西向直立开阔或倒转斜歪褶皱为特征，局部并见北东东向壳内型脆韧性推覆剪切带；⑤第五期变形，发生于上新世末至第四纪，以发育北北东向—近南北向张扭性正断层及地热(温泉)地震活动为特征，如谢通门南北向活动构造带等。

根据沉积建造、岩浆活动及变形变质特征，同时结合其形成构造环境，本区可进一步划分为 4 个次级构造单元：德莱区—查拉区断隆带(I_1)；雄巴—谢通门晚燕山—喜马拉雅期火山岩浆弧带(I_2)；昂仁—吉定弧前盆地带(I_3)；秋乌陆相断陷盆地(I_4)。

一、区域性次构造边界断裂

如多—桑祖岗断裂(F_{61})：

该断裂东段沿雅鲁藏布江谷地展布，西段则沿多雄藏布分布，东起桑祖岗，往西途经扎西岗区、秋乌至如多，两端分别延出图外，其中扎西岗和秋乌等地被第四系冲洪积层掩盖。其总体走向近东西，倾向南，局部向北倾。该断裂与王成善等(1999)所称之的冈底斯断裂(GT)相同，其南侧为白垩纪弧前盆地深海复理石沉积，北侧为古近纪陆相断陷盆地磨拉石沉积，地表上是区内昂仁—吉定弧前盆地(Ⅰ$_3$)与秋乌陆相断陷盆地(Ⅰ$_4$)两个次级构造单元的分区界线。

断裂在区内断续出露长 120km，宽 5～15m，断面舒缓波状，产状一般 170°～175°∠35°～68°，局部 20°～∠50°。碎裂砂砾岩、砂页岩及构造磨砾岩发育，其中见两组明显剪节理，产状分别为 295°∠75°和 275°∠35°。此外，沿断面擦痕亦很常见。

TM 卫片上，影像特征分界明显，断裂北侧为黄绿色，南侧为褐黄色；航磁图上亦表现为近东西向展布的磁异常轴(图 5-5)；重力测量结果表明断面南倾，地貌上为沟谷负地形。

断裂涉及的最新地层为渐新世—中新世大竹卡组，早期具正断层性质[图 5-28(a)]，晚期主体表现南侧老地层昂仁组明显覆于北侧新地层秋乌组或大竹卡组之上[图 5-28(b)、图 5-28(c)]，显示由 S→N 逆冲断层特征。

综合上述，如多—桑祖岗断裂是一浅表构造层次，始于始新世，至中新世仍在活动，早期为正断层、晚期为由 S→N 的逆冲断层，并控制了北侧古近纪—新近纪磨拉石沉积。

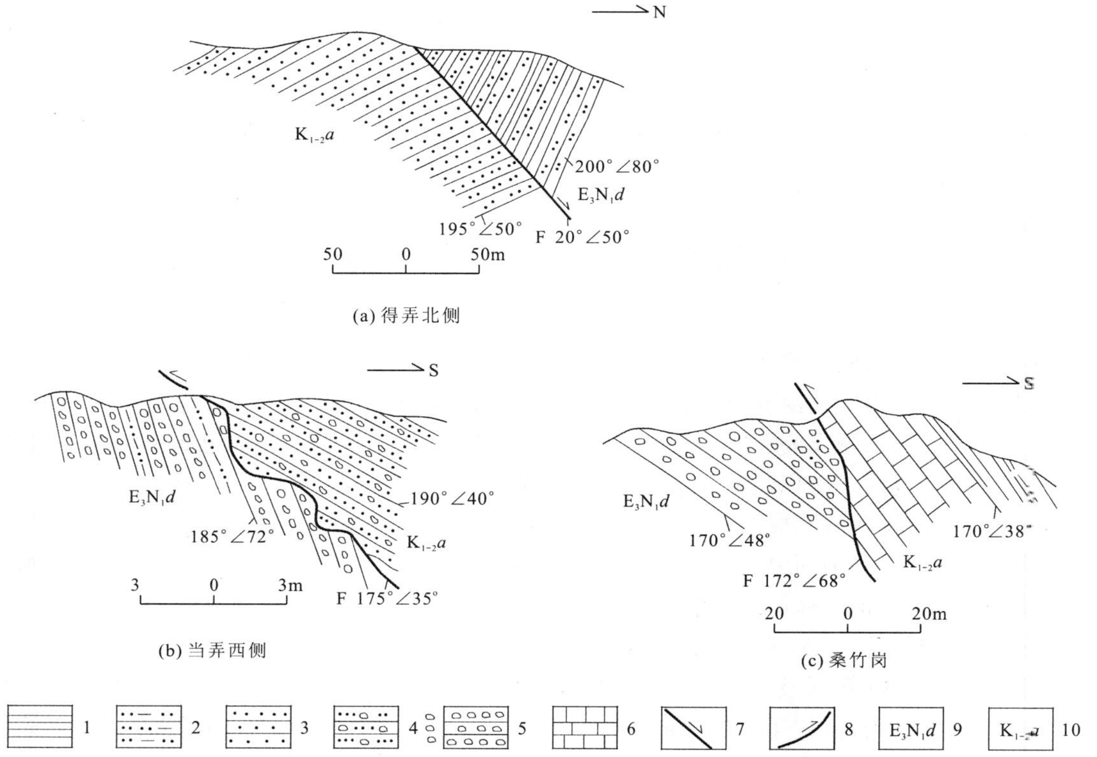

图 5-28　如多—桑祖岗断裂露头特征

1. 页岩；2. 泥质粉砂岩；3. 粉砂岩；4. 含砾砂岩；5. 砾岩；6. 灰岩；7. 正断层；8. 逆断层；9. 大竹卡组；10. 昂仁组

二、德莱区—查拉区断隆带(Ⅰ$_1$)

位于测区北部边缘孙姆拉—德莱区—查拉区—其拉一线，呈东西向展布，区域上属隆格尔—南木林断隆的一部分。区内主要发育石炭纪—二叠纪与冰水有关的浅海陆棚沉积，出露地层包括永珠组、拉嘎组、昂仁组和下拉组，古近纪林子宗群火山岩普遍角度不整合覆于其上，以致与南部的燕山晚期—喜马拉雅期火山岩浆弧带分区界限模糊。其中岩浆活动微弱，零星见有始新世—中新世花岗岩侵入。普遍具低绿片岩相(绢云母-绿泥石级)区域变质作用。该单元构造简单，一系列近东西向、轴面北倾南倒的紧闭同斜褶皱及与之伴随的壳内型脆韧性推覆剪切带为其显著构造样式(图 5-29)，此外，尚有近东西向—北西向及北东向两组脆性断裂叠加改造。

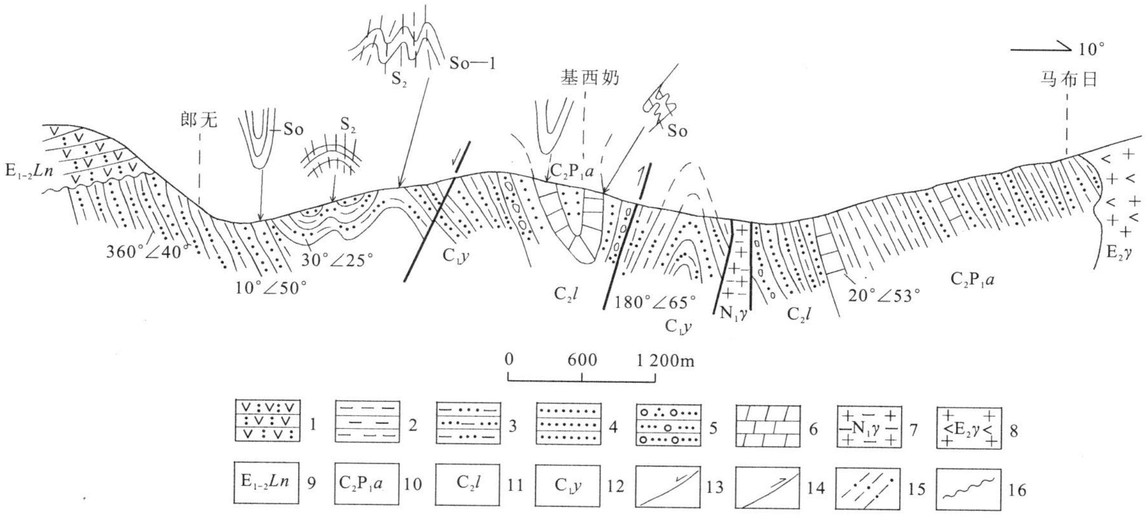

图 5-29 郎无—马布日地质构造剖面(据马布日信手剖面和基西奶实测地层剖面综合编制)

1. 安山质凝灰岩;2. 千枚岩;3. 粉砂质泥质板岩;4. 变石英砂岩;5. 含砾长石石英砂岩;6. 灰岩;7. 中新世黑云母花岗岩;8. 始新世角闪花岗岩;9. 林子宗群;10. 昂仁组;11. 拉嘎组;12. 永珠组;13. 正断层;14. 逆断层;15. 糜棱岩化岩石;16. 角度不整合界线

(一)壳内型脆韧性推覆剪切带

仅于基西奶等地出露,剪切带呈东西向展布,产状 350°∠80°±,长约 7km,宽 10~15km。带内以发育糜棱岩化长英质岩石及花岗质初糜棱岩为显著特征,具糜棱结构,尚见碎裂岩化及构造角砾岩。镜下可见石英波状消光及亚颗粒,其中 S－C 组构指示由 N→S 推覆剪切运动特征。

(二)褶皱

从露头尺度到区域尺度均可见及,以层理、板劈理或千枚理为形面构成的紧闭同斜褶皱(图 5-30,图版Ⅳ－1)、斜歪褶皱为其显著构造样式,并伴随密集的轴面劈理。区域性褶皱有孔姆拉向斜(1)、基西奶向斜(2)、雅勒背斜(3)和查拉区向斜(4)等,下面分述之。

孔姆拉向斜(1):位于孔姆拉、因拉拉公及德莱一线,轴迹东西向,赤心及因拉拉公东侧被两条北东向断层(F_4、F_5)错移,长 23km,宽 7km。其核部地层为拉嘎组,两翼地层分别为昂杰组,轴面产状 190°∠40°,但劈理不发育,北翼产状 190°~200°∠35°~50°,南翼产状 340°~10°∠35°,为一斜歪褶皱。

基西奶向斜(2):位于基西奶、吉里一线,轴迹东西向,基西奶处有一北东向断层(F_6)使其错移,长约 10km,宽近 1km。其核部地层为昂杰组,两翼分别为拉嘎组和永珠组,轴面产状 360°∠80°,枢纽产状 265°∠80°,转折端紧闭,北翼产状 360°∠75°,南翼产状 350°∠70°,其中南翼永珠组中发育一系列中小型尺度 M 型或 W 型紧闭同斜褶皱,并具稀疏→密集的轴面劈理,总体为一同斜水平褶皱。

雅勒背斜(3):位于基西奶向斜北侧,轴迹东西向,亦被北东向断层(F_6)错移,长约 17km,宽 5km。其核部地层为拉嘎组,两翼分别为昂杰组,轴面产状 10°∠55°,北翼产状 350°∠53°,南翼产状 20°∠50°,枢纽产状 275°∠12°,在斯布拉南侧近核部处见中新世花岗岩侵入,为一同斜水平褶皱。

查拉区向斜(4):位于弄加、得弄帮一线,轴迹东西向,长约 11km,宽 3.5km,核部沿轴迹见中新世花岗岩侵入,西端因古近纪火山岩掩盖而特征不清。其核部地层为昂杰组,两翼分别为拉嘎组,转折端紧闭,轴面产状 170°∠70°,北翼产状 185°∠50°,南翼产状 340°∠52°,枢纽产状不清,总体为一紧闭斜歪褶皱。

(三)脆性断裂

按方向大致分两组,即北西向—近东西向和北东向。据其相互切割关系,其生成先后顺序为近东西向→北西向→北东向。下面按方向择其典型断层描述,其他主要断层特征见表 5-5。

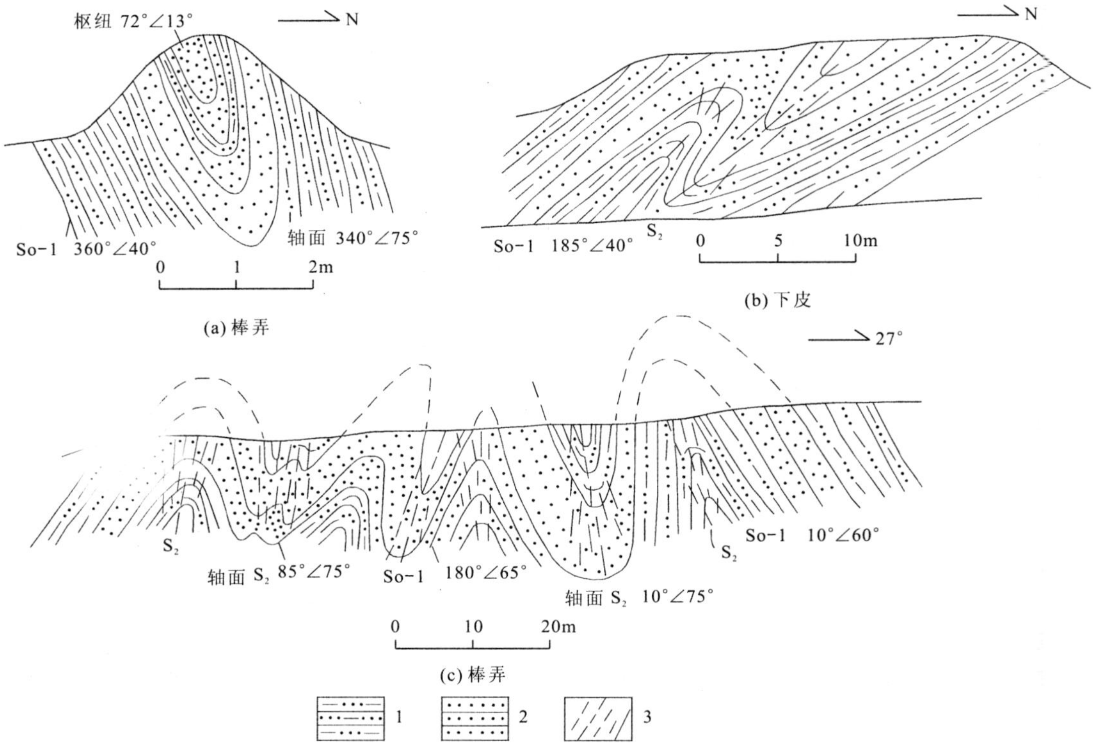

图 5-30　石炭纪—二叠纪地层中的褶皱构造样式

1. 粉砂质板岩；2. 变长石石英砂岩；3. 轴面劈理（S_2）

表 5-5　德莱区—查拉区断隆带其他主要脆性断裂特征简表

方向	断裂名称	编号	规模		产状	主要特征	类型	结构面力学性质
			长(km)	宽(m)				
北西—近东西向	脚拉断层	F_3	15	不明	走向 NW-SE	TM 卫片上线性影像清晰，断层南、北两盘地层差异大，北盘为昂杰组(C_2P_1a)，南盘为典中组(E_1d)，局部切割曲中组底部角度不整合界线	不明	不明
	包不下尔断层	F_7	10	20	65°∠50°	断层南、北两盘地层差异大，北盘为典中组(E_1d)，南盘为昂杰组(C_2P_1a)，发育构造角砾岩、碎裂岩，具密集节理，破碎带内见石英闪长玢岩脉贯入	逆	压
	瓦次断层	F_8	9	20～30	180°∠45°	断层两盘产状不协调，北盘 175°∠40°，南盘 184°∠51°，发育碎裂岩、碎粉岩，具牵引小褶曲，TM 卫片上线性影像特征清晰，负地形垭口地貌	逆	压
	基西奶断层	F_{14}	10	5～10	180°∠80°	发育碎裂岩、碎粉岩，TM 卫片上为线性影像，沟谷负地形地貌	逆	张
北东向	赤心断层	F_4	6	15	走向 NE40°	发育碎裂岩、碎粉岩，TM 卫片上为线性影像，沟谷负地形地貌	不明	不明
	基西奶—昂奈断层	F_6	21	10	330°∠70°	断层东西两盘产状紊乱，发育碎裂岩、构造角砾岩，具两组节理，产状分别为 160°∠80°、250°∠85°，TM 卫片线性影像清晰，沟谷负地形地貌	逆	压
	康木奈断层	F_{10}	16	20	340°∠45°	断面波曲状，发育碎裂岩，切割古生代及新生代地层，造成拉嘎组(C_2l)、昂杰组(C_2P_1a)与典中组(E_1d)直接接触	逆	压

1. 北西—近东西向

主要断层有脚拉断层(F_3)、包不下尔断层(F_7)、瓦次断层(F_8)、如曲断层(F_9)、基西奶断层(F_{14})等。其产状均较陡，倾角一般大于 40°，以发育碎裂岩、挤压构造透镜体及共轭剪节理为特征，多属逆断层。下面以如曲断层(F_9)为例描述之。

如曲断层(F_9):位于汤药、如曲、咱格勒及确朵沿线,近东西向展布,中西段被北东向或近南北向断层截割改造,长50余千米,东段延出图外,宽20～50m,断面产状180°～200°∠40°～50°,主要切割昂杰组和林子宗群,东段并见塔克那组和设兴组等地层被其切割改造。破碎带内发育碎裂岩和碎粉岩,局部并见网格状石英脉充填,偶见牵引褶曲,并指示由S→N逆冲运动特征。此外,TM卫片上,其线性影像特征清晰。综合上述,该断层为一由S→N的逆断层。

2. 北东向

主要断层有赤心断层(F_4)、领嘎果断层(F_5)、基西奶—昂奈断层(F_6)和康木奈断层(F_{10})等,其断面平直,产状陡,倾角45°～70°不等,发育碎裂岩、构造角砾岩及近水平擦痕,并使断层东西两盘地质体发生较大断距的北东—南西向错移,多属左行平移断层。下面以领嘎果断层(F_5)为例描述之。

领嘎果断层(F_5):位于领嘎果—下皮一线,呈北东向展布,中段领嘎果等地因现代河流冲积层掩盖而特征不清,长12km,宽20m,断面平直,产状330°∠70°。破碎带以发育碎裂岩为主要特征,断层东西两盘地质体明显发生错移并具牵引褶曲(图5-31),指示东盘往北东向平移,西盘则向南西方向运移,断距约100m,反映了左行平移特征。断层切割地质体主要为古生代地层及始新世花岗岩,另结合区域填图资料推断其活动始于新近纪。TM卫片上,北东向线性影像特征明显,地貌上,其斜穿山脉垭口,负地形地貌。综合上述,该断层为一北东向左行平移断层。

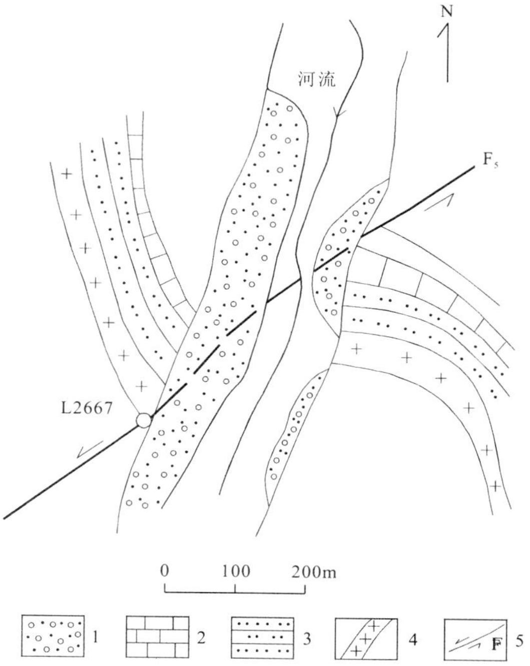

图5-31　领嘎果平移断层(F_5)平面素描
1.现代河流冲洪积砂砾层;2.灰岩;3.粉砂质板岩;4.花岗岩脉;5.平移断层

三、雄巴—谢通门晚燕山—喜马拉雅期火山岩浆弧带(I_2)

该带几乎占据测区北部,呈东西向展布,是区内出露范围最大的一个次级构造单元,北与德莱区—查拉区断隆(I_1)界限模糊,据航磁及TM卫片影像解译资料推断有一北西向隐伏断层分隔二者,南以近东西向区域角度不整合界线与冈底斯山链南缘秋乌断陷盆地(I_4)磨拉石沉积分界。如前所述,带内主要由晚燕山—喜马拉雅期的深成侵入岩和火山岩两部分组成。其中火山岩分别划分为桑日群和林子宗群。正常沉积建造包括桑日群的一部分和白垩纪楚木龙组、塔克那组、设兴组滨海相沉积。其变质作用局限,除桑日群遭受低绿片岩相区域变质外,其他地质体几乎未变质,局部尚见与脆韧性剪切有关的动力变质作用。本带构造简单,以发育一系列东西向、北北东向及北北西向高角度断裂和叠加其上的南北向活动构造为其显著特征,局部(如谢通门)并发育壳内脆韧性剪切带,此外,在残存的前白垩纪地层中尚见露头尺度的斜歪褶皱。

(一)谢通门—德结壳内型韧性剪切带

位于谢通门县通门乡、塔顶乡及塔玛区一带,西起通门乡,向东经塔顶乡,吉拉至德结延出图外,是区域上谢通门—努玛韧性剪切带的西延部分。剪切带总体呈北东东向展布,剪切面理产状330°～350°∠30°～50°,图内出露长35km,宽0.5～1.5km,其主要特征如下所述。

①带内以发育花岗质初糜棱岩及糜棱岩化花岗岩为显著特征。其中花岗质初糜棱岩的原岩为花岗岩,由碎斑和碎基两部分组成,具糜棱结构,矿物定向明显,碎斑含量40%～50%,成分以长石为主,少量为石英及黑云母,多呈透镜状、眼球状,镜下尚可见小型不对称碎斑及长石扭折;碎基含量50%～60%,主要成分为石英和黑云母,少量为白云母,镜下常见石英拔丝及云母鱼构造,二者总体显示了强塑性流变特

征。糜棱岩化花岗岩的原岩特征基本保留，碎基含量小于 10%，主要成分为石英，镜下可见石英波状消光及亚颗粒结构；长石则表现为显微破裂，局部可见双晶扭折及消光不均，总体显示较强塑性流动特征。

②带内 S－C 组构，σ 型不对称碎斑，矿物生长线理及扁豆状闪长质包体旋转变形均较发育，共同指示了由 N→S 逆冲推覆兼左行平移剪切特征。

③剪切带带内新生矿物组合一般为 Bi＋Ep＋Zo＋Ser＋Pl＋Q，属低绿片岩相变质环境。结合上述构造岩综合分析，其总体显示了中构造层次韧性断裂变形特征。

④地质填图表明，剪切带明显切割渐新世花岗岩，同时联系区域构造变形事件，可推测其形成于中新世，是印度陆块与冈底斯陆块陆-陆碰撞阶段的构造变形烙印。

综合上述，谢通门—德结剪切带是一形成于中新世，处于中构造层次，由 N→S 逆冲推覆兼右行平移剪切的壳内型韧性剪切带。

（二）褶皱

仅于露头尺度见及，未见区域性褶皱，以层理及形面构成的近东西向斜歪褶皱为其主要构造样式（图 5-32）。

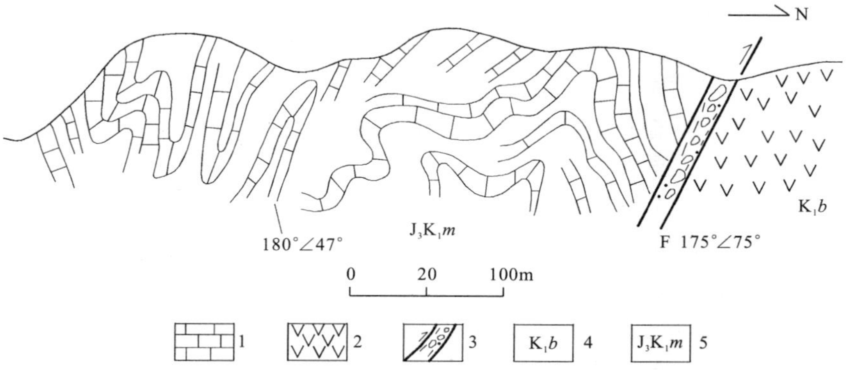

图 5-32　洞嘎横构造剖面，示桑日群构造样式

（据 1：20 万谢通门幅地质报告，略加修改）

1. 灰岩；2. 变安山岩；3. 断层破碎带；4. 比马组；5. 麻木下组

（三）脆性断裂

按方向可分为 4 组，即近东西向、北西向、北东向和近南北向。据其相互切割关系，其生成先后顺序为近东西向→北西向→北东向→近南北向。下面按方向择其典型断层描述，其他主要断层特征见表 5-6。

1. 近东西向

主要断层有咱不咱断层（F_{21}）、5052 高地断层（F_{22}）、江弄多勒断层（F_{23}）、上如断层（F_{24}）、习门多断层（F_{26}）、马勒断层（F_{28}）、朋日阿当断层（F_{29}）、拿模弄拉断层（F_{30}）、结巴断层（F_{31}）、麦弄德沙断层（F_{32}）、打部其断层（F_{35}）、压弄—甲马日断层（F_{39}）、普吓断层（F_{40}）、通门乡—车目弄断层（F_{42}）、夏清—洞嘎断层（F_{43}）、叉山母断层（F_{50}）等。其产状亦较陡，一般倾角 40°～55°，少数达 70°，以发育碎裂岩及挤压构造透镜体为特征，多属逆断层。下面以结巴断层（F_{31}）和压弄—甲马列日断层（F_{39}）为例描述之，其他主要断层特征见表 5-6。

（1）结巴断层（F_{31}）：位于结巴、5748 高地一线，长约 15km，宽 10m 左右，断面平直，断面产状 190°∠40°。以发育碎裂岩和构造磨砾岩为特征，其中南盘节理颇为发育，尤以产状 160°∠75°～85°一组最为显著，另一组产状近水平，二者共同构成菱形网格状节理面貌（图 5-33）。总体表现南盘上升、北盘下降的运动特征，故其为一由 S→N 的逆断层。

（2）压弄—甲马日断层（F_{39}）：位于下勒、压弄及甲马日一线，东西向展布，长 58km，宽 15～30m；断面产状 15°∠65°～70°，沿走向切割白垩纪—第三纪地层及不同时代的侵入岩。带内碎裂岩、构造透镜体十

表 5-6　雄巴—谢通门火山岩浆弧带其他主要脆性断裂特征简表

方向	断裂名称	编号	规模		产状	主要特征	类型	结构面力学性质
			长(km)	宽(m)				
近东西向	咱不咱断层	F_{21}	25(图内)	30	倾向 350°∠360° 倾角 40°∠50°	发育构造角砾岩、碎裂岩、碎粉岩、断层泥，局部见构造透镜体，见擦痕、逆阶步及牵引小褶曲，其中断层泥常显片理化，并发生次生蚀变	逆	压扭
	5052 断层	F_{22}	8(图内)	不详	倾向 360° 倾角 50°	TM 卫片上线性影像清晰，负地形，其他特征不详	逆	压
	江弄多勒断层	F_{23}	9	不详	倾向 10° 倾角 45°	两侧地层明显错移，其他特征不详	逆	压
	上如断层	F_{24}	11	15	走向近东西	岩石十分破碎，TM 卫片上平直线性影像清晰，负地形	不明	不明
	习门多断层	F_{26}	12	10	10°∠65°	断层面清晰两盘岩性突变，产状相顶，TM 卫片上线性影像清晰	逆—平移	压扭
	马勒断层	F_{28}	13(图内)	20	350°∠48°	岩石破碎，发育碎裂岩，TM 卫片上线性影像清晰，并造成曲中组(E_1d)缺失	逆	压
	朋日阿当断层	F_{29}	20	20	350°∠50°	发育碎裂岩，切割楚木龙组($K_1\hat{c}m$)及典中组(E_1d)等地层，TM 卫片上为近东西向线性影像，地貌上为沟谷负地形	逆	压
	拿模弄拉断层	F_{30}	9	20～30	25°∠60°	发育碎裂岩，具节理	逆	压
	麦弄德沙断层	F_{32}	20	30	350°∠60°	发育碎裂岩，TM 卫片上线性影像清晰	逆	压
	打部其断层	F_{35}	27	35	350°∠42°	岩石十分破碎，具两组密集的节理，负地形地貌	逆	压
	普吓断层	F_{40}	12	10	350°∠50°	发育碎裂岩，沿断面晚期岩体逆冲推覆于早期岩体之上	逆	压
	叉山母断层	F_{50}	16	20	走向近东西	岩石破碎，具一组节理，产状 195°∠40°，为沟谷负地形	不明	不明
北西向	浪穷—朗朋巴断层	F_2	33	不详	走向北西	TM 卫片上为平直的线性影像，两侧地层发生错移	平移	扭
	威章拉断层	F_{25}	7.5	10	205°∠45°	发育碎裂岩及节理，TM 卫片上为线性影像，地貌上呈现低洼负地形	逆	压
	4030 高地断层	F_{41}	8	不详	走向北西	TM 卫片上为平直的线性影像，地貌上呈现低洼负地形	平移	扭
	吉普断层	F_{47}	8	10	走向北西	TM 卫片上为平直的线性影像，两侧地层发生明显错移	平移	扭
	荣玛断层	F_{48}	5	不详	走向北西	TM 卫片上为平直的线性影像，沟谷负地形	平移	扭
	亚盖巴断层	F_{49}	8	10	走向北西 310°	两侧地层产状明显不协调，且岩性差异大，岩石破碎，TM 卫片上为平直的线性影像，沟谷负地形	平移	扭
北东向	勒木嘎断层	F_1	23	不详	走向北东	TM 卫片上为平直的线性影像，地貌上为陡坎或山脊正地形	平移	扭
	热嘎拉曲断层	F_{15}	8	15	110°∠80°	发育碎裂岩，具密集的剪节理，沟谷负地形	逆—平移	压(压扭)
	用贡巴断层	F_{17}	10.5	10	300°∠40°	发育碎裂岩，见挤压构造透镜体，具密集劈理化带，负地形地貌	逆	压
	麦让断层	F_{19}	15	30	155°∠35°	发育碎裂岩及构造角砾岩，具牵引小褶曲，TM 卫片上线性影像清晰，负地形	逆	压
	雪如来间—查张断层	F_{20}	50	30	300°∠50°	发育碎裂岩，两侧地质体明显发生错移，水平断距达 3km，TM 卫片上为平直的线性影像	逆—平移	压扭
近南北向	错弄角断层	F_{16}	7	30	260°∠68°	发育碎裂岩及构造角砾岩，伴生张节理及牵引小褶曲，断面波状河谷负地形	正	张

分发育，其中构造透镜体斜列指示由 N→S 逆冲运动特征，同时见石英脉沿节理裂隙充填贯入，此外节理亦较发育，以产状190°∠65°的一组最为显著。TM 卫片上线性影像清晰，地貌上呈现低洼负地形。总体上该断层为一由 N→S 的逆断层。

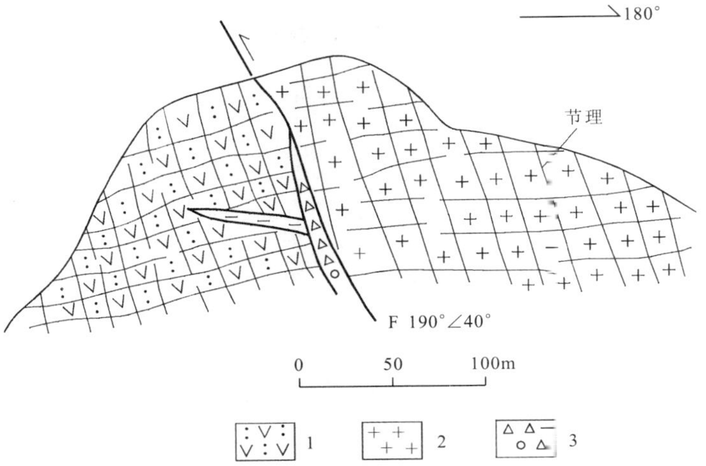

图 5-33　结巴断层(F_{31})露头特征素描

1. 安山质凝灰岩；2. 花岗岩；3. 断层角砾岩

2. 北西向

主要断层有浪穷—朗朋巴断层(F_{2})、威章拉断层(F_{25})、4030 高地断层(F_{41})、林加断层(F_{46})、吉普断层(F_{47})、荣玛断层(F_{48})和亚盖巴断层(F_{49})等。以发育碎裂岩及构造磨砾岩为特征，其规模一般相对较小，多属右行平移断层。下面以林加断层(F46)为例描述之，其他主要断层特征见表 5-6。

林加断层(F_{46})：位于林加、爬桑普一线，长约 12km，宽 10m，断面产状 260°∠65°，以发育碎裂岩及密集的节理为特征，其中节理面平直，延伸较远，基本与断层产状一致。断层两侧地质体发生南北向较小断距错移，并指示右行平移特征。TM 卫片上线性影像清晰，地貌上呈沟谷负地形。综合上述，该断层为一右行平移断层。

3. 北东向

主要断层有勒木嘎断层(F_{1})、热嘎拉曲断层(F_{45})、用贡巴断层(F_{17})、麦让断层(F_{19})、雪归来间—查张断层(F_{20})和曲德勒—腊不聋拉断层(F_{45})等。其倾角中等，一般 40°左右，以发育碎裂岩及构造磨砾岩为特征，多属平移或逆断层。下面以贡德勒—腊不聋拉断层(F_{45})为例描述之，其他主要断层特征见表 5-6。

由德勒—腊不聋拉断层(F_{45})：位于曲德勒、错松及腊不聋拉一线，走向北东 30°，长约 27km，宽 20m 左右，断层旁侧见有次级小断层伴随，产状 280°∠75°。破碎带以发育棱角状碎裂岩为显著特征，沿断面见北北东向近水平擦痕，指示其平移性质。断层旁侧地质体具一定断距的北西-南东向逆时针错移，表明其具左行运动特征。TM 卫片上为平直的线性影像，地貌上则表现沟谷负地形。综合上述，该断层为一左行平移断层。

4. 近南北向

主要断层有错弄角断层(F_{16})、他自拉—阿热台断层(F_{11})、勒台断层(F_{12})、5484 高地断层(F_{18})、南木切断层(F_{33})、强部断层(F_{34})、2080 点断层(F_{36})、拉多勒断层(F_{37})和当嘎棍巴断层(F_{38})等　其中后 5 条断层至今仍具活动性，且与旁侧的活动断陷盆地共同构成了南木切—谢通门—扎西岗南北向活动构造带，其详细特征将在本章第六节新构造中叙述，故此处从略。下面以 5484 断层(F_{18})为例描述之，其他主要断层特征见表 5-6。

5484 高地断层(F_{18})：位于 5484 高地至 5788 高地一线，近南北向展布，长约 7km，宽近 30m，断面平直，产状 280°∠80°。带内岩石破碎，并发育一组与断层产状一致的密集剪节理。断层两侧地层产状相顶，明显不协调，西侧产状 10°∠13°，东侧产状 110°∠33°，其错移指向反映了左行平移运动特征。综合上述，该断层为一左行平移断层。

四、昂仁—吉定弧前盆地(Ⅰ$_{3}$)

该次级构造单元呈近东西向横贯测区中部偏南，南以昂仁—也弄断裂与蛇绿岩亚带(Ⅰ$_{1}$)分界，北以如多—桑祖岗断裂与冈底斯山链南缘秋乌断陷盆地(Ⅰ$_{4}$)磨拉石沉积分界，东西长 150 余千米，南北宽 8～20km。盆地内主要发育深海相昂仁组复理石沉积，北部边缘沿断裂出露浅海碳酸盐沉积(前人常将其称之为桑祖岗组，现已弃用)。区内岩浆活动微弱，仅于扎西岗区见晚期花岗岩侵入，几乎无变质作用。上述两条区域性断裂同向倾斜、由 S→N 逆冲及夹持其间的吉定—直岗复式向斜为其基本构造格架(图 5-34)。

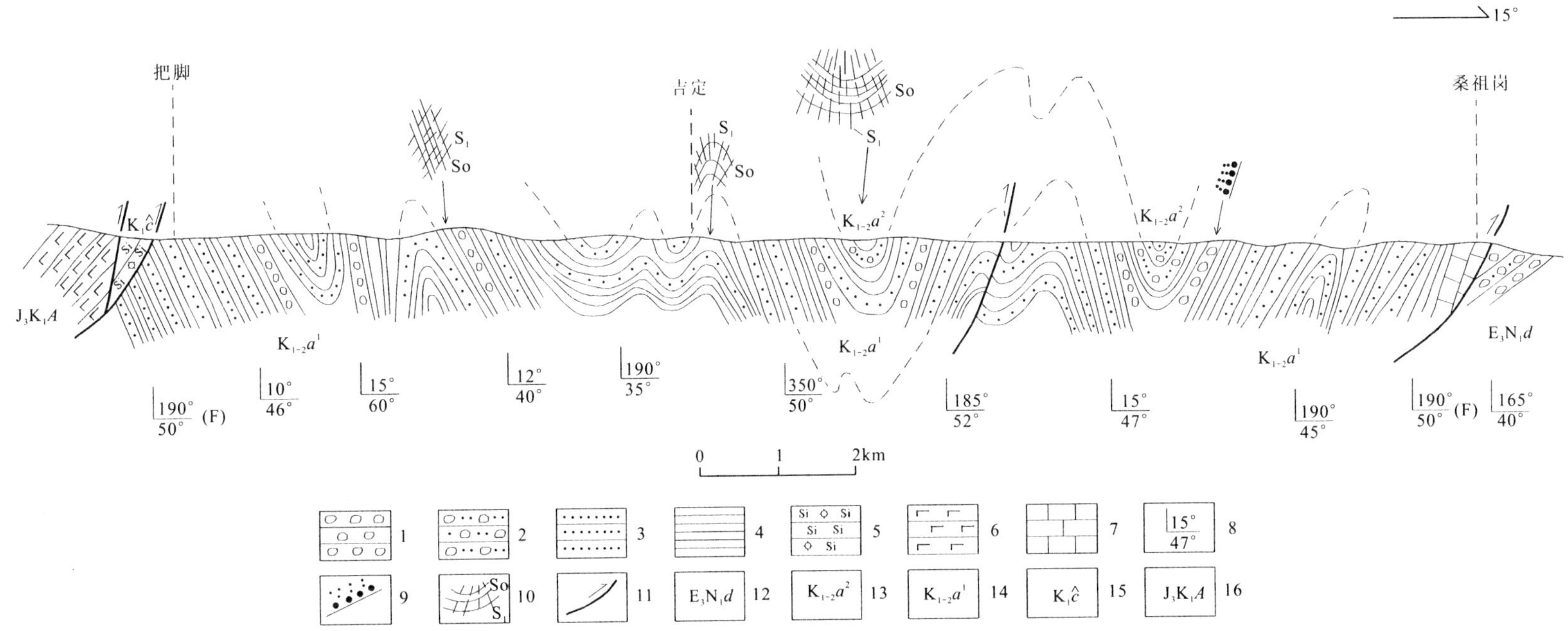

图 5-34 把脚—桑祖岗构造剖面,示日喀则群昂仁组构造样式

1. 砾岩;2. 含砾砂岩;3. 粉砂岩;4. 页岩;5. 含水量放射虫硅质岩;6. 变玄武岩;7. 灰岩;8. 层理产状;9. 粒序层理;10. S_0 原生层理、S_1 轴面劈理;11. 逆断层;12. 大竹卡组;13. 昂仁组二段;14. 昂仁组一段;15. 冲堆组;16. 昂仁蛇绿岩群

(一)褶皱

从露头尺度到区域尺度均可见及，且十分发育，以层理为形面的东西向紧闭、开阔、斜歪褶皱及与之伴随的放射状轴面劈理为其显著构造样式(图 5-35)。局部尚见走向断层伴生且与劈理产状近于一致，反映二者为同期变形共生产物。其中区域性褶皱有吉定—直岗复式向斜(5)及其翼部伴生的次级背、向斜。下面以吉定—直岗复式向斜(5)、次级浙拉背斜(11)和形戈向斜(14)为例描述之，其他主要褶皱特征见表 5-7。

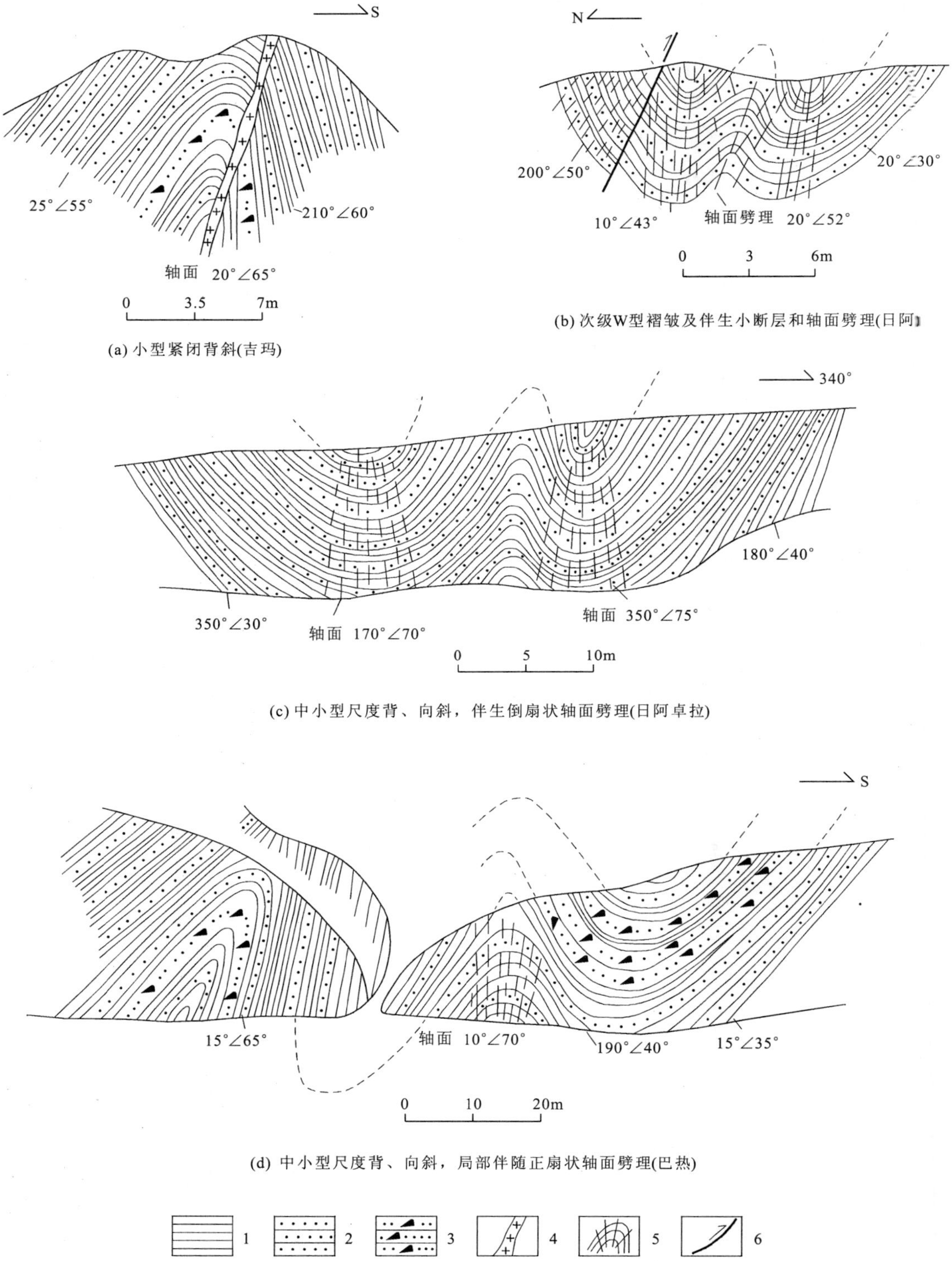

图 5-35　日喀则群昂仁组中小型尺度构造样式

1. 页岩；2. 粉砂岩；3. 岩屑细砂岩；4. 闪长岩脉；5. 轴面劈理；6. 逆断层

表 5-7　吉定—直岗复式向斜之其他次级褶皱特征简表

<table>
<tr><th rowspan="2">褶皱部位</th><th rowspan="2">编号</th><th rowspan="2">褶皱名称</th><th colspan="5">褶皱特征</th><th rowspan="2">长度(km)</th><th rowspan="2">宽度(km)</th></tr>
<tr><th>枢纽产状或轴迹</th><th>卷入地层</th><th>两翼产状</th><th>轴面产状</th><th>轴面劈理</th></tr>
<tr><td rowspan="5">北翼</td><td>(6)</td><td>普岗向斜</td><td>285°∠12°</td><td>$K_{1-2}a^1$</td><td>北翼 195°∠50°～70°
南翼 20°∠35°～60°</td><td>15°∠55°</td><td>局部发育</td><td>16</td><td>3</td></tr>
<tr><td>(7)</td><td>滚沙背斜</td><td>轴迹北东东</td><td>$K_{1-2}a^1$</td><td>北翼 345°∠35°
南翼 170°∠50°</td><td>190°∠60°</td><td>不发育</td><td>12</td><td>2</td></tr>
<tr><td>(8)</td><td>巴热背斜</td><td>110°∠15°</td><td>$K_{1-2}a^1$</td><td>北翼 200°∠40°
南翼 15°∠70°</td><td>200°∠40°～55°</td><td>局部发育</td><td>10</td><td>2</td></tr>
<tr><td>(9)</td><td>加当背斜</td><td>轴迹东西</td><td>$K_{1-2}a^1$</td><td>北翼 185°∠50°
南翼 190°∠55°</td><td>180°∠60°</td><td>不发育</td><td>15</td><td>3</td></tr>
<tr><td>(10)</td><td>角娃向斜</td><td>290°∠8°</td><td>$K_{1-2}a^1$、$K_{1-2}a^2$</td><td>北翼 200°∠40°
南翼 200°∠35°</td><td>205°∠55°</td><td>局部发育</td><td>20</td><td>4</td></tr>
<tr><td rowspan="4">南翼</td><td>(12)</td><td>吉定背斜</td><td>105°∠10°</td><td>$K_{1-2}a^1$</td><td>北翼 10°∠35°～55°
南翼 15°∠60°</td><td>20°∠70°</td><td>局部发育</td><td>12</td><td>3</td></tr>
<tr><td>(13)</td><td>昂仁背斜</td><td>80°∠8°</td><td>$K_{1-2}a^1$</td><td>北翼 345°∠45°
南翼 350°∠65°</td><td>355°∠60°</td><td>不发育</td><td>15</td><td>3</td></tr>
<tr><td>(15)</td><td>玛布背斜</td><td>95°∠13°</td><td>$K_{1-2}a^1$</td><td>北翼 50°∠50°～65°
南翼 10°∠45°</td><td>15°∠55°</td><td>局部发育</td><td>12</td><td>2</td></tr>
<tr><td>(16)</td><td>缺玛背斜</td><td>轴迹东西</td><td>$K_{1-2}a^1$</td><td>北翼 350°∠50°
南翼 190°∠35°～55°</td><td>355°∠65°</td><td>发育</td><td>18</td><td>4</td></tr>
</table>

吉定—直岗复式向斜(5)：位于吉定、加木、昂仁北侧及直岗一线，轴迹东西向，枢纽产状多向西侧伏，东西长 140 余千米，南北宽 12～20km，局部地段见走向逆断层伴生。其北翼主要次级褶皱有普岗向斜(6)、滚沙背斜(7)、巴热背斜(8)、加当背斜(9)、角娃向斜(10)和浙拉背斜(11)等；南翼主要次级褶皱有昂仁背斜(13)、形弋向斜(14)、玛布背斜(15)、缺玛背斜(16)和吉定背斜(12)等。总体上，卷入褶皱的地层走向东西，但倾向不断变化，北翼的次级褶皱轴面基本南倾，南翼的次级褶皱轴面基本北倾(图 5-34)，而且软弱岩层(如页岩)中时常可见扇状轴面劈理伴生。地质填图表明，该复式向斜核部地层一般为昂仁组二段，两翼基本上为昂仁组一段，且两翼构造样式基本相同。其中次级背斜一般较紧闭，向斜则相对开阔，且多数褶皱均不对称。

浙拉背斜(11)：位于帮桐、格宗、浙拉一线，轴迹南东东-北西西向，枢纽产状 105°∠12°，长近 20km，宽约 4km，拢木尺处被一南北向断层错移。其核部地层为昂仁组一段，两翼分别由昂仁组二段构成，具扇状轴面劈理，轴面产状 195°∠40°～55°，北翼产状 170°～200°∠33°～70°，南翼产状 190°～205°∠30°～55°，属一紧闭斜歪褶皱。

形戈向斜(14)：位于假佰—形戈和昂仁一线，轴迹南西西-北东东向，枢纽产状 260°∠8°，长 16km，宽 3km。核部及两翼地层均由昂仁组一段构成，西段并被一北东向断层错移，偶见轴面劈理，轴面产状 345°∠42°～60°，北翼产状 340°～355°∠45°～70°，南翼产状 330°～350°∠50°～60°，为一较开阔斜歪褶皱。

(二)脆性断裂

不发育，主要为东西向断层，尚见少量近南北向断层叠加。下面以尼玛弄断层(F_{62})和 4238 高地断层(F_{65})为例描述之。

尼玛弄断层(F_{62})：位于柏垌、尼玛弄一线，长 11km，宽约 15m，断面产状 20°∠55°，破碎带内主要发育碎裂粉砂岩及页岩，尚伴生牵引小褶曲，并指示由 N→S 逆冲运动特征。地貌上为沟谷负地形。综合上述，其为一由 N→S 的逆断层。

4238 高地断层(F_{65})：位于 4238 高地及 4276 高地一线，长 10km，宽 5～10m，断面产状 190°∠35°。破碎带内发育碎裂细砂岩及页岩。其两侧岩层产状明显不协调，北侧地层产状 15°∠25°，南侧地层产状

20°∠75°，且南侧页岩明显呈较大角度不协调覆于北侧砂岩条带之上，指示由 S→N 逆冲运动特征。TM 卫片上显示东西向线性影像，地貌上则为山间冲沟负地形。综合上述，其为一自 S→N 的逆断层。

五、秋乌陆相断陷盆地（$Ⅰ_4$）

该单元位于测区中部桑祖岗—秋乌—如多一线，呈窄带状近东西向展布，是区域上冈底斯山链南缘山前盆地的一部分，东西断续长 125km，南北宽 1～4km。盆地内发育始新世—中新世两套磨拉石沉积，分别称为秋乌组及大竹卡组。如多东北侧偶见煌斑岩脉穿插，其他岩浆活动未见，且无变质作用发生。次级构造单元总体表现为向南缓倾的单斜构造，不过局部尚见露头尺度的东西向近直立水平或斜歪褶皱，并有北西向及南北向脆性断层叠加改造。

（一）盆地基底构造

盆地基底由东西带状展布的晚白垩纪花岗岩、古近纪林子宗群和晚侏罗世—早白垩世桑日群组成。尽管花岗岩与林子宗群变形微弱，但桑日群内普遍发育东西向褶皱变形，反映前盆地时期，基底已掀斜抬升或褶断隆升成陆。这从盆地内出现大量下伏基底岩石砾石可资佐证。此外，盆地南缘是以一条东西向区域性断裂与强烈褶皱变形的昂仁组相接，并具先正后逆多期活动特征。显然，该盆地形成与发展亦受基底东西向构造控制。

（二）盆地边缘构造特征

盆地南部边缘为区域性断裂（如多—桑祖岗断裂）。前已述及，该断裂早期为同沉积正断层性质，晚期则显示由 S→N 的逆冲断层特征，以致南侧老地层昂仁组大多覆于盆地新地层之上。其详细特征前已描述，故此处从略。盆地北部边缘与下伏老地层或花岗岩呈角度不整合接触（图 5-36）。

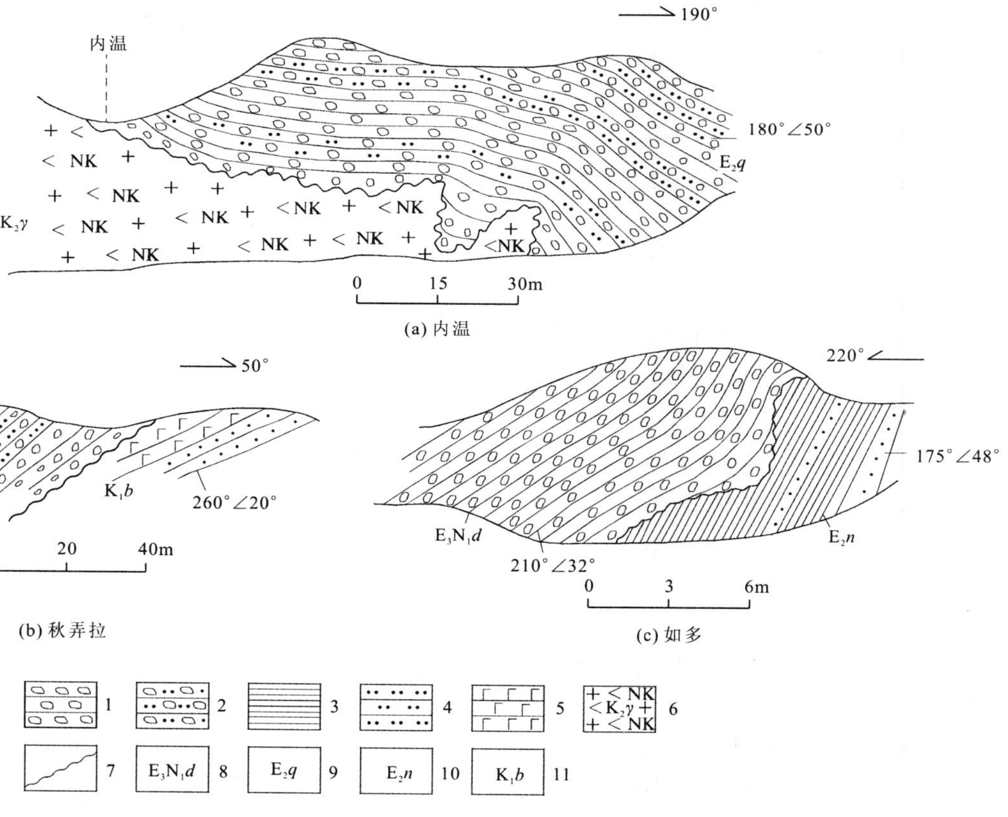

图 5-36　秋乌盆地北部边缘构造特征

1. 砾岩；2. 砂质砾岩；3. 页岩；4. 粉砂岩；5. 变玄武岩；6. 晚白垩世二长花岗岩；7. 角度不整合界线；8. 大竹卡组；9. 秋乌组；10. 年波组；11. 比马组

(三)盆地内部构造特征

盆地内部构造较简单,目前仅于秋乌等地见有露头尺度的直立水平褶皱(图版Ⅳ-4),局部尚见南北向平移断层及北西西向逆断层叠加改造,宏观上呈现向南缓倾的单斜构造(图5-37)。

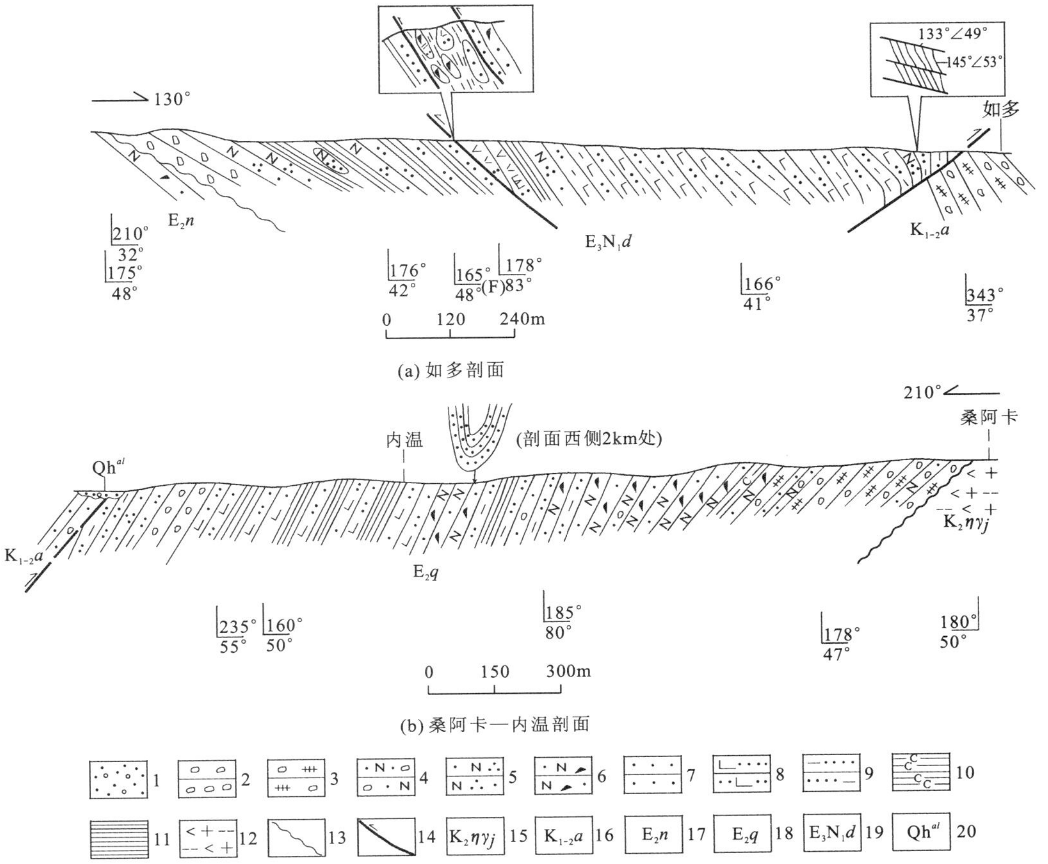

图5-37　秋乌盆地横构造剖面,示其构造样式

1. 砂砾;2. 砾岩;3. 复成分砾岩;4. 含砾长石砂岩;5. 长石石英砂岩;6. 岩屑长石砂岩;7. 细砂岩;8. 钙质粉砂岩;9. 泥质粉砂岩;10. 炭质页岩;11. 页岩;12. 黑云角闪花岗岩;13. 角度不整合;14. 逆断层;15. 加森单元;16. 昂仁组;17. 年波组;18. 秋乌组;19. 大竹卡组;20. 第四纪冲积层

第六节　新构造

本书所称新构造是指上新世以来形成的高原夷平面、多级阶地、活动断层、断陷盆地、地热(温泉)及地震活动等的总称。区内尤以谢通门—扎西岗地区南北向活动构造带最为典型。

一、夷平面

测区夷平面不发育,主要分布于雄巴—挡穷火山岩浆弧区,大致有两期。一期夷平面海拔高度5 500～6 000m,二期夷平面海拔高度5 000m左右。一般特点是:夷平面上地势平坦,起伏甚微,多呈浑圆状残丘,推测其形成于上新世末—更新世时期。

二、河流阶地

区内河流一般发育有3～5级阶地,阶地高出河面3～50m不等,主要分布于雅鲁藏布江谷地,多雄藏布和美曲藏布谷地。阶地上松散堆积物大多具二元结构,即下部为松散砾石层,上部为砂土层或含砾砂土层，反映第四纪以来，测区至少发生过 3～5 次间歇性上升运动。

三、南北向构造

此处所指南北向构造系指印度陆块与冈底斯—拉萨陆块碰撞后呈南北向展布的活动构造带、北北东及北北西展布的平移断层的总称。它们是在南北向挤压、东西引张统一构造应力场下形成。其中南北向构造带活动特征明显，也是现今仍具强烈活动特点的构造带，如谢通门南北向活动构造带。

(一)北北东、北北西向平移活动断层

这两组断层在全区广布(图 5-2)，尤以测区南部雅鲁藏布江缝合带和古龙洋坡—吉村褶冲带两带最为发育，以发育密集剪节理、构造角砾岩及碎裂岩为特征，沿断层局部并见温泉露布(如锡钦、昂仁、德莱等地)，尚有近代地震活动发生的记载，反映至今仍有间歇性活动。鉴于这些断层在前述各构造单元均已详述，故此处从略。

(二)谢通门南北向活动构造带

该构造带是区域上申扎—谢通门南北向活动构造带的南延部分，也是区内新活动构造的典型代表，集中分布在南木切—谢通门—扎西岗区一线，呈近南北向带状展布。它由活动断层、带状断陷盆地(断陷带)和断块山地(隆起带)及与之伴随的水热(温泉)、地震活动组成。

1. 南北向活动断层

呈密集的破碎带出现，走向近南北，长数千米到几千米不等。宽一般 5～15m，其倾角均较陡，一般大于 50°，正断层、逆断层及平移断层均有。破碎带内发育构造角砾岩、碎裂岩，局部见磨擦镜面及擦痕，常伴有高岭土化、铜矿化及镜铁矿化蚀变。主要断层有他自拉—侧布曲珍断层(F_{11})、南木切断层(F_{33})，胎温断层(F_{34})、甲马日断层(F_{36})、拉多勒断层(F_{37})和当嘎棍巴断层(F_{38})等。其主要特征见表 5-8。

表 5-8　谢通门南北向构造带之主要活动断裂特征简表

断裂名称	编号	规模		产状	主要特征	类型	结构面力学性质
		长(km)	宽(m)				
他自拉—侧布曲珍断层	F_{11}	28	15	90°∠60°～70°	碎裂岩、角砾岩，温泉沿破碎带串珠状分布，局部见泉华胶结	逆—平	压扭
南木切断层	F_{33}	17	10	275°∠60°	碎裂岩，TM 卫片上线性影像清晰，沟谷负地形	逆	压
胎温断层	F_{34}	6	5	85°∠70°	碎裂岩，密集剪节理，TM 卫片上线性影像清晰	逆	压
甲马日断层	F_{36}	6	8	110°∠61°	碎裂岩，密集剪节理，沟谷负地形	逆	压
拉多勒断层	F_{37}	6	10	90°∠50°	构造角砾岩，沟谷负地形	正	张
当嘎棍巴断层	F_{38}	7	5	走向北东 20°	构造磨砾岩，剪节理，南端见温泉分布	平移	扭

2. 断陷盆地

根据断陷盆地沉积中心分布特征，自北而南可分为青都乡盆地、侧布乡盆地、南木切盆地、康巴罗乡盆地和错锅乡盆地等(图 5-38)，这些盆地呈近南北向串珠状展布。盆地中部海拔一般在 3 900～4 900m 之间，发育向心或扇状水系。盆地内第四系颇为发育，以冲积、洪积及冰碛为主，其次是湖积。在盆地中心部位往往形成沼泽地，碎石遍布，牧草茂盛；盆地两侧以冰碛砂砾、巨大漂砾形成 2～3 级台地，最高台地与低洼处相对高差可达 700m 左右。如侧布乡盆地以西约 10km 处是测区最高峰雪拉普岗日，海拔约 6 310m，在短距离内与盆地中心相对等差可达 1 300～1 700m。由此可见，测区新构造活动亦很强烈。

综合研究表明，该带南北向活动断层切割的最新地层是中新世侵入岩，故盆地形成时间至少是在中新

世以后。结合措锅乡盆地早更新世地层存在的地质事实，据此推断，这些断陷盆地形成于上新世至全新世。此外，由南向北，盆地海拔高度逐渐增高，似呈阶梯状，这既表明从南向北地壳升降的差异性，又反映各盆地形成时间不尽相同。总体来看，南部盆地形成可能略早于北部盆地。

3. 断块山地(隆起带)

沿上述断陷盆地两侧分布，隆起方式既有块断式隆起，又有掀斜式隆起。其中高原面海拔保留在5 000m或6 000m左右两个高度。隆起带中现代冰雪覆盖较多，如雪拉普岗日、康弄坡一线几乎终年积雪覆盖，冰蚀地貌及平行水系发育，河流的袭夺现象也较为常见，并在隆起带两侧形成一系列带状分布的冲积、洪积及冰碛裙。

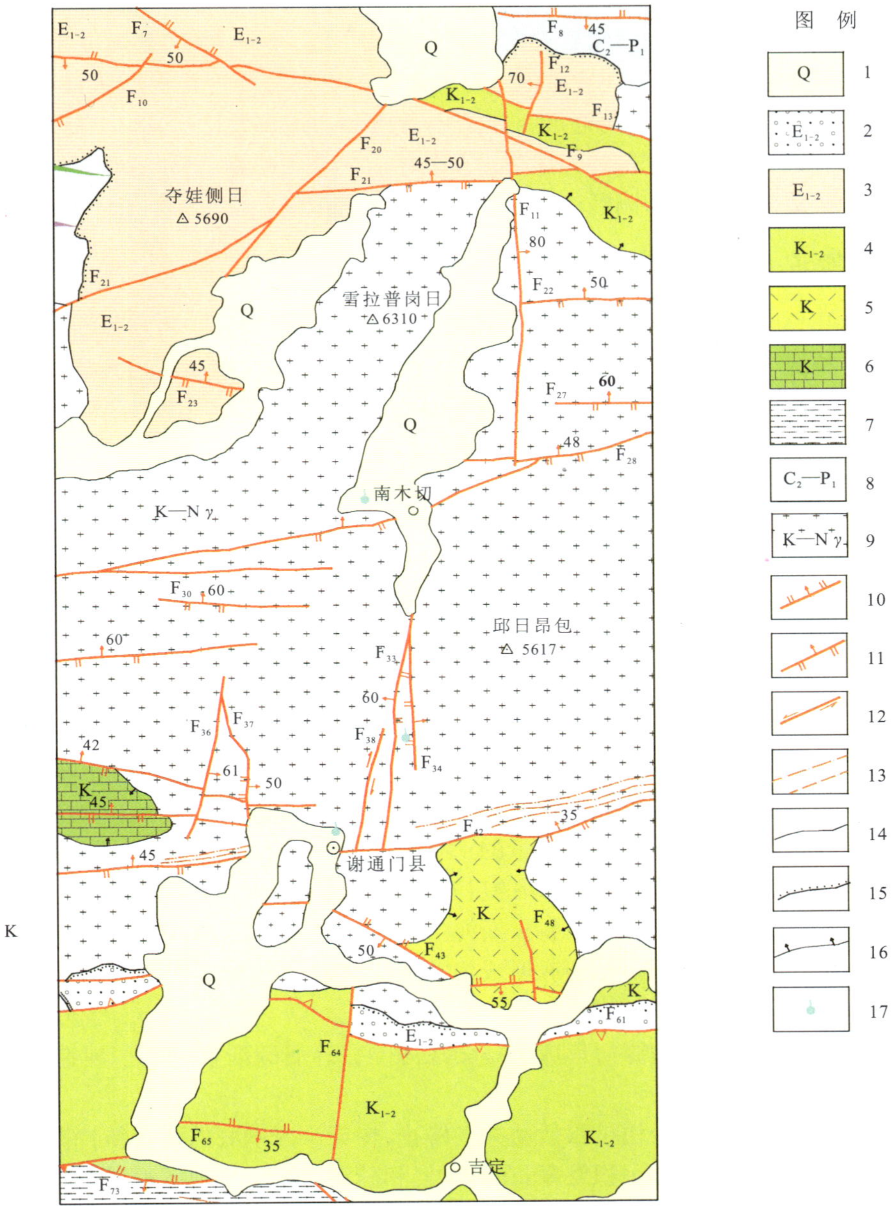

图 5-38　谢通门活动构造带地质构造简图，示活动断层及盆地分布

（据本次区调及 1：20 万谢通门幅地质报告修改综合编制）

1. 第四纪地层；2. 古近纪陆相断陷盆地；3. 古近纪陆缘火山岩；4. 早—中白垩世砾岩砂岩；5. 白垩纪基性凝灰岩组合；6. 白垩纪灰岩组合；7. 昂仁蛇绿岩群；8. 石炭纪—二叠纪地层；9. 白垩纪—新近纪花岗岩；10. 正断层；11. 逆断层；12. 平移断层；13. 韧性剪切带；14. 地质界线；15. 角度不整合地质界线；16. 侵入接触界线；17. 温泉

第七节　构造变形序列

综合上述不同构造单元的变形世代及其叠加截割关系，测区综合变形序列归纳于表 5-9。

第八节　地质演化史

测区位于冈底斯地块与喜马拉雅地块的接合部位，雅鲁藏布江缝合带横贯其中。区内三叠纪至第四纪地层广泛出露，石炭纪和二叠纪地层零星分布。岩浆分布广泛，类型多样，变质变形具不均一性。根据已有的资料，结合区域地质特征，将测区地质构造发展演化历史划分为古特提斯边缘海发展阶段、新特提斯洋（盆）形成阶段、俯冲碰撞阶段、陆内汇聚挤压造山阶段和均衡调整隆升阶段（表 5-10）。特别是中生代以来新特提斯洋形成、板块俯冲汇聚和碰撞造山及其相应的燕山晚期—喜马拉雅期的构造-岩浆热事件等所反映板块构造的"威尔逊旋回"，测区内具有较完整的地质记录。

一、古特提斯边缘海发展阶段（C—P）

石炭纪至二叠纪时期，冈底斯与喜马拉雅古地理环境基本一致，同属于古特提斯域冈瓦纳边缘海。自早石炭世始，随着古特提斯的兴起和不断扩张，测区处于古特提斯海南侧冈瓦纳大陆北部边缘浅海陆棚环境。沉积了一套较稳定的含砾砂岩、含冷水及暖水混生动物群，即永珠组、拉嘎组；陆源碎屑—碳酸盐岩沉积，即昂杰组、下拉组和"浪错外来岩块"的原始沉积。

早中二叠世，区内有较弱岩浆活动，在测区北部查拉地区昂杰组中见有拉斑玄武岩夹层，南部昂仁一带"浪错外来岩块"原始层序下部（南部）含有杏仁状玄武岩和半深水环境泥质岩，代表了古特提斯扩张阶段阶段冈瓦纳被动大陆边缘的沉积建造。

二叠纪下拉组为一套稳定的台地相碳酸盐岩建造，反映了古特提斯洋闭合之前扩张阶段的结束。

二、新特提斯洋（盆）形成阶段（$T—K_1{}^1$）

新特提斯海启开，扩张，至洋盆的形成。

三叠纪，半深海含半浮游生物的黑色页岩建造发展到深海类复理石（陆棚—陆坡沉积），区内有穷果群、修康群以及南部的郎杰学岩群。诺利期及后来具有深海相的含发射虫硅质岩及中基性火山岩建造，如"中贝混杂岩"原始物质组分的建造，并发现大量的三叠纪中晚世深水放射虫动物群、反映了构造环境属扩张期过渡型洋壳。同时也说明了藏南新特提斯的启开应早于中三叠世。

三叠纪末期到侏罗纪早期，由于藏南新特提斯海扩张的结果，使北边的冈底斯岛弧拼合于欧亚板块，形成藏北（斑公—巧东）的印支期缝合带，冈底斯成为欧亚板块的一部分。从而，形成了区内冈底斯陆块、新特提斯海和喜马拉雅陆块的大地构造格局。

侏罗纪，测区喜马拉雅北部的边缘海形成了一套浅海陆棚碎屑碳酸盐岩沉积建造，沉积了日当组、遮拉组和维美组。

侏罗纪晚期至早白垩世早期，板块扩张活动并未停止，构成洋壳基底的藏南新特提斯海扩张成为最宽阔的深海洋盆，深海半深海及斜坡相沉积发育，在硅质岩和硅泥质岩中发现了大量放射虫动物群。该时期主要有嘎学蛇绿质混杂岩、破姆弄沉积质混杂岩和冲堆组原始物质沉积建造。

此阶段岩浆岩为扩张环境形成的基性岩浆活动的产物，主要有：

中晚三叠世喜马拉雅大陆边缘洋岛拉斑玄武岩，存在于区内"中贝混杂岩"中玄武岩夹层。

侏罗纪晚期至早白垩世早期，由于特提斯洋盆内扩张和地幔底辟上升，导致地幔物质重熔，沿熔岩通道形成了基性岩墙（床）群，以及上升喷出产生了洋中脊玄武岩和洋岛玄武岩，其中基性岩墙（床）群和洋中脊玄武岩的枕状玄武岩构成蛇绿岩套上部层位，洋岛玄武岩残留于嘎学蛇绿质混杂岩、破姆弄沉积质混杂

表 5-9　测区构造变形序列表

构造阶段	地质年代	综合序列	印度陆块(Ⅲ)(特提斯喜马拉雅北缘)				雅鲁藏布江缝合带(Ⅱ)				冈底斯—拉萨陆块(Ⅰ)			
			世代	构造类型	变形相	变质相	世代	构造类型	变形相	变质相	世代	构造类型	变形相	变质相
整体隆升阶段	Q	D_7	$D_{Ⅲ}^3$	整体隆升、均衡调整，高原夷平面及多级阶地形成，北北东—近南北向平移断层	脆性剪切破裂		$D_{Ⅱ}^6$	整体隆升、均衡调整，多级阶地形成，温泉及近代地震活动，北北东—北北西向平移断层	脆性剪切破裂		$D_Ⅰ^6$	整体隆升、均衡调整，高原夷平面及多级阶地形成，活动断裂温泉及近代地震活动，如谢通门南北向活动构造带	脆性剪切破裂	
陆-陆碰撞及陆内俯冲造山阶段	N	D_6	$D_{Ⅲ}^2$	北西向逆冲断层	脆性剪切破裂		$D_{Ⅱ}^5$	北西向逆冲断层、北东向平移断层、东西向直立开阔褶皱	脆性剪切破裂—弹性纵弯滑	低绿片岩相动力变质	$D_Ⅰ^5$	北西向逆冲断层、北东向平移断层、东西向直立开阔或倒转斜歪褶皱、北东东向谢通门壳内型脆韧性剪切带	脆性剪切破裂—弹性纵弯滑	低绿片岩相动力变质
		D_5					$D_{Ⅱ}^4$	东西向同沉积正断裂(磨拉石沉积)	脆性剪切破裂		$D_Ⅰ^4$	东西向同沉积正断裂(磨拉石沉积)	脆性剪切破裂	
	E	D_4	$D_{Ⅲ}^1$	北西向北倾南倒紧闭同斜褶皱、斜歪褶皱、皱纹线理、北西向逆断层	弹塑性纵弯滑	低绿片岩相	$D_{Ⅱ}^3$	剪切面理重褶、北西向同斜或斜歪褶皱；北西向逆断层，局部轴面劈理折射	弹塑性纵弯滑		$D_Ⅰ^3$	东西向近直立斜歪褶皱，局部放射状轴面劈理、交面线理	弹塑性纵弯滑	
俯冲消减造山阶段	K_2	D_3					$D_{Ⅱ}^2$	洋-陆仰冲剪切、壳内型及壳幔型由 N→S 韧性推覆剪切带形成，a 型褶皱、紧闭同斜褶皱、近南北向石英矿物集合体拉伸线理，石香肠构造，S-C 组构，伴随糜棱面理及板劈理生成，并具 S-L 组构	壳内型—壳幔型韧性剪切	蓝闪绿片岩相	$D_Ⅰ^2$	近东西向斜歪褶皱	弹塑性纵弯滑	低绿片岩相区域变质
	K_1	D_2					$D_{Ⅱ}^1$	洋内仰冲剪切，幔内型由 N→S 韧性推覆剪切带，糜棱面理，S-C 组构及近南北向斜方辉石或橄榄石拉伸线理	幔内型韧性剪切					
新特提斯洋形成及冈底斯陆块褶断隆升阶段	J	D_1		玄武岩喷发(区内未见)	裂陷作用			昂仁蛇绿岩形成	裂陷作用		$D_Ⅰ^1$(?)	近东西北倾南倒紧闭同斜褶皱、斜歪褶皱、稀疏轴面劈理，脆韧性剪切带	脆韧性剪切—弹性纵弯滑	低绿片岩相

注：①“$D_{Ⅲ}^1$”中Ⅱ为构造单元，1 为分区变形世代。②$D_Ⅰ^1$(?)该世代变形的地质年代尚难厘定，目前仅据区域上则弄群(J_3K_1Z)不整合于下拉组灰岩(P_1x)之上的地质事实而推断之。推测此期变形与班公湖-怒江洋盆的闭合及新特提斯洋的形成(完全打开)有关，可能为早燕山运动的构造烙印。

表 5-10　测区地质演化简史

板块构造演化阶段	地质时代	喜马拉雅陆块（被动大陆边缘）			雅江缝合带（特提斯洋盆）			冈底斯陆块（主动大陆边缘）		
		沉积事件	岩浆事件	变形变质	沉积事件	岩浆事件	变形变质	沉积事件	岩浆事件	变形变质
隆升阶段	Q	第四纪残坡积、冲积、湖相沉积、洪积和冰川堆积等，整体隆升、活动断层、地震和地热等新构造，南北向断裂、宽缓褶曲 D_7								
陆内碰撞造山阶段	N E			D_6 变形 D_1 变形，低绿片岩相变质	E 磨拉石建造	蛇绿岩肢解，蛇绿岩套构造侵位	D_6、D_5、D_1 变形，低绿片岩相动力变质	E—N 山前磨拉石建造 E 主动大陆边缘岛弧火山岩	碰撞后重熔 S 型花岗岩，同碰撞期 IS 型花岗岩	D_6、D_5、D_1 变形，低绿片岩相变质
汇聚俯冲阶段	K					蛇绿岩构造侵位	D_3、D_2 变形，（蓝闪绿片岩相）变质	滨海台地陆缘碎屑建造弧前盆地复理石建造	俯冲 I 型花岗岩复式岩基	D_2 变形，低绿片岩相区域变质
新特提斯洋（盆）形成阶段	J T	J_3—K_1 浅海陆棚碎屑沉积建造 T_3 半深海黑色页岩—陆棚—陆坡深海沉积	K_1 少量基性岩株		K_1、J_3—K_1 含放射虫深海—半深海相沉积 含放射虫深海—斜坡相沉积	K_1 少量基性岩株 J_3—K_1 地幔底辟上升重熔，墙（床）群及洋中脊和洋岛玄武岩形成，陆边缘洋岛拉斑玄武岩			K_1 少量基性岩株	纵弯褶皱 D_1 变形，低绿片岩相变质
古特提斯边缘海发展阶段	P C	少量拉斑玄武岩 古特提斯域冈瓦纳大陆北缘台地相沉积			古特提斯域冈瓦纳大陆北缘浅海陆棚沉积					

岩中。该时期在冈底斯南缘岛弧亦形成了岛弧型细基性火山岩(桑日群)。

早白垩世早期,随着印度洋开始扩张,冈底斯南缘岛弧(桑日群)形成,致使藏南特提斯海北缘冈底斯岛弧外侧,发生新的海底俯冲,此时发育最完整的沟弧盆体系。扩张早期阶段,各构造单元有基性岩浆活动:喜马拉雅北缘的孜松、吉村等地有辉长辉绿岩岩株——孜松单元;冈底斯南缘谢通门一带出露辉长岩岩株——洛堆单元。

印支期—燕山早期,变质变形较弱,受测区北部古特提斯俯冲碰撞的影响,区内仅在北部查拉—德来一带的石炭系—二叠系地层中出现近东西向紧闭同斜褶皱 D_1,低绿片岩相区域热动力变质作用。

三、汇聚俯冲阶段(K_1^2—K_2)

早白垩世末期至晚白垩世,由于印度洋的不断扩张,印度板块逐渐靠近欧亚板块,导致新特提斯洋消减,藏南新特提斯海板块向北俯冲。此时,以冈底斯陆缘火山链—岩浆弧、新特提斯洋和喜马拉雅被动大陆边缘为特征,完整的沟-弧-盆体系形成。

此阶段的沉积建造:在新特提斯洋消减过程中,冈底斯陆块南缘日喀则弧前盆地形成,沉积一套以陆源碎屑为主的海相复理石建造——昂仁组,测区厚度达 2 800m。其沉积建造具明显的韵律、浊流和滑塌沉积环境,为冈底斯大陆边缘沉积环境。此外,在冈底斯陆缘北侧形成了较稳定的滨海台地环境陆缘碎屑建造,即楚木龙组、塔克那组和设兴组。

俯冲阶段岩浆活动主要发生在活动大陆边缘的冈底斯岩浆弧带,形成了近东西向的中酸性复式岩基,即俯冲Ⅰ型花岗岩,形成时代 120～70Ma。区内出露有卡如超单元、塞普超单元、亚模超单元和康萨超单元,为被动侵位。与此同时,贝尼夫带上地幔物质以及部分熔体,沿着俯冲板块表面,发生构造侵位,蛇绿岩套出现断续带状分布特征。

燕山晚期,构造变形强烈。缝合带由于洋内仰冲剪切作用,在蛇绿岩带内产生幔内型韧性剪切带 D_2,壳幔型剪切带和蛇绿岩糜棱岩 D_3。喜马拉雅陆块北缘,测区在朗杰学岩群中产生层内褶皱、A 型褶皱和面理置换 D_3。冈底斯地块南北向挤压,产生近东西向斜歪褶皱 D_3,反映为与上覆陆缘火山-沉积的区域性的角度不整合。

白垩世末冈底斯陆块与喜马拉雅陆块缝合,在其南侧孜松、拉孜区等地的晚侏罗世—早白垩世蛇绿质混杂岩中产生了中高压低温变质带。在蛇绿岩套枕状熔岩和席状岩墙群中发生葡萄石-绿纤石相和绿片岩相变质,组构无定向压力的特征,属于洋中脊海水-热液蚀变作用类型。

四、陆内碰撞造山阶段(E—N)

古近纪—新近纪喜马拉雅陆块与冈底斯陆块发生陆陆碰撞后,藏南特提斯洋壳俯冲消减殆尽,调查区由此全面转入陆内碰撞造山。古近纪末,最终导致喜马拉雅陆块与冈底斯陆块两大板块的全面碰撞,其洋壳残体上冲到地缝合线,形成现在的雅鲁藏布蛇绿岩带,宣告了藏南特提斯海的闭合。冈底斯山前盆地磨拉石以及缝合带山间盆地磨拉石的出现,显示了雅鲁藏布缝合带历史的结束。

陆内碰撞造山阶段,区内有典型的"双磨拉石建造"沉积建造:冈底斯火山岩浆弧与日喀则弧前盆地复理石之间的冈底斯陆缘山链磨拉石建造(内磨拉石)——秋乌组、大竹卡组,和雅鲁藏布江缝合带山间盆地磨拉石建造(外磨拉石)——柳区群。他们均为陆内造山过程中快速堆积产物。

此阶段,岩浆活动强烈。测区冈底斯陆岩浆弧带西北部,形成了广泛陆缘岛弧型火山岩——林子宗群;东北部主要分布为Ⅰ型同碰撞深成花岗岩复式岩体——曲水超单元,过渡型的 IS 型楠木切超单元,以及碰撞后 S 型重熔花岗岩——吉丁超单元和团结超单元。上述侵入岩和火山岩属同源钙碱性岩浆系列。

随着两大板块的碰合,在强大的挤压作用下,发生强烈变形和构造混杂,并形成一系列的向南倒转的紧密褶皱和伴生的逆冲断层和脆韧性剪切带 D_4。局部伸展作用产生近东西向断陷盆地和张性控盆断裂 D_5。北西向逆断层、北东向平移断层 D_6。古近纪中晚期构造作用形成了林子宗群典中组与年波组之间、秋乌组与大竹卡组之间角度不整合。

五、隆升阶段(Q)

自第四纪开始,由于印度洋的扩张,在喜马拉雅南缘,发生了西瓦里克的陆壳内部碰撞带,从而进一步强化了喜马拉雅地区的一系列由北向南的构造推掩作用。与此同时，喜马拉雅地区北缘的雅鲁藏布缝合带，由于由南而北的逆冲作用，在吉定八道班可见缝合带蛇绿岩由南向北逆冲于柳区群砾岩之上。也最终导致了测区雅鲁藏布缝合带蛇绿岩的不对称的扇状构造形态。该期变形在郎杰学岩群和昂仁组内表现为近东西向的宽缓褶曲，在缝合带磨拉石（柳区群）内也有相应的褶曲产生 D_7。

喜马拉雅晚期区内在拉孜、谢通门等地产生了一系列南北向、北东向和北西向断裂构造，并诱发了古老断层的重新活动，造成地震和地热活动等。在相应的断陷盆地中形成了第四纪湖相沉积、洪积和冰川堆积等。

第四纪以来的由北向南的构造推掩作用，导致该区地壳继续缩短和厚度加大。这也是喜马拉雅山脉不断隆起的成因之一。

第六章　雅鲁藏布江蛇绿岩带(中段)专项地质调查

以蛇绿岩为标志的雅鲁藏布江缝合带，是喜马拉雅-特提斯海最终闭合，印度陆块与冈底斯陆块俯冲碰撞事件的直接产物，属中生代冈瓦纳板块内的缝合带(王希斌，1987)。前人已做了大量科学考察、专题研究和路线调查等工作。本专题通过1∶25万拉孜县幅区调所取得的实际资料，对区内雅鲁藏布江蛇绿岩带的野外地质、剖面及层序、岩石及地球化学和成因进行论述和探讨。

第一节　蛇绿岩区域地质背景

雅鲁藏布江蛇绿岩带中段，近东西向分布于昂仁—吉定—仁布一线(测区涉及昂仁—吉定部分)，大致沿雅鲁藏布江谷地两侧呈北西西—东西向展布。蛇绿岩总体向北陡倾，北侧与弧前盆地建造的日喀则群断裂接触，南侧与J_3—K_1蛇绿岩质混杂岩断裂分界，局部可见与沉积岩质混杂岩断裂接触。在杂果—柳区一带蛇绿岩以中高角度由北向南逆冲于柳区群砾岩之上，蛇绿岩延伸方向与断层走向一致。最大出露宽度达9km。它是新特提斯洋演化、大陆碰撞和高原隆升造山运动综合作用形成的一条复杂的构造带，在成因上包括多个构造单元，如图6-1所示，由北往南分述如下。

一、冈底斯—拉萨陆块

呈东西向横贯测区中北部，南以昂仁—也弄断裂(F_{61})与雅鲁藏布江缝合带分界。区域上的纳木错—嘉黎断裂(王成善、刘志飞等，1999)，是雅鲁藏布江缝合带断裂体系的北边界主断裂。

北部由深成侵入体和火山岩两部分组成。其中深成侵入岩由早白垩纪—新近纪前侵入的辉长岩、闪长岩、花岗闪长岩和花岗岩组成，成因类型从早到晚、从南到北分别为板块碰撞消减期花岗岩、同碰撞期花岗岩和板块碰撞后隆起期花岗岩。火山岩则由侏罗纪—白垩纪岛弧型火山岩和古近纪陆缘火山弧型火山岩桑日群(比马组和麻木下组)以及晚白垩纪—第三纪林子宗群中酸性火山碎屑岩和熔岩组成。

南部由山前磨拉石堆积和弧前盆地复理石沉积组成，山前磨拉石堆积包括秋乌组、大竹卡组和柳区群。秋乌组有含煤碎屑岩，是印度河—雅鲁藏布江缝合带山前磨拉石堆积的最早的一期，可与印度河磨拉石下部的“原地沉积带”大致对比，为“内磨拉石带”。大竹卡组不整合于秋乌组之上，为一套杂色砂砾岩夹火山岩和火山碎屑沉积岩，为陆相磨拉石沉积，是冈底斯南缘山前磨拉石的主体。在蛇绿岩南侧、中间或北侧零星分布的柳区群是一套紫红色、杂色泥页岩、砂砾岩、砾岩—巨砾岩，为河湖相和冲击扇沉积，不整合于下伏地层或蛇绿岩之上，侧向多为断层接触，属于碰撞缝合带的“外磨拉石带”。弧前盆地复理石沉积为日喀则弧前盆地，呈东西相延伸，夹于北侧冈底斯岩浆弧带和南侧雅鲁藏布江蛇绿岩带之间，其主体是日喀则群昂仁组。昂仁组为海底扇复理石沉积，包括底部灰岩段和上部的由砂砾岩、页岩组成的碎屑岩段，整套地层发生强烈褶皱变形，表现为一个东西向延展的复式向斜。冲堆组是一套蛇绿质、硅质深海复理石沉积，零星出露于昂仁组复式向斜南翼底部，岩性主要见紫红色—灰绿色放射虫硅质岩、沉基性火山凝灰岩等，层序一般不全，可能为板块俯冲消减期弧前增生盆地沉积。

二、雅鲁藏布江蛇绿岩带

雅鲁藏布江蛇绿岩带横穿测区中南部，沿雅鲁藏布江呈北西西—东西向展布，断续相连，图区西部尖灭。主要由地幔橄榄岩组成，在图区东部也弄一带见有堆积杂岩、席状岩床(墙)群和基性熔岩。

雅鲁藏布江蛇绿岩带南侧的混杂岩带，本次区调根据地质体组成、时代、变质变形和空间结构划分为

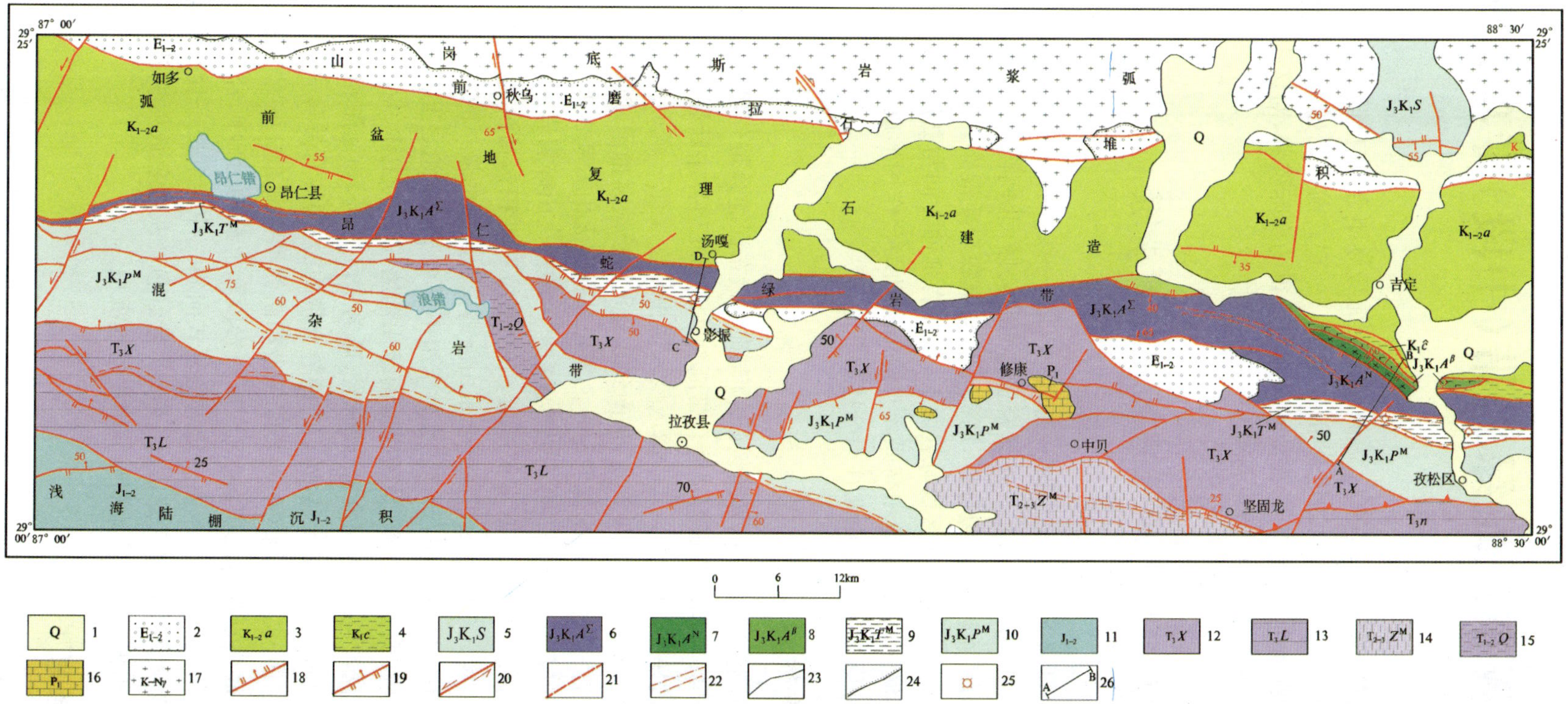

图 6-1　雅鲁藏布江蛇绿岩带(中段)地质构造图

1. 第四系；2. 古近纪陆相断陷盆地(磨拉石)；3. 昂仁组；4. 冲堆组；5. 桑日群；6. 昂仁蛇绿岩群超基性岩；7. 昂仁蛇绿岩群基性岩；8. 昂仁蛇绿岩群基性熔岩；9. 汤嘎混杂岩；10. 破姆弄混杂岩；11. 早—中侏罗世粉砂质板岩、砂岩组合；12. 修康群；13. 朗杰学岩群；14. 中贝混杂岩；15. 穷果群；16. 浪错岩块；17. 白垩纪—新近纪花岗岩；18. 正断层；19. 逆断层；20. 平移断层；21. 性质不明断层；22. 韧性剪切带；23. 地质界线；24. 角度不整合地质界线；25. 放射虫；26. 实测剖面混杂岩、有序块体和构造地层三大部分。混杂岩包括:汤嘎混杂岩($J_3K_1T^M$)——晚侏罗世至早白垩世深海硅泥质沉积和蛇绿岩成分为主体的蛇绿质混杂岩;破姆弄混杂岩($J_3K_1P^M$)——晚侏罗世至早白垩世沉积质混杂岩;中贝混杂岩($T_{2-3}Z^M$)——中三叠世—晚三叠世沉积质混杂岩;有序块体:浪错岩块(P_2l)、穷果群($T_{1-2}Q$)、修康群(T_3X);构造地层:朗杰学岩群(T_3L)。这些反映了缝合带物质组成的复杂型。

三、印度陆块

区内混杂岩带以南为印度陆块的局部,与喜马拉雅地体之间为断层接触,即拉孜—浪卡子断裂,为雅鲁藏布江缝合带断裂体系的南边界主断裂(王成善、刘志飞等,1999),北部混杂岩带向南仰冲,南部喜马拉雅地体向北俯冲。南部的喜马拉雅地体在研究区主要见晚三叠世浅海陆棚沉积涅如组和侏罗纪日当组、遮拉组和维美组,属稳定的深海—半深海碎屑-碳酸盐沉积,与北侧的混杂岩有明显差别。

第二节　蛇绿岩剖面及层序特征

一、蛇绿岩剖面特征

本次区调分别在吉定也弄、拉孜汤嘎和昂仁卡嘎测制了3条蛇绿岩剖面,其中吉定也弄剖面蛇绿岩层序较为完整,其他两条出露宽度和层序均有限。

(1)萨迦县吉定乡也弄蛇绿岩剖面:起点地理位置E88°20′,N29°06′,位于吉定乡也弄,露头较好,总宽度约7.5km,如图6-2所示。

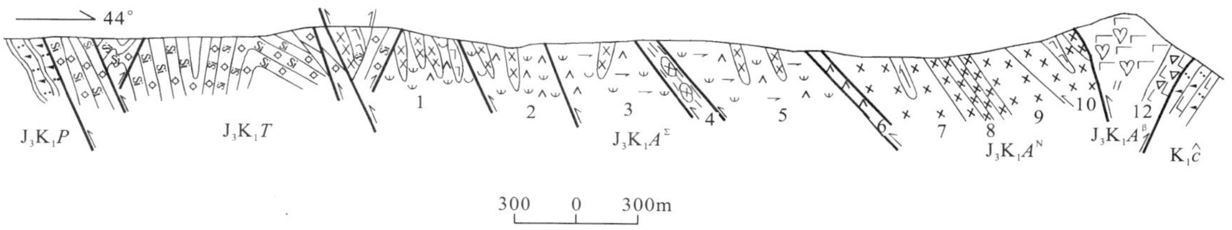

图6-2　萨迦县吉定乡也弄昂仁蛇绿岩群剖面图

上覆地层:冲堆组($K_1\hat{c}$)　紫红色放射虫硅质岩夹灰绿色玄武质晶屑凝灰岩

═══ 断　层 ═══

昂仁蛇绿岩群	**2 154.01m**
基性熔岩组合($J_3K_1A^{\beta}$)	**214.93m**
12. 灰绿色碎裂状球颗玻基玄武岩、枕状球颗玻基玄武岩夹少量基性火山角砾	67.20m
11. 灰绿色含气孔杏仁状玻基玄武岩、块状(含)球颗玻基玄武岩	147.73m
═══ 断　层 ═══	
基性岩组合($J_3K_1A^N$)	**741.60m**
10. 灰绿色席状、似层状辉绿岩、粒玄岩夹玄武岩、辉绿玢岩脉	215.20m
9. 灰绿色—暗绿色辉绿岩、均质辉长岩	167.84m
8. 浅灰绿色层状辉长岩	51.08m
7. 灰绿色辉绿岩夹辉长岩脉,向上过渡为辉长岩	239.56m
6. 灰绿色—暗绿色异剥橄榄岩、异剥辉橄岩	66.92m
═══ 断　层 ═══	
超基性岩段($J_3K_1A^{\Sigma}$)	**1 100.06m**
5. 灰黄—灰绿色蛇纹石化斜辉辉橄岩、蛇纹石化二辉橄榄岩夹玄武闪石辉石岩、辉长辉绿岩脉	97.42m
═══ 断　层 ═══	
4. 韧性剪切带(壳幔型剪切带):强片理化透镜状蛇纹石岩、基性构造片岩以及透镜状或条带状辉绿岩、辉长岩等块体,发育S-C组构,具右行剪切特征	55.21m

断　层

3. 灰绿色—暗绿色、墨绿色蛇纹石化辉橄岩、蛇纹石化斜辉橄榄岩、蛇纹石化透辉橄榄岩、蛇纹石化二辉橄榄岩，局部灰色、青灰色夹（橄榄）辉长岩、透闪石化辉石岩、辉长辉绿岩（脉）等　270.13m

断　层

2. 暗绿色蛇纹石岩、蛇纹石化辉橄岩夹灰绿色辉绿（玢）岩、灰白色透闪石化辉石岩脉或含长透辉石岩　486.66m

断　层

1. 暗灰绿色微碎裂蛇纹石岩夹脉状、透镜状辉绿岩、辉长岩、玄武岩和放射虫硅质岩等（块体）　189.84m

断　层

下伏地层：汤嘎混杂岩（J_3K_1T）　灰色千枚状夹青灰色中—薄层状放射虫硅泥质岩、（泥）硅质岩

（2）拉孜县汤嘎昂仁蛇绿岩群剖面：起点地理位置 E87°39′，N29°10′，位于拉孜县汤嘎乡至影振之间，出露宽度约 1～2km，被多条断层肢解为两条亚带。南部亚带呈透镜状混杂于汤嘎混杂岩和破姆弄混杂岩中，宽度小于 0.5km，北部亚带为其主体，如图 6-3 所示。

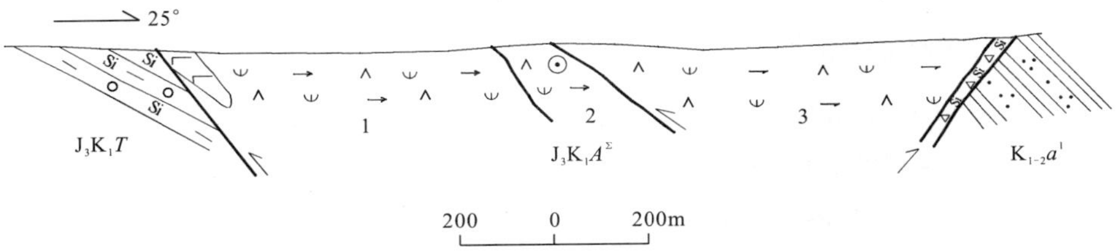

图 6-3　拉孜县汤嘎昂仁蛇绿岩群剖面图

上覆地层：冲堆组紫红色碎裂状放射虫硅质岩

断　层

超基性岩段（$J_3K_1A^{\Sigma}$）　**>1005.78m**

3. 灰绿色—深灰色蛇纹石　439.61m

断　层

2. 灰绿色—暗绿色蛇纹石化含石榴石（镁铝榴石）斜辉橄榄岩　88.58m

1. 灰绿色蛇纹石化斜辉橄榄岩、辉橄岩夹变质玄武岩脉　477.59m

断　层

下伏地层：汤嘎混杂岩　紫红色含放射虫泥硅质岩

（3）昂仁县卡嘎乡达姑弄曲剖面：起点地理位置 E87°09′，N29°54′，位于昂仁县卡嘎乡达姑弄曲，出露宽度约 1～2km，如图 6-4 所示。

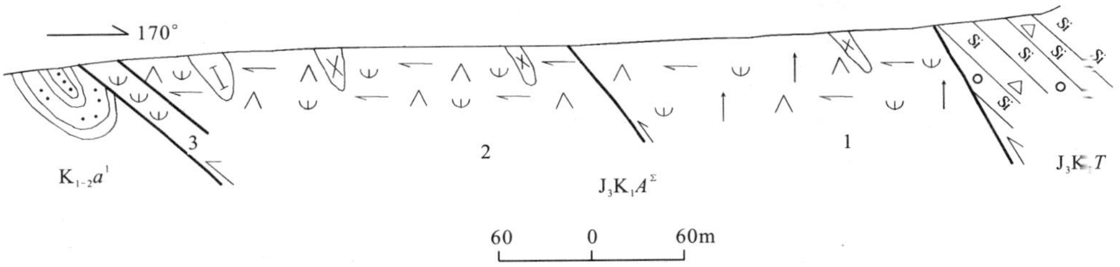

图 6-4　昂仁县卡嘎乡达姑弄曲昂仁蛇绿岩群剖面图

上覆地层：昂仁组（$K_{1-2}a^1$）　浅灰黄色页岩、粉砂质页岩夹薄层状粉砂岩

断　层

超基性岩段（$J_3K_1A^{\Sigma}$）　**373.89m**

3. 暗绿—墨绿色蛇纹石岩，具强蛇纹石化　23.52m

断　层

2. 灰绿色蛇纹石化斜辉橄榄岩、斜辉辉橄岩夹透镜状辉石岩、辉绿岩脉　190.39m

1. 灰绿色蛇纹石化单辉橄榄岩夹辉绿岩脉　160.08m

═══════ 断　层 ═══════

下伏地层：汤嘎混杂岩　紫红色含放射虫硅泥质岩

二、蛇绿岩层序及岩石组合特征

区内蛇绿岩包括其两侧的沉积地层，都经历了不同程度的沉积-构造混杂。蛇绿岩与两侧的地层为断层接触，其内部强弱不同的岩石层之间也多为构造（断层或韧-脆性剪切带）接触，将其切割成多个断块，总体上有序，局部无序混杂，岩石普遍比较破碎，而且具有一定程度的变质。也弄剖面保存较好，层序完整，代表区内雅鲁藏布江蛇绿岩中段的基本层序，总厚度大于 2 112.03m，其内部由下至上分别为：超基性岩组合（$J_3K_1A^{\Sigma}$）、基性岩组合（$J_3K_1A^{N}$）和基性熔岩（$J_3K_1A^{\beta}$）。

1. 超基性岩组合（$J_3K_1A^{\Sigma}$）

该组合在本区出露最广，约占蛇绿岩总面积的 70%，在吉定、拉孜、昂仁等地均有出露，并断续相连。根据剖面出露的岩石组合情况和它们的变形变质程度等可粗略地划分 3 个部分：上部厚度较小，其上界直接与基性岩墙或堆积岩接触，主要岩石类型是以不含单斜辉石的斜辉橄榄岩为主，岩石成分单一；下部与上部无明显的界线，是过渡关系，主要区别在于本区该带含有或多或少的单斜辉石，因而组成以含单斜辉石为特征的斜辉橄榄岩类和少量二辉橄榄岩类；底部代表着一个明显的构造作用带，即蛇纹混杂带，其主要特征是以剪切破碎的蛇纹岩为基质，硅质岩、变辉长岩、变辉绿岩、玄武岩等各种岩块的混杂体。

超基性岩一般呈断片产出，几乎与所有岩石均呈断层接触，可见逆冲在席状岩墙群、玄武岩和硅质岩上，也可见逆冲到日喀则群及第三纪柳区群砾岩层上。

2. 基性岩组合（$J_3K_1A^{N}$）

岩床（墙）群：主要出露于吉定也弄一带，根据其产出层位可分出两套岩床（墙）群：一套产于基性熔岩之下，堆积杂岩之上，构成蛇绿岩层序中一个独立单元（SD），主要岩石类型为辉绿岩、纤闪石化辉长岩和粒玄岩，具辉绿结构和间粒结构，还有少量橄榄辉绿岩及玄武玢岩，普遍经历了绿片岩相的变质作用，变质矿物有阳起石、绿泥石、黝帘石、葡萄石、钠长石（或更长石）及少量滑石和蛇纹石。另一套以岩墙状产于堆积杂岩中，在本区蛇绿岩层序中并不构成独立单元，岩石成分以辉绿岩为主。岩床（墙）群下部与超镁铁质岩、上部与枕状熔岩呈断层接触，走向近东西至北西，向南或南东陡倾斜，边部具有对称的或不对称的冷凝边，其间偶夹超镁铁质岩、辉石角闪岩、火山岩。

除岩墙群外，在下伏的变形了的超镁铁质岩中常见到未变形的辉绿质和玄武质岩墙贯入，暗示着多期的岩浆活动以及它们的岩浆发生在超镁铁质岩层之下。

堆积杂岩：由下到上可分为底部临界带、层状辉长岩和非层状或均质辉长岩。底部临界带（WP）岩性主要为异剥橄榄岩、异剥辉橄岩和辉石岩，向上通过橄榄辉石岩迅速过渡到层状辉长岩；中部的层状辉长岩（LG）是一套单斜辉石和斜长石组成的具有黑白相间的层状或纹层状杂岩，其层状构造连续性较差，实为一种片麻状或纹层状构造，产状与整个堆积杂岩基本一致，向北东陡倾，其下部有许多辉绿岩脉以低角度顺层或高角度切层产出；顶部为非层状或均质辉长岩（HG），与层状辉长岩之间并无明显分界线，为过渡关系，其上与席状岩床（墙）群（SD）接触界线截然。该堆积杂岩的层序如图 6-5 所示。

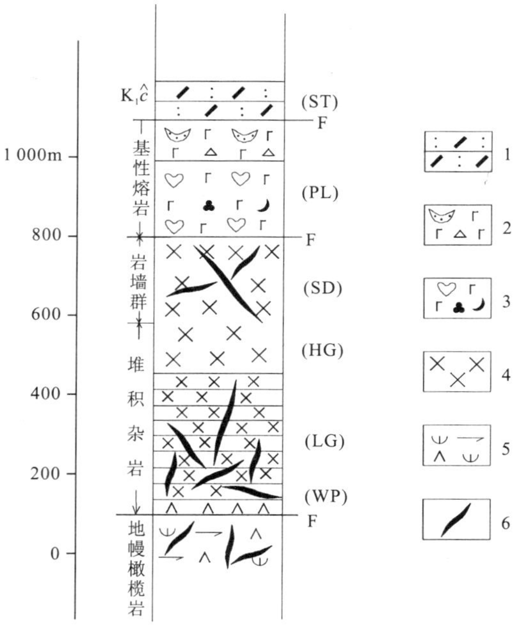

图 6-5　也弄蛇绿岩堆积杂岩层序示意图

1. 岩屑凝灰岩；2. 枕状基性熔岩；3. 杏仁状基性熔岩；4. 辉长岩；5. 橄榄岩；6. 岩脉

3. 玄武岩组合($J_3K_1A^{\beta}$)

该玄武岩组合(PL)出露于也弄、洞拉一带，主要产在席状岩墙群的上部，其产状大致垂直于下伏岩墙的产状。主要由枕状玄武岩、气孔及杏仁玄武岩、熔岩组成，间夹块状玄武岩、辉长岩岩床和枕状熔岩。

枕状玄武岩和气孔及杏仁玄武岩：分布较广，厚达数百米，伏于岩墙群之上。底部常有一层块状熔岩，向上枕状构造发育，枕体长几十厘米至一米多，其边部常见气孔及杏仁构造，枕体内部粒度较粗，为粗玄武结构；边缘为层纹状，可见淬火结构。岩性以粗玄岩和玄武玢岩为主。

块状玄武岩及角砾状玄武岩：与下部玄武岩为整合接触，由许多角砾碎块胶结而成，胶结物为红色的硅质、铁质及火山质碎屑岩组成。

也弄昂仁蛇绿岩群(J_3K_1A)各个层序出露比较齐全，可以与世界上典型的蛇绿岩剖面以及洋壳地震剖面进行对比，如图 6-6 所示。

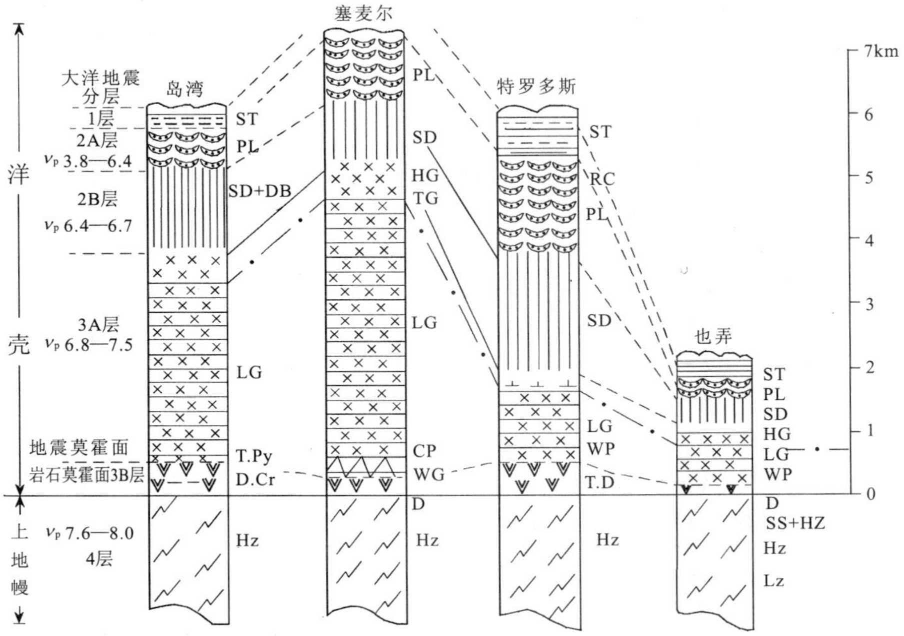

图 6-6　萨迦县也弄蛇绿岩综合剖面与典型蛇绿岩剖面及洋壳地震剖面示意对比图

ST. 沉积物；RC. 放射虫燧石；PL. 枕状熔岩；SD. 席状岩墙群；SS. 席状岩床群；DB. 岩墙角砾层；HG. 均质辉长岩、闪长岩、斜长花岗岩等；TG. 非层状累积辉长岩；LG. 层状辉长岩；T. 橄长岩；GP. 层状辉长岩+苦橄岩；WG. 异剥橄榄岩+层状辉长岩；WP. 异剥橄榄岩+辉石岩；Py. 闪石岩；D. 纯橄岩、含长纯橄岩；Cr. 铬铁矿；Hz. 斜辉橄榄岩+少量纯橄岩；Lz. 二辉橄榄岩；— ·—. 累积与非累积层的界线；—. 岩石莫霍面界线；— — —. 分层界线

第三节　蛇绿岩岩石学特征

调查区蛇绿岩物质组成，主体以蛇纹岩为基质超基性岩，辉橄岩和少量的纯橄岩为岩块的混杂岩，东部含基性侵入岩、基性熔岩和放射虫硅质岩。

一、超基性岩

构成蛇绿岩的主体，主要包括纯橄岩、蛇纹岩、斜辉橄榄岩、斜辉辉橄岩、二辉橄榄岩、单辉辉橄岩和辉石岩类等，均遭受不同程度的蛇纹石化或者片理化。

1. 纯橄岩

分布在昂仁县南马岩体中，东部少见，多呈大小不等的透镜体产生于蛇纹石化辉橄岩中，与围岩为突变接触关系，几乎全部由橄榄石组成，含量达 99%，副矿物磁铁矿含量小于 1%。交代残余结构，橄榄石呈半自形到他形粒状，粒径0.5～1.2mm，主要为镁橄榄石，少数为贵橄榄石。蛇纹石沿其解理缝或晶体的边缘进行交代，形成典型的网格状特征。

2. 蛇纹岩

为蛇绿混杂岩基质主体。主要由纤维状、叶片—鳞片状变晶的蛇纹石组成，含量一般大于95%，片径0.05～0.15mm，其他矿物有半自形粒状磁铁矿及铁质物等。原岩为橄榄岩、辉石岩和辉橄岩等。蛇纹石沿原生矿物裂隙交代，形成网纹状构造，有的则全部成为被蛇纹石交代的矿物假象，同时伴有磁铁矿微粒析出，是典型的岩浆后期蚀变矿物。

3. 斜辉辉橄岩及(含石榴石)斜辉橄榄岩

由橄榄石和斜方辉石及少量的尖晶石和磁铁矿组成，微碎裂状结构，块状构造。橄榄石：含量66%～89%，受应力作用晶体一般发育网格状的裂隙，并有铁质物沿裂隙填充；斜方辉石主要见顽火辉石，含量10%～31%，呈宽板柱状，发育细密平直的裂理，呈似斑状分布于岩石中，最大柱径1.6mm×4.2mm。其他矿物尖晶石和磁铁矿含量1%～5%。在汤嘎见含石榴石斜辉橄榄岩，石榴石为镁铝榴石，含量3%，均质他形粒状，以包体形式赋存于顽火辉石晶体内，属原生矿物。

4. 单辉橄榄岩

主要由橄榄石和单斜辉石组成，他形粒状鳞片变晶结构。橄榄石：含量66%，大多被蛇纹石网纹状交代，蛇纹石呈鳞片状或纤片状变晶。单斜辉石为透辉石，含量30%，他形粒状，少数为半自形短柱状，粒度0.1～0.25mm。其他矿物钛铁矿含量3%～5%，半自形粒状，粒径0.05～0.25mm，个别可达0.3～0.35mm。

5. 二辉橄榄岩

具不同程度的蛇纹石化，主要矿物由橄榄石和辉石组成。橄榄石(80%)：结晶较细，被晚期蛇纹石网格状交代，保留少量的残晶，粒径0.1～0.25mm；顽火辉石(10%)：结晶较粗，宽板柱状粒度1～3mm，具平行消光，低干涉色；透辉石(8%)，无色，短柱状和等轴粒状，粒径0.1～0.3mm，发育两组直交解理。其他零星分布少量的钛磁铁矿(2%～3%)。

二、基性岩

1. 透辉石岩、含长透辉石岩

主要由透辉石(82%～95%)组成，含少量的基性斜长石(1%～15%)、榍石和白钛石(<3%)，纤柱状结构，致密块状构造。透辉石：自形—半自形短柱状和等轴粒状，粒度0.2～2.4mm，可见发育两组近直交解理，消光角 $Ng \wedge C \approx 38°$，有少部分被绿泥石交代。斜长石：半自形长柱状，长0.3～1.5mm，蚀变被黝帘石取代。

2. 辉长岩、橄榄辉长岩

出露于吉定也弄基性熔岩的下部。岩石主要由近等粒状的基性斜长石、辉石和橄榄石组成，变辉长结构，块状构造。主要矿物基性斜长石：含量52%～55%，粒度0.2～1mm，经变质作用被黝帘石取代；辉石：含量35%～46%，粒度0.15～0.8mm，被绿帘石、伊丁石交代；橄榄石：含量小于10%，多被蛇纹石、伊丁石交代，并伴有铁质物析出。其他矿物有少量的半自形榍石(1%～2%)和磁铁矿(1%)。

3. 辉长辉绿岩

具有辉长辉绿结构和含长结构，致密块状构造。主要由基性斜长石(50%)和单斜辉石(48%)组成，其他矿物有榍石(1%)和磁铁矿(<1%)。斜长石自形、半自形板条状，长0.1～1.5mm，蚀变被钠长石、黝帘

石取代。辉石多呈半自形,粒度 0.3～2mm,大部分蚀变为纤闪石,少数变为绿泥石类。

4. 辉绿岩

主要分布在吉定也弄、汤嘎等地,主要由基性斜长石(52%～60%)、辉石组成(41%～57%),其他矿物有磁铁矿(2%)、榍石(1%)等。受变质作用的影响,斜长石弱显钠黝帘石和绢云母化,辉石具透闪石—阳起石化,但均保留了原来矿物假象,变余辉绿结构。

三、基性熔岩

1. 玄武岩

分布在吉定的也弄和东嘎蛇绿岩的北部,出露有杏仁状玄武岩、枕状玄武岩、角砾状玄武岩和块状玄武岩等。具球颗、拉斑、基质间粒、玻基交织结构等,致密块状、杏仁状、枕状及角砾状构造;杏仁孔呈圆形、椭圆形和不规则状,有压扁拉长定向排列特征,其孔径 0.5～8mm,充填有绿泥石、绿帘石、石英和方解石等。岩枕一般呈椭圆状,一般长轴 10～80mm,短轴 5～45mm,岩枕常见有玻璃质外壳,岩枕之间一般以一种较粗的熔岩胶结。角砾状玄武岩角砾呈棱角状和次棱角状,大小一般在 0.5～10cm 之间,最大可达 25cm,胶结物由红色的硅质、铁质及火山质碎屑岩组成。

主要矿物有基性斜长石(38%)、透辉石(32%)和基性火山玻璃(25%～35%),以及少量的磁铁矿和钛铁矿等,含量小于 2%。蚀变矿物有钠黝帘石、透闪石、绿泥石、绿帘石、绿纤石和方解石等。斜长石表面不洁净,颗粒一般在 0.1～0.5mm 之间;辉石已全部被透闪石、绿泥石等交代,粒度一般为 0.03～0.2mm。

2. 粒玄岩

主要矿物由基性斜长石和单斜辉石组成,粒度较粗,变余少斑状结构,基质具辉绿结构。主要矿物斜长石:含量 50%,晶斑粒度 0.5mm×1mm～0.8mm×1.5mm,基质粒度 0.1mm×0.5mm～0.4mm×0.8mm,大多被钠黝帘石取代。辉石多为透辉石,含量 47%,粒度 0.3 ～1.2mm,除透闪石交代,还可见绿泥石化。其他矿物钛磁铁矿和榍石含量小于 5%。

四、其他岩类

1. 放射虫硅质岩类

分布于蛇绿岩的南北两侧。

南侧发育较宽,与基性火山凝灰岩和粘土岩相互组成纹带状特征,与蛇绿岩呈断裂接触。放射虫硅质岩:岩性单一,主要由隐晶质玉髓集合体组成,含量 90%～95%,粒径小于 0.01mm。其他矿物有水云母(3%～5%)和褐铁矿(<2%)。放射虫泥硅质岩:由硅质(69%～75%)、水云母(25%～30%)和磁铁矿、次生脉(<1%)组成。放射虫硅泥质岩:主要由水云母(80%～85%)、硅质(15%～16%)和少量的磁铁矿、炭质(<2%)组成。后两种岩石常与基性火山凝灰岩或粘土岩相互构成纹带状构造。

北侧出露零星,一般直接盖在玄武岩之上,大部分受后期构造的影响,两者之间呈断裂接触。为放射虫泥硅质岩,以玉髓隐晶质集合体为主,粒度小于 0.01mm,间夹有显微鳞片状水云母。主要矿物硅质含量 89%,水云母 10%,其他矿物磁铁矿、次生脉含量小于 1%。

放射虫硅质岩类各岩石中分布大量放射虫类,一般含量 15%～45%,显微镜下圆球—椭球状外形,一般粒径 0.1～0.3mm,个别达 0.9mm,单体网格壳,壳由隐晶—微晶玉髓体组成,壳面有小棘刺,壳内充填放射状玉髓,受后期应力作用放射虫常见椭球形外形,顺层理面定向分布。*Archaeocenosphaera* sp. 和 *Pseudodictyomitra* sp. 等,地质时代为中、晚三叠世和晚侏罗—早白垩世等。

2. 基性火山凝灰岩

具岩屑凝灰结构,主要矿物钠长石含量 50%,绿泥石含量 40%,钛矿物含量约 10%,此外还见次生长石脉。该岩石的岩屑部分为基性岩，呈压扁豆荚状，主要由钠长石、绿泥石、黑云母和榍石等组成，粒度一般 0.1～0.3mm，含量 25%～30%。该岩石一般与放射虫硅质岩类呈条带互层状产出。

3. 水云母粘土岩及泥质板岩

泥质结构，主要由显微鳞片状的水云母组成，含量 95%，片径小于 0.01mm。其间含有少量的硅质(2%～5%)成分和铁质物(1%)。次生石英脉常呈网格状发育于岩石中。泥质板岩中除水云母(97%)外，还含有绿泥石(1%)和石英(1%～2%)。该岩石多呈条带状构造，在露头上，一般与放射虫硅质岩类以纹带互层状产出，纹带宽度小于 10mm。

第四节　蛇绿岩地球化学特征

测区蛇绿岩主要由超基性岩、基性岩和基性熔岩组成，由于在其形成过程中，经历了多期次构造事件，遭受不同程度的蚀变和变质，尤其是超基性岩现已大多数被蛇纹石化。对于样品测试，在分析前人的资料基础上，尽量选择蚀变弱、变质不强的样品测试。所有的常量元素、稀土及微量元素分析由湖北地质实验所完成，电子探针分析由中国地质大学(武汉)测试中心完成，同位素由宜昌地质矿产研究所测试。

一、常量元素

测区蛇绿岩化学成分见表 6-1、表 6-2，其特征分述如下。

1. 超基性岩

表 6-1 中列出斜辉辉橄岩、透辉辉橄岩、二辉橄榄岩和蛇纹石岩等 1～10 号样品，分析结果表明：其 Mg/〈Fe〉>7.9，均在 7.9～10.3 之间，在 Mg/〈Fe〉对 Mg+〈Fe〉/Si 变异图上(图 6-7)，均落入镁质区和镁铁质区。Al_2O_3 在 1.31%～2.59%之间，在 Al_2O_3 - SiO_2 的变异图上落在贫铝区与低铝区(图 6-8)。碱质含量一般小于 0.3%，在(K_2O+Na_2O)- SiO_2 变异图(图 6-9)上落在贫碱区。CaO<2%。因此，测区雅鲁藏布江蛇绿岩带中超基性岩在化学性质上表现为富镁、贫铁、贫铝和贫钙，而基性度较高的特点，属于阿尔卑斯型橄榄岩、蛇纹岩共生组合类型，类属于大洋地幔性质。

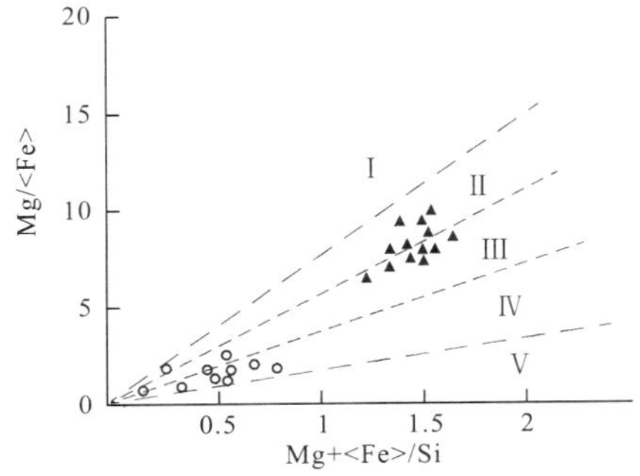

图 6-7　蛇绿岩 Mg/〈Fe〉- Mg+〈Fe〉/Si 变异图
Ⅰ.超镁质区；Ⅱ.镁质区；Ⅲ.镁铁质区；Ⅳ.铁镁质区；
Ⅴ.铁质区；▲.超基性岩；○.基性岩

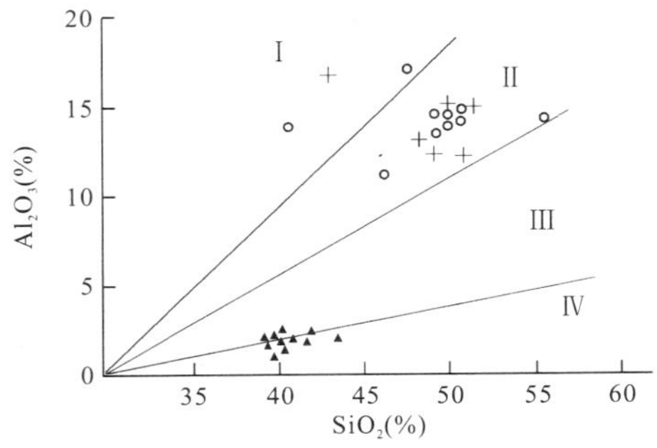

图 6-8　蛇绿岩 Al_2O_3 - SiO_2 变异图
Ⅰ.高铝质区；Ⅱ.铝质区；Ⅲ.低铝质区；Ⅳ.贫铝质区；
▲.超基性岩；○.基性岩；+.基性熔岩

2. 基性岩

雅鲁藏布江蛇绿岩带中基性岩在表 6-1 中为 10～22 号样品，主要有橄榄辉长岩，辉长岩、辉绿岩等。化学分析结果可以看出：SiO_2 含量范围在 38%～58%之间。Mg/〈Fe〉<3，在 Mg/〈Fe〉对 Mg+〈Fe〉/Si 变异图上(图 6-7)，均落入镁铁质区和铁镁质区。Al_2O_3 在 12%～18%之间，在 Al_2O_3 - SiO_2 的变异图上落在铝质区与高铝区(图 6-8)。K_2O+Na_2O 为 1%～7%之间，在(K_2O+Na_2O)- SiO_2 变异图(图 6-9)上落在强碱质区和碱质区，少数落在弱碱质区。

表 6-1　蛇绿岩化学成分及 CIPW 标准矿物成分

编号	样号	岩性	产地	SiO_2	MgO	FeO	Fe_2O_3	MnO	TiO_2	Al_2O_3	CaO	Na_2O	K_2O	P_2O_5	H_2O^+	Lost
1	L2501/2-1	斜辉橄榄岩	拉孜	40.16	38.00	1.73	5.43	0.08	0.03	1.63	0.11	0.02	0.03	0.01	11.90	12.42
2	L2503/59-1	斜辉橄榄岩	拉孜	39.72	37.54	0.83	6.37	0.14	0.03	1.75	0.39	0.06	0.01	0.01	12.45	12.71
3	L2503/61-1	二辉辉橄岩	拉孜	40.45	34.18	1.60	6.39	0.14	0.05	2.37	1.94	0.05	<0.01	0.01	11.95	11.98
4	L2821/11-2	斜辉橄榄岩	卡嘎	39.96	36.92	2.03	5.66	0.12	0.03	1.52	0.14	0.05	0.03	0.02	12.48	12.75
5	L2821/12-2	斜辉橄榄岩	卡嘎	40.15	35.43	2.40	5.25	0.11	0.03	2.01	1.16	<0.01	0.01	0.02	12.48	12.47
6	L0096/15-1	蛇纹石岩	也弄	39.78	37.43	1.73	6.11	0.11	2.02	1.31	0.24	0.01	0.01	0.01	12.65	12.55
7	L0096/20-1	二辉辉橄岩	也弄	40.17	34.62	1.50	6.98	0.13	0.04	2.29	1.82	0.03	0.01	0.02	11.63	11.74
8	L0096/23-1	透辉辉橄岩	也弄	39.67	37.06	2.60	4.83	0.09	0.07	2.20	0.30	0.06	0.01	0.01	12.51	12.06
9	L0212/1	斜辉橄榄岩	拉孜	42.17	40.13	4.37	3.09	0.27	0.03	2.59	0.46	0.21	0.15	0.01	1.89	3.75
10	L0735/1	斜辉辉橄岩	优朵	43.12	5.54	2.93	1.89	0.08	0.13	19.18	20.50	0.16	0.74	0.45	4.00	1.62
11	L2501/2-1	斜辉橄榄岩	拉孜	40.16	38.00	1.73	5.43	0.08	0.03	1.63	0.11	0.02	0.03	0.01	11.90	12.42
12	L2821/12-1	斜辉橄榄岩	卡嘎	39.40	5.13	3.70	4.74	0.13	1.01	13.61	28.58	0.06	<0.01	0.10	3.27	2.92
13	L0099/8-1	异剥辉岩	推坐	56.07	1.94	3.87	3.85	0.03	0.70	13.41	1.13	3.06	1.19	0.13	7.03	13.01
14	L0096/15-2	辉石岩	也弄	38.07	8.13	6.27	2.24	0.15	1.03	15.27	24.61	0.02	0.01	0.07	3.87	3.22
15	L0096/31-1	辉石岩	也弄	42.77	5.61	7.90	1.33	0.15	1.75	18.00	15.87	1.62	0.03	0.13	4.59	3.77
16	L0096/21-1	橄榄辉长岩	也弄	46.98	12.79	5.87	1.93	0.15	0.20	12.33	15.30	0.87	0.13	0.01	3.08	2.60
17	L1053/1-1	辉长岩	昂仁	51.16	5.33	9.37	1.36	0.18	1.44	14.49	8.47	4.80	0.25	0.14	2.64	1.92
18	L0096/33-1	辉长岩	也弄	47.93	9.75	3.70	0.90	0.10	0.22	17.33	14.99	1.44	0.48	0.01	2.86	2.32
19	L0096/14-1	辉绿岩	也弄	57.44	5.43	5.07	1.39	0.12	0.68	14.87	6.53	5.83	0.08	0.06	2.27	1.61
20	L0096/32-1	辉绿岩	也弄	49.87	7.97	6.70	1.98	0.17	1.08	14.83	9.65	3.63	0.39	0.08	3.38	3.20
21	L2501/6-1	辉绿岩	拉孜	50.06	6.41	6.27	2.54	0.18	0.98	14.38	11.70	3.63	0.09	0.10	3.05	2.81
22	L0097/38-1	辉绿岩	也弄	49.09	7.01	4.43	3.02	0.13	0.72	14.11	15.52	0.38	0.01	0.08	4.86	4.71
23	L2501/6-1	辉绿岩	拉孜	50.06	6.41	6.27	2.54	0.18	0.98	14.38	11.70	3.63	0.09	0.10	3.05	2.81
24	L0096/34-1	粒玄岩	也弄	49.86	7.85	6.70	1.68	0.33	1.20	15.45	7.96	3.75	1.22	0.04	1.74	2.17
25	L0096/17-1	玄武岩	也弄	53.58	6.21	6.43	2.10	0.47	0.90	13.29	8.03	4.07	1.18	0.03	2.04	1.32
26	L2503/58-1	玄武岩	汤嘎	48.38	6.80	6.53	3.26	0.32	1.50	14.88	8.09	4.15	1.35	0.23	2.07	1.84
27	L2501/19-1	玄武岩	拉孜	43.02	9.86	6.77	3.31	0.18	2.27	17.45	6.48	2.68	0.85	0.24	6.40	6.01
28	L0095/10-1	基性熔岩	也弄	51.18	9.70	5.97	1.92	0.15	0.87	15.55	4.40	4.31	0.50	0.10	4.89	4.58
29	L0099/1-1	拉斑玄武岩	也弄	49.86	4.46	4.21	8.69	0.31	1.50	13.23	9.33	4.42	1.01	0.19	0.99	1.43

表 6-2　测区蛇绿岩标准矿物成分

编号	样号	岩性	Ap	Il	Mt	Hm	Or	Ab	An	Crd	Di	Hy	Ol	Ne	Lc	DI	A/CNK	SI	σ43	σ25	AR
1	L2501/2-1	斜辉橄榄岩	0.03	0.07	6.59	1.68	0.20	0.19	0.56	1.59		23.26	65.48			0.40	6.14	84.05	0.00	0.00	1.06
2	L2503/59-1	斜辉橄榄岩	0.03	0.07	3.51	4.92	0.07	0.58	2.16	1.10		19.46	68.12			0.65	2.14	83.78	0.00	0.00	1.07
3	L2503/61-1	二辉辉橄岩	0.03	0.11	6.27	3.00	0.07	0.49	7.13		2.99	24.52	55.41			0.55	0.65	80.94	0.00	0.00	1.03
4	L2821/11-2	斜辉橄榄岩	0.05	0.07	7.92	1.08	0.20	0.49	0.67	1.38		26.42	61.72			0.69	4.12	82.61	0.00	0.00	1.10
5	L2821/12-2	斜辉橄榄岩	0.05	0.07	8.97		0.07	0.10	6.25		0.20	43.18	41.29			0.17	0.94	82.20	0.00	0.00	1.01
6	L0096/15-1	蛇纹石岩	0.02	4.32	0.09	6.82	0.07	0.10	1.28	0.98		22.87	63.46			0.16	2.83	82.65	0.00	0.00	1.03
7	L0096/20-1	二辉辉橄岩	0.05	0.09	5.87	3.92	0.07	0.29	6.94		2.51	22.60	57.66			0.36	0.68	80.25	0.00	0.00	1.02
8	L0096/23-1	透辉辉橄岩	0.03	0.15	8.06		0.07	0.58	1.64	1.80		41.81	45.85			0.65	3.36	83.17	0.00	0.00	1.06
9	L0212/1	斜辉橄榄岩	0.02	0.06	4.79		0.95	1.90	2.38	1.36		29.54	59.01			2.85	1.93	83.69	0.07	0.01	1.27
10	L0735/1	斜辉辉橄岩	1.04	0.26	2.98		−5.44		52.18		40.4			0.77	7.88	3.22	0.50	49.20	0.36	0.04	1.05
11	L2501/2-1	斜辉橄榄岩	0.03	0.07	6.59	1.68	0.20	0.91	0.56	1.59		23.26	65.84			0.40	6.14	84.05	0.00	0.00	1.06
12	L2821/12-1	斜辉橄榄岩	0.23	1.99	7.12		−36.0		38.18		59.92			0.29	28.28	−7.44	0.26	37.61	0.00	0.00	1.00
13	L0099/8-1	异剥辉岩	0.33	1.56	6.54		8.24	30.32	5.67	6.22		8.97				70.71	1.60	13.95	1.09	0.61	1.83
14	L0096/15-2	辉石岩	0.16	2.04	3.39		−63.4		43.33		64.62			0.10	49.74	−13.5	0.34	48.77	0.00	0.00	1.00
15	L0096/31-1	辉石岩	0.30	3.49	2.03		0.19	7.31	43.88		31.22		7.83	3.94		11.26	0.57	34.02	1.55	0.15	1.10
16	L0096/21-1	橄榄辉长岩	0.20	0.39	2.90		0.80	7.62	30.40		38.45	7.57	11.85			8.42	0.42	59.24	0.19	0.05	1.08
17	L1053/1-1	辉长岩	0.32	2.82	2.03		1.52	41.67	17.97		20.46		13.28	0.11		43.30	0.61	25.25	2.78	0.89	1.56
18	L0096/33-1	辉长岩	0.02	0.43	1.35		2.93	12.58	40.69		38.68	2.85	10.47			15.51	0.57	59.93	0.61	0.16	1.13
19	L0096/14-1	辉绿岩	0.13	1.32	2.07		0.48	50.59	14.53		14.87	14.10				52.79	0.69	30.51	2.31	1.08	1.76
20	L0096/32-1	辉绿岩	0.18	2.31	2.98		2.39	31.88	23.54		20.54	5.21	10.89			34.27	0.62	38.56	1.99	0.65	1.39
21	L2501/6-1	辉绿岩	0.23	1.93	3.82		0.55	31.88	23.89		29.24	3.45	5.36			32.43	0.53	33.84	1.66	0.55	1.33
22	L0097/38-1	辉绿岩	0.18	1.45	4.63		0.06	3.40	38.90		33.56	7.45				13.28	0.49	47.21	0.02	0.01	1.03
23	L2501/6-1	辉绿岩	0.23	1.93	3.82		0.55	31.88	23.54		29.24	3.45	5.36			32.43	0.53	33.84	1.66	0.55	1.33
24	L0096/34-1	粒玄岩	0.09	2.37	2.54		7.51	33.04	22.62		14.77	1.11	15.96			40.54	0.70	37.30	3.00	0.99	1.54
25	L0096/17-1	玄武岩	0.07	1.78	3.16		7.24	35.76	15.07		21.27	15.52				43.14	0.59	31.07	2.35	0.97	1.65
26	L2503/58-1	玄武岩	0.53	2.98	4.93		8.35	31.78	18.84		17.57		12.30	2.70		42.48	0.65	30.78	4.33	1.29	1.63
27	L2501/19-1	玄武岩	0.56	4.63	5.15		5.39	24.53	33.01	0.92		8.02	17.96			29.75	1.02	42.01	4.49	0.68	1.35
28	L0095/10-1	基性熔岩	0.23	1.75	2.94		3.12	38.53	22.44	0.14		22.27	8.59			41.66	0.99	43.30	2.33	0.89	1.64
29	L0099/1-1	拉斑玄武岩	0.43	2.93	10.52	1.68	6.14	38.74	13.66		25.13					45.66	0.52	19.57	3.76	1.19	1.63

注:样品测试单位为武汉综合岩矿测试中心,2002-03。

3. 基性熔岩

表 6-1、表 6－2 中 23～28 号样品，主要化学成分：SiO_2 含量范围 49%～54%之间，Al_2O_3<18%，K_2O+Na_2O 为 3.5%～5.6%之间。在 $Al_2O_3-SiO_2$ 的变异图上落在铝质区与高铝区（图 6-8）。在（K_2O+Na_2O）－SiO_2 变异图（图 6-9）上落在强碱质区。在 AFM 图解中（图 6-10），投点落入拉斑系列和钙碱性系列中。

测区基性熔岩岩石化学成分 SiO_2、(FeO)、Na_2O、K_2O 和 TiO_2 含量范围见表 6-3，测区这些氧化物的含量和大洋中脊拉斑玄武岩（TH）系列近似。

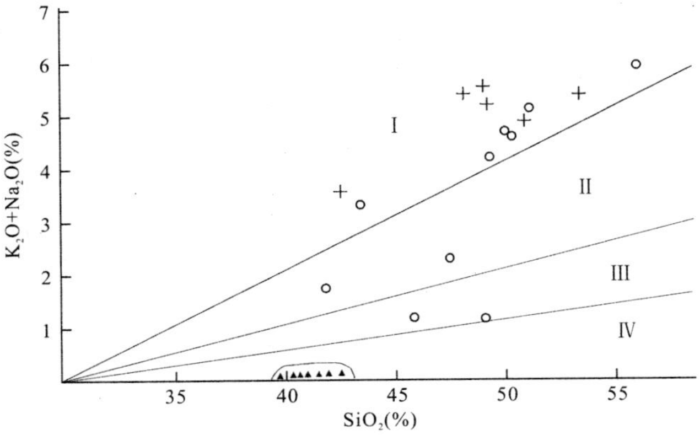

图 6-9　蛇绿岩（K_2O+Na_2O）－SiO_2 变异图

Ⅰ. 强碱质区；Ⅱ. 碱质区；Ⅲ. 弱碱质区；Ⅳ. 贫碱质区；

▲. 超基性岩；○. 基性岩；+. 基性熔岩

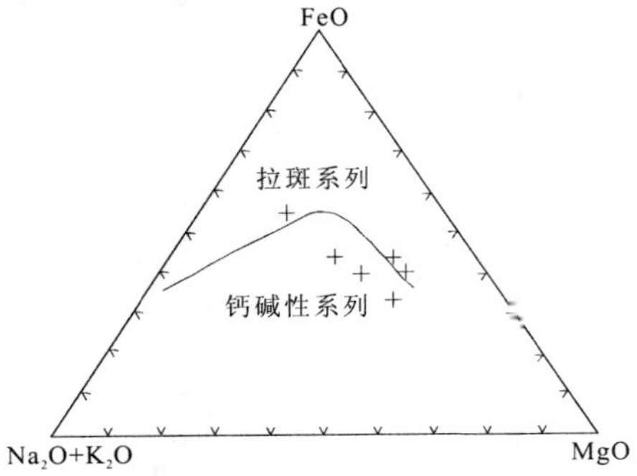

图 6-10　玄武岩 AFM 图

（Irvine 和 Baragar，1972）

表 6-3　不同构造环境中 TH 系火山岩的一般成分范围

构造 区成分	岛弧 TH 系	洋中脊 TH 系	洋岛 TH 系	测区 TH 系
(FeO)/MgO	1～7	0.8～2.1	0.5～2.5	0.80～2.69
SiO_2	46～76	47～51	45～65	43.02～53.5[illegible]
(FeO)	6～16	6～14	8～16	7.8～12.0
Na_2O	1.1～3.6	1.7～3.3	0.7～4.5	2.68～4.15
K_2O	0.1～0.2	0.07～0.4	0.06～2.0	0.5～1.22
TiO_2	0.3～2.0	0.7～2.3	0.2～5	0.87～1.50

二、稀土元素特征

测区蛇绿岩套稀土元素含量列于表 6-4。

1. 超基性岩

表 6-4 中 1～6 号超基性岩稀土分析样品，分别代表斜辉辉橄岩、二辉辉橄岩和蛇纹石岩。稀土配分型式为微向右倾的近平坦型（图 6-11），Eu 的异常不明显。超基性岩稀土除个别样品外，其总量较低，在 1.82×10^{-6}～4.46×10^{-6}之间，说明该超基性岩为亏损型地幔或者经高度部分熔融后的残余地幔。

2. 基性岩

表 6-4 中 7～15 号基性岩稀土分析样品中，9 号样品橄榄辉长岩和 10 号样品辉长岩稀土总量较低，分别为 10.87×10^{-6}和 12.23×10^{-6}，配分型式为微向左倾且右半部分近平坦型（图 6-12），具重稀土富集、轻稀土亏损，以及 Eu 正异常特征。其他基性岩样品稀土总量在 38.95×10^{-6}～81.52×10^{-6}之间，配分型式近平坦型，微具 Eu 正异常。

表 6-4 蛇绿岩地幔橄榄岩 REE 丰度($\times 10^{-6}$)

序号	样号	岩性	La	Ce	Pr	Nd	Sm	Eu	Gd	Tb	Dy	Ho	Er	Tm	Yb	Lu	Y	ΣREE
1	L2501/2-1	斜辉辉橄岩	0.51	1.30	0.14	0.47	0.13	0.03	0.10	0.02	0.13	0.03	0.10	0.02	0.11	0.02	0.79	3.89
2	L2503/59-1	斜辉辉橄岩	0.28	0.85	0.09	0.20	0.06	0.02	0.09	0.02	0.11	0.03	0.08	0.01	0.09	0.01	0.68	2.63
3	L2503/61-1	二辉辉橄岩	4.26	5.26	0.36	0.63	0.12	0.04	0.19	0.04	0.25	0.06	0.20	0.03	0.22	0.04	1.57	13.27
4	L2821/11-2	斜辉辉橄岩	0.38	0.48	0.06	0.21	0.06	0.02	0.08	0.02	0.12	0.03	0.10	0.02	0.12	0.02	0.77	2.47
5	L0096/15-1	蛇纹石岩	0.22	0.50	0.03	0.20	0.05	0.02	0.06	0.01	0.07	0.02	0.06	0.01	0.08	0.01	0.48	1.82
6	L0096/20-1	二辉辉橄岩	0.47	0.79	0.11	0.38	0.12	0.04	0.17	0.03	0.23	0.05	0.18	0.03	0.19	0.03	1.62	4.46
7	L0096/15-2	辉石岩	1.49	3.95	0.87	4.63	1.69	0.76	2.30	0.43	3.08	0.62	1.82	0.26	1.50	0.24	15.31	38.95
8	L0096/31-1	辉石岩	5.32	8.70	1.89	9.69	3.40	1.33	4.37	0.83	5.96	1.21	3.62	0.53	3.24	0.49	30.26	80.85
9	L0096/21-1	橄榄辉长岩	0.34	1.06	0.14	0.80	0.38	0.22	0.64	0.13	0.91	0.18	0.58	0.09	0.51	0.08	4.80	10.87
10	L0096/33-1	辉长岩	1.14	1.18	0.33	1.43	0.46	0.31	0.63	0.12	0.88	0.17	0.50	0.08	0.46	0.07	4.47	12.23
11	L1053/1-1	辉长岩	3.92	10.74	2.05	10.06	3.24	1.17	4.41	0.82	5.26	1.19	3.45	0.51	3.45	0.52	30.74	81.52
12	L0096/14-1	辉绿岩	1.92	5.16	0.90	4.97	1.68	0.74	2.10	0.41	2.88	0.58	1.68	0.25	1.44	0.23	14.77	39.72
13	L0096/32-1	辉绿岩	3.29	7.03	1.19	6.57	2.12	0.92	2.18	0.52	3.71	0.74	2.18	0.33	1.96	0.27	19.14	52.78
14	L2501/6-1	辉绿岩	2.74	7.09	1.28	6.72	2.28	0.91	3.02	0.57	3.93	0.80	2.43	0.37	2.26	0.35	22.76	57.52
15	L0097/38-1	辉绿岩	2.30	5.87	0.87	4.96	1.61	0.70	2.17	0.39	2.88	0.59	1.79	0.26	1.61	0.26	14.74	40.99
16	L0096/17-1	玄武岩	2.53	6.19	1.21	5.44	1.75	0.69	2.36	0.46	2.97	0.60	1.94	0.31	1.93	0.29	16.67	45.32
17	L0096/34-1	粒玄岩	2.45	7.09	1.40	6.78	2.32	0.89	3.27	0.61	3.98	0.88	2.60	0.40	2.52	0.38	23.04	58.61
18	L0099/1-1	拉斑玄武岩	3.51	10.03	2.06	9.56	3.24	1.28	4.40	0.84	5.36	1.18	3.43	0.50	3.28	0.49	30.65	79.81

注:样品由湖北地质实验研究所测试。

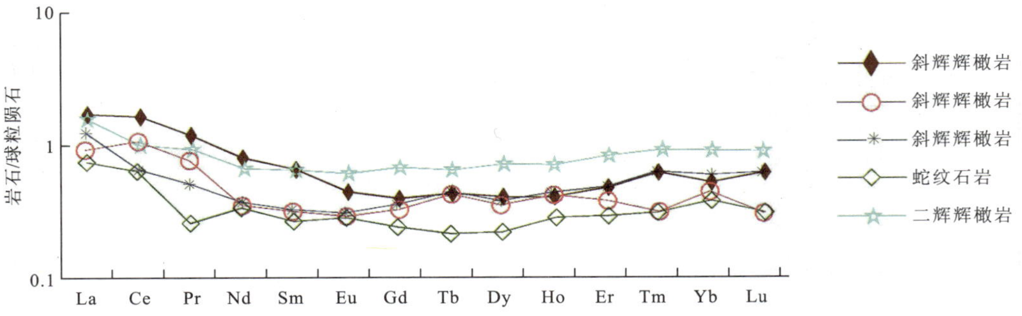

图 6-11　超基性岩稀土元素配分型式图

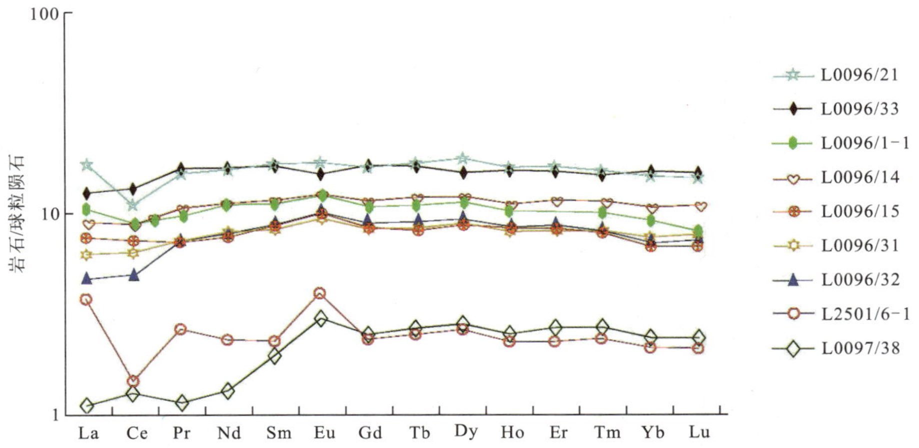

图 6-12　蛇绿岩稀土元素配分型式图

3. 基性火山岩

基性熔岩的 3 个样品分别为玄武岩、粒玄岩和拉斑玄武岩，其稀土总量(表 6-4)依次为 45.32×10^{-6}、58.61×10^{-6}和 79.81×10^{-6}。配分型式为微向左倾近平坦型(图 6-13)，与洋中脊拉斑玄武岩的稀土含量及配分型式相似，微具 Eu 正异常。

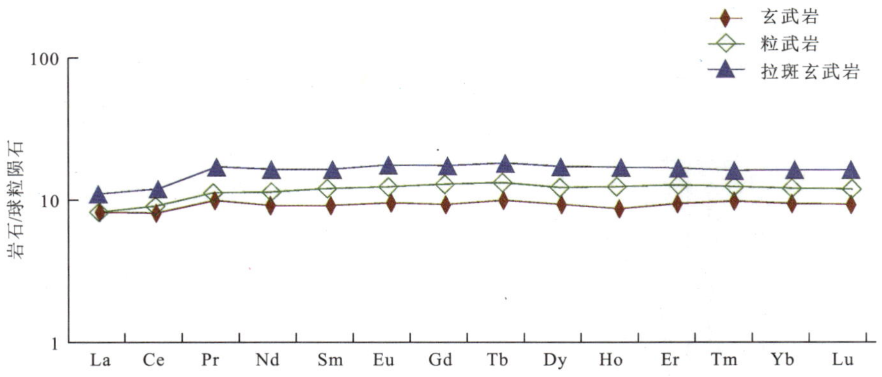

图 6-13　玄武岩稀土元素配分型式图

以上特征表明：雅鲁藏布江蛇绿岩套，从超基性岩—基性岩—基性熔岩，其稀土总量逐渐增加，稀土配分型式总体一致，Eu 的异常不明显－Eu 微具 Eu 正异常，与 Troodos 蛇绿岩各岩石类型所反映的特征相似，反映了各岩石间的同源性。

三、微量元素特征

表 6-5 列出测区蛇绿岩套各岩类微量元素分析数据。

表 6-5　蛇绿岩地幔橄榄岩微量元素丰度

序号	样　号	岩　性	Rb	Sr	Ba	Th	Nb	Ta	Ni	Cr	Y	Yb	K_2O	TiO_2
1	L2501/2-1	斜辉辉橄岩	1.0	65.0	17.0	<1.0	<0.5	<0.5	1 649.0	2 924.0	0.79	0.11	0.03	0.03
2	L2503/59-1	斜辉辉橄岩	<1.0	70.0	14.0	<1.0	<0.5	<0.5	1 776.0	3 055.0	0.68	0.09	0.01	0.03
3	L2503/61-1	二辉辉橄岩	<1.0	59.0	16.7	<1.0	<0.5	0.7	1 704.0	3 032.0	1.57	0.22	<0.01	0.05
4	L2821/11-2	斜辉辉橄岩	<1.0	62.0	28.1	<1.0	<0.5	<0.5	1 319.0	3 146.0	0.77	0.12	0.03	0.03
5	L0096/15-1	蛇纹石岩	<1.0	71.0	12.8	<1.0	<0.5	<0.5	1 565.0	2 853.0	0.48	0.08	0.01	2.02
6	L0096/20-1	二辉辉橄岩	<1.0	74.0	15.9	<1.0	<0.5	<0.5	1 723.0	2 899.0	1.62	0.19	0.01	0.04
7	L0096/15-2	辉石岩	<1.0	90.0	13.8	<1.0	0.9	<0.5	69.0	98.0	15.31	1.50	0.01	1.03
8	L0096/31-1	辉石岩	<1.0	381.0	17.6	<1.0	1.7	<0.5	49.0	43.0	30.26	3.24	0.03	1.75
9	L0096/21-1	橄榄辉长岩	<1.0	350.0	45.6	<1.0	<0.5	<0.5	147.0	380.0	4.80	0.51	0.13	0.20
10	L0096/33-1	辉长岩	5.0	231.0	16.5	<1.0	<0.5	<0.5	131.0	727.0	4.47	0.46	0.48	0.22
11	L1053/1-1	辉长岩	<1.0			<1.0	<1.0	<1.0			30.74	3.45	0.25	1.44
12	L0096/14-1	辉绿岩	<1.0	161.0	24.0	<1.0	0.7	<0.5	44.0	152.0	14.77	1.44	0.08	0.68
13	L0096/32-1	辉绿岩	<1.0	171.0	17.4	<1.0	1.0	<0.5	60.0	165.0	19.14	1.96	0.39	1.08
14	L2501/6-1	辉绿岩	<1.0	266.0	36.2	<1.0	1.3	<0.5	75.0	256.0	22.76	2.26	0.09	0.98
15	L0097/38-1	辉绿岩	<1.0	84.0	15.7	<1.0	0.9	<0.5	93.0	253.0	14.74	1.61	0.01	0.72
16	L0096/17-1	玄武岩	<1.0			<1.0	<1.0	<1.0			16.67	1.93	1.18	0.90
17	L0096/34-1	粒玄岩	<1.0			<1.0	<1.0	<1.0			23.04	2.58	1.22	1.20
18	L0099/1-1	拉斑玄武岩	<1.0			<1.0	<1.0	<1.0			30.65	3.28	1.01	1.50
原始地幔 McDonough(1985)			0.69	23.7	6.81	0.088	0.75	0.043	160	200	4.69	0.477		
N-MORB　Pearce(1982)			(2)	121	(20)	0.26	4.6	0.29	(90)	251	0.20	1.44	0.20	1.44
T-MORB　Pearce(1982)			(6)	196	(60)	0.80	16	0.85	(130)	411	0.51	1.39	0.51	1.39

注：氧化物为质量百分数(%)；其他单位均为 μg/g($\times10^{-6}$)。

由表 6-4 可知，超基性岩类(1～6 号样)，相容元素 Cr、Ni 大大超过了原始地幔成分(McDonough，1985)，与一般超基性岩相容元素铬、镍高含量元素组合一致。中等不相容元素 Sr 和强不相容元素 Ba 富集，不相容元素 Nb、Y、Yb 和 Ti、K 亏损。

表 6-5 中 7～18 号样为雅鲁藏布江蛇绿岩带基性岩和基性熔岩，其微量元素特征值表明：与 Pearce(1982)的洋中脊玄武岩(MORB)对比，除 Y 大大富集、玄武岩 K 含量高，以及 Rb 严重亏损外，其他微量元素介于 Pearce 的大洋拉斑玄武岩(N-MORB)和过渡型玄武岩(T-MORB) 之间。

四、蛇绿岩造岩矿物化学特征

前人对雅鲁藏布江蛇绿岩已经作过系统的矿物化学研究，并且取得了大量的成功。本次区调在测区内仅选择了蚀变弱的一些常见超基性岩类进行了电子探针分析，对无蚀变、测试结果可靠样品的分析数值列于表 6-5。

1. 橄榄石

地幔橄榄岩类样品主要包括纯橄岩、斜辉辉橄岩、二辉橄榄岩和单辉橄榄岩，其橄榄石的电子探针氧化物含量见表 6-6。

从表 6-6 中可以看出，除 L0096/21-1 外，各亚类岩石中的橄榄石成分有一个相当稳定的范围，仅出现微小的差异。MgO 含量为 50.82%～51.67%，FeO 含量为 6.99%～8.06%，均属于镁橄榄石 Fo 90～93。由此可见，该地幔橄榄岩不可能来自岩浆的堆积作用，而应该是难熔的残余地幔。

表 6-6　地幔橄榄岩中橄榄石(Ol)、斜方辉石(OPX)和单斜辉石(MP)化学成分

样品 / 化学成分	橄榄石(Ol)					斜方辉石(OPX)		单斜辉石(MP)
	孜 龙	昂 仁			吉 定	拉 孜		吉 定
	二辉橄榄岩	单辉辉橄岩	单辉辉橄岩	纯橄岩	斜辉橄榄岩	二辉橄榄岩	二辉橄榄岩	斜辉橄榄岩
	L0212/1	L2941/1	L2941/1*	L2941/2	L0096/21-1	L0212/1	L0212/1*	L0096/21-1
SiO_2	41.39	41.52	41.19	41.50	37.88	58.20	58.18	51.61
MgO	50.83	50.90	51.67	50.82	35.49	35.25	35.34	16.77
FeO	8.06	6.99	7.39	7.17	25.94	5.09	4.71	7.23
MnO	0.06	0.00	0.00	0.00	0.35	0.01	0.06	0.21
TiO_2	0.00	0.03	0.00	0.00	0.00	0.00	0.00	0.35
Al_2O_3	0.00	0.00	0.00	0.00	0.00	0.55	0.73	2.28
CaO	0.01	0.02	0.00	0.02	0.00	0.79	0.68	21.21
Na_2O	0.00	0.00	0.00	0.00	0.00	0.00	0.00	0.12
K_2O	0.00	0.00	0.00	0.00	0.00	0.00	0.00	0.00
Cr_2O_3	0.00	0.00	0.00	0.00	0.00	0.32	0.50	0.13
合计	100.35	99.46	100.25	99.51	99.66	100.21	100.20	99.91 Wo 42
矿物成分	Fo 92	Fo 91	Fo 92	Fo 93	Fo 84	En 92	En 92	En 49 Fs 9

注：样品由中国地质大学(武汉)测试中心测试。

2. 斜方辉石

通常在地幔橄榄岩类的二辉橄榄岩中蚀变较弱。表 6-6 中斜方辉石的成分特点是：Al_2O_3 和 CaO 含量均小于 1%；而 MgO 的含量较高，一般大于 35%，成分变化不大，En 为 92，属于顽火辉石。

3. 单斜辉石

仅在斜辉橄榄岩中取得了有效电子探针值，见表 6-6。依据主要化学成分计算的矿物成分：Wo 45，En 49，Fs 6，属于透辉石。

第五节　蛇绿岩同位素特征

本次区调对蛇绿岩套的斜辉橄榄岩、透闪石辉石岩和玄武岩进行了同位素测定，测试结果见表 6-7。

表 6-7 显示：地幔橄榄岩$^{87}Sr/^{86}Sr$ 的初始值为 0.716 29，与世界上其他典型的橄榄岩(如阿尔卑斯橄榄岩)有相似的比值。而地幔橄榄岩与其上覆构成洋壳的玄武岩-堆积岩(辉绿岩)的各同位素的比值有明显的差别，作为洋壳岩石的$^{147}Sm/^{144}Nd$、$^{143}Nd/^{144}Nd$/和$^{87}Rb/^{86}Sr$、$^{87}Sr/^{86}Sr$ 比值范围十分接近，说明他们的母岩浆物质均来自同一幔源区。测区蛇绿岩的铅同位素同印度洋玄武岩具有相似性，而$^{87}Sr/^{86}Sr$(初始值)比现代深海拉斑玄武岩(0.702 0～0.703 5)高，显然它可能形成于大洋中脊环境。

表 6-7 测区蛇绿岩 Pb、Sm-Nb 和 Rb-Sr 同位素

岩石		斜辉橄榄岩	透闪石辉石岩	玄武岩
样号		L2821/11-1	L0097/38-1	L0096/15-1
产地		昂仁	吉定	吉定
Pb 同位素	$^{206}Pb/^{204}Pb$	18.145±0.01	18.021±0.01	18.073±0.01
	$^{207}Pb/^{204}Pb$	15.559±0.01	15.547±0.01	15.531±0.01
	$^{208}Pb/^{204}Pb$	38.189±0.01	38.118±0.02	38.146±0.04
	表面年龄(Ma)	309	328	328
	Φ 值	0.596	0.597	0.597
	μ 值	9.41	9.37	9.37
	Th/U	3.76	3.77	3.77
Sm-Nb 同位素	$W(Sm)/10^{-6}$	0.049 89	1.836	1.912
	$W(Sm)/10^{-6}$	0.134 9	5.466	5.821
	$^{147}Sm/^{144}Nd$	0.223 7	0.206 2	0.198 7
	$^{143}Nd/^{144}Nd\pm1\sigma$	0.123 14±0.000 15	0.513 080±0.000 010	0.513 112±0.000 012
	TDM(Ma)±1σ		1 420±202	387±122
Rb-Sr 同位素	$W(Rb)/10^{-6}$	0.882 3	1.15	0.668 2
	$W(Sr)/10^{-6}$	1.972	25.92	24.37
	$^{87}Rb/^{86}Sr$	1.291	0.127 9	0.079 03
	$^{87}Sr/^{86}Sr(1\sigma)$	0.716 29±0.000 04	0.705 61±0.000 05	0.704 90±0.000 04

第六节 硅质岩时代及沉积环境

一、硅质岩中放射虫生物特征及时代

本次调查在区内蛇绿岩带的南侧混杂岩和北侧冲堆组的深水沉积的硅质岩中发现大量的放射虫动物群，分别有：

冲堆组($K_1\hat{c}$)放射虫硅质岩中的放射虫化石由于构造破坏严重，多数已经重结晶，保存不好，剖面和路线上所采化石有 *Thanarla conica*，*Pantanellium* sp.，*Archaeodictyomitra pseudomulticostata*，*Pseudodictymitra lanceloti* 等组合，以及 *Archaeodictyomitra immenhauseri*，*Dictyomitra montisserei*，*Cenosphaera* sp. 等组合。前一组合的地质时代为早白垩世，后一组合的地质时代为早白垩世—晚白垩世早期，因此根据其组合特征可以确定冲堆组的地质年代应为早白垩世，地质时代属于早白垩世阿尔比期。

汤嘎混杂岩($J_3K_1T^M$，以蛇绿质混杂岩为主)和破姆弄混杂岩($J_3K_1P^M$，以沉积质混杂岩为主)的基质部分紫红色硅质岩中普遍含有放射虫，主要有早白垩世组合：*Archaedictyomitra excellens* 和 *A. pseudomulticostata* 组合，*Thanarla conica* 和 *Pseudodictyomitra* sp.，*Paronaella* sp.，*Ditrabs* sp.，*Homoeoparonaella* sp. 组合。时代归属于晚侏罗—早白垩世。

中贝混杂岩($T_{2-3}Z^M$)主要以深水环境低速沉积泥砂质岩为主，普遍夹有紫红色硅质岩，并含放射虫

化石，主要有：*Archaeocenosphaera* sp.，*Triassocampe* sp.，*Pseudostylosphaera* sp.，达式 *Oertlispongus inaequispinosus*，*Drmitrica*，*Baumgartneria retrospina*，*Kumitrica* 及 Oertlisponginae 超科，上述放射虫组合地质时代为中、晚三叠世；*Muelleritortis* sp.，*Pseudostyosphaera* sp.，*Paratriassoastrum omegaense* Carter，该组合地质时代为晚三叠世至早侏罗世；*Pseudostylosphaera compacta*，*Muelleritortis expansa* 组合，该组合后一种为欧洲阿尔卑斯 *Longobardian* 早期 *Muelleritortis cochleata* 带的重要分子，地质时代为中至晚三叠世。

二、硅质岩地球化学特征及沉积环境

硅质岩是确定沉积盆地大地构造位置和古水深条件最有意义的岩石类型，研究硅质岩岩石地球化学特征是确定其沉积构造背景的有效方法。

为了示踪岩石来源和确定大地构造属性。特别选取 11 个硅质岩进行岩石地球化学的研究。下面根据大量分析结果，通过与硅质岩成因有关元素的计算，利用定量类比和相关图解的手段，展示了本区硅质岩的地球化学标志特征。

1. 常量分析

常量元素不仅能够用于硅质岩的硅质来源研究，而且也是沉积盆地古地理位置研究的重要标志。样品的常量元素由中国地质大学(武汉)分析测试中心用 X 荧光分析测定，分析结果见表 6-8。

Fe、Mn、Al 等主要元素的含量对于区分热液成因硅质岩与生物成因硅质岩具有重要意义。硅质岩中 Fe、Mn 的富集主要与热液的参与有关，而 Al 的富集则与陆源物质的介入有关。Bostrom 等(1969)提出，海相沉积中 Al/(Al+Fe+Mn)值是衡量沉积物中热液沉积物含量的标志，这个比值随着沉积物中热液沉积物的减少而增加。K. Bostrom(1973)根据现代海洋沉积物研究，还提出了 Fe/Ti－Al/(Al+Fe+Mn)的图解，将现代海洋沉积物划分为生物、陆源和热液 3 种成因类型。Adachi 等(1986)和 Yamamoto 等(1987)研究了 DSDSP－32 航次采集的白垩纪热液沉积硅质岩、弗兰西斯科地体中侏罗纪硅质岩和日本西曼脱地体中白垩纪硅质岩，指出这个比值在 0.01(纯热液成因)到 0.60(纯生物成因)之间变化。从表 6－8 中可以看出，Al/(Al+Fe+Mn)的平均值约为 0.75，最大值为 0.93。

许多研究结果表明，离陆较近的大陆坡和陆缘海沉积的硅岩 MnO/TiO_2 的值偏低，一般均小于 0.5；而开阔大洋中的硅质沉积物的比值则比较高，可达 0.5～3.5。表 6-8 所列本区硅质岩 MnO/TiO_2 的平均值为 1.68，除了少量样品小于 0.5，大部分样品都大于 0.5。

表 6-8 硅质岩常量元素分析结果(%)

样号	SiO_2	Al_2O_3	Fe_2O_3	MnO	TiO_2	Al/(Al+Fe+Mn)	Fe/Ti	MnO/TiO_2
L1984/3－1(1)	94.12	1.59	0.47	0.43	0.1	0.56	5.48	4.3
L2000/23－1(2)	92.26	2.67	0.61	0.09	0.14	0.74	5.08	0.64
L1995/15－1(3)	90.2	4.09	0.48	0.04	0.33	0.85	1.70	0.12
L0188/1(4)	95.38	1.6	0.01	0.07	0.14	0.93	0.08	0.5
L2000/29－1(5)	85.62	6.72	0.65	0.02	0.35	0.88	2.17	0.06
L0200/1(6)	94.41	1.89	0.68	0.25	0.08	0.60	9.92	3.12
L0198/1(7)	91.77	3.14	0.92	0.51	0.07	0.62	15.33	7.28
L2000/19－1(8)	89.24	3.7	0.79	0.19	0.33	0.74	2.79	0.57
L2000/25－1(9)	93.84	2.67	0.28	0.01	0.17	0.87	1.92	0.059
L0188/2(10)	90.78	2.93	0.54	0.15	0.23	0.76	2.74	0.65
L0198/2(11)	92.34	3.05	0.6	0.19	0.16	0.74	4.37	1.19

把样品的Al/(Al+Fe+Mn)、Fe/Ti的各项数据分别投入现代海洋沉积物的Fe/Ti-Al/(Al+Fe+Mn)的图解中(图6-14)。从图6-14可以清楚地看出，点全部落在生物成因硅质区附近，更趋向陆缘物质端元。Murray(1994)认为，Al和Ti与陆缘Si关系密切，可作为陆源物质注入的良好标志，Fe在洋脊附近的富金属沉积物中富集，可作为洋盆扩张中心热液注入的标志，根据Al、Ti、Fe和Si氧化物比值的相互关系，提出了区分洋脊硅质岩和大陆边缘硅质岩的判别图(图6-15)。从图6-15中可以发现大多数点落在大陆边缘区内。

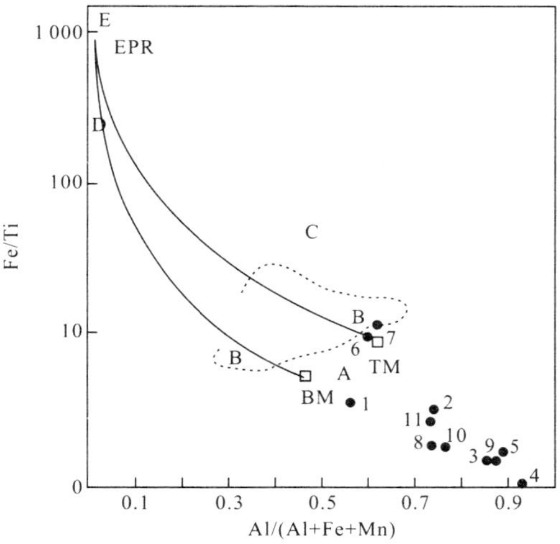

图6-14 现代海洋沉积物的Fe/Ti-Al/(Al+Fe+Mn)图解
(据K. Bostram, 1973)
A. 生物成因硅岩；B. 平均远洋粘土；C. 海渊热水沉积物；D&E. 热水粘土；F. 西太平洋盆地沉积物；EPR. 热液端元沉积物；TM. 陆源物质端元沉积物；BM. 生物物质端元沉积物

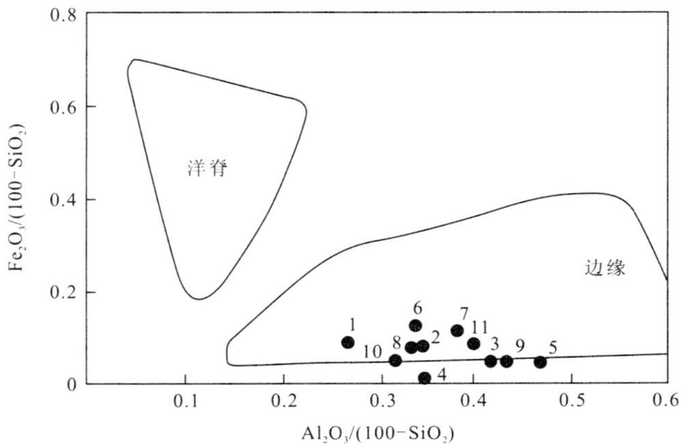

图6-15 常量元素比值散点图解
(据Merray, 1994)

2. 稀土分析

Murray等(1994)根据加利福尼亚海岸带的Franciscon岩系、Claremont组和Monterey组层状燧石和页岩的稀土元素研究，指出扩张洋中脊区(400km以内)沉积的燧石、页岩以极小的Ce/Ce*(约0.29)为特征；洋盆区的Ce/Ce*以中等值(约0.55)为特征；而大陆边缘区Ce/Ce*值很大(约0.90～1.30)。本区硅质岩具有弱的Ce异常值，Ce/Ce*比值在0.62～1.31之间(表6-9)，平均值为1.07，为大陆边缘型硅质岩。

表6-9 样品的铈异常值(NASC标准化)(据Haskin等，1968)

NASC	1	2	3	4	5	6	7	8	9	10	平均值
Ce/Ce*	0.62	1.24	1.18	1.08	1.31	0.94	0.99	1.08	1.14	1.08	1.07

第七节 蛇绿岩变形变质特征及成因探讨

一、蛇绿岩构造变形特征

测区蛇绿岩至少经历了六期构造变形。第一期变形表现为在地幔橄榄岩内小型推覆型韧性剪切带及其糜棱岩，伴有强的蚀变；第二期变形为地幔橄榄岩和蛇绿岩洋壳上的壳幔型、壳型剪切带和透入性的板劈理、糜棱面理的产生；以上两期为燕山晚期的产物。喜马拉雅期的四期变形分别表现为：近北西向—东西向中低倾角逆冲断层，使蛇绿岩进一步混杂；东西向同沉积断层及内磨拉石的形成；东西向中高角度逆冲断层使蛇绿岩逆冲于柳区群之上；南北向断裂，使蛇绿岩发生横向错断。

雅鲁藏布江缝合带以蛇绿岩为主体背冲式向两侧挤出，横剖面上具正花状构造样式。

二、蛇绿岩变质作用特征

蛇绿岩变质作用从上到下有逐渐增强的趋势，在蛇绿质沉积岩中为沸石相，至枕状熔岩和席状岩墙群中为葡萄石—绿纤石相和绿片岩相，变质组构无定向特征，属于洋中脊海水-热液蚀变作用类型。地幔橄榄岩普遍遭受了强烈的蛇纹石化蚀变。

区内尚未发现典型的蓝闪石，在蛇绿岩南侧孜松—拉孜一带，发现了蓝透闪石、冻蓝闪石、黑硬绿泥石、硬柱石、硬绿泥石等高压低温变质相矿物。另外，该带内普遍缺少黑云母，这也是高压相系绿片岩相区别其他相系绿片岩相的一个标志(Miyashiro A，1973)。

三、蛇绿岩的成因探讨

1. 地幔类型

本区内雅鲁藏布江蛇绿岩套的地幔橄榄岩，岩石类型及其矿物组合和成分存在广泛的均一性。岩石类型单调，主要为一套纯橄岩—斜辉辉橄岩和二辉橄榄岩组合。岩石呈各种构造组构，显示不同的亚固相变形，其结构缺乏典型的岩浆堆积结构，常呈粒状镶嵌结构并常伴有辉石的出溶现象(见上述)。

地幔橄榄岩各亚类岩石中的橄榄石成分(表 6-6)有一个相当稳定的范围，仅出现微小的差异。MgO 含量为 50.82%～51.67%，FeO 含量为 6.99%～8.06%，均属于镁橄榄石 Fo 90～93。由此可见，该地幔橄榄岩不可能来自岩浆的堆积作用，而应该是难熔的残余地幔。

岩石的主要元素 Al_2O_3 在 1.31%～2.59%之间，CaO<2%，$K_2O+Na_2O<0.3\%$；稀土总量较低，在 $1.82\times10^{-6}\sim4.46\times10^{-6}$之间；微量元素除相容元素 Cr、Ni 高度富集外，其他大多数不相容元素比原始地幔值小；同位素$^{87}Sr/^{86}Sr$ 的初始值为 0.716 29。

综上所述，测区雅鲁藏布江蛇绿岩套的地幔橄榄岩，与世界上其他典型的橄榄岩(如阿尔卑斯橄榄岩)有相似特征。类属大洋地幔性质，为亏损 N 型地幔或经高度部分熔融后的残余 N 型地幔。

2. 形成的构造环境

一般来说，地幔橄榄岩与其上覆构成洋壳的堆积杂岩—辉长岩(辉绿岩)—玄武岩共同构成一个蛇绿岩序列。测区雅鲁藏布江蛇绿岩套，从超基性岩—基性岩—基性熔岩，其稀土总量逐渐增加，稀土配分型式总体一致，Eu 的异常不明显—微具 Eu 正异常，与 Troodos 蛇绿岩各岩石类型所反映的特征相似，反映了各岩石间的同源性。

而作为洋壳的主要组成部分的基性岩和基性熔岩，其同位素$^{147}Sm/^{144}Nd$、$^{143}Nd/^{144}Nd$ 和$^{87}Rb/^{86}Sr$、$^{87}Sr/^{86}Sr$ 比值与地幔橄榄岩同位素的比值有明显的差别，但基性岩和基性熔岩的比值范围十分接近，说明它们的母岩浆物质均来自同一幔源区。

从蛇绿岩岩石的地球化学特征来看：测区基性熔岩岩石化学成分 SiO_2、(FeO)、Na_2O、K_2O、TiO_2 含量范围(表 6-1)和大洋中脊拉斑玄武岩系列(TH)近似；在 AFM 图解中(图 6-10)，投点落入拉斑系列和钙碱性系列中。本区大多数微量元素介于 Pearce 的大洋拉斑玄武岩(N - MORB)和过渡型玄武岩(T - MORB)之间(见上述)。表 6-1 中为基性岩—基性熔岩的 19～29 号样品的 TiO_2 -〈FeO〉/MgO 图解(图 6-16)投点大部分落在 MORB 区，表 6-4 和表 6-5 中 12～15 号样品微量元素的构造判别图(图 6-17)Cr - Y 辉绿岩均落在 MORB 区。

基性岩和玄武岩的铅同位素同印度洋玄武岩具有相似性，而$^{87}Sr/^{86}Sr$(初始值)比现代深海拉斑玄武岩(0.702 0～0.703 5)高，显然它可能形成于大洋中脊环境。

通过对地幔橄榄岩中斜方辉石(表 6-6)的化学成分，利用单斜辉石地质温压方法(Mercier，1987)计算出平均温度为 1 105.21℃，平均压力为 33.7kb。这样的温压条件不可能发生在地壳内，只能在上地幔条件下形成。

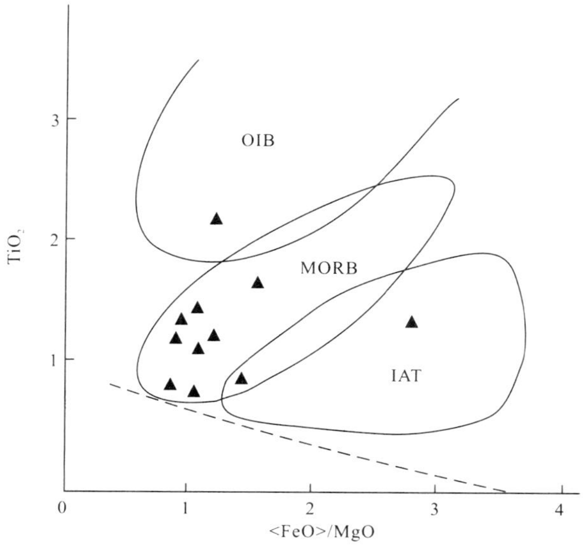

图 6-16　玄武岩 TiO_2 -〈FeO〉/MgO 图解
(Miyashiso,1975)
OIB. 洋岛玄武岩;MORB. 洋中脊玄武岩;IAT. 岛弧拉斑玄武岩

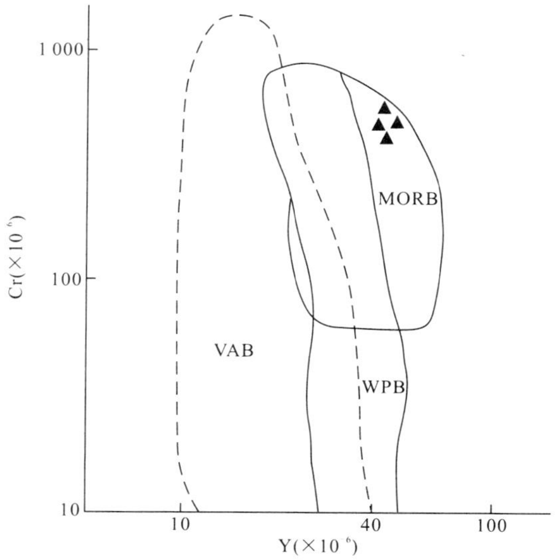

图 6-17　玄武岩 Cr－Y 图解
(Pearce,1982)
VAB. 火山弧玄武岩;WPB. 板内玄武岩;MORB. 洋中脊玄武岩

3. 形成时代

根据分析与蛇绿岩(玄武岩)相伴生的深海沉积物古生物,即深海放射虫硅质岩中的放射虫动物群时代及特征,是确定蛇绿岩形成时代的有效方法。

本次区调在蛇绿岩带北部东拉、昂仁等地,发现了含放射虫化石的深海硅质岩类。受后期构造作用的影响,野外露头上,深海沉积岩石组合与蛇绿岩断裂接触,但局部(东拉)依然可见放射虫硅质岩与枕状玄武岩正常沉积接触关系。放射虫动物群主要包括 *Patulibracchium grapevinensis*,*Viterfus* sp.,*Thanarla praeveneta* 等。其地质时代属早白垩世阿尔布期。

在蛇绿岩带南侧拉孜区、也弄等地的汤嘎蛇绿质混杂岩的深海硅质岩中,发现了大量含放射虫动物化石群,放射虫包括 *Acanthocircus multicostata*,*Eucyrtis micropora*,*Mirifusus guadalupensis*,*M. baileyi*,*Tripocyclia joneoi* 等,地质时代为晚侏罗世—早白垩世。中贝混杂岩中,主要有 *Archaeocenosphaera* sp.,*Triassocampe* sp.,*Pseudostylosphaera* sp.,*Oertlispongus inaequispinosus* Drmitrica,*Baumgartneria retrospina* Kumitrica 及 Oertlisponginae 超科,放射虫组合地质时代为中、晚三叠世;*Muelleritortis* sp.,*Paratriassoastrum omegaense* Carter,该组合地质时代为晚三叠世至早侏罗世;*Pseudostylosphaera compacta*,*Muelleritortis expansa* 组合,地质时代为中至晚三叠世。

上述特征表明,测区雅鲁藏布江蛇绿岩作为洋壳的形成时代,推断应为晚侏罗世—早白垩世。而新特提斯洋的开启的上限应为中三叠世。

第八节　结　论

1. 查明了测区雅鲁藏布江蛇绿岩物质组成和空间结构

测区蛇绿岩主要由地幔橄榄岩即斜辉辉橄岩、二辉橄榄岩和纯橄岩组成,仅在东部吉定一带见有堆积杂岩、基性岩墙群和包括枕状玄武岩内的基性熔岩等下地壳物质成分。受强烈的构造活动肢解和破坏,蛇绿岩为一系列叠瓦状的逆冲块体或断夹块,在汤嘎、拉孜区等地,地幔橄榄岩呈透镜状出现于南侧混杂岩中,总体呈 SEE－NWW 走向,向北陡倾。填补了该地区中比例尺蛇绿岩地质图空白。

2. 地幔橄榄岩的成因

本区作为上地幔残留的地幔橄榄岩，岩石类型单调、其矿物组合和成分均一，岩石呈构造组构大多显示亚固相变形结构。各亚类岩石中的橄榄石成分有相当稳定的范围，均属于镁橄榄石 Fo 90～93。岩石化学性质上显示富镁、贫铁、贫铝和贫钙、稀土总量低，在 1.82×10^{-6}～4.46×10^{-6}之间；微量元素除相容元素 Cr、Ni 高度富集外，其他大多数不相容元素比原始地幔值小；同位素$^{87}Sr/^{86}Sr$ 的初始值为0.716 29等。与世界上其他典型的橄榄岩（如阿尔卑斯橄榄岩）有相似特征。类属大洋地幔性质，为亏损 N 型地幔或经高度部分熔融后的残余 N 型地幔。

利用地幔橄榄岩中辉石地质温压方法（Mercier，1987），计算平均温度为 1 105.21℃，平均压力为 33.7kb。此温压条件应在上地幔条件下形成。

3. 蛇绿岩的构造环境及形成时代

测区吉定蛇绿岩的地幔橄榄岩与其上覆构成洋壳的堆积杂岩—玄武岩序列。岩石地球化学特征表明：从超基性岩—基性岩—基性熔岩，其稀土总量逐渐增加，稀土配分型式总体一致，Eu 的异常不明显—微具 Eu 正异常，其同位素$^{147}Sm/^{144}Nd$、$^{143}Nd/^{144}Nd$ 和$^{87}Rb/^{86}Sr$、$^{87}Sr/^{86}Sr$ 比值范围十分接近，说明它们的母岩浆物质均来自同一幔源区。

蛇绿岩的上部主要由拉斑玄武岩组成，其地球化学特征及其图解反映了拉斑系列和钙碱性系列，介于 Pearce 的大洋拉斑玄武岩（N－MORB）和过渡型玄武岩（T－MORB）之间。

根据分析与蛇绿岩（玄武岩）相伴生深海放射虫硅质岩中的放射虫动物群时代，确定蛇绿岩作为洋壳的形成时代为晚侏罗世—早白垩世，而新特提斯洋的开启上限应为中三叠世。

4. 蛇绿岩构造变形特征

测区蛇绿岩至少经历了六期构造变形。第一期变形表现为在地幔橄榄岩内小型推覆型韧性剪切带及其糜棱岩，伴有强烈蚀变；第二期变形为地幔橄榄岩和蛇绿岩洋壳上的壳幔型、壳型剪切带和透入性的板劈理、糜棱面理的产生；以上两期为燕山晚期的产物。喜马拉雅期的四期变形分别表现为：近东西向中低倾角逆冲断层，使蛇绿岩进一步混杂；东西向同沉积断层及内磨拉石的形成；东西向中高倾角逆冲断层使蛇绿岩逆冲于柳区群之上；南北向断裂，使蛇绿岩发生横向错断。雅鲁藏布江缝合带以蛇绿岩为主体背冲式向两侧挤出构造组合特征，横剖面上具正花状构造样式。

5. 蛇绿岩变质作用特征

蛇绿岩变质作用从上到下有逐渐增强的趋势，在蛇绿质沉积岩中为沸石相，至枕状熔岩和席状岩墙群中为葡萄石—绿纤石相和绿片岩相，变质组构无定向特征，属于洋中脊海水-热液蚀变作用类型。地幔橄榄岩普遍遭受了不同程度的蛇纹石化的蚀变。在蛇绿岩南侧孜松—拉孜一带，发现了蓝透闪石、冻蓝闪石、黑硬绿泥石、硬柱石、葡萄石、硬绿泥石等高压低温变质相矿物，为中高压变质带。

第七章　结束语

1∶25 万拉孜县幅区域地质调查是国土资源部实施的国土资源大调查青藏高原填图计划下达的项目，通过三年艰苦的野外工作，完成的 1∶25 万拉孜县幅区域地质调查的面积达 16 128km²，各项计划实物工作量、工作质量符合设计书和有关规范要求，并通过了中国地质调查局主管部门的评审验收。报告编写的资料依据充分、翔实可靠。通过调查研究查明了区内主要的地质问题，获得了丰富的基础地质资料。在地层古生物和构造调查方面取得了较突出的进展和重要新成果，反映了测区地质构造特征和现有研究程度。总之，圆满完成了项目任务书规定的目标任务，取得的主要成果和不足概述如下。

一、取得主要成果

(1)基本查明全区各时代地层的物质组成、古生物组合、相互关系及空间展布，共划分出 44 个地层单位，研究了各地层单位的形成环境和时代归属。在此基础上正确地建立了全区比较完善的地层系统。在以下方面进展突出：

①在雅鲁藏江结合带原修康群内解体出含放射虫化石的三套混杂岩岩块，划分为：以蛇绿岩成分为主体的汤嘎混杂岩、以硅泥质为主的中贝混杂岩和破姆弄混杂岩。查清了测区混杂岩带的物质组成、时代、接触关系，建立了混杂岩带的地层序列。报告详细论述了解体原修康群的必要性和新建地层单位理由，地层划分依据充分。其中 T_{2-3} 的 *Archaeocenosphaera* sp. *Oertlispongus inaequispinosus* 放射虫组合和 T_3—J_1 的 *Muelleritortis* sp.，*Pseudostysphaera* sp. 放射虫组合为本次工作的首次发现，对进一步认识雅鲁藏布江新提斯洋的演化提供了重要新资料。

②对昂仁组复理石碎屑岩进行了较深入的研究，初步厘定其经历了三期浊积事件，大致了解了各期浊积扇的时代展布，从而初步揭示了昂仁盆地晚侏罗世—早白垩世的演化过程。

(2)对雅鲁藏布江蛇绿岩带(昂仁段)进行全面调查，详细论述了地幔橄榄岩、堆积杂岩、基性岩墙群和枕状玄武岩的分布空间结构特点。进一步查清了岩石的矿物成分、岩石化学、地球化学、同位素年代学特征，探讨了岩石成因和形成的大地构造环境。结合对蛇绿混杂岩带内深水硅质岩及与之伴生的玄武岩进行地球化学成分和时代的研究，揭示了雅鲁藏布江蛇绿混杂岩在中—晚三叠世至晚侏罗世至早白垩世沉积物由大陆边缘的开阔大洋深海沉积岩发展到板块俯冲、碰撞至造山的发展演化特点，论证有据。

(3)对冈底斯南缘岩浆弧内的火山岩和中酸性侵入岩的调查在前人的基础上取得了较多的新进展。对林子宗火山岩采用地层-岩性(相)双重填图法，共划分出 21 个岩相单位，确认为中心式火山喷发机制，并厘定出 12 个火山口。对中酸性侵入岩进行了较详细的解体，根据岩性、结构、接触关系和岩石化学、地球化学资料，共划分出白垩纪基性岩 2 个独立侵入体，中酸性岩侵入岩 30 个单元，归并为 8 个超单元、7 个独立单元，侵入时代为白垩纪—新近纪，主要岩石类型为花岗岩、闪长岩。新建了康萨超单元、亚模超单元和孜松单元，初步研究了同源岩浆演化规律。

(4)较好地划分了构造单元，对各构造单元的变形、变质特征进行了全面调查，初步确定区内具有幔内型、壳幔过渡型、壳内脆韧性推覆剪切带等七类构造，论证了不同构造的特点，较深入研究了其几何学、运动学、动力学的特征及形成条件、时代，建立了测区的构造格架和变形序列。对第四纪地质、谢通门南北向活动断裂带进行了研究，取得了一些新的认识。

(5)提交的区域地质调查报告和 1∶25 万地质图内容齐全，图件清晰、规整，文字比较简洁，文、图、表吻合一致，较好地反映了本区地质特征和地质研究程度。

二、存在问题及建议

通过本次区调，在蛇绿岩南部混杂岩带深水沉积中，发现了中—晚三叠世放射虫动物群，是否存在早—中侏罗世放射虫化石，有待进一步研究。

新建朗杰学岩群中未获化石，地层时代和层位确定的依据不足。其地层层序、时代及对比，有待进一步研究。

主要参考文献

崔军文. 喜马拉雅碰撞带的构造演化[J]. 地质学报,1997,71(2):105-112.

高秉璋,洪大卫,郑基俭,等. 花岗岩类区 1∶5 万区域地质填图方法指南[M]. 武汉:中国地质大学出版社,1991.

高延林,肖序常,常承法,等. 青藏高原及邻区构造单元划分及地质特征[M]. 北京:地质出版社,1988.

李春昱,郭令智,朱夏,等. 板块构造基本问题[M]. 北京:地震出版社,1981.

李德威. 雅鲁藏布江蛇绿岩的构造特征及变形分带[J]. 地学探索,1993(8):25-30.

林宝玉,王乃文,王思恩. 喜马拉雅岩石圈构造演化——西藏地层[M]. 北京:地质出版社,1988.

林宝玉. 西藏申扎地区古生代地层[C]//地质矿产部青藏高原地质文集编委会. 青藏高原地质文集(8)地层古生物——地质矿产部青藏高原地质科学第二次讨论会论文集. 北京:地质出版社,1983.

刘宝珺,余光明,陈成生. 西藏日喀则地区第三系大竹卡组砾质扇三角洲——片状颗粒流沉积[J]. 沉积与特提斯地质,1990(1):1-11.

刘国惠,金成伟,王富宝,等. 喜马拉雅岩石圈构造演化——西藏变质岩及火成岩[M]. 北京:地质出版社,1988.

刘增乾,徐宪,潘桂棠,等. 青藏高原大地构造与形成演化[M]. 北京:地质出版社,1988.

刘振声,王洁民. 川藏花岗岩的稀土元素地球化学特征[C]//地质矿产部青藏高原地质文集编委会. 青藏高原地质文集(20)——"三江"论文专辑. 北京:地质出版社,1990.

闽际坤,刁志忠,刘秋晓,等. 西藏波密—察隅地区花岗岩中斜长石的矿物学特征[C]//地质矿产部青藏高原地质文集编委会. 青藏高原地质文集(20)——"三江"论文专辑. 北京:地质出版社,1990.

闽际坤,刘秋晓,刁志忠. 西藏波密—察隅地区花岗岩中的钾长石特征[C]//地质矿产部青藏高原地质文集编委会. 青藏高原地质文集(20)——"三江"论文专辑. 北京:地质出版社,1990.

潘桂棠,王培生,徐耀荣,等. 喜马拉雅岩石圈构造演化——青藏高原新生代构造演化[M]. 北京:地质出版社,1988.

潘桂棠,李兴振,王立全,等. 青藏高原及邻区大地构造单元初步划分[J]. 地质通报,2002,21(11):701-707.

邱家骧. 应用岩浆岩岩石学[M]. 武汉:中国地质大学出版社,1985.

邱家骧,林景仟. 岩石化学[M]. 北京:地质出版社,1991.

全国地层委员会. 中国地层指南及中国地层指南说明书[M]. 北京:地质出版社,2001.

申屠保涌. 藏东花岗岩类稀土元素地球化学特征[J]. 特提斯地质,1995,19:90-105.

王成善. 日喀则盆地的沉积与构造演化[M]. 北京:地质出版社,1999.

王成善,刘志飞,李祥辉,等. 西藏日喀则弧前盆地和雅鲁藏布江缝合带[M]. 北京:地质出版社,1999.

王成善,刘志飞,何政伟. 西藏南部早白垩世雅鲁藏布江古蛇绿岩的识别与讨论[J]. 地质学报,1999,73(1):7-14.

王希斌,鲍佩声,邓万明,等. 喜马拉雅岩石圈构造演化——西藏蛇绿岩[M]. 北京:地质出版社,1987.

王义刚,王玉净,吴浩若. 西藏南部加不拉组问题的讨论及隆子地区下侏罗统的发现[J]. 地质科学,1976(2):149-156.

王增,申屠保涌,姚鹏,等. 藏东花岗岩类的时空分布、成因类型及构造环境[J]. 特提斯地质,1996(20):102-111.

武汉地质学院岩石教研室. 岩浆岩岩石学(上、下册)[M]. 北京:地质出版社,1980.

吴浩若. 西藏南部白垩纪深海沉积地层——冲堆组及其地质意义[J]. 地球科学,1984(1):26-31.

吴一民. 西藏早白垩世含煤地层及其植物群[C]//地质矿产部青藏高原地质文集编委会. 青藏高原地质文集(16)地层古生物——地质矿产部青藏高原地质科学第二次讨论会论文集. 北京:地质出版社,1983.

西藏自治区地质矿产局. 西藏自治区区域地质志[M]. 北京:地质出版社,1993.

西藏自治区地质矿产局. 西藏自治区岩石地层[M]. 武汉:中国地质大学出版社,1997.

肖序常,李廷栋,李光岑,等. 喜马拉雅岩石圈构造演化总论[M]. 北京:地质出版社,1988.

肖序常,高延林. 西藏雅鲁藏布江缝合带中段高压低温变质带的新认识[M]. 北京:地质出版社,1984.

熊盛青,周伏洪,姚正煦,等. 青藏高原中西部航磁调查[M]. 北京:地质出版社,2001.

许志琴. 阿尔卑斯旋回中喜马拉雅山链和阿尔卑斯山链的主变形特征[J]. 中国地质科学院院报,1984(9):87-97.

许靖华. 大地构造与沉积作用[M]. 何起祥,赵霞飞,宋鸿林,译. 北京:地质出版社,1985.

杨式溥，范影年. 西藏申扎地区石炭系及古生物群特征[C]//地质矿产部青藏高原地质文集编委会. 青藏高原地质文集(10)"三江"地层古生物——地质矿产部青藏高原地质科学第二次讨论会论文集. 北京：地质出版社，1981.

尹集祥，陶君亮. 西藏南部日喀则地区磨拉石带磨拉石岩系地层的研究[M]. 北京：科学出版社，1988.

中国科学院青藏高原综合科学考察队. 西藏岩浆活动和变质作用[M]. 北京：科学出版社，1981.

张双全，莫宣学，郭铁鹰，等. 青藏高原新生代火山岩岩石学、地球化学特征及其对高原岩石圈构造演化的指示意义[C]//第30届国际地质大会论文集编委会. 第30届国际地质大会论文集. 北京：地质出版社，1998.

黄怀曾，王松产，黄路桥，等. 亚东—格尔木岩石圈地学断面综合研究——青藏高原岩石圈结构构造和形成演化[M]. 北京：地质出版社，1988.

中国科学院青藏高原综合科学考察队. 西藏南部的沉积岩[M]. 北京：科学出版社，1981.

中国科学院青藏高原综合科学考察队. 西藏南部花岗岩类地球化学[M]. 北京：科学出版社，1982.

周详，曹佑功，朱明玉，等. 西藏板块构造-建造图 1∶1 500 000 说明书[M]. 北京：地质出版社，1988.

周详，曹佑功. 西藏高原古板块构造及地壳演化特点[J]. 西藏地质，1985，1(1)：33－43.

钟增球，郭宝罗. 构造岩与显微构造[M]. 武汉：中国地质大学出版社，1991.

都城秋穗. 变质作用与变质带[M]. 周云生，译. 北京：地质出版社，1979.

Pearce J A, Harris N B, Tindle A G. Trace element discriminamtion disgrams for the tectonic interpretation of granitic rocks[J]. J. Petrol., 1984, 25: 956－983.

Irvine T N, Barahe gar W R A. A guide to the chemical classification of the common volcanic rocks[J]. Can. J. Earth Sci., 1971, 8: 523－548.

Adachi M, Yamamoto K, Sugisaki R. Hydrothermal chert and associated siliceous rocks from the Northern Pacific, their geological significance as indication of ocean ridge activity[J]. Sedimentary Geology, 1986, 47: 125－148.

Bostrom K, Peterson M N A. The origin of Al—poor terromaganoan sediments in areas of high heat flow on the East Pacific Rise[J]. Mar. Geol., 969, 7: 427－447.

Yamamoto K. Geochemical characteristics and depositional environments of cherts and associated rocks in the Franciscan and Shimanto Terranes[J]. Sedimentary Geology, 1987, 52: 65－108.

Murray R W. Chemical criteria to identify the depositional environment of chert general principles and applications Sediment [J]. Geol., 1994, 90: 213－232.

Bostrom K, Kraaemer T, Gartner S. Provoenance and accumulation rates of opaline silica, A;, Ti, Fe, Mn, Cu, Ni, and Co in Pacific pelagic sediments[J]. Chem. Geol., 1973, 11: 132－148.

Michard A. Race earth elements systermatics in hydrothermal fluids[J]. Geochimica et Cosmochimica Acta, 1989, 53: 745－750.

Maniar, P D and Poccoli, P M. Tectonics classification of granitoids[J]. Geoogical Society of the America Bulletin, 1989, 101: 635－643.

图版说明及图版

图版Ⅰ

1. 昂仁组一段薄层灰岩形成的滑移层理或包卷层理(昂仁)
2. 昂仁组一段泥砾混积的扇体水道斜坡带的楔状体(昂仁)
3. 秋乌组不整合于加森单元之上(亚模)
4. 风成砂山(彭错林,秋乌组或第四系)

图版Ⅱ

1. 昂仁蛇绿岩群辉橄岩球状风化特征(孜龙)
2. 昂仁蛇绿岩群枕状玄武岩(洞嘎)
3. 年波组火山喷发韵律(热嘎拉曲古)
4. 昂仁蛇绿岩群中闪斜煌斑岩脉(孜哇绒)

图版Ⅲ

1. 昂仁—也弄断裂露头特征,示由南向北逆冲,上为昂仁蛇绿岩群,下为昂仁组
2. 森格隆—布嘎断层地表景观(森格隆,左侧色调差异处为逆冲断面)
3. 卡嘎—旺堆断裂露头特征,示由北向南逆冲(旺堆,图中由右向左)
4. 压弄—如巴桑断裂地表景观,示由南向北逆冲(桑祖岗)

图版Ⅳ

1. 永珠组砂板岩中的紧闭同斜褶皱(雅勒)
2. 修康群泥灰岩与页岩构成大型平卧褶皱(破姆弄)
3. 朗杰学岩群中平卧褶皱(查乌)
4. 秋乌组中砂页岩中的直立水平褶皱(秋乌)

图版Ⅴ

1. 绢云母定向排列形成板状构造与应力变质矿物硬绿泥石(查郚,正交×75)
2. 变余中—细粒砂状结构(中尼公路查郚南,正交×50)
3. 硬绿泥石矿物特征(中尼公路查郚南,单偏×70)
4. 糜棱结构,蛇纹石和钛铁矿碎斑呈眼球状定向分布(影振,正交×50)

图版Ⅵ

1. 糜棱结构,斜长石双晶弯折、拔丝构造(谢通门,正交×50)
2. 糜棱结构,"δ"型旋转碎斑(修康,正交×50)
3. 糜棱结构,石英丝带褶曲变形(影振,正交×50)
4. 黑硬绿泥石矿物特征(中尼公路查郚南,单偏×300)

图版Ⅶ

1. *Pseudodictymitra lanceloti* Schaaf 25ku×300,K_1

2. *Pseudodictymitra lanceloti* Schaaf 25ku×200, K_1
3. *Pseudodictymitra lanceloti* Schaaf 25ku×390, K_1
4. *Archaeodictyomitra Pseudomulticostata* 25ku×320, K_1
5. *Pseudodictymitra lanceloti* Schaaf 25ku×430, K_1
6. *Pseudodictymitra lanceloti* Schaaf 25ku×390, K_1
7. *Archaeodictyomitra Pseudomulticostata* 25ku×240, K_1
8. *Archaeodictyomitra Pseudomulticostata* 25ku×390, K_1
9. *Tethysetta* sp. 25ku×600, J_3—K_1
10. *Pseudodictymitra lanceloti* Schaaf 25ku×430, J_3—K_1
11. *Ristol* cf. *Altissima*(Ruest) 25ku×160, J_3^3
12. *Tethysetta* sp. 25ku×240, J_3—K_1
13. *Thanarla conica*(Squinabol) 25ku×200, K_1^2
14. *Archaeodictyomitra Pseudomulticostata* 25ku×390, K_1

图版Ⅷ

1. *Archaeodictyomitra Pseudomulticostata* (Tan) 25ku×470, K_1
2. *Tethysetta* sp. 25ku×200, J_3—K_1
3. *Svinitziun columnarium* Jud 25ku×220, K_1
4. *Archaeodictyomitra Pseudomulticostata* (Tan) 25ku×240, K_1
5. *Tethysetta* sp. 25ku×430, J_3—K_1
6. *Tethysetta* cf. *Columna* 25ku×650, K_1
7. *Archaeodictyomitra Pseudomulticostata* (Tan) 25ku×330, K_1
8. *Archaeodictyomitra Pseudomulticostata* (Tan) 25ku×470, K_1
9. *Archaeodictyomitra Pseudomulticostata* (Tan) 25ku×270, K_1
10. *Thanarla conica*(Squinabol) 25ku×200, K_1^2
11. *Tethysetta* sp. 25ku×500, J_3—K_1
12. *Pseudodictymitra lanceloti* Schaaf 25ku×330, K_1
13. *Archaeodictyomitra Pseudomulticostata* (Tan) 25ku×430, K_1

图版 I

1

2

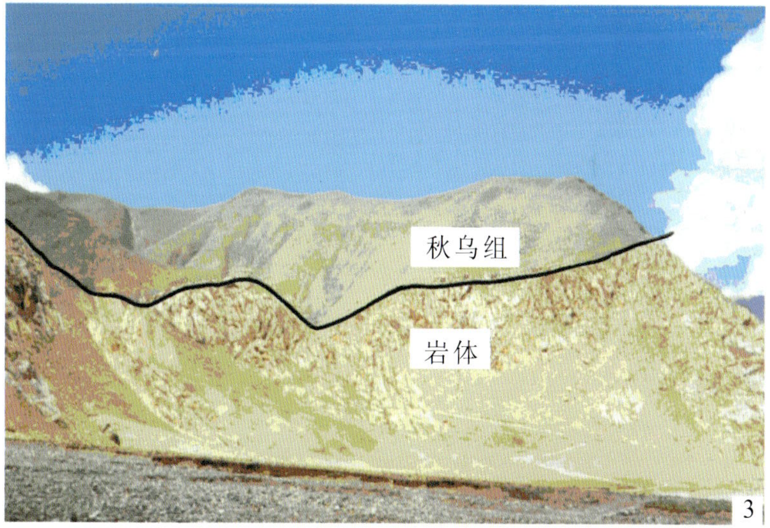

3

4

图版 II

图版III

1

2

3

4

图版Ⅳ

1

2

3

4

图版Ⅴ

1

2

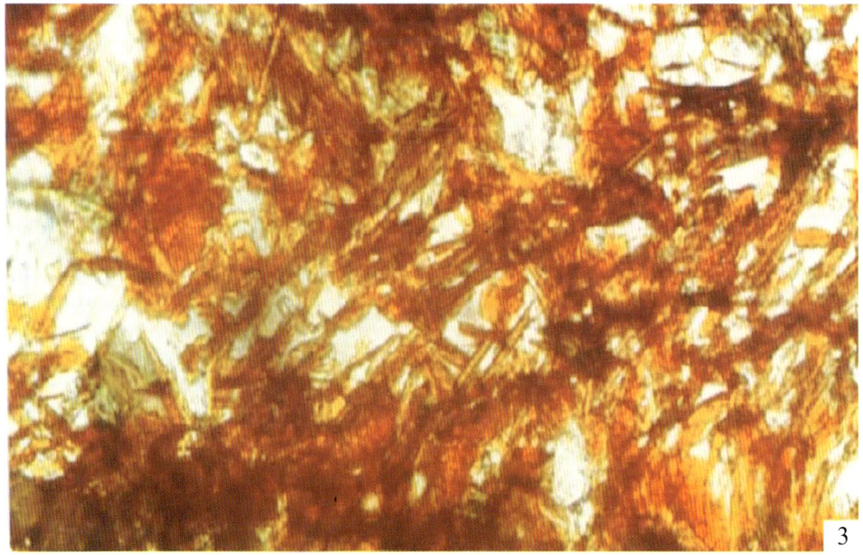

3

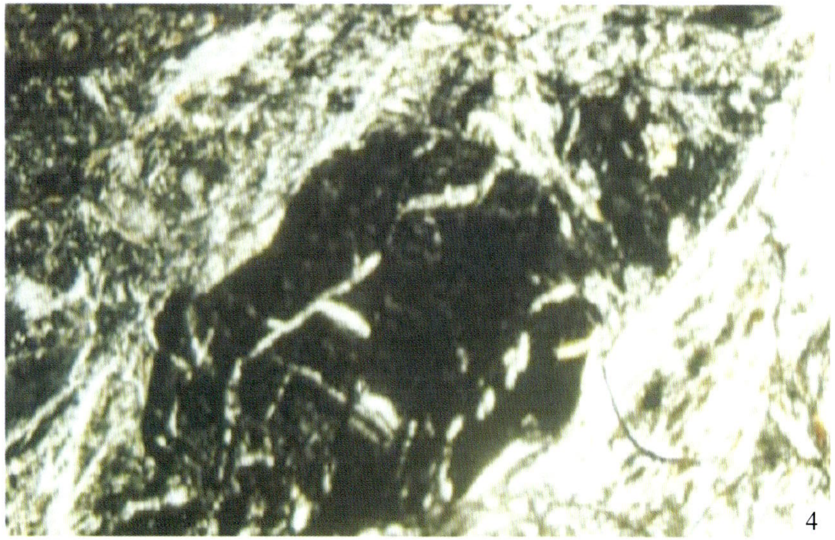

4

图版Ⅵ

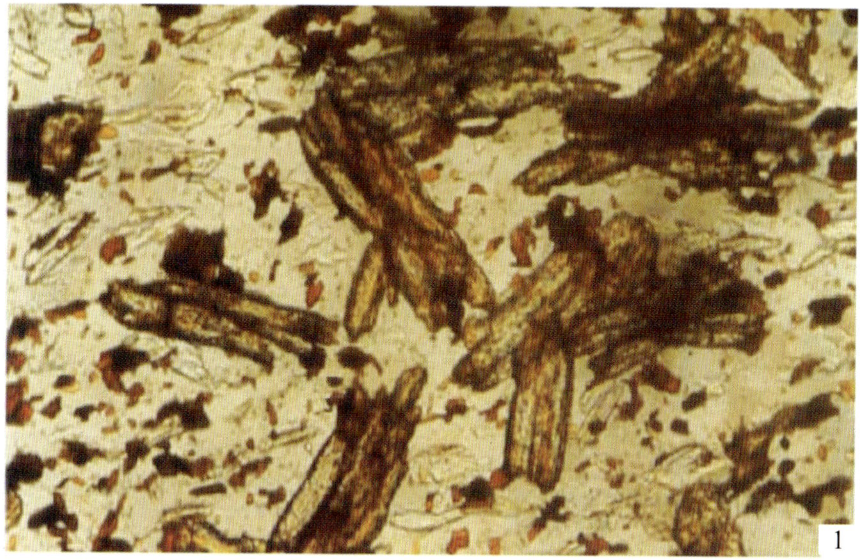

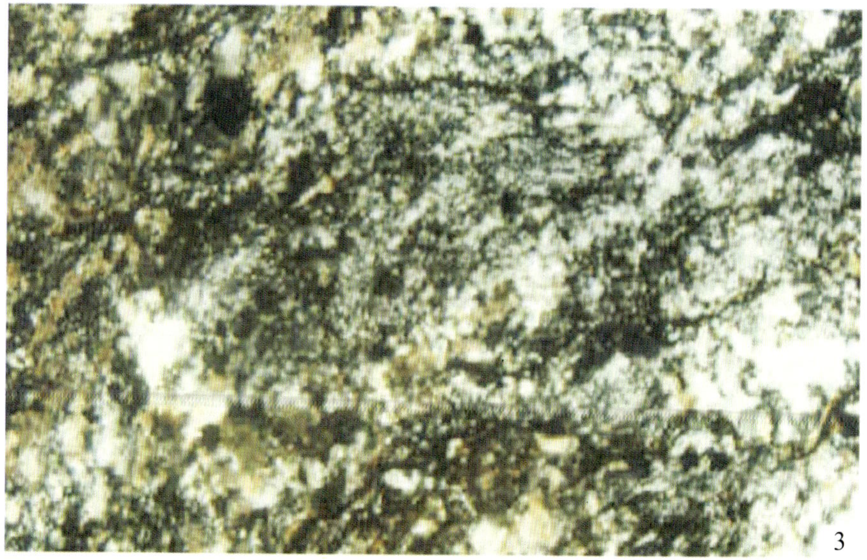

图版Ⅶ

图版Ⅷ